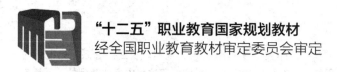

"十二五"职业教育国家规划教材

经全国职业教育教材审定委员会审定

全国高职高专院校药学类与食品药品类专业"十三五"规划教材

制药过程原理与设备

第 2 版

（供药品生产技术、 制药设备应用技术、 药品质量与安全、 药学专业用）

主　编　姜爱霞　吴建明
副主编　陈玉峰　李　燕
编　者　（以姓氏笔画为序）
　　　　刘　健（天津生物工程职业技术学院）
　　　　杨俊玲（山东药品食品职业学院）
　　　　李　燕（天津生物工程职业技术学院）
　　　　李宝霞（山西药科职业学院）
　　　　吴建明（湖南食品药品职业学院）
　　　　张慧梅（重庆医药高等专科学校）
　　　　陈玉峰（石家庄职业技术学院）
　　　　郑淑琴（长江职业学院）
　　　　姜爱霞（山东药品食品职业学院）

中国医药科技出版社

内 容 提 要

本教材为全国高职高专院校药学类与食品药品类专业"十三五"规划教材之一，系根据制药过程原理及设备教学大纲的基本要求和课程特点编写而成。本书以制药生产过程中所涉及到的单元操作为背景，介绍了若干"制药过程单元操作"的基本原理，同时介绍了制药单元操作的典型设备结构、工作原理、操作方法及设备维护等内容。全书共八章，内容包括流体流动、流体输送设备、非均相物系的分离、传热、蒸发与结晶、蒸馏与精馏技术、气体吸收、干燥等内容。本书内容通俗易懂、图文并茂，内容安排上力求体现高职高专职业教育特点和培养目标，从工程观点出发，叙述简明扼要，满足生产岗位所需知识、能力和素质要求；重点突出，简单易懂，解决了学生如何从基础学科学习向工程应用方面转变及如何适应这一转变过程。

本教材主要供全国高职高专院校药品生产技术、制药设备应用技术、药品质量与安全、药学专业教学使用，对从事化工、食品、环境、机械等生产中的职业技术人员也具有参考价值，也可以作为相关专业技能型人员职业培训教材。

图书在版编目（CIP）数据

制药过程原理与设备/姜爱霞，吴建明主编. —2 版. —北京：中国医药科技出版社，2017. 1

全国高职高专院校药学类与食品药品类专业"十三五"规划教材

ISBN 978 – 7 – 5067 – 8772 – 7

Ⅰ. ①制… Ⅱ. ①姜… ②吴… Ⅲ. ①制药工业—化工过程—高等职业教育—教材②制药工业—化工设备—高等职业教育—教材 Ⅳ. ①TQ460. 3

中国版本图书馆 CIP 数据核字（2016）第 304381 号

美术编辑 陈君杞
版式设计 锋尚设计

出版　中国医药科技出版社
地址　北京市海淀区文慧园北路甲 22 号
邮编　100082
电话　发行：010 – 62227427　邮购：010 – 62236938
网址　www. cmstp. com
规格　787×1092mm ¹⁄₁₆
印张　20¾
字数　485 千字
初版　2013 年 1 月第 1 版
版次　2017 年 1 月第 2 版
印次　2017 年 1 月第 1 次印刷
印刷　三河市腾飞印务有限公司
经销　全国各地新华书店
书号　ISBN 978 – 7 – 5067 – 8772 – 7
定价　**49. 00 元**

全国高职高专院校药学类与食品药品类专业 "十三五" 规划教材

出 版 说 明

全国高职高专院校药学类与食品药品类专业 "十三五" 规划教材（第三轮规划教材），是在教育部、国家食品药品监督管理总局领导下，在全国食品药品职业教育教学指导委员会和全国卫生职业教育教学指导委员会专家的指导下，在全国高职高专院校药学类与食品药品类专业 "十三五" 规划教材建设指导委员会的支持下，中国医药科技出版社在2013年修订出版 "全国医药高等职业教育药学类规划教材"（第二轮规划教材）（共40门教材，其中24门为教育部 "十二五" 国家规划教材）的基础上，根据高等职业教育教改新精神和《普通高等学校高等职业教育（专科）专业目录（2015年）》（以下简称《专业目录（2015年）》）的新要求，于2016年4月组织全国70余所高职高专院校及相关单位和企业1000余名教学与实践经验丰富的专家、教师悉心编撰而成。

本套教材共计57种，其中19种教材配套 "爱慕课" 在线学习平台。主要供全国高职高专院校药学类、药品制造类、食品药品管理类、食品类有关专业〔即：药学专业、中药学专业、中药生产与加工专业、制药设备应用技术专业、药品生产技术专业（药物制剂、生物药物生产技术、化学药生产技术、中药生产技术方向）、药品质量与安全专业（药品质量检测、食品药品监督管理方向）、药品经营与管理专业（药品营销方向）、药品服务与管理专业（药品管理方向）、食品质量与安全专业、食品检测技术专业〕及其相关专业师生教学使用，也可供医药卫生行业从业人员继续教育和培训使用。

本套教材定位清晰，特点鲜明，主要体现在如下几个方面。

1.坚持职教改革精神，科学规划准确定位

编写教材，坚持现代职教改革方向，体现高职教育特色，根据新《专业目录》要求，以培养目标为依据，以岗位需求为导向，以学生就业创业能力培养为核心，以培养满足岗位需求、教学需求和社会需求的高素质技能型人才为根本。并做到衔接中职相应专业、接续本科相关专业。科学规划、准确定位教材。

2.体现行业准入要求，注重学生持续发展

紧密结合《中国药典》（2015年版）、国家执业药师资格考试、GSP（2016年）、《中华人民共和国职业分类大典》（2015年）等标准要求，按照行业用人要求，以职业资格准入为指导，做到教考、课证融合。同时注重职业素质教育和培养可持续发展能力，满足培养应用型、复合型、技能型人才的要求，为学生持续发展奠定扎实基础。

3.遵循教材编写规律，强化实践技能训练

遵循"三基、五性、三特定"的教材编写规律。准确把握教材理论知识的深浅度，做到理论知识"必需、够用"为度；坚持与时俱进，重视吸收新知识、新技术、新方法；注重实践技能训练，将实验实训类内容与主干教材贯穿一起。

4.注重教材科学架构，有机衔接前后内容

科学设计教材内容，既体现专业课程的培养目标与任务要求，又符合教学规律、循序渐进。使相关教材之间有机衔接，坚持上游课程教材为下游服务，专业课教材内容与学生就业岗位的知识和能力要求相对接。

5.工学结合产教对接，优化编者组建团队

专业技能课教材，吸纳具有丰富实践经验的医疗、食品药品监管与质量检测单位及食品药品生产与经营企业人员参与编写，保证教材内容与岗位实际密切衔接。

6.创新教材编写形式，设计模块便教易学

在保持教材主体内容基础上，设计了"案例导入""案例讨论""课堂互动""拓展阅读""岗位对接"等编写模块。通过"案例导入"或"案例讨论"模块，列举在专业岗位或现实生活中常见的问题，引导学生讨论与思考，提升教材的可读性，提高学生的学习兴趣和联系实际的能力。

7.纸质数字教材同步，多媒融合增值服务

在纸质教材建设的同时，本套教材的部分教材搭建了与纸质教材配套的"爱慕课"在线学习平台（如电子教材、课程PPT、试题、视频、动画等），使教材内容更加生动化、形象化。纸质教材与数字教材融合，提供师生多种形式的教学资源共享，以满足教学的需要。

8.教材大纲配套开发，方便教师开展教学

依据教改精神和行业要求，在科学、准确定位各门课程之后，研究起草了各门课程的《教学大纲》（《课程标准》），并以此为依据编写相应教材，使教材与《教学大纲》相配套。同时，有利于教师参考《教学大纲》开展教学。

编写出版本套高质量教材，得到了全国食品药品职业教育教学指导委员会和全国卫生职业教育教学指导委员会有关专家和全国各有关院校领导与编者的大力支持，在此一并表示衷心感谢。出版发行本套教材，希望受到广大师生欢迎，并在教学中积极使用本套教材和提出宝贵意见，以便修订完善，共同打造精品教材，为促进我国高职高专院校药学类与食品药品类相关专业教育教学改革和人才培养作出积极贡献。

中国医药科技出版社

2016年11月

教材目录

序号	书 名	主 编	适用专业
1	高等数学（第2版）	方媛璐 孙永霞	药学类、药品制造类、食品药品管理类、食品类专业
2	医药数理统计*（第3版）	高祖新 刘更新	药学类、药品制造类、食品药品管理类、食品类专业
3	计算机基础（第2版）	叶 青 刘中军	药学类、药品制造类、食品药品管理类、食品类专业
4	文献检索△	章新友	药学类、药品制造类、食品药品管理类、食品类专业
5	医药英语（第2版）	崔成红 李正亚	药学类、药品制造类、食品药品管理类、食品类专业
6	公共关系实务	李朝霞 李占文	药学类、药品制造类、食品药品管理类、食品类专业
7	医药应用文写作（第2版）	廖楚珍 梁建青	药学类、药品制造类、食品药品管理类、食品类专业
8	大学生就业创业指导△	贾 强 包有或	药学类、药品制造类、食品药品管理类、食品类专业
9	大学生心理健康	徐贤淑	药学类、药品制造类、食品药品管理类、食品类专业
10	人体解剖生理学*△（第3版）	唐晓伟 唐省三	药学、中药学、医学检验技术以及其他食品药品类专业
11	无机化学△（第3版）	蔡自由 叶国华	药学类、药品制造类、食品药品管理类、食品类专业
12	有机化学△（第3版）	张雪昀 宋海南	药学类、药品制造类、食品药品管理类、食品类专业
13	分析化学*△（第3版）	舟启文 黄月君	药学类、药品制造类、食品药品管理类、食品类专业
14	生物化学*△（第3版）	毕见州 何文胜	药学类、药品制造类、食品药品管理类、食品类专业
15	药用微生物学基础（第3版）	陈明琪	药品制造类、药学类、食品药品管理类专业
16	病原生物与免疫学	甘晓玲 刘文辉	药学类、食品药品管理类专业
17	天然药物学△	祖炬雄 李本俊	药学、药品经营与管理、药品服务与管理、药品生产技术专业
18	药学服务实务	陈地龙 张 庆	药学类及药品经营与管理、药品服务与管理专业
19	天然药物化学△（第3版）	张雷红 杨 红	药学类及药品生产技术、药品质量与安全专业
20	药物化学*（第3版）	刘文娟 李群力	药学类、药品制造类专业
21	药理学*（第3版）	张 虹 秦红兵	药学类，食品药品管理类及药品服务与管理、药品质量与安全专业
22	临床药物治疗学	方士英 赵 文	药学类及药品经营与管理、药品服务与管理专业
23	药剂学	朱照静 张荷兰	药学、药品生产技术、药品质量与安全、药品经营与管理专业
24	仪器分析技术*△（第2版）	毛金银 杜学勤	药品质量与管理、药品生产技术、食品检测技术专业
25	药物分析*△（第3版）	欧阳卉 唐 倩	药学、药品质量与安全、药品生产技术专业
26	药品储存与养护技术（第3版）	秦泽平 张万隆	药学类与食品药品管理类专业
27	GMP实务教程*△（第3版）	何思煌 罗文华	药品制造类、生物技术类和食品药品管理类专业
28	GSP实用教程（第2版）	丛淑芹 丁 静	药学类与食品药品类专业

1

序号	书 名	主 编	适用专业
29	药事管理与法规*（第3版）	沈 力 吴美香	药学类、药品制造类、食品药品管理类专业
30	实用药物学基础	邱利芝 邓庆华	药品生产技术专业
31	药物制剂技术*（第3版）	胡 英 王晓娟	药品生产技术专业
32	药物检测技术	王文洁 张亚红	药品生产技术专业
33	药物制剂辅料与包装材料△	关志宇	药学、药品生产技术专业
34	药物制剂设备（第2版）	杨宗发 董天梅	药学、中药学、药品生产技术专业
35	化工制图技术	朱金艳	药学、中药学、药品生产技术专业
36	实用发酵工程技术	臧学丽 胡莉娟	药品生产技术、药品生物技术、药学专业
37	生物制药工艺技术	陈梁军	药品生产技术专业
38	生物药物检测技术	杨元娟	药品生产技术、药品生物技术专业
39	医药市场营销实务*△（第3版）	甘湘宁 周凤莲	药学类及药品经营与管理、药品服务与管理专业
40	实用医药商务礼仪（第3版）	张 丽 位汶军	药学类及药品经营与管理、药品服务与管理专业
41	药店经营与管理（第2版）	梁春贤 俞双燕	药学类及药品经营与管理、药品服务与管理专业
42	医药伦理学	周鸿艳 郝军燕	药学类、药品制造类、食品药品管理类、食品类专业
43	医药商品学*△（第2版）	王雁群	药品经营与管理、药学专业
44	制药过程原理与设备*（第2版）	姜爱霞 吴建明	药品生产技术、制药设备应用技术、药品质量与安全、药学专业
45	中医学基础△（第2版）	周少林 宋诚挚	中医药类专业
46	中药学（第3版）	陈信云 黄丽平	中药学专业
47	实用方剂与中成药△	赵宝林 陆鸿奎	药学、中药学、药品经营与管理、药品质量与安全、药品生产技术专业
48	中药调剂技术*（第2版）	黄欣碧 傅 红	中药学、药品生产技术及药品服务与管理专业
49	中药药剂学（第2版）	易东阳 刘 葵	中药学、药品生产技术、中药生产与加工专业
50	中药制剂检测技术*△（第2版）	卓 菊 宋金玉	药品制造类、药学类专业
51	中药鉴定技术*（第3版）	姚荣林 刘耀武	中药学专业
52	中药炮制技术（第3版）	陈秀瑷 吕桂凤	中药学、药品生产技术专业
53	中药药膳技术	梁 军 许慧艳	中药学、食品营养与卫生、康复治疗技术专业
54	化学基础与分析技术	林 珍 潘志斌	食品药品类专业用
55	食品化学	马丽杰	食品营养与卫生、食品质量与安全、食品检测技术专业
56	公共营养学	周建军 詹 杰	食品与营养相关专业用
57	食品理化分析技术△	胡雪琴	食品质量与安全、食品检测技术专业

*为"十二五"职业教育国家规划教材，△为配备"爱慕课"在线学习平台的教材。

全国高职高专院校药学类与食品药品类专业"十三五"规划教材

建设指导委员会

曹庆旭（黔东南民族职业技术学院）

葛　虹（广东食品药品职业学院）

谭　工（重庆三峡医药高等专科学校）

潘树枫（辽宁医药职业学院）

委　　　员（以姓氏笔画为序）

王　宁（盐城卫生职业技术学院）

王广珠（山东药品食品职业学院）

王仙芝（山西药科职业学院）

王海东（马应龙药业集团研究院）

韦　超（广西卫生职业技术学院）

向　敏（苏州卫生职业技术学院）

邬瑞斌（中国药科大学）

刘书华（黔东南民族职业技术学院）

许建新（曲靖医学高等专科学校）

孙　莹（长春医学高等专科学校）

李群力（金华职业技术学院）

杨　鑫（长春医学高等专科学校）

杨元娟（重庆医药高等专科学校）

杨先振（楚雄医药高等专科学校）

肖　兰（长沙卫生职业学院）

吴　勇（黔东南民族职业技术学院）

吴海侠（广东食品药品职业学院）

邹隆琼（重庆三峡云海药业股份有限公司）

沈　力（重庆三峡医药高等专科学校）

宋海南（安徽医学高等专科学校）

张　海（四川联成迅康医药股份有限公司）

张　建（天津生物工程职业技术学院）

张春强（长沙卫生职业学院）

张炳盛（山东中医药高等专科学校）

张健泓（广东食品药品职业学院）

范继业（河北化工医药职业技术学院）

明广奇（中国药科大学高等职业技术学院）

罗兴洪（先声药业集团政策事务部）

罗跃娥（天津医学高等专科学校）

郝晶晶（北京卫生职业学院）

贾　平（益阳医学高等专科学校）

徐宣富（江苏恒瑞医药股份有限公司）

黄丽平（安徽中医药高等专科学校）

黄家利（中国药科大学高等职业技术学院）

崔山凤（浙江医药高等专科学校）

潘志斌（福建生物工程职业技术学院）

本教材为全国高职高专院校药学类与食品药品类专业"十三五"规划教材之一，系在教育部 2015 年 10 月新颁布的《普通高等学校高等职业教育（专科）专业目录（2015 年)》指导下，根据本套教材的编写总原则和要求，本着"明确定位、明确内容、明确培养目标"，层次上体现"三基五性"的基本原则，组织全国有关高职高专院校具有丰富教学经验和实践经验的一线教师编写的。本教材的编写反映了职业教育的理念，实用性较强。综合思路上，体现了职业教育改革的要求，注重学生能力培养，以适用于制药生产过程中设备的操作、维护为特点。

作者在编写教材过程中，广泛征求制药生产企业专家意见，坚持以"必需、够用、实用"为宗旨，以岗位技能培养为根本，力求教材内容与工作岗位的紧密结合，以理论知识"必需、够用、实用"为原则，突出知识和技能的实际应用，突出"工学结合"的教学思想，体现职业活动的真实性。在编写上力求深入浅出、浅显易懂，内容上打破了以往的体系概念，避免了繁杂的数学推导和经验公式，删掉了以往教材中较难且生产中用得较少的内容，把相关的章节内容放入同一章，侧重于制药生产中所用的单元操作的原理和应用。在教材编写模式上有较大的创新，有学习目标、案例导入、拓展阅读、重点小结等模块，紧密结合了职业教育的特点，增加了教材的趣味性和可读性，便于教师的讲授和学生的自学。每章有目标检测，书末附有目标检测参考答案和附录，供学生练习和查数据时使用。

在编写教材过程中，作者适当拓宽了课程内容，引入了新知识。未来的制药生产人员将面临各种各样的生产任务及各种问题，因此必须具有较宽的知识面。只有熟悉、了解新技术的发展情况，才能具有创造性，所以在教材上尽量介绍新技术、新设备，与时俱进。

本书由姜爱霞和吴建明主编。具体编写分工为：第一章由杨俊玲编写；第二章由李燕编写；第三章由张慧梅编写；绪论、第四章由吴建明编写；第五章由郑淑琴和李宝霞编写；第六章由吴建明和刘健编写；第七章由陈玉峰编写；第八章由姜爱霞编写；附录由姜爱霞和张慧梅编写；全书由姜爱霞和吴建明统稿。

本教材在编写中得到各编者所在单位的大力支持，为编写工作提供了很大的帮助，在此对各编者所在单位的领导表示诚挚感谢。

编者虽然已做了很大努力，但由于水平和时间有限，本书尚可能出现不足和疏漏，恳请广大读者提出宝贵意见，以利于其完善和改进。

编者
2016 年 11 月

目录

CONTENTS

第五章
蒸发与结晶

第八章
干燥

绪论

一、本课程的性质、任务和内容

制药工业是与国计民生密切相关的行业之一，既是传统产业又是朝阳产业。制药工业生产原料药（化学合成药物、抗生素、微生物制品及生化制品等）与制剂产品（西药的各种制剂、中药的提取与各种制剂）的过程是按照一定的制药生产工艺，通过制药设备进行一系列化学（或生物）反应以及物理处理过程把原料制成符合要求的药品的过程。医药产品关系到人们的身体健康，因此在质量控制上有着极为严格的要求。

药品的种类很多，且生产工艺各不相同。但从原料处理、中间体生产及产品的终结等环节不外乎由各种化学变化、生物发酵、物理变化的过程组成，而这些过程大都具有一定的共性，如涉及流体的流动与输送、均相及非均相物系的分离、传热、蒸发、结晶、吸收、干燥等过程。每一个过程具有相同的物理变化，遵循共同的物理学定律，起着共同的作用，将这些物理的加工过程称为"单元操作"。而这些单元操作又需要在各种设备中完成，如传热需要在传热设备中进行，流体输送需要在输送设备中进行。由此可见制药过程与设备是制药生产的核心，先进的生产工艺是保证制药生产产量和质量的关键，而制药设备的先进性、自动化进程，标志着制药企业的装备水平，是药品生产的物质基础。

本课程的性质主要是以制药化工生产过程中的物理加工过程为背景，研究若干"制药化工单元操作"的基本原理、典型设备构造、设备操作方法与维护的实用课程；它是一门由理论基础向工程实践转化的过渡课程；也是高职高专药品生产技术、药品质量与安全、制药设备应用技术等药学类专业的重要专业基础课程；在制药化工高等职业教育中的地位极为重要，是制药类、化工类及相近专业教育的一门主干课，是解决生产问题的基石。因此，培养工程思维和解决工程实际问题的能力是本课程的最终目的。学习时既要注意理论的系统性，又要充分重视课程的实践性。

本课程的任务是使学生掌握制药过程原理及设备课程中各单元操作的基本原理，并将基本理论应用到具体实践中去，熟悉强化过程进行的方向和途径；是使学生掌握制药生产过程的原理及各工艺的操作技术，从工程观点出发，培养学生理论联系实际，提高学生分析和解决问题的能力。学好本课程对药品生产操作具有重要指导作用，同时也为学生了解单元操作的发展趋势，增强继续学习和适应职业变化的能力打下坚实的基础，为将来研究开发高效率、低能耗、有利于环保的单元操作做准备。

本课程的内容是以"三传"为主线，研究不同的化工单元操作。阐述了制药厂各种单元操作的基本原理、工艺计算、相应设备的选用操作和维护方法。按照单元操作所遵循的基本规律，将整个制药过程分为流体动力过程、传热过程及传质过程三大类，同时为化学反应、制药工艺（温度、压力、流量、浓度等）提供条件，简称"三传一反"。其中三传是指以下内容。

1. 传动　实际上是能量的传递过程，研究流体的输送、压缩及非均相物系的分离等。

2. 传热　实际上是热量的传递过程，研究物料的升温、降温、改变相态等。

3. 传质　实际上是质量的传递过程，研究溶液浓缩、溶质和溶剂分离、均相物系的分离、降低物料的湿含量等。

利用这些单元操作，可以组合成制药工业和化学工业中各种产品的生产过程。

二、本课程的几个基本概念

在学习各种单元操作前，先要掌握贯穿全书的几个基本概念。要掌握过程始末的物料和热量之间的关系，需要进行物质和能量的核算，还可以依据各种平衡关系来掌握过程进行的方向和限度，过程的快慢及经济性。这些理论在本书各章节中都会用到，对以后各章节具有指导意义。对于在生产中节约原材料，得到产品，节约能源，减少碳排放也具有重要的指导意义。

（一）物料衡算

物料衡算的依据是质量守恒定律，在选定的体系或范围内，如果物料流经该体系是连续稳态过程（物料质量及组成等不随时间变化），在本教材中无特殊说明均为连续稳态、无化学反应的物理过程。根据质量守恒定律，物料输入体系的质量必须等于从该体系输出的物料质量，即

$$\sum m_{输入} = \sum m_{输出} \tag{绪-1}$$

式中，$\sum m_{输入}$ 为输入物料质量的总和，kg；$\sum m_{输出}$ 为输出物料质量的总和，kg。

物料质量可以是总物料的质量，也可以是某组分的质量，也可以是质量流量，但对同一个物料衡算式必须统一。

物料衡算的方法和步骤具体如下。

1. 划定范围 依题意画示意图，确定物料衡算所包括或涉及的范围，一般可用封闭虚线或圆圈将需要衡算的体系划定出来，进、出体系的物料用带箭头的物流线表明，物流线要与范围线相交（如果不相交说明该物流没有进入或离开体系）。划定的范围根据研究的需要，可以大到一个工厂、一个车间，也可以小到一台设备、一段管道、一个阀门。

2. 确定基准 对于间歇生产，可以规定以一批物料为衡算基准；对于连续生产，一般可以 1h 作为基准，也可以用 1 天、1 月或 1 年作为基准。

3. 列出方程 所列方程应该包含已知条件和未知量，若有 n 个未知量的衡算问题，需要列出 n 个独立存在的衡算方程。一般是先列出整个物料衡算方程，再列出某组分的衡算方程。

4. 求解方程 从联立方程组中解出未知量。

实例分析绪-1 如图绪-1 所示，某制药厂用连续蒸发器对葡萄糖溶液进行浓缩操作，已知进料量为 3000kg/h，原料液的质量分数为 0.15，稀溶液先送入第一个蒸发器进行蒸发，然后送入第二个蒸发器继续蒸发，经测算从第二个蒸发器出来的浓缩液质量分数为 0.75，从第二个蒸发器蒸出的水分是第一个蒸发器蒸出的 1.4 倍，试求：

（1）每小时两个蒸发器的水分蒸发量 W_1、W_2；

（2）第一个蒸发器蒸出产品的浓度 X_1。

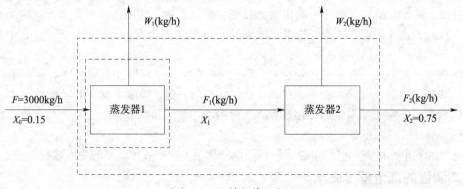

图绪-1 物料衡算示意图

分析：

1. （1）划定范围　依题意画出示意图（图绪 –1），用外虚线框（两个蒸发器）划出研究范围，用箭头标明物料的来源和去向。

（2）选定基准　1h。

（3）列出物料衡算方程

总物料衡算方程：
$$F = W_1 + W_2 + F_2$$

分组分衡算方程：
$$FX_0 = F_2 X_2$$

已知：
$$W_2 = 1.4 W_1$$

（4）解方程得　$F_2 = 600 \text{kg/h}$　$W_1 = 1000 \text{kg/h}$　$W_2 = 1400 \text{kg/h}$

2. 以图中的内虚线框（第一个蒸发器）为衡算范围，列出物料衡算方程。

总物料衡算方程：
$$F = F_1 + W_1$$

分组分衡算方程：
$$FX_0 = F_1 X_1$$

解方程得：
$$F_1 = 2000 kg/h \quad X_1 = 0.225$$

（二）能量衡算

能量衡算的依据是能量守恒定律，对于无化学反应的单元操作过程所涉及的能量衡算是热量衡算和机械能衡算的两种形式，而以热量衡算为多。对于稳定的传热过程，热量衡算可表示为

$$\sum Q_{输入} = \sum Q_{输出} + Q_{损} \qquad （绪 –2）$$

式中，$\sum Q_{输入}$ 为输入体系的总物料带入的热量，J；$\sum Q_{输出}$ 为输出体系的总物料带出的热量，J；$Q_{损}$ 为体系与环境交换的总热量，J。当体系向环境传热时，通常称为热损失，该值为正。

能量衡算的方法与物料衡算大同小异，也经历 4 个步骤。不同的是对具有数值相对性的热量，一般需要人为规定一个能量值为零的状态作为基准，如，规定 273K 时液态物质的热焓量为零。

任何一个生产过程都涉及能量的利用和节约成本，能量衡算是进行经济核算和实现过程最佳化的基础。通过能量衡算，可以找出生产中存在的能耗问题，说明能量利用的形式及节能的可能性，有助于设备改进以及制定合理的能量利用措施，达到节约能源，减少碳排放、保护环境及降低成本的目的。在制药、化工生产中，物料、热量衡算是生产、技术管理，寻找存在问题，进而提出对策的最基本的方法。

（三）过程的平衡

任何一个物理或化学变化过程都有其进行的方向和限度，在一定条件下，过程的变化达到了极限。例如，在 101.3kPa 下，100℃水与水蒸气处于平衡状态，这是一个动态平衡状态，如果要打破这个平衡，就得改变条件。对于化学反应也是如此，在一定条件下，物系在平衡状态时的温度、压力、各组分的浓度等不随时间变化，它们之间的关系即为平衡关系。当条件改变后，物系就会达到新的平衡状态、建立新的平衡关系。

平衡关系是分析各种制药化工过程进行程度的量化指标，也为实际过程的进行指明了标准，如精馏过程理论计算中理论板的引入，如果气液两相已达平衡，说明气液分离已达极限，在选择实际板时，总是希望实际板接近理论板，这就为设计选择实际板指明了方向，这样可以根据物系的状态判断过程已经进行到什么程度，是否达到了平衡状态，对实际生产过程的操作、产品质量的指标控制等提供了判断的依据。

（四）过程的速率

一个制药、化工生产过程进行的快慢是受很多因素影响的，但归结起来主要由两大因素决定，即过程进行的推动力和阻力，可以表示为

$$过程速率 = \frac{过程推动力}{过程阻力} \tag{绪-3}$$

过程的推动力常常用差距来描述。从式（绪-3）可以看出，单元操作过程速率的大小与过程的推动力成正比，与过程的阻力成反比，这也是自然界中普遍存在的规律。制药化工单元操作中传动过程的推动力是能量差，阻力是摩擦力；传热过程的推动力是温度差，阻力是热阻；传质过程的推动力是浓度差，阻力很复杂，受很多因素影响。在实际生产中，要明确过程进行的目的，是为了提高过程速率还是为了降低过程速率，这样才能控制影响过程速率的主要因素。如，在传热过程中，以加热为目的传热过程，就要增大传热温度差，而以保温为目的的传热过程，则需要从增大传热阻力入手。当过程的推动力为零时，则过程速率为零，即任何过程达到平衡状态时，其过程速率为零。所以物系偏离平衡状态越远，过程的推动力就越大，过程进行的速率就越快。

一个生产过程若要维持正常进行，设定的操作指标必须在不平衡的状态下才能进行，这对每个单元操作及整个生产过程都非常重要。

（五）过程最佳化

过程最佳化是研究过程进行的经济问题。工程上要求以最小的投入获得最大的效益。最小的投入应包含两方面内容，即一次性投入和日常性投入，要求两项之和最小，称过程最佳化。

三、单位制及单位换算

制药生产过程中涉及很多的物料，这些物料的量化需要由各种单位量来计量，如质量、流量等，还有表示体系状态性质的参数，如压力、温度等。这些物理量的种类很多，但都由基本单位和导出单位组成，工程计算中用到的单位制有物理单位制、工程单位制、国际单位制，本教材主要采用国际单位制。

国际单位制，代号 SI，一共采用 7 个物理量为基本单位，其名称和代号见表绪-1。

表绪-1　国际单位制的 7 个基本单位

基本物理量的名称	单位名称	单位代号	
		中文	国际单位
长度	米	米	m
质量	千克（公斤）[①]	千克（公斤）	kg
时间	秒	秒	s
热力学温度	开尔文[②]	开尔文	K
物质的量	摩尔	摩尔	mol
电流	安培	安培	A[③]
光强度	坎德拉	坎德拉	cd

[①] 括弧中的名称与它前面的名称是同义词。

[②] 热力学温度（绝对温度）没有负值，除以开尔文表示热力学温度外，也可以使用摄氏温度，摄氏度的代号为℃，两者换算关系为 $℃ \underset{-273.15}{\overset{+273.15}{\rightleftharpoons}} K$，K 进行热力学计算时一般近似取 273。

[③] 书写以人名命名的单位时需要大写。

国际单位制在实际使用时有时太大或太小，为了方便可对原单位乘以放大或缩小的倍

数，即在单位前加上词头，如，规定常用的词头有 10^6 为兆，代号为 M；10^3 为千，代号为 k；10^{-9} 为纳，代号为 n；10^{-6} 为微，代号为 μ；10^{-3} 为毫，代号为 m；10^{-2} 为厘，代号为 c；10^{-1} 为分，代号为 d。通常词头与单位符号之间连写，不用任何标点符号相隔，如，千克应写成 kg；同一个单位之前只能用一个词头，如，10^6 g 应写成 Mg，而不能写成 kkg；词头也不能冠于组合单位整体之前，如，不能写成 k（m/s）。

由基本单位通过既定的物理关系推导出的单位称为导出单位，如，牛顿第二定律 $F = ma$，力 F 的单位是由质量 m 和加速度 a 的单位导出，$kg \cdot m/s^2$，称为牛顿，代号 N。单位与单位相除所得的导出单位可表示成 N/m^2 或 $N \cdot m^{-2}$，$J/(kg \cdot K)$ 等，后者不能写成 $J/kg/K$，否则容易引起混淆。国际单位制的部分常见导出单位及相互关系见表绪 -2。

表绪 -2 国际单位制的部分常见导出单位及相互关系

物理量名称	换算公式	导出单位名称及代号	相互关系
速度	$v = \dfrac{s}{t}$	米每秒 m/s	
加速度		米每秒的平方 m/s^2	
面积		平方米 m^2	
体积		立方米 m^3	
密度	$\rho = \dfrac{m}{V}$	千克每立方米 kg/m^3	
力	$F = ma$ $G = mg$	牛顿 N	$1N = 1kg \cdot m \cdot s^{-2}$ $1kgf = 9.81N$
压力	$P = \dfrac{F}{S}$	帕斯卡 Pa	$1Pa = 1N \cdot m^{-2}$ $1Pa = 0.1019mmH_2O$ $1mmHg = 133.32Pa$ $1kgf \cdot cm^{-2} = 98.07 \times 10^3 Pa$ $1atm = 1.01325 \times 10^5 Pa = 0.101MPa$
功、能量、热量	$W = F \cdot S$	焦耳 J	$1J = 1N \cdot N$ $1kgf \cdot m = 9.81J$ $1kcal = 4.187 \times 10^3 J$
功率	$P = \dfrac{W}{t}$	瓦特 W	$1W = 1J \cdot s^{-1}$ $1kW = 864kcal \cdot h^{-1}$
比热容	$Q = C \cdot m \cdot \Delta T$	焦耳每千克开尔文 $J/(kg \cdot K)$	
传热系数	$Q = KA\delta\Delta T_m$	瓦每平方米开尔文 $W/(m^2 \cdot K)$	$1kcal \cdot m^{-2} \cdot h^{-1} \cdot {}^{\circ}C^{-1} = 1.163W \cdot m^{-2} \cdot K^{-1}$

数字与单位之间可留半个阿拉伯数字的间隙；从小数点起不论向左或向右，每 3 位数字也留同样的间隙，如 $g = 9.806\ 65m \cdot s^{-2}$。

物理量由一种单位换算成另一种单位时，量本身并无变化，但数值要改变，换算时要乘以量单位间的换算因数，所谓换算因数，就是原单位和新单位之比，它表示一个原单位相当于多少个新单位。

实例分析绪 -2 在物理单位制中，黏度的单位为 P（泊），即 $g \cdot cm^{-1} \cdot s^{-1}$，试将该单位换算成 SI 制中的黏度单位 Pa·s。

分析：根据 $F = ma$ 得 $1N = 1kg \cdot m \cdot s^{-2}$，根据 $P = \dfrac{F}{S}$ 得 $1Pa = 1N \cdot m^{-2}$

$$1Pa \cdot s = \frac{N}{m^2} \cdot s = \frac{kg \cdot m}{s^2 \cdot m^2} \cdot s = 1kg \cdot m^{-1} \cdot s^{-1}$$

故 $1P = 1g \cdot cm^{-1} \cdot s^{-1} = 10^{-3}kg \cdot (10^{-2}m)^{-1} \cdot s^{-1} = 10^{-3}kg \cdot (10^{-2})^{-1} \cdot s^{-1} = 0.1Pa \cdot s$

目标检测

一、判断题

1. 一般的传递过程都希望有较大的推动力，故过程速率在任何情况下越大越好。（　　）

2. 液体体积的常用单位是 L 或 ma，可通过 $1L = 10^{-3}m^3$ 换算成国际单位。（　　）

3. 生理盐水中氯化钠的摩尔质量为 58.5g/mol = 58.5kg/kmol = 58.5mg/mmol。（　　）

4. 用物理单位制表示 4℃ 时水的密度为 $1.00g/cm^3$，用国际单位制为 $10^3kg/m^3$。（　　）

5. 一台列管式换热器内的冷却水进出口温度分别为 20℃ 和 50℃，则进出口的温度差为 30℃，即 303K。（　　）

二、应用实例题

已知理想气体通用常数 $R = 0.08206\ L \cdot atm \cdot mol^{-1} \cdot K^{-1}$，试以国际单位 $J \cdot mol^{-1} \cdot K^{-1}$ 表示 R 的数值。

第一章

流体流动

学习目标

知识要求   **1. 掌握**   流体输送管路的基本组成；各种管件和阀门的结构、用途；流体静力学方程式、连续性方程和伯努利方程式的内容及其应用；管路中流体的压力、流速和流量的测定原理及方法，各种流量计的测量原理、结构、性能以及操作方法。

            2. 熟悉   流体的主要物性（密度、黏度）；流体静止和运动的基本规律；连续性、稳定与不稳定流动、流动类型；流体在管路中流动时流动阻力的产生原因、影响因素及计算方法。

            3. 了解   管路布置的基本原则。

技能要求   1. 会各种流体压力和流体测量仪表的使用技术；能够根据生产任务选择合适流体输送方式的方法技术。

            2. 会根据生产任务进行管路的布置、阀门的安置等方法技术。

流体包括液体和气体，流体流动是制药化工生产中最常见的单元操作。在制药化工生产中，不论是待加工的原料或是已制成的产品，常以液态或气态存在。各种工艺生产过程中，往往需要将液体或气体输送至设备内进行物理处理或化学反应，这就涉及选用什么类型、多大功率的输送机械，如何确定管道直径及如何控制物料的流量、压强、温度等参数以保证操作或反应能正常进行，这些问题都与流体流动密切相关。本章将着重讨论流体流动过程的基本原理及流体在管内的流动规律，并运用这些原理与规律去分析和计算流体的输送问题。

第一节   流体静力学

流体静力学主要是研究静止流体各物理量的变化规律。

一、流体的密度

单位体积流体的质量称为流体的密度，其表达式为

$$\rho = \frac{m}{V} \tag{1-1}$$

式中，ρ 为流体的密度，kg/m^3；m 为流体的质量，kg；V 为流体的体积，m^3。

流体的密度一般可在物理化学手册或有关资料中查得。

1. 液体密度   一般液体可视为不可压缩流体，其密度基本上不随压力变化，但随温度变化，变化关系可从有关手册中查出。

对于液体混合物，各组分的浓度常用质量分率来表示。现以 1kg 混合液体为基准，若各组分在混合前后其体积不变，则 1kg 混合物的体积等于各组分单独存在时的体积之

和，即

$$\frac{1}{\rho_m} = \frac{\omega_1}{\rho_1} + \frac{\omega_2}{\rho_1} + \cdots + \frac{\omega_n}{\rho_n} \tag{1-2}$$

式中，ω_n 为液体混合物中 n 组分的质量分数；ρ_m 为混合液体的密度，kg/m^3。

2. 气体密度 气体是可压缩的流体，其密度随压强和温度而变化。一般当压强不太高、温度不太低时，可按理想气体来换算，其表达式为

$$\rho = \frac{pM}{RT} \tag{1-3}$$

式中，p 为气体的绝对压强，Pa；T 为气体的绝对温度，K；M 为气体的摩尔质量，kg/mol；R 为气体常数，其值为 $8.314J/(mol \cdot K)$。

对于气体混合物，各组分的浓度常用体积分率来表示。现以 $1m^3$ 混合气体为基准，若各组分在混合前后其质量不变，则 $1m^3$ 混合气体的质量等于各组分的质量之和，即

$$\rho_m = \rho_1\chi_1 + \rho_2\chi_2 + \cdots + \rho_n\chi_n \tag{1-4a}$$

式中，χ_n 为气体混合物中 n 组分的体积分率；ρ_m 为气体混合物的平均密度，kg/m^3。

或

$$\rho = \frac{pM_m}{RT} \tag{1-4b}$$

气体混合物的平均密度也可按式（1-4b）计算，此时应以气体混合物的平均分子量代替式中的气体分子量

$$M_m = M_1y_1 + M_2y_2 + \cdots + M_ny_n \tag{1-5}$$

式中，y_n 为气体混合物中 n 组分的摩尔分率。

3. 相对密度 相对密度也称比重，各种物质的比重可从化工手册中查出。相对密度是物质的密度与参考物质的密度在各自规定的条件下之比。其表达式为

$$d = \frac{\rho}{\rho_\text{参}} \tag{1-6}$$

式中，d 为相对密度，无量纲量；ρ 为某流体的密度，kg/m^3；$\rho_\text{参}$ 为参考物质的密度，kg/m^3。

对于液体，一般参考物质会选用 $4℃$ 的水，此时水的密度为 $1000kg/m^3$。即

$$\rho = 1000d \tag{1-7}$$

水的参考密度适用于气体、液体和固体。

对于气体，作为参考密度的可以为空气或水；当以空气作为参考密度时，在标准状态（$0℃$ 和 $101.325kPa$）下干燥空气的密度 ρ_0 为 $1.293kg/m^3$。

二、流体的压力（压强）

1. 流体静压强的定义、单位 流体垂直作用于单位面积上的压力，称为流体的静压强，简称压强，其表达式为

$$p = \frac{F}{A} \tag{1-8}$$

式中，p 为流体的静压强，Pa；F 为垂直作用于流体表面上的压力，N；A 为作用面的面积，m^2。

在 SI 中，压强的单位 N/m^2，称为帕斯卡，以 Pa 表示。但习惯上还采用其他单位，如 atm（标准大气压）、某流体柱高度（$mmHg$、mH_2O）、bar（巴）等，它们之间的换算关系为

$1atm = 1.033kgf/cm^2 = 760mmHg = 10.33mH_2O = 1.0133bar = 1.0133 \times 10^5 Pa$

2. 压强的表达方式 流体的压强除用不同的单位来计量外，还可以有不同的计量基准。

以绝对零压作起点计算的压强，称为绝对压强，是流体的真实压强。

流体的压强可用测压仪表来测量。当被测流体的绝对压强大于外界大气压强时，所用的测压仪表称为压强表。压强表上的读数表示被测流体的绝对压强比大气压强高出的数值，称为表压强，即

$$表压强 = 绝对压强 - 大气压强$$

当被测流体的绝对压强小于外界大气压强时，所用测压仪表称为真空表。真空表上的读数表示被测流体的绝对压强低于大气压强的数值，称为真空度，即

$$真空度 = 大气压强 - 绝对压强$$

显然，设备内流体的绝对压强愈低，则它的真空度就愈高。真空度又是表压强的负值，例如，真空度为 600mmHg，则表压强是 -600mmHg。

应当指出，外界大气压强随大气的温度、湿度和所在地区的海拔高度的变化而改变。为了避免绝对压强、表压、真空度三者相互混淆，在以后的讨论中规定，对表压和真空度均加以标注，如 2000mmHg（表压）、400mmHg（真空度）等。

案例讨论

案例： 在没有任何器械帮助下，正常人下潜深度约为 10m，专业潜水员大概为 15～17m。

讨论： 正常人下潜的深度受什么因素的影响？

三、流体静力学基本方程式

现讨论流体在重力和压力作用下的平衡规律，这时流体处于相对静止状态。由于重力就是地心引力，可以看作是不变的，起变化的是压力。所以实质上是讨论静止流体内部压力（压强）变化的规律。用于描述这一规律的数学表达式，称为流体静力学基本方程式。

在一静止容器中盛有密度为 ρ 的静止液体（图 1-1）。现于液体内部任意划出一底面积为 A 的垂直液柱。若以容器底为基准水平面，则液柱的上、下底面与基准水平面的垂直距离分别为 Z_1、Z_2。

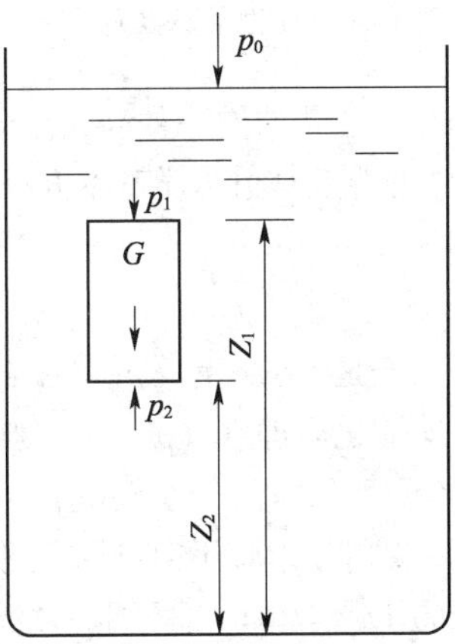

在垂直方向上作用于液柱上的力有：

（1）作用于上底面的压力 $p_1 A$；

（2）作用于下底面的压力 $p_2 A$；

（3）作用于整个液柱的重力 $G = \rho A g (Z_1 - Z_2)$。

液柱处于静止状态时，在垂直方向上各力的代数和应为零，即

$$p_2 A = p_1 A + \rho A g (Z_1 - Z_2)$$

整理为

$$p_2 = p_1 + \rho g (Z_1 - Z_2) \tag{1-9}$$

为讨论方便，对式（1-9）进行适当的变换，即将液柱的上底面取在容器的液面上，设液面上方的压强为 p_0，下底面取在距液面任意距离 h 处，作用于其上的压强为 p。则

$$p = p_0 + \rho g h \tag{1-9a}$$

图 1-1 流体静力学基本方程式的推导

式（1-9）及（1-9a）适用于液体和气体，统称为流体静力学基本方程式，讨论如下。

（1）当容器液面上方的压强一定时，静止液体内部任一点压强的大小 p 与液体本身的密度 ρ 和该点距液面的深度 h 有关。因此，在静止的、连续的同一液体内，处于同一水平面上各点的压强都相等。

（2）当液面上方的压强有改变时，液体内部各点的压强也发生同样大小的改变。

（3）式（1-9a）可改写为

$$\frac{p - p_0}{\rho g} = h \qquad (1-10)$$

式（1-10）说明压强差的大小可以用一定高度的液体柱来表示。由此可以引伸出压强的大小也可用一定高度的液体柱表示，这就是前面所介绍的压强可以用 mmHg、mH_2O 等单位来计量的依据。当用液柱高度来表示压强或压强差时，必须注明是何种液体，否则就失去了意义。

四、流体静力学基本方程式的应用

（一）压强与压强差的测量

测量压强的仪表很多，现介绍以流体静力学基本方程式为依据的测压仪器。这种测压仪器统称为液柱压差计，可用来测量流体的压强或压强差，较典型的有 U 管压差计和微差压差计两种。

1. U 管压差计 U 管压差计的结构如图 1-2 所示，它是一根 U 形玻璃管，内装有液体作为指示液。指示液要与被测流体不互溶，不起化学反应，且其密度应大于被测流体的密度。当测量管道中 1 点与 2 点处流体的压强差时，可将 U 管的两端分别与 1 点及 2 点相连，由于两截面的压强 p_1 和 p_2 不相等，所以在 U 管的两侧便出现指示液面的高度差 R，R 称为压差计的读数，其值的大小反映 1 及 2 两截面间的压强差 $(p_1 - p_2)$ 的大小。$(p_1 - p_2)$ 与 R 的关系式，可根据流体静力学基本方程式进行推导。

图 1-2 U 型管压差计

图 1-2 所示的 U 管底部装有指示液，其密度为 $\rho_指$，U 管两侧臂上部及连接管内均充满待测流体，其密度为 ρ。图中 A、B 两点都在连通着的同一种静止流体内，并且在同一水平面上，所以这两点的静压强相等，即 $p_A = p_B$。根据流体静力学基本方程式可得

$$p_A = p_1 + \rho g (m + R)$$

$$p_B = p_2 + \rho g m + \rho_指 g R$$

于是 $p_1 + \rho g (m + R) = p_2 + \rho g m + \rho_指 g R$

简化后即得 $(p_1 - p_2)$ 与 R 的关系式为

$$\Delta p = p_1 - p_2 = (\rho_指 - \rho) g R \qquad (1-11)$$

U 管压差计不但可用来测量流体的压强差，也可测量流体在任一处的压强。若 U 管一端与设备或管道某一截面连接，另一端与大气相通，这时读数 R 所反映的是表压强或真空度。

2. 微差压差计 由式（1-11）可以看出，若所测量的压强差很小，U 管压差计的读数 R 也就很小，有时难以准确读出 R 值。为了把读数 R 放大，除了在选用指示液时，尽可能地使其密度 $\rho_指$ 与被测流体的密度 ρ 接近外，还可采用如图 1-3 所示的微差压差计。

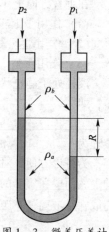

图 1-3 微差压差计

其特点具体如下。

（1）微差压差计内装有两种密度相接近、但不互溶的指示液 a 和 b，而指示液与被测流体亦应不互溶。

（2）为了读数方便，使 U 管的两侧臂顶端各装有扩大室，俗称为"水库"。扩大室内径与 U 管内径之比应大于 10。这样，扩大室的截面积比 U 管的截面积大得很多，即使 U 管内指示液的液面差 R 很大，但两扩大室内的指示液的液面变化很微小，可以认为维持等高。于是压强差 $(p_1 - p_2)$ 便可用下式计算，即

$$\Delta p = p_1 - p_2 = (\rho_a - \rho_b)gR \tag{1-11a}$$

式（1-11a）中的 $\rho_a - \rho_b$ 是两种指示液的密度差。

拓展阅读

弹簧管式压力表

一、工作原理

弹簧管式压力表（图1-4）由一根截面为扁圆形管子弯成圆弧形，其工作原理示意图如图1-5所示。管子 B 端封闭，A 端通入被测工质。当管内感受到工质的压力时，B 端会发生位移。当压力大于大气压时，管子向 B′ 端位移，反之则向 B″ 端位移。B 端连接传动机构，带动指针旋转，指示出工质的压力。

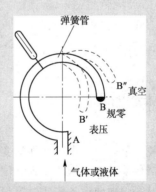

图1-4 弹簧管式压力表　　图1-5 弹簧管式压力表原理示意图

二、弹簧管式压力表使用注意事项

1. 所测工质不应对压力表的材料产生腐蚀。

2. 不同规格的压力表，都有其相适应的温度与相对湿度的使用范围。

3. 在测量稳压时，不应超过测量上限值的2/3；测量波动压力时不得超过上限值的1/2，所测工质最小压力不低于上限值的1/3，每秒钟工质的压力变化不超过上限值的10%。

4. 压力表卸下存放时应对接头进行防锈防尘保护。

（二）液位的测量

制药厂中经常要了解容器里液体的贮存量，或要控制设备里的液面高度，因此要进行液位的测量。大多数液位计的作用原理均遵循静止液体内部压强变化的规律。

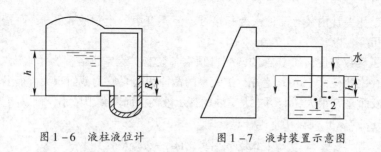

图 1-6 液柱液位计   图 1-7 液封装置示意图

最原始的液位计用玻璃管内所示的液面高度即为容器内的液面高度。这种构造易于破损，而且不便于远处观测。图 1-6 所示液柱液位计的原理是

$$h = \frac{\rho_{指}}{\rho} R \tag{1-12}$$

式中，$\rho_{指}$ 是 U 型管内指示液的密度；ρ 是储罐内被测流体的密度。

（三）液封高度的计算

在制药生产中常遇到设备的液封问题。主要根据流体静力学基本方程式来确定液封的高度。设备内操作条件不同，采用液封的目的也就不相同。液封的目的主要是防止设备超压，一旦设备内压力超标时，介质就会排出随水流失。如图 1-7 所示的液封装置示意图，其液封高度为

$$h = \frac{p_{表}}{\rho g} \tag{1-13}$$

式中，$p_{表}$ 是设备内压力；ρ 是液封介质的密度。

第二节 流体动力学

前面我们讨论了静止流体内部压强的变化规律和用途。但要了解流动着的流体内部压强变化的规律，或解决液体从低位流到高位、从低压处流到高压处需要输送设备对液体提供的能量，以及从高位槽向设备输送一定量的料液时，高位槽应安装的高度等问题，以满足制药工艺和化学反应所要求的条件，必须找出流体在管内的流动规律。反映流体流动规律的有连续性方程式与伯努利方程式。

一、 流量与流速

1. 流量 单位时间内流过管道任一截面的流体量，称为流量。若流量用体积来计量，则称为体积流量，以 V_s 表示，其单位为 m³/s。若流量用质量来计量，则称为质量流量，以 W_s 表示，其单位为 kg/s。体积流量和质量流量的关系为

$$W_s = V_s \rho \tag{1-14}$$

2. 流速 单位时间内流体在流动方向上所流过的距离，称为流速。以 u 表示，其单位为 m/s。因流体流经管道任一截面上各点的流速随管径而变化，故流体的流速通常是指整个管截面上的平均流速，其表达式为

$$u = \frac{V_s}{A} \tag{1-15}$$

式中，A 为与流动方向相垂直的管道截面积，m^2。

由式（1-14）与（1-15）可得流量与流速的关系，即

$$W_s = V_s\rho = uA\rho \tag{1-16}$$

由于气体的体积流量随温度和压强而变化，显然气体的流速亦随之而变。因此，采用质量流速就较为方便。质量流速的定义是单位时间内流体流过管道单位截面积的质量，亦称为质量通量，以 G 表示，其表达式为

$$G = \frac{W_s}{A} = \frac{uA\rho}{A} = u\rho \tag{1-17}$$

式中，G 的单位为 $kg/(m^2 \cdot s)$。

3. 圆形输送管道直径的确定　对内径为 d 的圆管，可将式（1-15）变为

$$d = \sqrt{\frac{4V_s}{\pi u}} \tag{1-18}$$

为满足过程最佳化，在已知流量（工艺或产量给定）时，合理选择适宜的流速后，才能根据式（1-18）确定管内径。若管径过大，一次性投资大；管径过小，日常能量损耗大，两者都不经济。常见流体适宜的流速见表1-1。按式（1-18）求得管径后需圆整到标准管径（参见附录十八）。圆整时向偏大方向选管，以便扩大生产。

表1-1　常见流体在管道中的适宜流速范围

流体种类	适宜流速（m/s）	流体种类	适宜流速（m/s）
水及一般液体	1～3	饱和水蒸气	
黏性液体	0.5～1	0.3kPa（表压）	20～40
常压下的一般气体	10～20	0.8kPa（表压）	40～60
压强较高的气体	15～25	过热蒸汽	30～50

实例分析1-1　某车间要求安装一根输水量为 $45m^3/h$ 的管道，试选择合适的水管型号。

分析：依题意根据 $d = \sqrt{\dfrac{4V_s}{\pi u}}$

取水在管内的速度 $u = 1.5m/s$

则 $d = \sqrt{\dfrac{4V_s}{\pi u}} = \sqrt{\dfrac{4 \times 45/3600}{3.14 \times 1.5}} = 0.103m = 103mm$

查附录十八，确定选用 $\phi 114mm \times 4mm$（即管外径为 $114mm$，壁厚为 $4mm$）的钢管，其内径为 $114 - 4 \times 2 = 106mm$。

水在管内的实际流速为 $u' = \dfrac{V_s}{A} = \dfrac{45/3600}{0.785 \times 0.106^2} = 1.42m/s$。

二、稳定流动与不稳定流动

在流动系统中，若各截面上流体的流速、压强、密度等有关物理量仅随位置而改变，不随时间而变，这种流动称为稳定流动，如图1-8所示；若流体在各截面上的有关物理量既随位置而变，又随时间而变，则称为不稳定流动，如图1-9所示。间歇生产和连续生产的开、停车阶段都属于不稳定流动。本章着重讨论稳定流动的问题。

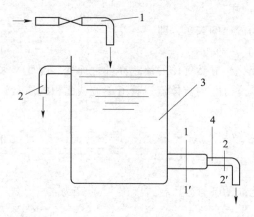

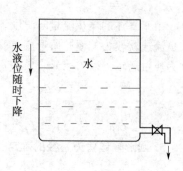

图 1 – 8 稳定流动　　　　　　　　　　图 1 – 9 不稳定流动

1. 进水管；2. 溢流；3. 容器；4. 出水管；1 – 1′、2 – 2′：截面

三、稳定流动的物料衡算——连续性方程式

案例导入

案例：中国最大的水力发电站是三峡水力发电站，几乎所有的水力发电站都会建造截流工程。

讨论：1. 截流是指什么？

　　　　2. 大坝截流后，为什么江水通过截流口时会让平静的江水产生如万马奔腾般的感觉？

在稳定流动系统中，对直径不同的管段作物料衡算，如图 1 – 10 所示。以管内壁截面 1 – 1′ 与 2 – 2′ 为衡算范围。由于把流体视为连续介质，即流体充满管道，并连续不断地从截面 1 – 1′ 流入、从截面 2 – 2′ 流出。

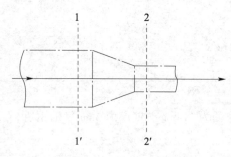

图 1 – 10　稳定流动系统物料衡算示意图

对于稳定流动系统应遵循质量守恒定律，物料衡算的基本关系仍为输入量等于输出量。若以单位时间为基准，则物料衡算式为 $W_{s_1} = W_{s_2}$。

因 $W_s = uA\rho$，故上式可写成

$$W_s = u_1 A_1 \rho_1 = u_2 A_2 \rho_1 \qquad (1 – 19)$$

若式（1 – 19）推广到管路上任何一个截面，即

$$W_s = u_1 A_1 \rho_1 = u_2 A_2 \rho_2 = \cdots = uA\rho = 常数$$

$$(1 – 19a)$$

式（1 – 19a）即为连续性方程，该方程表示在稳定流动系统中，流体流经各截面的质量流量不变。

若流体为不可压缩的流体，即 $\rho = 常数$，则式（1 – 19a）可改写为

$$V_s = u_1 A_1 = u_2 A_2 = \cdots = uA = 常数，或\quad \frac{u_1}{u_2} = \frac{A_2}{A_1}$$

即流速与面积成反比。

对于圆形的管子，则上式可变为

$$\frac{u_1}{u_2} = \frac{A_2}{A_1} = \frac{d_2^2}{d_1^2} \qquad\qquad (1-19b)$$

式（1–19b）说明不可压缩流体体积流量一定时，圆形管道中的流速与管内径成反比。

实例分析 1–2 一管路有内径为 100mm 和 200mm 的钢管连接而成。已知密度为 1186kg/m³ 的液体在大管中的流速为 0.5m/s，试求：（1）小管中的流速；（2）管路中流体的体积流量和质量流量。

分析：由式 $\frac{u_1}{u_2} = \frac{A_2}{A_1} = \frac{d_2^2}{d_1^2}$，已知：$d_1 = 0.1m$，$d_2 = 0.2m$，$u_2 = 0.5m/s$，于是得

（1）小管中的流速 $u_1 = u_2 \ (d_2/d_1)^2 = 0.5 \times \ (0.2/0.1)^2 = 2m/s$

（2）体积流量 $V_s = u_1 A_1 = 2 \times 0.785 \times \ (0.1)^2 = 0.0157m^3/s$

质量流量 $W_s = V_s \rho = 0.0157 \times 1186 = 18.62kg/s$

四、稳定流动系统的能量衡算——伯努利方程

当流体在流动系统中做稳定流动时，根据能量守恒定律，对任一段系统内流动的流体做能量衡算，可以得到表示流体流动时能量变化规律的伯努利方程。流体流动时的能量形式主要有机械能、外加能量和损失能量。

（一）机械能

流体的机械能有以下几种形式。

1. 位能 流体受重力作用在不同高度所具有的能量称为位能。将质量为 $m$kg 的流体自基准水平面 O–O′ 上升到 z 处所做的功，即为位能。

$m$kg 的流体的位能 = mgz（J）

1kg 流体所具有的位能为 gz，其单位为 J/kg。

2. 动能 流体以一定速度流动，便具有动能。

$m$kg 的流体的动能 = $\frac{1}{2}mu^2$（J）

1kg 的流体所具有的动能为 $\frac{1}{2}u^2$，其单位为 J/kg。

3. 静压能 如图 1–11，由于流体有一定静压力而具有的能量，不仅存在于静止流体内部也存在于流动着的流体内部。如，管子破裂时我们可以看到液体往外喷射，喷出的液柱高度便是液体静压能的体现。设质量为 m、体积为 V_1 的流体，通过 1–1′ 截面所需的作用力 $F_1 = p_1 A_1$，流体进入管内所走的距离 V_1/A_1，故流体在此力作用的功相当于静压能。

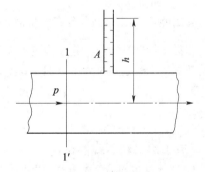

图 1–11　流动液体存在静压能的示意图

$m$kg 的流体的静压能 $= p_1 A_1 \times V_1/A_1 = p_1 V_1$

1kg 的流体所具有的静压能为 $\dfrac{p_1 V_1}{m} = \dfrac{p}{\rho}$，其单位为 J/kg。

位能、动能、静压能之和称为某截面上的总机械能，即总机械能 = 位能 + 动能 + 静压能。

1kg 的流体所具有的总机械能 $= gz + \dfrac{1}{2}u^2 + \dfrac{p}{\rho}$。

（二）外加能量

若所选定区域装有流体输送机械，该输送机械将机械能输送给流体，我们将单位质量

流体从流体输送机械获得的能量称为外加能量，用符号 W_e 表示，单位为 J/kg。

（三）损失能量

流体具有黏性，在流动过程中因克服摩擦阻力而产生能量损失，我们将单位质量流体损失的能量，称为损失能量，用符号 $\sum h_f$ 表示，单位为 J/kg。

（四）伯努利方程的导出

流体在稳定流动过程中，如图 1 – 12，流体从泵入口截面 1 – 1′流入，经粗细不同的管道，从泵出口截面 2 – 2′流出。管路上装有对流体做功的泵。

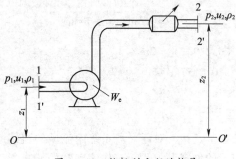

图 1 – 12　伯努利方程的推导

衡算范围：内壁面、1 – 1′与 2 – 2′截面间。

衡算基准：1kg 流体。

基准水平面：O—O′平面。

设 u_1、u_2 为流体分别在截面 1 – 1′与 2 – 2′处的流速，m/s；p_1、p_2 为流体分别在截面 1 – 1′与 2 – 2′处的压强，N/m²；z_1、z_2 为截面 1 – 1′与 2 – 2′的中心至基准水平面 O – O′的垂直距离，m；ρ_1、ρ_2 为截面 1 – 1′与 2 – 2′处流体的密度，kg/m³；W_e 为外加能量，J/kg；$\sum h_f$ 为损失能量，J/kg。

1kg 流体进、出系统时输入和输出的能量有下面各项

输入能：1 – 1′截面所具有的机械能 $= gz_1 + \dfrac{1}{2}u_1^2 + \dfrac{p_1}{\rho_1}$ 和外加能量 W_e；

输出能：2 – 2′截面所具有的机械能 $= gz_2 + \dfrac{1}{2}u_2^2 + \dfrac{p_2}{\rho_2}$ 和损失能量 $\sum h_f$。

根据能量守恒定律，连续稳定流动系统的能量衡算是以输入的总能量等于输出的总能量为依据的，于是便可列出以 1kg 流体为基准的能量衡算式，即

$$gz_1 + \frac{1}{2}u_1^2 + \frac{p_1}{\rho_1} + W_e = gz_2 + \frac{1}{2}u_2^2 + \frac{p_2}{\rho_2} + \sum h_f \tag{1-20}$$

式（1 – 20）即为实际流体的伯努利方程。

（五）伯努利方程的讨论

1. 理想流体的伯努利方程　我们把没有黏性的流体叫作理想流体。假设流体流动过程不存在外加机械，那伯努利方程变为

$$gz_1 + \frac{1}{2}u_1^2 + \frac{p_1}{\rho_1} = gz_2 + \frac{1}{2}u_2^2 + \frac{p_2}{\rho_2} \tag{1-20a}$$

式（1 – 20a）称为理想流体的伯努利方程。

2. 不可压缩流体的伯努利方程　以 1kg 为例，不可压缩流体 $\rho_1 = \rho_2$，则式（1 – 20）变为

$$gz_1 + \frac{1}{2}u_1^2 + \frac{p_1}{\rho} + W_e = gz_2 + \frac{1}{2}u_2^2 + \frac{p_2}{\rho} + \sum h_f \tag{1-20b}$$

3. 以单位重量（1N）流体为衡算基准　将式（1 – 20b）各项都除以重力加速度 g，可得到以压头表示的能量方程

$$z_1 + \frac{1}{2g}u_1^2 + \frac{p_1}{\rho g} + \frac{W_e}{g} = z_2 + \frac{1}{2g}u_2^2 + \frac{p_2}{\rho g} + \frac{\sum h_f}{g}\ (\text{m})$$

令外加压头（扬程）$H_e = \dfrac{W_e}{g}$，损耗压头 $H_f = \dfrac{\sum h_f}{g}$

则

$$z_1 + \frac{1}{2g}u_1^2 + \frac{p_1}{\rho g} + H_e = z_2 + \frac{1}{2g}u_2^2 + \frac{p_2}{\rho g} + H_f \tag{1-20c}$$

式（1-20c）中各项的单位均为 $\dfrac{\mathrm{J/kg}}{\mathrm{N/kg}} = \mathrm{J/N} = \mathrm{m}$，表示单位重量流体所具有的能量。虽然各项的单位为 m，与长度的单位相同，但在这里应理解为 m 液柱，其物理意义是指单位重量的流体所具有的机械能。习惯上将 z、$\dfrac{u^2}{2g}$、$\dfrac{p}{\rho g}$ 分别称为位压头、动压头和静压头，三者之和称为总压头。H_e 为单位重量的流体从流体输送机械所获得的能量，称为外加压头或有效压头。

式（1-20b）、（1-20c）适用于不可压缩性流体。对于可压缩性流体，当所取系统中两截面间的绝对压力变化率小于 20%，即 $\dfrac{p_1 - p_2}{p_1} < 20\%$ 时，仍可用该方程计算，但式（1-20b）、（1-20c）的密度 ρ 应以两截面的平均密度 ρ_m 代替。

4. 有效功率 W_e 是输送设备对 1kg 流体所做的功。单位时间输送设备所做的有效功，称为有效功率，表示符号 N_e，其计算公式为

$$N_e = W_e W_s = V_s \rho W_e \tag{1-21}$$

式中，N_e 为有效功率，W。

实际上，输送机械本身也有能量转换效率，则流体输送机械实际消耗的功率应为

$$N = \frac{N_e}{\eta} \tag{1-22}$$

式中，N 为流体输送机械的轴功率，W；η 为流体输送机械的效率，无量纲量。

五、伯努利方程在工程中的应用实例

（一）应用伯努利方程的解题步骤

1. 根据题意画出流程示意图，标明流体的流动方向。并将主要数据如高度、管径、流量等列入图中。

2. 选取两个有效截面，两截面应与流动方向垂直，并且在两截面间的流体必须是连续的。截面应选在已知量最多，并且包含要求的未知量的位置上，以便于解题。

3. 选取一个基准水平面，目的是为了确定流体位能的大小。位能是相对值，所以，基准水平面可以在两截面中任意位置选取而不影响计算结果，但必须与地面平行。z 值是指截面中心点与基准水平面间的垂直距离。为了计算方便，通常取较低的一个截面的中心所在的水平面作为基准面。基准面上的 $z = 0$；如，衡算系统为水平管道，则基准水平面通过管道的中心线，$\Delta z = 0$。

4. 在两截面之间列出伯努利方程。

5. 简化方程，求解方程。有时还需要列出连续性方程、静力学方程等其他方程，才能求解。

（二）应用伯努利方程注意事项

在应用伯努利方程时，除了按上述步骤解题外，计算中还有需要注意的问题。

1. 各物理量的单位应保持一致，应把有关物理量换算成一致的 SI 单位。两截面的压强除要求单位一致外，还要求表示方法一致。从伯努利方程式的推导过程得知，式（1-20）中两截面的压强为绝对压强，但由于式中所反映的是压强差（$\Delta p = p_2 - p_1$）的数值，且绝对

压强 = 大气压 + 表压，因此两截面的压强可以同时用表压强来表示，截面若与大气相连通，则表压 = 0。

2. 方程中的 z 和 p 值，一律取截面中心值。流速 u 一律用该截面的平均流速。

3. 出口两侧流体的压强相等。

4. 大截面（如，大容器横截面）上流体的流速可近似取为零。

5. 外加能量 W_e 和流入能量、能量损失 $\sum h_f$ 和流出能量写在一起，与截面标号无关。

（三）应用伯努利方程实例

1. 确定高位槽的设置高度或设备间的相对位置

实例分析 1 – 3　如图 1 – 13 所示，密度为 850kg/m³ 的料液从高位槽送入塔中。高位槽内液面维持恒定，塔内表压为 10kPa，进料量为 5m³/h。连接管为 φ38mm × 2.5mm 的钢管，料液在连接管内流动时损失的能量为 30J/kg。求高位槽的液面应比塔的进料口高出多少米？

分析：取高位槽液面为 1 – 1′ 截面，出料口为 2 – 2′ 截面，并以 2 – 2′ 截面出料管中心线为基准面，则 $z_2 = 0$，$p_1 = 0$（表压），$p_2 = 10\text{kPa} = 1.0 \times 10^4 \text{Pa}$（表压），$u_1 \approx 0$，$d_2 = 38 - 2.5 \times 2 = 33\text{mm} = 0.033\text{m}$，$\sum h_f = 30\text{J/kg}$，$W_e = 0$。

流体在管中的流速为：$u_2 = u = \dfrac{V_s}{\frac{1}{4}\pi d^2} = \dfrac{5/3600}{0.0785 \times 0.033^2} = 1.62\text{m/s}$

在 1 – 1′ 与 2 – 2′ 截面之间列伯努利方程

$$gz_1 + \frac{1}{2}u_1^2 + \frac{p_1}{\rho} + W_e = gz_2 + \frac{1}{2}u_2^2 + \frac{p_2}{\rho} + \sum h_f$$

化简，得 　　　　$gz_1 = \frac{1}{2}u_2^2 + \frac{p_2}{\rho} + \sum h_f = \dfrac{1.62^2}{2} + \dfrac{10000}{850} + 30$

计算得高位槽的液面应比塔进料口至少高出 h：$h = z_1 = 4.39\text{m}$

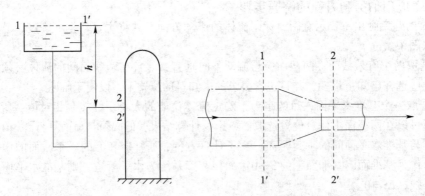

图 1 – 13　实例 1 – 3 附图　　　　　图 1 – 14　实例 1 – 4 附图

2. 确定管路中流体的流速和流量

实例分析 1 – 4　如图 1 – 14 所示，在管路中有相对密度为 0.9 的流体通过。大管的内径为 106mm，小管的内径为 68mm。大管 1 – 1′ 截面处液体的流速为 1m/s，压力为 120kPa（绝对压力）。求小管 2 – 2′ 截面处流体的流速和压力。（两截面阻力损失忽略不计）

分析：已知 $\rho = 0.9 \times 1000 = 900\text{kg/m}^3$，$d_1 = 0.106\text{m}$，$d_2 = 0.068\text{m}$，$u_1 = 1\text{m/s}$，$p_1 = 120\text{kPa} = 1.2 \times 10^5 \text{Pa}$。

小管 $2 - 2'$ 界面处流体的流速 u_2：$u_2 = u_1 \left(\dfrac{d_1}{d_2} \right)^2 = 1 \times \left(\dfrac{0.106}{0.068} \right)^2 = 2.43 \mathrm{m/s}$

小管 $2 - 2'$ 截面处液体的压力 p_2：在 $1 - 1'$ 和 $2 - 2'$ 截面之间列伯努利方程，取管中心线为基准面，则 $z_1 = z_2 = 0$，$\sum h_\mathrm{f} = 0$，$W_\mathrm{e} = 0$，伯努利方程化简为

$$\frac{1}{2} u_1^2 + \frac{p_1}{\rho} = \frac{1}{2} u_2^2 + \frac{p_2}{\rho}$$

代入

$$\frac{1}{2} + \frac{1.2 \times 10^5}{900} = \frac{2.43^2}{2} + \frac{P_2}{900}$$

解得

$$p_2 = 117800 \mathrm{Pa} = 117.8 \mathrm{kPa} \text{（绝对压力）}$$

3. 确定输送液体所需的压力或管路中流体的压强

实例分析 1 – 5 如图 1 – 15 所示，某厂利用喷射泵输送氨。管中稀氨水的质量流量为 $1 \times 10^4 \mathrm{kg/h}$，密度为 $1000 \mathrm{kg/m^3}$，入口处的表压为 147kPa（表压）。管道的内径为 53mm，喷嘴出口处内径为 13mm，喷嘴能量损失可忽略不计，试求喷嘴出口处的压力。

分析：取稀氨水入口为 $1 - 1'$ 截面，喷嘴出口为 $2 - 2'$ 截面，管中心线为基准水平面。在 $1 - 1'$ 和 $2 - 2'$ 截面间列伯努利方程

$$z_1 g + \frac{1}{2} u_1^2 + \frac{p_1}{\rho} + W_\mathrm{e} = z_2 g + \frac{1}{2} u_2^2 + \frac{p_2}{\rho} + \sum h_\mathrm{f}$$

其中 $z_1 = 0$，$p_1 = 147 \times 10^3 \mathrm{Pa}$（表压），$W_\mathrm{e} = 0$，$\sum h_\mathrm{f} = 0$，$z_2 = 0$，

$$u_1 = \frac{W_\mathrm{s}}{\frac{\pi}{4} d_1^2 \rho} = \frac{1000/3600}{0.785 \times 0.053^2 \times 1000} = 1.26 \mathrm{m/s}$$

喷嘴出口速度 u_2 可直接计算或由连续性方程计算

$$u_2 = u_1 \left(\frac{d_1}{d_2} \right)^2 = 1.26 \times \left(\frac{0.053}{0.013} \right)^2 = 20.94 \mathrm{m/s}$$

将以上各值代入伯努利方程

$$\frac{1}{2} \times 1.26^2 + \frac{147 \times 10^3}{1000} = \frac{1}{2} \times 20.94^4 + \frac{p_2}{1000}$$

解得 $p_2 = -71.74 \mathrm{kPa}$（表压），即喷嘴出口处的真空度为 71.74kPa。

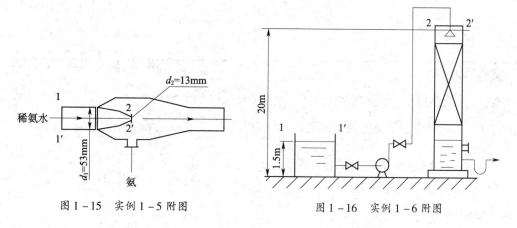

图 1 – 15 实例 1 – 5 附图　　　　　图 1 – 16 实例 1 – 6 附图

4. 确定输送设备的有效功率及轴功率

实例分析 1 – 6 某化工厂用泵将敞口碱液池中的碱液（密度为 $1100 \mathrm{kg/m^3}$）输送至吸收塔顶，经喷嘴喷出，如图 1 – 16 所示。泵的入口管为 $\phi 108 \mathrm{mm} \times 4 \mathrm{mm}$ 的钢管，管中的流速

为 1.2m/s，出口管为 $\phi76mm \times 3mm$ 的钢管。贮液池中碱液的深度为 1.5m，池底至塔顶喷嘴入口处的垂直距离为 20m。碱液流经所有管路的能量损失为 30.8J/kg（不包括喷嘴），在喷嘴入口处的压力为 29.4kPa（表压）。设泵的效率为 60%，试求泵所需的功率。

分析：如图 1-16 所示，取碱液池中液面为 1-1′ 截面，塔顶喷嘴入口处为 2-2′ 截面，并且以 1-1′ 截面为基准水平面。

在 1-1′ 和 2-2′ 截面间列伯努利方程

$$z_1 g + \frac{1}{2}u_1^2 + \frac{p_1}{\rho} + W_e = z_2 g + \frac{1}{2}u_2^2 + \frac{p_2}{\rho} + \sum h_f$$

其中，$z_1 = 0$，$p_1 = 0$（表压），$u_1 \approx 0$，$z_2 = 20 - 1.5 = 18.5m$，$p_2 = 29.4 \times 10^3 Pa$（表压）

化简，得 $W_e = z_2 g + \frac{1}{2}u_2^2 + \frac{p_2}{\rho} + \sum h_f$

已知泵入口管的尺寸及碱液流速，可根据连续性方程计算泵出口管中碱液的流速

$$u_2 = u_人 \left(\frac{d_人}{d_2}\right)^2 = 1.2 \times \left(\frac{100}{70}\right)^2 = 2.45 m/s$$

$$\rho = 1100 kg/m^3，\qquad \sum h_f = 30.8 J/kg$$

将以上各值代入上式，可求得输送碱液所需的外加能量

$$W_e = 18.5 \times 9.81 + \frac{1}{2} \times 2.45^2 + \frac{29.4 \times 10^3}{1100} + 30.8 = 242.0 J/kg$$

碱液的体积流量

$$V_s = \frac{\pi}{4}d_2^2 u_2 = 0.785 \times 0.07^2 \times 2.45 = 0.00942 m^3/s$$

泵的有效功率 $N_e = W_e V_s \rho = 242 \times 0.00942 \times 1100 = 2507 W = 2.51 kW$

泵的效率为 60%，则泵的轴功率

$$N = \frac{N_e}{\eta} = \frac{2.51}{0.6} = 4.18 kW$$

第三节 流体在管路流动时的阻力

案例导入

案例：花生油摸在手上感觉黏糊糊的，但是接触水就没有这样的感觉。

讨论：1. 这种摸在手上感觉黏黏的液体还有什么？摸在手上没有黏黏感觉的流体有什么？

　　　2. 这种黏黏的流体流动起来流速是快还是慢？

一、黏度的概念

1. 产生流动阻力的原因——内摩擦力　为了更好地了解流动阻力的来源及其性质，可以用两个固体的相对运动来说明。在圆管内放一根直径与管内径十分接近的圆木杆，杆的一端施以一定的推力来克服杆的表面与管壁间的摩擦力，木杆才能在管内通过，这种摩擦

力就是两个固体壁面间发生相对运动时出现的阻力。又如，水在圆管内流过时也有类似现象，但也有特殊地方。木杆是一个不可分割的整体向前滑动，杆内部各点的速度都相同，摩擦阻力作用于木杆的外周与管内壁接触的表面上。水在管内流过时，由实测可知任一截面上各点水流速度并不相同，管子中心速度最大，越接近管壁速度就越小，在贴近管壁处速度为零。所以，流体在管内流动时，实际上被分割成无数极薄的一层套着一层的"流筒"，各层以不同速度向前流动，如图 1 – 17 所示。速度快的"流筒"对慢的起带动作用，而速度慢的"流筒"对快的又起拉曳作用。由于各层速度不同，层与层之间发生了相对运动，速度快的流体层对与之相邻的速度较慢的流体层产生了一个推动其向运动方向前进的力，同时速度慢的流体层对速度快的流体层也作用着一个大小相等、方向相反的力，从而阻碍较快的流体层向前运动。这种运动着的流体内部相邻两流体层间的相互作用

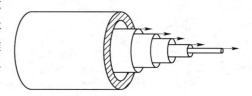

图 1 – 17 管内流体速度示意图

力，称为流体的内摩擦力，是流体黏性的表现，所以又称为黏滞力或黏性摩擦力。流体在流动时的内摩擦，是流动阻力产生的原因，流体流动时必须克服内摩擦力而做功，从而将流体的一部分机械能转变为热而损失掉。

流体呈滞流状态时，靠近管壁处有一层流体呈层流状态，这层流体称层流内层，其流速极慢或等于零。如，把碗洗干净后，快速倒掉（属于滞流），静置一段时间后，碗底有水，说明碗的表面有一层层流内层。

2. 流体的黏度　流体流动时流层之间产生内摩擦力的这种特性称为黏性。黏性大的流体不易流动，从桶底把油放完比把相同条件的水放完要慢得多，就是因为油的黏性比水的大。

黏度是反映流体黏性大小的物理量，称为黏性系数或动力黏度，简称黏度。用符号 μ 表示。

黏度是流体物理性质之一，其值由实验测定。液体的黏度随温度升高而减小，气体的黏度则随温度升高而增大。压强变化时，液体的黏度基本不变；气体的黏度随压强增加而少量增加，在一般工程计算中可予以忽略，只有在极高或极低的压强下，才需考虑压强对气体黏度的影响。某些常用流体的黏度，可以从有关手册中查得，但查到的数据有时用物理单位制表示，而本课程采用 SI，故下面对黏度在两种不同单位制中的换算加以介绍。

在 SI 中，黏度的单位为 Pa·s 或 $N \cdot s/m^2$。在物理单位制中，黏度的单位为 P（泊），因为 P 的单位比较大，以 P 表示流体的黏度数值就很小，所以通常采用 P 的百分之一，即 cP（厘泊）作为黏度的单位，换算关系为

$$1Pa \cdot s = 10P = 1000cP = 1000mPa \cdot s$$

二、流体的流动形态及其判定

实验表明，流体流动时影响阻力大小的因素，除了管长、管径、流速以及管壁粗糙程度之外还与流动形态密切相关，下面就介绍一下流动形态以及判定依据。

1. 雷诺实验　为了直接观察流体流动时流动形态及各种因素对流动状况的影响，可安排如图 1 – 18 所示的实验。这个实验称为雷诺实验。在水箱内装有溢流装置，以维持水位恒定。箱的底部接一段直径相同的水平玻璃管，管出口处有阀门以调节流量。水箱上方有装有带颜色液体的小瓶，有色液体可经过细管注入玻璃管内。在水流经玻璃管的过程中，同时把有色液体送到玻璃管入口以后的管中心位置上。

实验时可观察到，当玻璃管里的水流速度不大时，从细管引到水流中心的有色液体成一直线平稳地流过整根玻璃管，与玻璃管里的水并不相混杂，如图 1 – 19（a）所示。这种

现象表明玻璃管里水的质点是沿着与管轴平行的方向做直线运动。若把水流速度逐渐提高到一定数值，有色液体的细线开始出现波浪形，如图 1 - 19（b）所示。若继续提高流体速度，细线便完全消失，有色液体流出细管后随即散开，与水完全混合在一起，使整根玻璃管中的水呈现均匀的颜色，如图 1 - 19（c）所示。这种现象表明水的质点除了沿着管道向前运动外，各质点还做不规则的杂乱运动，且彼此相互碰撞并相互混合，质点速度的大小和方向随时发生变化。

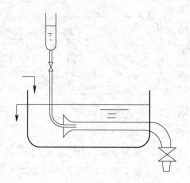

图 1 - 18 雷诺实验装置

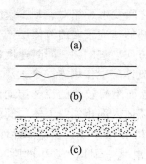

图 1 - 19 流体流动形态示意图

这个实验说明流体流动有两种截然不同的类型。一种相当于图 1 - 19（a）的流动，称为滞流或层流；另一种相当于图 1 - 19（c）的流动，称为湍流或紊流。

2. 流动形态的判定——雷诺准数 生产车间的管道不可能是透明的，那么应如何判断管内流体的流动形态呢？

对于管内流动的流体来说，若用不同的管径和不同的流体分别进行上述实验。从实验中发现，不仅流速 u 能引起流动状况改变，而且管径 d、流体的黏度 μ 和密度 ρ 也都能引起流动状况的改变。可见，流体的流动状况是由多方面因素决定的。通过进一步的分析研究，可以把这些影响因素组合成为 $du\rho/\mu$ 的形式。$du\rho/\mu$ 称为雷诺（Reynolds）准数或雷诺数，以 Re 表示，这样就可以根据 Re 准数的数值来分析流动状态。

$$Re = \frac{du\rho}{\mu} \tag{1-23}$$

Re 准数是一个无因次数群。组成此数群的各物理量，必须用一致的单位表示。因此，无论采用何种单位制，只要数群中各物理量的单位一致，所算出的 Re 值必相等。

实验证明，流体在直管内流动时，当 $Re \leqslant 2000$ 时，流体的流动类型属于层流（滞流）；当 $Re \geqslant 4000$ 时，流动类型属于湍流；而 Re 值在 2000～4000 的范围内，可能是层流，也可能是湍流，若受外界条件的影响，如管道直径或方向的改变、外来的轻微震动，都易促成湍流的发生，所以将这一范围称之为不稳定的过渡区。在生产操作条件下，常将 $Re > 3000$ 的情况按湍流考虑。

上述判断方法只适用于长直圆管内的流动，在管道入口处、流道弯曲或直径改变处均不适用。

实例分析 1 - 7 密度为 800kg/m³，黏度为 2.3cP 的液体，以 1m/s 的速度通过 ϕ108mm × 4mm 的管路。试判断流体的流动形态。

分析：已知 $d = 108 - 4 \times 2 = 100\text{mm} = 0.1\text{m}$，$\mu = 2.3\text{cP} = 2.3 \times 10^{-3}\text{Pa} \cdot \text{s}$，$\rho = 800\text{kg/m}^3$，$u = 1\text{m/s}$，则

$$Re = \frac{du\rho}{\mu} = \frac{0.1 \times 1 \times 800}{2.3 \times 10^{-3}} = 34782 > 4000$$

所以管路中流体的流动类型为湍流。

3. 当量直径 如果管路的截面不是圆形，Re 计算式中的 d 应当用 d_e 代替，d_e 称为当量直径。d_e 的计算式为

$$d_e = \frac{4 \times 流通截面积}{润湿周边长} \qquad (1-24)$$

对于截面为长方形的管路，假设边长为 a 和 b，则

$$d_e = \frac{4 \times ab}{2 \ (a+b)} = \frac{2ab}{a+b}$$

对于截面为环形的管路，假设外管的内径为 D_i，内管的外径为 d_0，则

$$d_e = \frac{4 \times \dfrac{\pi}{4} \ (D_i^2 - d_0^2)}{\pi D_i + \pi d_0} = D_i - d_0$$

当量直径的计算方法是经验性的，不能用 d_e 代替 d 计算面积。

三、流体流动时的阻力计算

流体在管路中流动时的阻力可分为直管阻力和局部阻力两种。直管阻力又称沿程阻力，是流体流经一定管径的直管时，由于流体的内摩擦而产生的阻力，以 h_f 表示。局部阻力是流体流经管路中的管件、阀门及管截面的突然扩大或缩小等局部地方所引起的阻力，局部阻力又称形体阻力，以 h_f' 表示。

（一）直管阻力

流体在管内以一定速度流动时，有两个方向相反的力相互作用着。一个是促使流动的推动力，这个力的方向和流动方向一致；另一个是由内摩擦而引起的摩擦阻力，这个力起了阻止流体运动的作用，其方向与流体的流动方向相反。只有在推动力与阻力处于平衡的条件下，流动速度才能维持不变，即达到稳定流动。

流体以速度 u 在一段长为 l，内径为 d 水平直管内作稳定流动，通过对这一段水平直管内流动的流体进行受力分析，可得直管阻力的计算公式

$$h_f = \lambda \frac{l}{d} \frac{u^2}{2} \qquad (1-25)$$

式中，h_f 为直管阻力，J/kg；l 为直管长度，m；d 为管子内径，m；u 为流体在管内的平均速度，m/s；λ 为摩擦系数，无单位。

式（1-25）称为范宁（Fanning）公式，此式对于层流与湍流均适用。式中 λ 是无因次的系数，称为摩擦系数，它是雷诺数的函数或者是雷诺数与管壁粗糙度的函数。应用式（1-25）计算 h_f 时，关键是要找出 λ 值。

1. 层流时的摩擦系数 流体作层流流动时，流体层平行于管轴流动，层流层掩盖了管壁的粗糙面，同时流体的流动速度也比较缓慢，对管壁凸出部分没有什么碰撞作用，所以层流时的流动阻力或摩擦系数与管壁粗糙度无关，只与 Re 有关。

$$\lambda = \frac{64}{Re} \qquad (1-26)$$

2. 湍流时的摩擦系数 流体作湍流流动时，影响摩擦系数的因素比较复杂。不但与 Re 有关，而且还与管壁的粗糙程度有关。管壁粗糙度可用绝对粗糙度与相对粗糙度来表示。绝对粗糙度是指壁面凸出部分的平均高度，以 ε 表示，单位为 mm。相对粗糙度是指绝对粗糙度与管道直径的比值，即 ε/d。管壁粗糙度对摩擦系数 λ 的影响程度与管径的大小有关，如对于绝对粗糙度相同的管道，直径不同，对 λ 的影响就不相同，对直径小的影响较大。

所以在流动阻力的计算中不但要考虑绝对粗糙度的大小，还要考虑相对粗糙度的大小。

由于 λ 的影响因素复杂，湍流时的摩擦系数是用莫狄图查取 λ 值。

莫狄图是将摩擦系数 λ 与 Re 和 ε/d 的关系曲线标绘在双对数坐标上，如图 1-20 所示。根据 Re 不同，图 1-20 可分为 4 个区域。

(1) 层流区（$Re \leqslant 2000$），λ 与 ε/d 无关，与 Re 为直线关系，即 $\lambda = \dfrac{64}{Re}$，即与 u 的一次方成正比。

(2) 过渡区（$2000 < Re < 4000$），在此区域内层流或湍流的 $\lambda \sim Re$ 曲线均可应用，对于阻力计算，宁可估计大一些，一般将湍流时的曲线延伸，以查取 λ 值。

(3) 湍流区（$Re \geqslant 4000$ 以及虚线以下的区域），此时 λ 与 Re、ε/d 都有关，当 ε/d 一定时，λ 随 Re 的增大而减小，Re 增大至某一数值后，λ 下降缓慢；当 Re 一定时，λ 随 ε/d 的增加而增大。

(4) 完全湍流区（虚线以上的区域），此区域内各曲线都趋近于水平线，即 λ 与 Re 无关，只与 ε/d 有关。对于特定管路 ε/d 一定，λ 为常数，根据直管阻力通式可知，$h_\mathrm{f} \propto u^2$，所以此区域又称为阻力平方区。从图中也可以看出，相对粗糙度 ε/d 愈大，达到阻力平方区的 Re 值愈低。

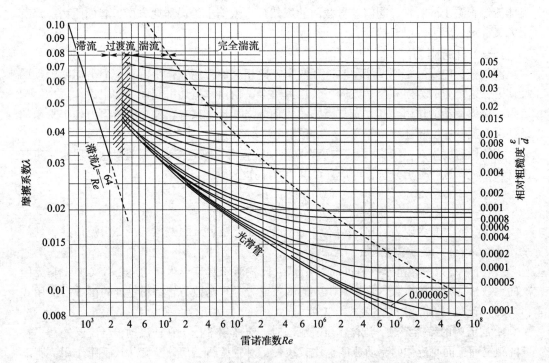

图 1-20 摩擦系数与雷诺准数及相对粗糙度的关系图

实例分析 1-8 分别计算下列情况下，流体流过 $\phi 76\mathrm{mm} \times 3\mathrm{mm}$、长 10m 的水平钢管的能量损失及压力损失。（钢管的绝对粗糙度为 0.2mm）

(1) 密度为 910kg/m³、黏度为 72cP 的油品，流速为 1.1m/s；

(2) 20℃的水，流速为 2.2m/s。

分析：(1) $Re = \dfrac{d\rho u}{\mu} = \dfrac{0.07 \times 910 \times 1.1}{72 \times 10^{-3}} = 973 < 2000$

流体流动状态为层流。

$$\lambda = \frac{64}{Re} = \frac{64}{973} = 0.0658$$

所以能量损失 $h_f = \lambda \frac{l}{d} \frac{u^2}{2} = 0.0658 \times \frac{10 \times 1.1^2}{0.07 \times 2} = 5.69 \text{J/kg}$

压力损失 $\Delta p_f = \rho h_f = 910 \times 5.69 = 5178 \text{Pa}$

(2) 20℃水的物性 $\rho = 998.2 \text{kg/m}^3$，$\mu = 1.005 \times 10^{-3} \text{Pa} \cdot \text{s}$

$$Re = \frac{d\rho u}{\mu} = \frac{0.07 \times 998.2 \times 2.2}{1.005 \times 10^{-3}} = 1.53 \times 10^5 > 4000$$

可判断流体流动状态为湍流。求摩擦系数尚需知道相对粗糙度 ε/d，则 $\frac{\varepsilon}{d} = \frac{0.2}{70} = 0.00286$

根据 $Re = 1.53 \times 10^5$ 及 $\varepsilon/d = 0.00286$，查图 1-20，得 $\lambda = 0.027$

所以能量损失 $h_f = \lambda \frac{l}{d} \frac{u^2}{2} = 0.027 \times \frac{10 \times 2.2^2}{0.07 \times 2} = 9.33 \text{J/kg}$

压力损失 $\Delta p_f = \rho h_f = 998.2 \times 9.33 = 9313 \text{Pa}$

3. 流体在非圆形管内的流体阻力 前面所讨论的都是流体在圆管内的流动。在制药生产中，还会遇到非圆形管道或设备，例如有些气体管道是方形的，有时流体也会在两根成同心圆的套管之间的环形通道内流过。前面计算 Re 准数及阻力损失 h_f 的式中的 d 是圆管直径。对于非圆形管如何解决呢？一般来讲，截面形状对速度分布及流动阻力的大小都会有影响。实验证明，在湍流情况下，对非圆形截面的通道可以找到一个与圆形管直径 d 相当的"直径"以代替之，即当量直径。

流体在非圆形直管内作湍流流动时，其阻力损失仍可按圆管进行计算，但应将 Re 准数中的圆管直径以当量直径 d_e 来代替。有些研究结果表明，当量直径用于湍流情况下的阻力计算才比较可靠。用于矩形管时，其截面的长宽之比不能超过3:1，用于环形截面时，其可靠性较差。层流时应用当量直径计算阻力的误差就更大，这时，除将 d 换以 d_e 外，还须对层流时摩擦系数 λ 的计算式进行修正，即

$$\lambda = \frac{C}{Re} \tag{1-27}$$

式中，C 为校正系数，无因次，非圆管的 C 见表 1-2。应予指出，不能用当量直径来计算流体通过的截面积、流速和流量。

表 1-2 某些非圆形管的 C 值

非圆形管的截面形状	正方形	等边三角形	环形	长方形 长:宽=2:1	长方形 长:宽=4:1
C	57	53	96	62	73

（二）局部阻力

流体在管路的进口、出口、弯头、阀门、扩大、缩小等局部位置流过时，其流速大小和方向都发生了变化，且流体受到干扰或冲击，使涡流现象加剧而消耗能量。由实验测知，流体即使在直管中为层流流动，但流过管件或阀门时也容易变为湍流，这些都是局部阻力。在湍流情况下，为克服局部阻力所引起的能量损失有两种计算方法。

1. 当量长度法 流体流经管件、阀门等局部地区所引起的能量损失可仿照式（1-25）

而写成如下形式

$$h'_f = \lambda \frac{l_e}{d} \frac{u^2}{2} \qquad (1-28)$$

式中，l_e 称为管件或阀门的当量长度，其单位为 m，表示流体流过某一管件或阀门的局部阻力，相当于流过一段与其具有相同直径、长度为 l_e 的直管阻力。实际上是为了便于管路计算，把局部阻力折算成一定长度直管的阻力。

管件或阀门的当量长度数值都是由实验确定的。在湍流情况下某些管件与阀门的当量长度可从图 1-21 的共线图查得。

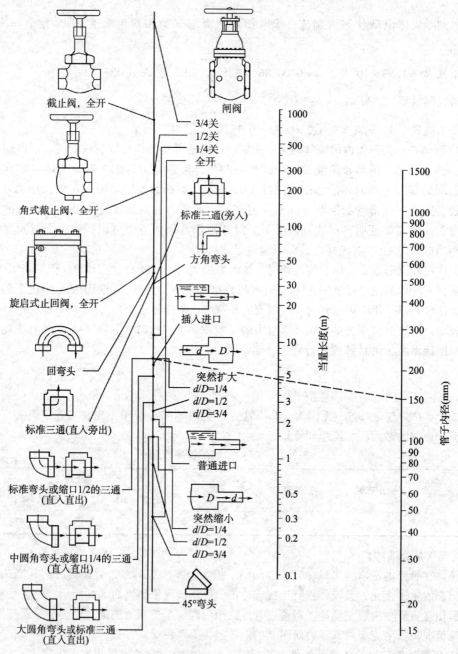

图 1-21　管件与阀门的当量长度共线图

有时用管道直径的倍数来表示局部阻力的当量长度，如对直径为 9.5 ~ 63.5mm 的 90°弯头，l_e/d 的值约为 30，由此对一定直径的弯头，即可求出其相应的当量长度。l_e/d 值由实验测出，各管件的 l_e/d 值可以从有关手册查到，而本书涉及局部管路的 l_e/d 见表 1 – 3。

表 1 – 3　各种管件与阀件的当量系数

名　　称	l_e/d	名　　称	l_e/d
45°标准弯头	15	文式流量计	12
90°标准弯头	30 ~ 40	转子流量计	200 ~ 300
90°方形弯头	60	截止阀（标准式、全开）	300
180°弯头	50 ~ 75	截止阀（标准式、半开）	475
管接头	2	角阀（标准式、全开）	145
活接头	2	闸阀（全开）	7
三通	50	闸阀（3/4 开）	40
止回阀（旋启式、全开）	135	闸阀（1/2 开）	200
蝶阀（6″以上、全开）	20	闸阀（1/4 开）	800
盘式流量计（水表）	350	带有滤水器的底阀（全开）	420
		由容器入管口	20

2. 阻力系数法　克服局部阻力所引起的能量损失，也可以表示成动能 $u^2/2$ 的倍数，即

$$h'_f = \zeta \frac{u^2}{2} \tag{1 – 29}$$

式中，ζ 称为局部阻力系数，无因次，一般由实验测定。因局部阻力的形式很多，为明确起见，常对 ζ 加注相应的下标。常用的局部阻力系数 ζ 列于表 1 – 4。

表 1 – 4　各种管件与阀件的阻力系数

名　　称	ζ	名　　称	ζ
45°标准弯头	0.35	截止阀（标准式、全开）	6.4
90°标准弯头	0.75	截止阀（标准式、半开）	9.5
90°方形弯头	1.3	角阀（标准式、全开）	5
180°弯头	1.5	闸阀（全开）	0.17
管接头	0.4	闸阀（3/4 开）	0.9
活接头	0.4	闸阀（1/2 开）	4.5
三通	1	闸阀（1/4 开）	24
止回阀（旋启式、全开）	1.2	带有滤水器的底阀（全开）	1.5
蝶阀（6″以上、全开）	2	由容器入管口	0.5
盘式流量计（水表）	7.0	由管出口进入容器	1

应注意，式（1 – 29）适用于直径相同的管段或管路系统的计算，式中的流速 u 是指管段或管路系统的流速，由于管径相同，所以 u 可按任一管截面来计算。而伯努利方程式中

动能项 $u^2/2$ 中的流速 u 是指相应的衡算截面处的流速。

当管路由若干直径不同的管段组成时，由于各段的流速不同，此时管路的总能量损失应分段计算，然后再求其总和。

管件、阀门等构造细节与加工精度往往差别很大，从手册中查得的 l_e 或 ζ 值只是约略值，即局部阻力的计算也只是一种估算。

（三）管路系统的总阻力

管路总阻力损失又常称为总能量损失，是管路上全部直管阻力与局部阻力之和。伯努利方程式中的 $\sum h_f$ 项是所研究管路系统的总能量损失（或称阻力损失），它既包括系统中各段直管阻力损失 h_f，也包括系统中各种局部阻力损失 h'_f，即

$$\sum h_f = h_f + h'_f \tag{1-30}$$

这些阻力可以分别用有关的公式进行计算。对于流体流经直径不变的管路时，如果把局部阻力都按当量长度的概念来表示，则管路的总能量损失为

$$\sum h_f = \lambda \frac{l + \sum l_e}{d} \frac{u^2}{2} \tag{1-31}$$

式中，$\sum h_f$ 为管路的总阻力损失，J/kg；l 为管路上各段直管的总长度，m；$\sum l_e$ 为管路上全部管件与阀门等的当量长度之和，m；d 为管内径，m；u 为流体流经管路的流速，m/s。

实例分析 1-9 以 $36\text{m}^3/\text{h}$ 流量的常温水在 $\phi108\text{mm} \times 4\text{mm}$ 的钢管中流过，管路装有 $90°$标准弯头两个，闸阀（全开）一个，直管长度为 30m。试计算水流过该管路的总阻力损失。（已知钢管的绝对粗糙度 $\varepsilon = 0.2\text{mm}$，常温水的密度取 1000kg/m^3，黏度为 1.0cP）

分析：总阻力损失应为 $\sum h_f = h_f + h'_f$

先求 h_f：已知 $\rho = 1000\text{kg/m}^3$，$\mu = 1.0 \times 10^{-3}\text{Pa} \cdot \text{s}$，$d = 108 - 4 \times 2 = 100\text{mm} = 0.1\text{m}$

水在管内的流速　$u = \dfrac{V_s}{0.785d^2} = \dfrac{36/3600}{0.785 \times 0.1^2} = 1.27\text{m/s}$

雷诺准数　$Re = \dfrac{d\rho u}{\mu} = \dfrac{0.1 \times 1000 \times 1.27}{1 \times 10^{-3}} = 127000 > 4000$

流动状态为湍流。求摩擦系数尚需知道相对粗糙度 ε/d，已知钢管的绝对粗糙度 ε 为 0.2mm，则 $\dfrac{\varepsilon}{d} = \dfrac{0.2}{100} = 0.002$。

根据 $Re = 1.27 \times 10^5$ 及 $\varepsilon/d = 0.002$ 查图 1-20，得 $\lambda = 0.027$

所以能量损失　$h_f = \lambda \dfrac{l}{d} \dfrac{u^2}{2} = 0.027 \times \dfrac{30 \times 1.27^2}{0.1 \times 2} = 6.53\text{J/kg}$

再求 h'_f：方法一　当量长度法

查 $90°$标准弯头 $l_e/d = 35$，闸阀（全开）$l_e/d = 7$，则

$$h'_f = \lambda \frac{l_e}{d} \frac{u^2}{2} = 0.027 \times \frac{(35 \times 2 + 7) \times 0.1}{0.1} \times \frac{1.27^2}{2} = 1.68\text{J/kg}$$

方法二　阻力系数法

查 $90°$标准弯头 $\zeta = 0.75$，闸阀（全开）$\zeta = 0.17$，则

$$h'_f = \zeta \frac{u^2}{2} = (0.75 \times 2 + 0.17) \times \frac{1.27^2}{2} = 1.35\text{J/kg}$$

总阻力损失如下。

方法一　$\sum h_f = h_f + h'_f = 6.53 + 1.68 = 8.21\text{ J/kg}$

方法二　$\sum h_f = h_f + h'_f = 6.53 + 1.35 = 7.88\text{ J/kg}$

用两种局部阻力计算方法的计算结果有差异，这在工程是允许的。

第四节　流体输送管路

一、管道类型

1. 镀锌铁管　镀锌铁管是目前使用量较多的一种材料，由于镀锌铁管的锈蚀造成水中重金属含量过高，影响人体健康，许多发达国家和地区的政府部门已开始明令禁止使用镀锌铁管。目前我国正在逐渐淘汰这种类型的管道。

2. 铜管　一种比较传统但价格比较昂贵的管道材质，耐用而且施工较为方便。在很多进口卫浴产品中，铜管都是首位之选。价格是影响其使用量的最主要原因，另外铜蚀也是一方面的因素。

3. 不锈钢管　不锈钢管是一种较为耐用的管道材料。但其价格较高，且施工工艺要求比较高，尤其材质强度较硬，现场加工非常困难。

4. 铝塑复合管　铝塑复合管是目前市面上较为吃香的一种管材，由于其质轻、耐用而且施工方便。其主要缺点是在用作热水管使用时，由于长期的热胀冷缩会造成管壁错位以致造成渗漏。

5. 不锈钢复合管　不锈钢复合管与铝塑复合管在结构上差不多，在一定程度上，性能也比较相近。同样，由于钢的强度问题，施工工艺仍然是一个问题。

6. PVC 管　PVC（聚氯乙烯）塑料管是一种现代合成材料管材。但近年内科技界发现，能使 PVC 变得更为柔软的化学添加剂，对人体内肾、肝、睾丸影响甚大，会导致癌症、肾损坏，破坏人体功能再造系统，影响发育。一般来说，由于其强度远远不能适用于水管的承压要求，所以极少使用于自来水管。大部分情况下，PVC 管适用于电线管道和排污管道。

7. PP 管　PP（Poly Propylene）管分为多种，分别有：PP - B（嵌段共聚聚丙烯）由于在施工中采用溶接技术，所以也俗称热溶管。由于其无毒、质轻、耐压、耐腐蚀，正在成为一种推广的材料；PP - C（改性共聚聚丙烯）管，以及 PP - R（无规共聚聚丙烯）管，性能基本相同。

PP - C（B）与 PP - R 的物理特性基本相似，应用范围基本相同，工程中可替换使用。主要差别为 PP - C（B）材料耐低温脆性优于 PP - R；PP - R 材料耐高温性好于 PP - C（B）。在实际应用中，当液体介质温度≤5℃时，优先选用 PP - C（B）管；当液体介质温度≥65℃时，优先选用 PP - R 管；当液体介质温度 5～65℃之间区域时，PP - C（B）与 PP - R 的使用性能基本一致。

8. 无缝钢管　无缝钢管是一种具有中空截面、周边没有接缝的圆形、方形、矩形钢材。无缝钢管是用钢锭或实心管坯经穿孔制成毛管，然后经热轧、冷轧或冷拔制成。无缝钢管的规格通常用外径×壁厚（单位：mm）表示。无缝钢管按生产方法可分为热轧无缝钢管和冷轧（拨）无缝钢管两大类。无缝钢管具有中空截面，大量用作输送流体的管道，钢管与圆钢等实心钢材相比，在抗弯抗扭强度相同时，重量较轻，是一种经济截面钢材，广泛用于制造构件和机械零件，如石油钻杆、汽车传动轴、自行车架以及建筑施工中用的钢脚手架等。

9. 有缝钢管　有缝钢管即为焊接钢管。焊接钢管是由卷成管形的钢板以对缝或螺旋缝焊接而成，在制造方法上，又分为低压流体输送用焊接钢管、螺旋缝电焊钢管、直接卷焊钢管、电焊管等。焊接管道可用于输水管道、煤气管道、暖气管道、电器管道等。承压能力小于相同壁厚的无缝钢管。

另外还有玻璃管、陶瓷管、水泥管，由于在制药生产中应用受到了局限性，在这里就不再详述。

二、管件与阀件

1. 管件 把管子连接成管路时，需要接上各种配件，使管路能够相接。附属于管子的各种配件统称为管件。管件的种类很多，根据不同用途，常用的有以下几种。

（1）改变流动方向如图 1 – 22 中（a）、（c）、（f）、（m）各种弯头。

（2）连接管路支管（汇合或分流）如图 1 – 22 中（b）、（d）、（e）、（g）、（l）各种多通。

（3）改变管路直径如图 1 – 22 中（j）、（k）等大小头。

（4）堵塞管路如图 1 – 22 中（h）和（n）。

（5）连接两管如图 1 – 22 中（i）和（o）。

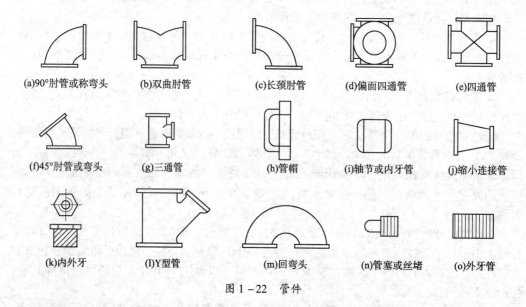

图 1 – 22　管件

2. 阀件 阀件是安装在管道上用来调节流体流量、控制流体压力、切断流体流动等作用的装置。常见阀件参见图 1 – 23，按照阀件的构造和作用可分为以下几类。

（1）旋塞阀 也称考克，它是利用旋转阀体内带孔的锥形旋塞来控制阀的启闭。可用于有悬浮物的液体，但不适用于高温、高压和大直径的管路。

（2）闸阀 阀体内有一闸板与介质流向垂直，利用阀杆带动闸板的升降控制阀的启闭。常用于油品、蒸汽、压缩空气、煤气、水等介质的管路中。不适用于输送含有晶体和悬浮物的液体管路中。

（3）截止阀 是利用阀杆带动阀盘升降，改变阀盘与阀座之间的距离，以开关管路和调节流量。常用于蒸汽、压缩空气、给水等清洁介质的管路中，不适用于黏度较大和带有固体颗粒的介质。

（4）球阀 球阀是利用一个中间开孔的球体作阀芯，靠旋转球体来控制阀的启闭。在自来水、蒸汽、压缩空气、真空及各种物料管路中普遍应用。由于密封材料的限制，目前还不宜用在高温介质中，也不宜用在需准确调节流量的场合。

（5）止回阀 也称单向阀。防止流体反向流动。一般适用于清洁介质，不适用于含固体颗粒和黏度较大的介质，否则止回阀开启不灵敏，关闭时密封不可靠。

（6）安全阀 是一种用来防止系统中的压力超过规定指标的装置。当压力超过规定值时，阀门可自动开启泄压，当压力恢复正常后阀门又自动关闭。

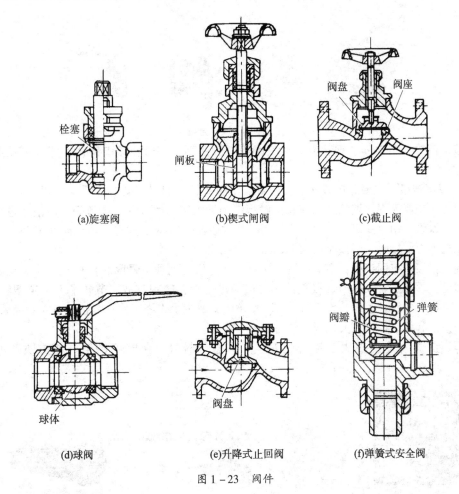

图 1 – 23 阀件

三、管路的连接方式

管子与管子之间，管件与管件、阀件，设备进、出口之间的连接方法有如下 4 类。

1. 螺纹连接 又称丝扣连接，如图 1 – 24，它是通过内外螺纹把管道与管道、管道与阀门连接起来的连接方式。一些带螺纹的设备、附件和经常拆卸不允许动火的场合多用此种方法连接。管路螺纹连接时，应在管子的外螺纹与管口或阀门的内螺纹之间加上适当的填料，填料的作用是密封、养护管口、便于拆卸。

螺纹连接特点：易于安装、拆卸，便于调整，施工简单，抗压能力低。

主要安装程序有：断管，套丝，配装管件，管段调直。

图 1 – 24 螺纹连接

一般用于镀锌钢管、衬塑镀锌钢管、铜管、PVC – U 和一些 PP – R 管（在墙外面）的连接。

2. 法兰连接　在制药化工等行业中对高压或临时性排灌管道、泵站的管件组合、管道和阀门及配件连接时，经常采用法兰式连接。如图1-25所示。法兰连接的主要特点是拆卸方便、机械强度高、密封性能好、能够承受较大的压力。安装法兰时要求两个法兰保持平行、法兰的密封面不能碰伤，并且要清理干净。法兰所用的垫片，要根据设计规定选用。

图1-25　法兰连接

镀锌钢管、塑料管、钢塑复合管、铜管、薄壁不锈钢管、球墨铸铁管等都可用此法连接。

3. 焊接连接　主要焊接方法有：气焊、电弧焊接（自动点焊接、手动电焊接）、手工电弧焊、手工氩弧焊、埋弧自动焊、接触焊。钢管焊接常用方法是电弧焊；薄壁管也可用气焊；铸铁管采用电弧焊。气焊一般只用于公称通径<50mm，壁厚<3.5mm的管道。紫铜管采用氩弧焊焊接时，焊接厚度大于3mm，参见图1-26。

优点：接口牢固严密，不易渗漏，焊缝强度一般达到管子强度的85%以上，甚至超过母材强度；焊接系管段间的直接连接，构造简单，管路美观整齐，节省了大量定型管件，也减少了材料的管理工作；焊接口严密不用填料，减少了维修工作；焊接口不受管径限制，速度快，比起螺纹连接大大减轻了体力劳动强度。

管道的焊接连接多用于镀锌钢管、铜管、塑料管、薄壁不锈钢管、铸铁管等的连接。

1-26　焊接连接　　　　　　　　图1-27　承插式连接

4. 承插连接　承插管分为刚性承插连接和柔性承插连接两种。参见图1-27，刚性承插连接是用管道的插口插入管道的承口内，对位后先用嵌缝材料嵌缝，然后用密封材料密封，使之成为一个牢固的封闭管；柔性承插连接接头在管道承插口的止封口上放入富有弹性的橡胶圈，然后施力将管子插端插入，形成一个能适应一定范围内的位移和振动的封闭管。

优点：具有较高强度和较好抗震性，水密性及黏接力好、便于拆卸。

缺点：劳动强度大、施工操作不便。

承插连接主要用于带承插接头的铸铁管、混凝土管、陶瓷管、塑料管、铸铁管、不锈钢管的连接。

四、管路色标

为了保护管路外壁和鉴别管路内介质的种类，在制药厂常将管路外壁涂上各种规定颜色的油漆或在管道上涂几道色环，这为检修管路、处理某些紧急情况带来了方便。

管道的涂色标志在医药行业中已经统一，常见物料的涂色见表1-5。

表1-5　常见物料管道的涂色与标注

序号	介质名称	主体颜色	色环和流向标志颜色	使用文字及符号
1	生活给水	草绿色 (511)	—	绿底白字
2	工业给水	草绿色 (511)	紫色 (803)	绿底白字
3	过滤水	草绿色 (511)	浅米黄 (103)	绿底白字
4	软化水	烛光蓝 (406)	—	绿底白字
5	纯水	烛光蓝 (406)	紫色 (803)	蓝底白字
6	净环水	绿色 (514)	—	绿底白字
7	浊环水	绿色 (514)	紫色 (803)	绿底白字
8	高压水	银粉色 (804)	浅蓝色 (405)	灰底白字
9	消防用水	朱红色 (302)	白色 (801)	红底白字
10	通风管道	铂灰色 (602)	—	灰底白字
11	硫酸	紫色 (803)	黑色 (802) 金黄色 (108)	紫底白字
12	苯输送管道	紫色 (803)	黑色 (802)	紫底白字
13	压缩空气管	铂灰色 (602)	—	灰底白字
14	气态氧气管	浅蓝色 (405)	紫蓝色 (412)	蓝底白字
15	液态氧气管	浅蓝色 (405)	—	蓝底白字
16	气态氮气管	金黄色 (108)	铜锈绿 (512)	黄底黑字
17	液态氮气管	金黄色 (108)	—	黄底黑字
18	原料空气	天蓝色 (404)	金黄色 (108)	蓝底白字
19	加温解冻空气	朱红色 (302)	黑色 (802)	红底白字
20	生产排水管（自流）	黑色 (802)	—	黑底黄字
21	生产排水管（压力）	黑色 (802)	朱红色 (302)	黑底黄字
22	雨水管道	黑色 (802)	草绿色 (511)	黑底黄字
23	蒸汽管道（1MPa及以下）	朱红色 (302)	—	红底白字
24	蒸汽管道（0.8MPa及以下）	朱红色 (302)	金黄色 (108)	红底白字
25	循环热水管道	天蓝色 (404)	朱红色 (302)	蓝底白字
26	循环冷水管道	天蓝色 (404)	白色 (801)	蓝底白字
27	热水管道	深蓝色	白色 (801)	绿底白字
28	盐水管道	浅米黄 (103)	—	黄底黑字

续表

序号	介质名称	主体颜色	色环和流向标志颜色	使用文字及符号
29	氨吸入管道	天蓝色（404）	金黄色（108）	蓝底白字
30	氨液管道	金黄色（108）	—	黄底黑字
31	氨排气管道	朱红色（302）	—	红底白字
32	稀酸管道	紫色（803）	黑色（802） 金黄色（108）	紫底白字
33	浓酸管道	紫色（803）	黑色（802） 金黄色（108）	紫底白字
34	二氧化碳管道	黑色（802）	金黄色（108）	黑底黄字

管路基本色标的涂刷可以用规定颜色的箭头和文字在管路全长都涂，也可在管路上涂刷宽150mm宽的色环或在管路上用基本识别色胶带缠绕150mm宽的色环。

五、管路的热补偿

热补偿是防止管道因温度升高引起热伸长产生的应力而遭到破坏所采取的措施。主要是利用管道弯曲管段的弹性变形或在管道上设置补偿器。常用的补偿方式有自然补偿、方形补偿、套管补偿、波纹补偿以及球形补偿。

1. 自然补偿　利用管道的弯曲管段（如L形或Z形，以及两者的组合）的弹性变形来补偿管道的热伸长，称自然补偿，所能补偿的管段较短。

2. 方形补偿器　用无缝钢管煨弯制成（大直径管道可用焊接弯管制成）。见图1-28，其优点是制造方便，轴向推力较小，补偿能力比L形和Z形自然补偿大，运行可靠，严密性好，不需要经常维修；其缺点是单面外伸臂较长，占地面积较大，需增设管架。

3. 套管补偿器　如图1-29，通过芯管与外壳之间的相对位移来吸收管道热膨胀，可分单向式和双向式两种。

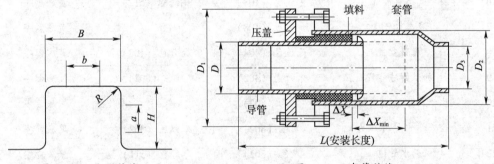

图1-28　方形补偿　　　　　　图1-29　套管补偿

优点：补偿能力大，结构简单，占地面积小，流动阻力小，安装方便。

缺点：长时间运行会导致密封填料的磨损或失去弹性，造成介质泄漏。

4. 波纹补偿器　波纹补偿器如图1-30所示，优点：补偿量大、补偿方式灵活；结构紧凑，工作可靠。

根据吸收热位移的方式，波纹补偿器可分为轴向型、横向型和角向型三大类。

5. 球型补偿器　球型补偿器如图1-31，优点是补偿能力大，流体阻力小，无内压推力，钢材消耗少，安装简便，宜于架空管道上使用。缺点是存在侧向位移，易泄漏。

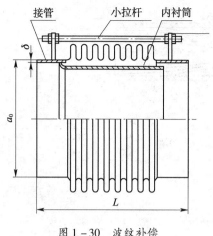

图 1-30　波纹补偿

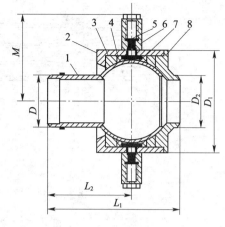

图 1-31　球型补偿

1. 球头；2. 外壳体；3. 球面轴瓦；4. 密封环
5. 螺栓；6. 注料嘴；7. 特种密封剂；8 后座

第五节　流量测量

流体的流量是制药生产过程中的重要参数之一，为了控制生产过程稳定进行，就必须经常了解操作条件，如压强、流量等，并加以调节和控制。进行科学实验时，也往往需要准确测定流体的流量。测量流量的仪表是多种多样的，下面仅介绍几种根据流体流动时各种机械能相互转换关系而设计的流量计。

案例导入

案例：现代生活的家庭里家家都有水表。

讨论：1. 水表测量的是什么？2. 水表如何读数？

一、孔板流量计

1. 孔板流量计的结构与测量原理　孔板流量计属于差压式流量计，是利用流体流经节流元件产生的压力差来实现流量测量的。孔板流量计的节流元件为孔板，即中央开有圆孔的金属板，其结构如图 1-32 所示。将孔板垂直安装在管道中，以一定取压方式测取孔板前后两端的压差，并与压差计相连，即构成孔板流量计。

在图 1-32 中，流体在管道截面 1-1′ 前，以一定的流速 u_1 流动，因后面有节流元件，当到达截面 1-1′ 后流束开始收缩，流速即增加。由于惯性的作用，流束的最小截面并不在孔口处，而是经过孔板后仍继续收缩，到截面 2-2′ 达到最小，流速 u_2 达到最大。流束截面最小处称为缩脉。随后流束又逐渐扩大，直至截面 3-3′ 处，又恢复到原有管截面，流速也降低到原来的数值。

流体在缩脉处，流速最高，即动能最大，而相应压力就最低，因此当流体以一定流量流经小孔时，在孔前后就产生一定的压力差 $\Delta p = p_1 - p_2$。流量愈大，Δp 也就愈大，所以利用测量压差的方法就可以测量流量。

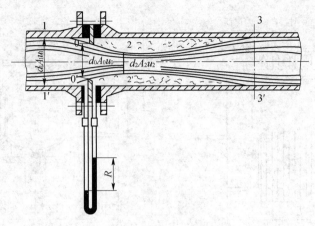

图 1 – 32　孔板流量计

2. 孔板流量计的流量方程　孔板流量计的流量与压差的关系，可由连续性方程和伯努利方程推导。

如图 1 – 32，在 1 – 1′截面和 2 – 2′截面间列伯努利方程，暂时不计能量损失，有

$$\frac{p_1}{\rho} + \frac{1}{2}u_1^2 = \frac{p_2}{\rho} + \frac{1}{2}u_2^2$$

变形得 $\sqrt{u_2^2 - u_1^2} = \sqrt{\dfrac{2\Delta p}{\rho}}$

由于上式未考虑能量损失，实际上流体流经孔板的能量损失不能忽略不计；另外，缩脉位置不定，A_2 未知，但孔口面积 A_0 已知，为便于使用可用孔口速度 u_0 替代缩脉处速度 u_2；同时两测压孔的位置也不一定在 1 – 1′ 和 2 – 2′ 截面上，所以引入一校正系数 C 来校正上述各因素的影响，则上式变为

$$\sqrt{u_0^2 - u_1^2} = C\sqrt{\frac{2\Delta p}{\rho}} \tag{1 – 32}$$

根据连续性方程，对于不可压缩性流体得 $u_1 = u_0 \dfrac{A_0}{A_1}$。

将上式代入式（1 – 32），整理后得

$$u_0 = \frac{C}{\sqrt{1 - \left(\dfrac{A_0}{A_1}\right)^2}}\sqrt{\frac{2\Delta p}{\rho}} \tag{1 – 33}$$

令

$$C_0 = \frac{C}{\sqrt{1 - \left(\dfrac{A_0}{A_1}\right)^2}}$$

则

$$u_0 = C_0\sqrt{\frac{2\Delta p}{\rho}} \tag{1 – 34}$$

将 U 形压差计公式（1 – 11）代入式（1 – 34）中，得

$$u_0 = C_0\sqrt{\frac{2Rg\,(\rho_0 - \rho)}{\rho}} \tag{1 – 34a}$$

根据 u_0 即可计算流体的体积流量

$$V_s = u_0 A_0 = C_0 A_0\sqrt{\frac{2Rg\,(\rho_0 - \rho)}{\rho}} \tag{1 – 35}$$

式中，C_0值为 0.6 ~ 0.7。式（1-35）表明 U 形压差计的读数 R 与流量的平方成正比，即流量的少量变化将导致读数 R 较大的变化，因此测量的灵敏度较高。此外，由以上关系也可以看出，孔板流量计的测量范围受 U 形压差计量程的限制，同时考虑到孔板流量计的能量损失随流量的增大而迅速的增加，故孔板流量计不适于测量流量范围较大的场合。

3. 流量计的安装与优缺点　注意事项：安装时，上、下游需要有一段内径不变的直管作为稳定段，上游长度至少为管径的 10 倍，下游长度为管径的 5 倍。

优点是结构简单，制造与安装都方便，其主要缺点是能量损失较大。

二、文氏流量计

为了减少流体流经节流元件时的能量损失，可以用一段渐缩、渐扩管代替孔板，这样构成的流量计称为文氏（Venturi）流量计或文丘里流量计，如图 1-33 所示。

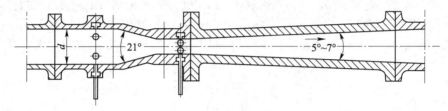

图 1-33　文式流量计

文氏流量计的测量原理与孔板流量计相同，也属于差压式流量计。其流量公式也与孔板流量计相似，即

$$V_S = C_V A_0 \sqrt{\frac{2Rg\ (\rho_0 - \rho)}{\rho}} \tag{1-36}$$

式中，C_V 为文氏流量计的流量系数（为 0.98 ~ 0.99）；A_0 为喉管处截面积，m^2。

由于文氏流量计的能量损失较小，其流量系数较孔板大，因此相同压差计读数 R 时流量比孔板大。文氏流量计的缺点是加工较难、精度要求高，因而造价高，安装时需占去一定管长位置。

三、转子流量计

1. 转子流量计的结构与测量原理　转子流量计的结构如图 1-34 所示，是由一段上粗下细的锥形玻璃管（锥角在 4° 左右）和管内一个密度大于被测流体的固体转子（或称浮子）所构成。流体自玻璃管底部流入，经过转子和管壁之间的环隙，再从顶部流出。

管中无流体通过时，转子沉在管底部。当被测流体以一定的流量流经转子与管壁之间的环隙时，由于流道截面减小，流速增大，压力随之降低，于是在转子上、下端面形成一个压差，将转子托起，使转子上浮。随转子的上浮，环隙面积逐渐增大，流速减小，压力增加，从而使转子两端的压差降低。当转子上浮至某一定高度时，转子两端面压差造成的升力恰好等于转子的重力时，转子不再上升，而悬浮在该高度。转子流量计玻璃管外表面上刻有流量值，根据转子平衡时其上端平面所处的位置，即可读取相应的流量。

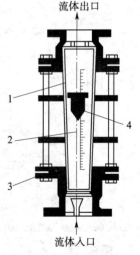

流体出口

流体入口

图 1-34　转子流量计
1. 锥形硬质玻璃管；2. 刻度；
3. 突缘填函盖板；4. 转子

2. 转子流量计的流量方程　转子流量计的体积流量为

$$V_S = C_R A_R \sqrt{\frac{2\ (\rho_f - \rho)\ V_f g}{\rho A_f}} \tag{1-37}$$

式中，A_R 为转子上端面处环隙面积。

转子流量计的流量系数 C_R 与转子的形状和流体流过环隙时的 Re 有关。对于一定形状的转子，当 Re 达到一定数值后，C_R 为常数。由式（1－37）可知，对于一定的转子和被测流体，V_f、A_f、ρ_f、ρ 为常数，当 Re 较大时，C_R 也为常数，故 u_0 为一定值，即无论转子停在任何一个位置，其环隙流速 u_0 是恒定的。

而流量与环隙面积成正比即 $V_s \propto A_R$，由于玻璃管为下小上大的锥体，当转子停留在不同高度时，环隙面积不同，因而流量不同。

当流量变化时，转子上、下两端面的压差为常数，所以转子流量计的特点为恒压差、恒环隙流速而变流通面积，属于截面式流量计。与之相反，孔板流量计则是恒流通面积，而压差随流量变化，为差压式流量计。

3. 转子流量计的刻度换算 转子流量计上的刻度，是在出厂前用某种流体进行标定的。一般液体流量计用4℃的水（密度为 $1000kg/m^3$）标定，而气体流量计则用4℃和101.3kPa下的空气（密度为 $1.2kg/m^3$）标定。当被测流体与上述条件不符时，应进行刻度换算。假定 C_R 相同，在同一刻度下，有

$$\frac{V_{S_2}}{V_{S_1}} = \sqrt{\frac{\rho_1 \ (\rho_f - \rho_2)}{\rho_2 \ (\rho_f - \rho_1)}} \tag{1-38}$$

式中，下标1表示标定流体的参数；下标2表示实际被测流体的参数。对于气体转子流量计，因转子材料的密度远大于气体密度，式（1－38）可简化为

$$\frac{V_{S_2}}{V_{S_1}} \approx \sqrt{\frac{\rho_1}{\rho_2}} \tag{1-39}$$

转子流量计必须垂直安装在管路上，为便于检修，应设置如图1－35所示的支路。转子流量计读数方便，流动阻力很小，测量范围宽，测量精度较高，对不同的流体适用性广。但因转子流量计管壁大多为玻璃制品，故不能经受高温和高压，在安装使用过程中也容易破碎，且要求安装时必须保持垂直。

最后指出，孔板和文氏流量计与转子流量计的主要区别在于，前者的节流口面积不变，流体流经节流口所产生的压强差随流量不同而变化，因此可通过流量计的压差读数来反映流量的大小，这类流量计统称为差压流量计。而后者是使流体流经节流口所产生的压强差保持恒定，而节流口的面积随流量而变化，由此变动的截面积来反映流量的大小，即根据转子所处位置的高低来读取流量，故此类的流量计又称为截面流量计。

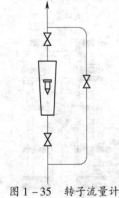

图1－35 转子流量计
安装示意图

拓展阅读

阀门的维护保养

一、保管维护

1. 阀门保管，不能乱堆乱垛，小阀门放在货架上，大阀门可在库房地面上整齐排列，不要让法兰连接面接触地面。保护阀门不致碰坏。

2. 短期内暂不使用的阀门，应取出石棉填料，以免产生电化学腐蚀，损坏阀杆。

3. 对刚进库的阀门，要进行检查，如在运输过程中进了雨水或污物，要擦拭干净，再予存放。

4. 阀门进出口要用蜡纸或塑料片封住，以防进去脏东西。

5. 对能在大气中生锈的阀门加工面要涂防锈油，加以保护。

6. 放置室外的阀门，必须盖上油毡或苫布之类防雨、防尘物品。存放阀门的仓库要保持清洁干燥。

二、使用维护

1. 阀杆螺纹经常与阀杆螺母摩擦，要涂一点黄油或石墨粉，起润滑作用。

2. 不经常启闭的阀门，要定期转动手轮，对阀杆螺纹加润滑剂，以防咬住。

3. 室外阀门，要对阀杆加保护套，以防雨、雪、尘土、锈污。

4. 如阀门系机械传动，要按时对变速箱添加润滑油并保持阀门的清洁。

5. 不要依靠阀门支撑其他重物，不要在阀门上站立。

6. 阀杆，特别是螺纹部分，要经常清洁并添加新的润滑剂，防止尘土中的硬杂物，磨损螺纹和阀杆表面，影响使用寿命。

重点小结

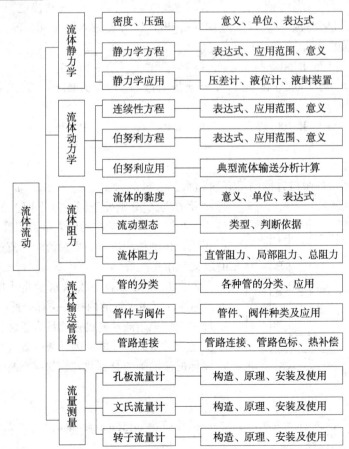

目标检测

一、选择题（每题只有一个正确答案）

1. 密度为 $1000kg/m^3$ 的水在 $\phi108mm \times 4mm$ 的管中流动，流速为 $2m/s$，则管中水的体积流量为（   ）。

    A. $15.70m^3/s$　　　　B. $15.7kg/s$　　　　C. $0.0157m^3/s$　　　　D. $0.0157kg/s$

2. 流体在流动过程中具有的机械能不包括（   ）。

    A. 动能　　　　　　　B. 位能　　　　　　　C. 外加功　　　　　　D. 静压能

3. 流体在直管中流动，管路中的阻力损失说法正确的有（   ）。

    A. 与管径成正比　　B. 与管长成正比

    C. 与流速成正比　　D. 与流量成正比

4. 湍流和层流的本质区别为（   ）。

    A. 湍流流速大于层流　　　　　　　　B. 湍流时的 Re 大于层流

    C. 流道大时为湍流，小时为层流　　D. 层流无径向脉动，而湍流有

5. 以绝对零压作起点计算的压力，称为（   ）。

    A. 绝对压力　　　　B. 表压力　　　　　C. 静压力　　　　　D. 真空度

6. 水以 $2m/s$ 的流速在 $\phi35mm \times 2.5mm$ 钢管中流动，水的黏度为 $1 \times 10^{-3}Pa \cdot s$，密度为 $1000kg \cdot m^{-3}$，其流动类型为（   ）。

    A. 层流　　　　　　B. 湍流　　　　　　C. 过渡流　　　　　D. 无法确定

7. 装在某设备进口处的真空表读数为 $50kPa$，出口压力表的读数为 $100kPa$，此设备进出口之间的绝对压强差为（   ）kPa。

    A. 150　　　　　　　B. 50　　　　　　　C. 75　　　　　　　D. 25

8. 在外界大气压为 $100kPa$ 的地区，某设备内的真空度为 $85kPa$，则设备内绝对压强为（   ）。

    A. $15kPa$　　　　　B. $100kPa$　　　　　C. $85kPa$　　　　　D. $185kPa$

二、简答题

1. 如图 $1-36$ 所示的敞口容器内盛有油和水，已知 $\rho_{油} < \rho_{水}$，故 $h < h_1 + h_2$。若 A 与 A'、B 与 B' 及 C 与 C' 分别处于同一水平面上，你能否判断 A 与 A'、B 与 B' 及 C 与 C' 的压力是否相等。

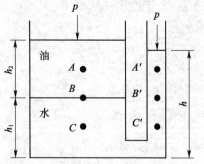

图 $1-36$　习题附图

2. 说明流体的体积流量、质量流量、流速（平均流速）的定义及相互关系。

3. 某制药厂需要安装一根输水量每小时为 $40m^3$ 的管道，你能计算输水管的内径并选择合适的焊接钢管吗？

4. 简述流体稳定流动时的连续性方程和伯努利方程。

5. 简述流动阻力产生的原因，流体黏度的物理意义。

6. 流体的流动类型有哪几种？如何判断？

三、应用实例题

1. 一套管换热器的内管为 $\phi80mm \times 3mm$，外管为 $\phi158mm \times 4mm$，其环隙的当量直径为多少？

2. 某液体从 $\phi108\text{mm}\times4\text{mm}$ 的管内以流速 1m/s 稳定流入 $\phi68\text{mm}\times4\text{mm}$ 的管内，试问流体在小管内的流速？

3. 某设备的进、出口压强分别为 1200mmH$_2$O（真空度）和 1.6kgf/cm^2（表压）。若当地大气压为 760mmHg，求此设备进、出口的压强差。（用 SI 制表示）

4. 有一内径为 25mm 的水管，管中水的流速为 1.0m/s，求：（1）管中水的流动类型；（2）管中水保持层流状态的最大流速（水的密度 $\rho=1000\text{kg/m}^3$，黏度 $\mu=1\text{cp}$）。

5. 用 $\phi108\text{mm}\times4\text{mm}$ 的钢管从水塔将水引至车间，管路长度 150m（包括管件的当量长度）。此管路输水量为 36m^3/h，则此管路的全部能量损失为多少？（管路摩擦系数可取为 0.02，水的密度取为 1000kg/m^3）

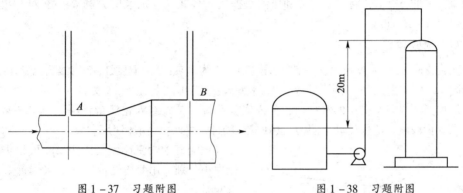

图 1-37   习题附图   图 1-38   习题附图

6. 如图 1-37 所示，水以 2.5m/s 的流速流经 $\phi38\text{mm}\times2.5\text{mm}$ 的水平管，此管以锥形管与另一 $\phi56\text{mm}\times3\text{mm}$ 的水平管相连。如图 1-39 所示，在锥形管两侧 A、B 处各插入一垂直玻璃管以观察两截面的压强。若水流经 A、B 两截面间的能量损失为 1.5J/kg，求两玻璃管的水面压差（以 mmH$_2$O 计）。

7. 如图 1-38 所示，为一洗涤塔的供水系统。储槽液面压力为 100kPa（绝压），塔内水管与喷头连接处的压力为 320kPa（绝压），塔内水管出口高出储槽内水面 20m，管路为 $\phi57\text{mm}\times2.5\text{mm}$ 钢管，送水量为 14m^3/h，系统能量损失 4.3mH$_2$O，泵的效率为 65%，求泵所需的轴功率？（水的密度取为 1000kg/m^3）。

📝 实训一   流体流动阻力的测定

一、实验目的

1. 了解流体在管道内摩擦阻力的测定方法。
2. 确定摩擦系数 λ 与雷诺数 Re 的关系。

二、基本原理

$$h_{\text{f}}=\frac{\Delta p}{\rho}=\lambda\frac{l}{d}\frac{u^2}{2} \tag{1-40}$$

由于流体具有黏性，在管内流动时必须克服内摩擦力。当流体呈湍流流动时，质点间不断相互碰撞，引起质点间动量交换，从而产生了湍动阻力，消耗了流体能量。流体的黏性和流体的涡流产生了流体流动的阻力。在被测直管段的两个取压口之间列出伯努利方程式，可得

$$\Delta p=\Delta p_{\text{f}} \tag{1-41}$$

将（1-41）代入（1-40）整理得

$$\lambda = \frac{2d}{l\rho} \times \frac{\Delta p_f}{u_2}$$

式中，l 为两侧压点间直管长度，m；d 为直管内径，m；λ 为摩擦阻力系数；u 为流体流速，m/s；Δp_f 为直管阻力引起的压降，N/m^2。

$$Re = \frac{du\rho}{\mu}$$

式中，μ 为流体黏度，Pa·s；ρ 为流体密度，kg/m^3。

本实验在管壁粗糙度、管长、管径、一定的条件下用水做实验，改变水流量，测得一系列流量下的 Δp_f 值，将已知尺寸和所测数据代入各式，分别求出 λ 和 Re，在双对数坐标纸上绘出 λ—Re 曲线。

三、实验装置

实验装置如图1-39所示，各部分名称如下，1为水泵；2为温度计；3为涡轮流量计；4为控制阀；5为排气瓶；6为测压导管；7为平衡阀；8为U型压差计；9为排气阀；10为水槽。

流程：水泵将水槽中的水抽出，送入实验系统，首先经涡轮流量计测量流量，然后送入被测直管段测量流体流动的阻力，经回流管流回水槽，水循环使用。

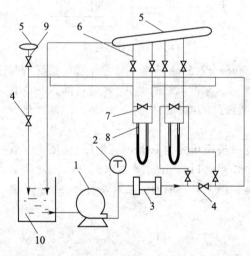

图1-39 流体阻力实验装置示意图

被测直管段流体流动阻力 Δp_f 可根据其数值大小分别采用变压器或空气-水倒置U型管来测量。

四、实验步骤

1. 向水槽内注蒸馏水，直到水满为止。

2. 大流量状态下的压差测量系统，应先接电预热 10~15min，观察数字仪表的初始值并记录后方可启动泵做实验。

3. 检查导压系统内有无气泡存在。当流量为0时打开3、4两阀门，若空气-水倒置U型管内两液柱的高度差不为0，则说明系统内有气泡存在，需要排净气泡方可测取数据。排气方法：将流量调至较大，排除导压管内的气泡，直至排净为止。

4. 测取数据的顺序可从大流量至小流量，反之也可，一般测15~20组数，建议当流量读数小于300L/h时，用空气-水倒置U型管测压差 Δp_f。

5. 待数据测量完毕，关闭流量调节阀，切断电源。

五、注意事项

1. 调流量要慢、稳、准。

2. 利用压力传感器测大流量下的 Δp_f 时，应切断空气-水倒置U型管3、4两阀门否则影响测量数据。

3. 在实验过程中每调节一个流量之后待流量和直管压降的数据稳定以后方可记录数据。

4. 若较长时间不做实验，启动离心泵之前应先转动泵轴使之灵活运转，否则烧坏电机。

六、实验数据结果与要求

1. 原始数据

实验设备：

流体种类：

实验数据记录于表1-6、1-7、1-8。

表1-6　直管阻力实验数据表（光滑直管内径8mm、管长1.60m）

水温 t =　　℃；　　μ =　　cP；　　ρ =　　kg/m³

序号	V_s（L/h）	R		Δp_f（Pa）	u（m/s）	Re	λ
		（kPa）	（mmH₂O）				
1							
2							
…							
14							
15							

层流流动中阻力系数λ与雷诺准数的关系为：

表1-7　直管阻力实验数据表（粗糙直管内径10.0mm、管长1.60m）

序号	V_s（L/h）	R		Δp_f（Pa）	u（m/s）	Re	λ
		（kPa）	（mmH₂O）				
1							
2							
…							
14							
15							

表1-8　局部阻力实验数据表

序号	V_s（L/h）	近端压差	远端压差	u（m/s）	局部阻力压差 Δp_f	阻力系数 ζ
1						
2						
3						

2. 写出本实验的一组数据的详细计算过程。

3. 绘出实验莫狄图，如图1-40。

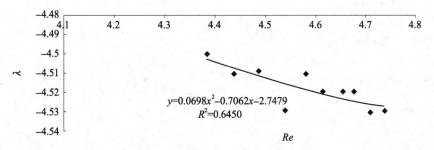

图1-40　λ—Re 曲线实验示意图

七、思考题

1. 本实验用水为工作介质做出的 $\lambda—Re$ 曲线，对其他流体能否使用？为什么？

2. 本实验是测定等直径水平直管的流动阻力，若将水平管改为流体自下而上流动的垂直管，从测量两个取压点间压差的倒置 U 形管读数 R 到 Δp_f 的计算过程和公式是否与水平管完全相同？为什么？

3. 为什么采用差压变送器和倒置 U 形管并联起来测量直管段的压差？何时用变送器？何时用倒置 U 形管？操作时要注意什么？

八、实验报告要求

1. 实验目的。

2. 主要设备名称、名称及型号。

3. 流动阻力测定装置流程图。

4. 实验操作步骤。

5. 实验数据记录及处理（数据计算过程）。

6. 思考题。

7. 实验体会（查阅相关资料补充实验内容，实验中的体验和个人看法）。

第二章

流体输送设备

在制药化工生产中，流体输送是最常见的单元操作。流体输送机械就是向流体做功以提高流体机械能的装置。本章主要介绍制药化工生产中常用的流体输送设备的基本结构、工作原理和特性，以便能够依据生产工艺要求合理选择和正确使用流体输送设备，以实现高效、可靠、安全的运行。

流体输送机械分为液体输送机械和气体输送机械。输送液体的机械称为泵；输送气体的机械按其所产生压强的不同分别称之为通风机、鼓风机、压缩机和真空泵。

流体输送机械按其工作原理分为以下 3 种。

（1）动力式（叶轮式）　包括离心式、轴流式输送机械，它们是凭借高速旋转的叶轮使流体获得能量的。

（2）容积式（正位移式）　包括往复式、旋转式输送机械，它们是利用活塞或转子的挤压使流体升压以获得能量的。

（3）其他类型　指不属于上述 2 类的其他形式，如喷射式、流体作用式等。

第一节　离心泵

一、离心泵的结构组成与工作原理

（一）离心泵的结构组成

离心泵的型号较多，其构造并无大的差异。如图 2 – 1 所示，泵主要由叶轮、泵壳、轴和轴封等零件部分组成。

1. 叶轮　叶轮的作用是将原动机的机械能直接传给液体，以增加液体的静压能和动能（主要增加静压能）。所以是离心泵的关键部件。叶轮一般有 6 ～ 12 片后弯叶片。叶轮有开式、半闭式和闭式 3 种，如图 2 – 2 所示。

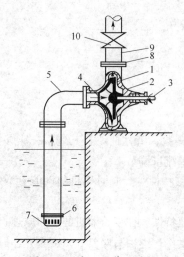

图 2 - 1　离心泵装置简图

1. 叶轮；2. 泵壳；3. 泵轴；4. 吸入口；5. 吸入管；
6. 底阀；7. 滤网；8. 排出口；9. 排出管；10. 调节阀

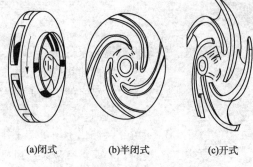

(a)闭式　　　(b)半闭式　　　(c)开式

图 2 - 2　离心泵的叶轮

开式叶轮在叶片两侧无盖板、制造简单、清洗方便，适用于输送含有较大量悬浮物的物料，效率较低，输送的液体压力不高；半闭式叶轮在吸入口一侧无盖板，而在另一侧有盖板，适用于输送易沉淀或含有颗粒的物料，效率也较低；闭式叶轮在叶片两侧有前后盖板，效率高，适用于输送不含杂质的清洁液体，一般的离心泵叶轮多为此类。

叶轮按其吸液方式不同可分为单吸式和双吸式 2 种，如图 2 - 3 所示。

2. 泵壳　泵壳作用是将叶轮封闭在一定的空间，以便由叶轮的作用吸入和压出液体。泵壳多做成蜗壳形，故又称蜗壳。由于流道截面积逐渐扩大，故从叶轮四周甩出的高速液体逐渐降低流速，使部分动能有效地转换为静压能。泵壳不仅汇集由叶轮甩出的液体，同时又是一个能量转换装置。

为了减少液体离开叶轮时直接冲击泵壳而造成的能量损失，使泵内液体能量转换效率增高，叶轮外周安装导轮，如图 2 - 4 所示。

案例讨论

案例： 为了保证安全，一般家庭使用的管道都有密封。

讨论： 1. 离心泵在输送液体的时候是怎样密封的？2. 离心泵的密封结构又是什么样子？

3. 轴封装置　轴封装置是用来实现泵轴与泵壳间密封的装置称为轴封装置。常用的密封方式有两种，即填料函密封与机械密封。如图 2 - 5 所示，填料函密封是用浸油或涂有石墨的石棉绳（或其他软填料）填入泵轴与泵壳间的空隙来实现密封。图 2 - 6 所示，机械密封是通过一个安装在泵轴上的动环与另一个安装在泵壳上的静环来实现密封，两个环的环形端面由弹簧使之平行贴紧，当泵运转时，两个环端面发生相对运动但保持贴紧而起到密封作用。

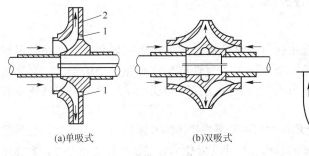

(a)单吸式　　　　　　　(b)双吸式

图 2-3　离心泵的吸液方式

1. 平衡孔；2. 后盖板

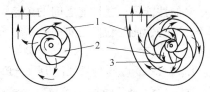

图 2-4　泵壳与导轮

1. 泵壳；2. 叶轮；3. 导轮

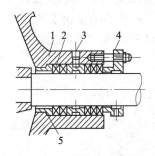

图 2-5　填料密封装置

1. 填料函壳；2. 软填料；3. 液封圈；

4. 填料压盖；5. 内衬套

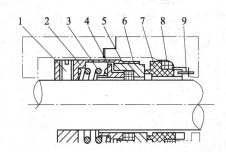

图 2-6　机械密封装置

1. 螺钉；2. 传动座；3. 弹簧；4. 推环；5. 动环密封圈；

6. 动环；7. 静环；8. 静环密封圈；9. 防转销

（二）离心泵的工作原理

1. 工作原理　参见图 2-1，叶轮安装在泵壳内，并紧固在泵轴上，泵轴由电机直接带动。泵壳中央有一液体吸入口与吸入管连接。液体经底阀和吸入管进入泵内。泵壳上的液体排出口与排出管连接。

在泵启动前，泵壳内灌满被输送的液体。启动后，叶轮由轴带动高速转动，叶片间的液体也随着转动。在离心力的作用下，液体从叶轮中心被抛向外缘并获得能量，以高速离开叶轮外缘进入蜗形泵壳。在蜗壳中，液体由于流道的逐渐扩大而减速，又将部分动能转变为静压能，最后以较高的压力流入排出管道，送至需要场所。液体由叶轮中心流向外缘时，在叶轮中心形成了一定的真空，由于贮槽液面上方的压力大于泵入口处的压力，液体便被连续压入叶轮中心处。可见，只要叶轮不断地转动，液体便会连续不断地被吸入和排出。

2. 气缚现象　如果在启动离心泵前，泵体内没有充满液体，留有部分气体。由于气体密度比液体的密度小得多，产生的离心力就很小，因而在叶轮中心区所形成的低压不足以将贮槽内的液体吸入泵内。这种由于泵内存有空气造成离心泵不能吸液的现象称为气缚现象。

离心泵没有自吸能力，所以在启动离心泵前必须灌泵，为防止灌入泵壳内的液体因重力流入低位槽内，在泵吸入管路的入口处装有止逆阀（底阀）。如果泵的位置低于槽内液面，则启动前无需人工灌泵，吸入管也无需底阀，借助位差液体自动流入泵内。

二、离心泵的主要性能参数与特性曲线

（一）离心泵的主要性能参数

为了完成具体的输送任务需要选用适宜规格的离心泵并使之高效运转，就必须了解离心泵的性能及这些性能之间的关系。离心泵的主要性能参数有流量、扬程、功率和效率等，这些性能与它们之间的关系在泵出厂时会标注在铭牌或产品说明书上，供使用者参考。

1. 流量　流量也称送液能力，指单位时间内从泵内排出的液体体积，用 V_s 表示，单位 m^3/s 或 m^3/h。离心泵的流量与离心泵的结构、尺寸（叶轮的直径及叶片的宽度等）和转速有关。

2. 扬程　扬程也称压头，指离心泵对单位重量（1N）流体所做的功，即1N流体通过离心泵时所获得的能量。用 H 表示，单位为米液柱，符号 m。离心泵的扬程与离心泵的结构、尺寸、转速和流量有关。通常，流量越大，扬程越小，两者的关系由实验测定（图 2-7）。若不计两表截面上的动能差（即 $\Delta u^2/2g = 0$），不计两表截面间的能量损失（即 $\sum h_{f_{1-2}} = 0$），则泵的扬程可用下式计算

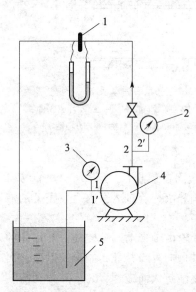

$$H = h_0 + \frac{P_2 - P_1}{\rho g}$$

离心泵铭牌上的扬程是离心泵在额定流量下的扬程。

在一管路系统中两截面间（包括泵）列出伯努利方程式并整理可得

$$H = \Delta Z + \frac{\Delta p}{\rho g} + \frac{\Delta u^2}{2g} + \sum h_{f_{1-2}} \qquad (2-1)$$

式中，H 为扬程，而升扬高度仅指 ΔZ 一项。

3. 效率　效率是反映离心泵利用能量情况的参数。由于机械摩擦、流体阻力和泄漏等原因，离心泵的有效功率总是小于其轴功率，两者的差值用效率来表征，效率用 η 表示。离心泵的能量损失包括下述 3 项。

图 2-7　离心泵扬程测定
1. 流量计；2. 压强表；3. 真空表；
4. 离心泵；5. 贮槽

（1）容积损失　容积损失是指泵的液体泄漏所造成的损失。由于液体泄漏，一部分已获得能量的高压液体流失，造成了能量损失。用字母 η_v 表示。容积损失主要与泵的结构及液体在进出口处的压强差有关。

（2）机械损失　由泵轴与轴承之间、泵轴与填料函之间以及叶轮盖板外表面与液体之间产生摩擦而引起的能量损失称为机械损失。用字母 η_m 表示。

（3）水力损失　指液体在泵内各部位的摩擦阻力和局部阻力产生的能量损失，该损失的大小取决于泵内的结构、零件加工精度和液体的性质等。用字母 η_h 表示。

一般地说泵的效率是反映上述 3 种能量损失的程度，故又称总效率。

$$\eta = \eta_v \cdot \eta_m \cdot \eta_h \qquad (2-2)$$

4. 有效功率和轴功率　有效功率指离心泵实际传给液体的功率，即液体获得的实际压头 H 所需的功率，单位 W 或 kW。其值由下式计算

$$N_e = HV_s \rho g \qquad (2-3)$$

式中，N_e 为离心泵的有效功率 W 或 kW。

轴功率指电机提供给泵轴的功率，它包括了多种能量损失所消耗的功率，轴功率与有效功率相差一个效率，即

$$N = \frac{N_e}{\eta} = \frac{HV_s\rho g}{\eta} = \frac{HV_s\rho}{102\eta} \ (\text{kW}) \qquad (2-4)$$

式中，N 为离心泵的轴功率 W 或 kW。

轴功率由实验测定，是选取电动机的依据。离心泵铭牌上的轴功率是离心泵在最高效率下的轴功率。

（二）离心泵的特性曲线

1. 特性曲线　离心泵的特性曲线是将由实验测定的 V_s、H、N、η 等数据坐标绘制而成的一组曲线。此图由泵的制造厂家提供，供使用部门选泵和操作时参考。图 2-8 为国产 IS 型离心泵的特性曲线。各种型号的泵各有其特性曲线，形状基本上相同，但均有以下 3 条曲线。

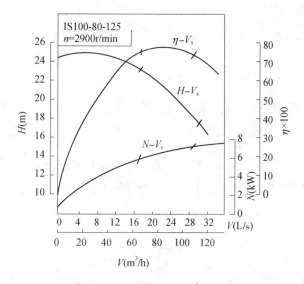

图 2-8　IS 型离心泵的特性曲线

（1）$H-V_s$ 线　表示压头和流量的关系；离心泵的压头一般是随流量的增大而降低。

（2）$N-V_s$ 线　表示泵轴功率和流量的关系；离心泵的轴功率随流量增大而上升，流量为零时轴功率最小。所以离心泵启动时，应关闭泵的出口阀门，使启动电流减小，保护电机。

（3）$\eta-V_s$ 线　表示泵的效率和流量的关系；从图 2-8 的特性曲线看出，当 $V_s = 0$ 时，$\eta = 0$；随着流量的增大，泵的效率随之上升，并达到一最大值。以后流量再增大，效率就下降。

2. 泵的设计点　通常，把离心泵的最高效率点称为设计点。泵在与最高效率相对应的流量及压头下工作最经济，所以以最高效率点对应的 V_s、H、N 值称为最佳工况参数。离心泵的铭牌上标出的性能参数就是指该泵在运行时效率最高点的状况参数。根据输送条件的要求，离心泵往往不可能正好在最佳工况点运转，因此一般只能规定一个工作范围，称为泵的高效率区，通常为最高效率的 92% 左右，如图 2-8 所示范围，选用离心泵时，应尽可能使泵在此范围内工作。离心泵的性能曲线可作为选择泵的依据。确定泵的类型后，再依

流量和压头选泵。

实例分析 2-1 如图 2-7 为测定离心泵特性曲线的实验装置，实验中已测出如下一组数据。

泵进口处真空表读数 $P_1 = 2.67 \times 10^4$ Pa（真空度）；泵出口处压强表读数 $P_2 = 2.55 \times 10^5$ Pa（表压），泵的流量 $V_s = 12.5 \times 10^{-3}$ m³/s，功率表测得电动机所消耗功率为 6.2kW，吸入管内径 $d_1 = 80$mm，压出管内径 $d_2 = 60$mm。

两个测压点间垂直距离 $Z_2 - Z_1 = 0.5$m；泵由电动机直接带动，传动效率可视为 1，电动机的效率为 0.93，实验介质为 20℃的清水，试计算在此流量下泵的压头 H、轴功率 N 和效率 η。

分析：（1）泵的压头在真空表及压强表所在截面 1-1′与 2-2′间列伯努利方程

$$Z_1 + \frac{p_1}{\rho g} + \frac{u_1^2}{2g} + H = Z_2 + \frac{p_2}{\rho g} + \frac{u_2^2}{2g} + H_f$$

式中，$Z_2 - Z_1 = 0.5$m

$P_1 = -2.67 \times 10^4$ Pa（表压）

$P_2 = 2.55 \times 10^5$ Pa（表压）

$$u_1 = \frac{4V_s}{\pi d_1^2} = \frac{4 \times 12.5 \times 10^{-3}}{\pi \times 0.08^2} = 2.49 \text{m/s}$$

$$u_2 = \frac{4V_s}{\pi d_2^2} = \frac{4 \times 12.5 \times 10^{-3}}{\pi \times 0.06^2} = 4.42 \text{m/s}$$

两个测压口间的管路很短，其间阻力损失可忽略不计，故

$$H = 0.5 + \frac{2.55 \times 10^5 + 2.67 \times 10^4}{1000 \times 9.81} + \frac{4.42^2 - 2.49^2}{2 \times 9.81} = 29.88 \text{mH}_2\text{O}$$

（2）泵的轴功率 功率表测得功率为电动机的输入功率，电动机本身消耗一部分功率，其效率为 0.93，于是电动机的输出功率（等于泵的轴功率）为

$$N = 6.2 \times 0.93 = 5.77 \text{kW}$$

（3）泵的效率

$$\eta = \frac{N_e}{N} = \frac{V_s H \rho g}{N} = \frac{12.5 \times 10^{-3} \times 29.88 \times 1000 \times 9.81}{5.77 \times 1000} = 63\%$$

在实验中，如果改变出口阀门的开度，测出不同流量下的有关数据，计算出相应的 H、N 和 η 值，并将这些数据绘于坐标纸上，即得该泵在固定转速下的特性曲线。

（三）影响离心泵特性曲线的主要因素

泵生产厂家所提供的特性曲线是用 20℃的清水在 293K 和 98.1kPa 下实验求得的。当被输送的液体的种类、转速和叶轮直径改变时，离心泵的性能将随之改变。

1. 密度 密度对流量、扬程和效率没有影响，但对轴功率有影响，轴功率可以用式（2-5）校正。

$$\frac{N_1}{N_2} = \frac{\rho_1}{\rho_2} \tag{2-5}$$

2. 黏度 当液体的黏度增加时，液体在泵内运动时的能量损失增加，从而导致泵的流量、扬程和效率均下降，但轴功率增加。因此黏度的改变会引起泵的特性曲线的变化。当液体的运动黏度大于 20cst（厘斯）时（1cst = 1mm²/s），离心泵的性能需按公式校正，校正方法可参阅有关手册。

3. 转速 当效率变化不大时，转速变化引起流量、压头和功率的变化符合比例定律，即

$$\frac{V_{S_2}}{V_{S_2}} = \frac{n_2}{n_1} \qquad \frac{H_2}{H_1} = \left(\frac{n_2}{n_1}\right)^2 \qquad \frac{N_2}{N_1} = \left(\frac{n_2}{n_1}\right)^3 \tag{2-6}$$

式中，V_{S_1}、H_1、N_1 离心泵转速为 n_1 时的流量、扬程和功率；V_{S_2}、H_2、N_2 离心泵转速为 n_2 时的流量、扬程和功率。

式（2-6）称为比例定律。当转速变化小于 20% 时，可认为效率不变，用式（2-6）进行计算误差不大。

4. 叶轮 在转速相同时，叶轮直径的变化会导致离心泵性能的改变。如果叶轮切削率不大于 20%，则叶轮直径变化引起流量、压头和功率的变化符合切割定律，即

$$\frac{V_{S_2}}{V_{S_1}} = \frac{D_2}{D_1} \qquad \frac{H_2}{H_1} = \left(\frac{D_2}{D_1}\right)^2 \qquad \frac{N_2}{N_1} = \left(\frac{D_2}{D_1}\right)^3 \tag{2-7}$$

必须指出，虽然可以通过叶轮直径的切削来改变离心泵的性能，而且工业生产中有时也采用这一方法，但过多减少叶轮直径，会导致泵工作效率的下降。

三、离心泵的工作点与流量调节

（一）管路特性曲线

当离心泵安装在特定的管路系统中工作时，实际的工作压头和流量不仅与离心泵本身的性能有关，还与管路特性有关，即在输送液体的过程中，泵和管路是互相制约的。所以，在讨论泵的工作情况之前，应先了解与之相联系的管路状况。

在图 2-9 所示的输送系统中，为完成从低能位 1 处向高能位 2 处输送，单位重量流体所需要的能量为 H，则由伯努利方程可得

$$H_e = \Delta Z + \frac{\Delta p}{\rho g} + \frac{\Delta u^2}{2g} + \sum H_f \tag{2-8}$$

一般情况下，动能差 $\Delta u^2/2g$ 项可以忽略，阻力损失

$$\sum H_f = \sum \left[\left(\lambda \frac{l}{d} + \zeta \right) \frac{u^2}{2g} \right] \tag{2-9}$$

其中

$$u = \frac{V_e}{\frac{\pi}{4} d^2}$$

式中，V_e 为管路系统的输送量，m^3/s；故

$$\sum H_f = \sum \left[\frac{8 \left(\lambda \frac{l}{d} + \zeta \right)}{\pi^2 d^4 g} \right] V_e^2$$

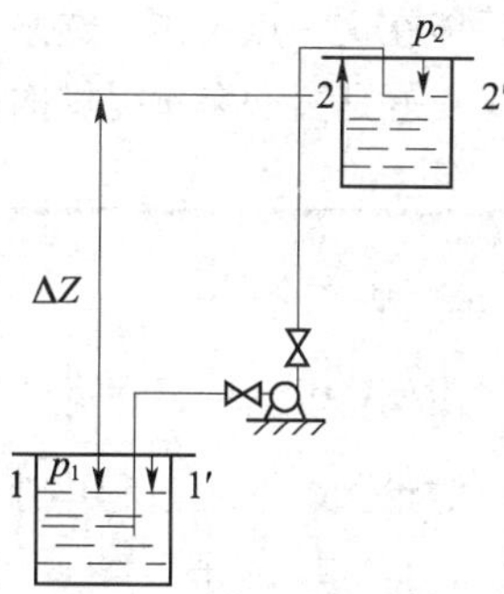

图 2-9 输送系统简图

令

$$K = \sum \frac{8 \left(\lambda \frac{l}{d} + \zeta \right)}{\pi^2 d^4 g}$$

则

$$\sum H_f = K V_e^2 \tag{2-10}$$

其数值由管路特性所决定。当管内流动已进入阻力平方区，系数 K 是一个与管内流量无关的常数。将式（2-10）代入式（2-8），得

$$H_e = \Delta Z + \frac{\Delta p}{\rho g} + K V_e^2 \tag{2-11}$$

在特定的管路系统中，于一定的条件下操作时，ΔZ 与 $\frac{\Delta p}{\rho g}$ 均为定值，上式可写成

$$H_e = A + K V_e^2 \tag{2-12}$$

由式（2-12）看出在特定管路中输送液体时，管路所需压头 H_e 随液体流量 V_e 的平方

而变化。将此关系描绘在坐标纸上，即为图2-10的管路特性曲线。此线形状与管路布置及操作条件有关，而与泵的性能无关。

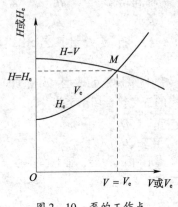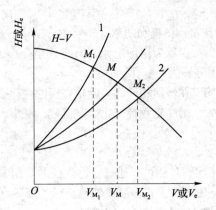

图2-10　泵的工作点　　　　　图2-11　改变阀门开度调节流量示意图

（二）离心泵的工作点

离心泵安装在管路中工作时，泵的输液量 V 即管路的流量 V_e，在该流量下泵提供的压头恰好等于管路所要求的压头。因此，泵的实际工作情况是由泵特性曲线和管路特性曲线共同决定的。

若将离心泵特性曲线 $H \sim V_s$ 与其所在管路特性曲线 $H_e \sim V_e$ 绘于同一坐标纸上，如图2-10所示，此两线交点 M 称为泵的工作点。对所选定的离心泵在此特定管路系统运转时，只能在这一点工作。选泵时，要求工作点所对应的流量和压头既能满足管路系统的要求，又正好是离心泵所提供的，即 $V_s = V_e$，$H = H_e$。

案例讨论

案例：生活中最常见的改变流量的方法是通过调节阀门的开闭程度。

讨论：1. 生产过程中流体输送的流量是如何改变的？
　　　　2. 如果单台泵不能满足流体的输送需要，我们是不是需要重新购置呢？

（三）离心泵的流量调节

由于生产任务的变化，管路需要的流量有时是需要改变的，这实际上就是要改变泵的工作点。由于泵的工作点由管路特性曲线和泵的特性曲线共同决定的，因此改变泵的特性和管路的特性均能改变工作点，从而达到调节流量的目的。

1. 改变泵出口阀门的开度　改变离心泵出口管线上的阀门开关，实质是改变管路特性曲线。当阀门关小时，管路的局部阻力加大，管路特性曲线变陡，如图2-11中曲线1所示，工作点由 M 移至 M_1，流量由 V_M 减小到 V_{M_1}。当阀门开大时，管路阻力减小，管路特性曲线变得平坦一些，如图2-11中曲线2所示，工作点移至 M_2，流量加大到 V_{M_2}。

用阀门调节流量迅速方便，且流量可以连续变化，适合化工制药连续生产的特点，所以应用十分广泛。缺点是阀门关小时，阻力损失加大，能量消耗增多，很不经济。且在调节幅度较大时离心泵往往在低效区工作，经济性差。

2. 改变泵的转速　改变泵的转速实质上是改变泵的特性曲线。泵原来转数为 n，工作点

为 M，如图 2-12 所示，若把泵的转速提高到 n_1，泵的特性曲线 $H \sim V$ 往上移，工作点由 M 移至 M_1，流量由 V_M 加大到 V_{M_1}。若把泵的转速降至 n_2，工作点移至 M_2，流量降至 V_{M_2}。

这种调节方法能保持管路特性曲线不变。当流量随转速下降而减小时，阻力损失也相应降低，能量消耗比较合理。但需要配备变速装置或价格昂贵的变速原动机，且难以做到连续调节流量，故生产中很少采用。

3. 改变叶轮直径 改变叶轮直径也可改变泵的特性（切割定律），从而改变泵的工作点。这种调节方法实施起来不方便，需要车床，而且一旦车削便不能复原，且调节范围不大，生产中很少使用。

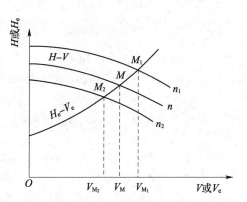

图 2-12 改变转数调节流量示意图

4. 离心泵的并联和串联 在实际生产中，当单台离心泵不能满足输送任务要求时，可采用离心泵的并联或串联操作。

（1）离心泵的并联操作 设有 2 台型号相同的离心泵并联工作，并且各自的吸入管路相同，则两泵的流量和扬程必相同。因此，在同样的扬程下，并联泵的流量为单泵的 2 倍。如图 2-13 所示，在 $H-V$ 坐标上将单泵特性曲线的横坐标加倍而纵坐标不变，得到的这条曲线叫作两泵并联的合成特性曲线。对于两泵并联系统而言，管路特性曲线保持不变。两泵并联的合成特性曲线与管路特性曲线的交点 M 即为工作点，对应的坐标值 V 和 H 即为两泵并联工作时的 $V_并$ 和 $H_并$。

由图可知：$V_并 > V$，但 $V_并 < 2V$，这是因为 $V_并$ 增大导致管路阻力损失增加（$H_e = A + KV_e^2$，V_e 增加 H_e 也随之增加）的缘故。两泵并联时单泵在 b 点状态下工作。并联泵的总效率与每台泵在 b 点工作所对应的单泵效率相同。两泵并联后，扬程增加不多，由 H 升至 $H_并$，流量 V 增加较多，由 V 增至 $V_并$，$V_并 \approx 2V$。

（2）离心泵的串联操作 设有 2 台型号相同的离心泵串联工作，每台泵的流量和扬程也必然相同。因此在同样的流量下，串联泵的压头为单台泵的 2 倍。如图 2-14 所示，在 $H-V$ 标绘出两泵串联的合成特性曲线 II，将单泵的特性曲线 I 的纵坐标加倍，而横坐标不变。同理，管路特性曲线也是不变的。两线交点为工作点，两坐标值为 $H_串$ 和 H。由此可见，$H_串 > H$，$V_串 > V$，但 $H_串 < 2H$。串联泵的总效率与每台泵在 b 点工作所对应的单泵效率相同。两泵串联后，流量增加不多，扬程增加接近 2 倍，$H_串 \approx 2H$。

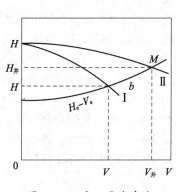

图 2-13 离心泵的并联

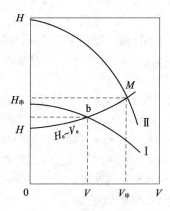

图 2-14 离心泵的串联

离心泵组合方式的选择

生产中究竟采用何种组合方式比较经济合理，应考虑管路要求的压头及管路特性曲线的形状。

1. 对于管路所要求的 $\Delta Z + \dfrac{\Delta p}{\rho g}$ 值高于单台泵可提供的最大压头的特定管路，则只能采用泵的串联操作。

2. 若以增大流量为目的，则泵的串、并联的选择取决于管路特性曲线。对于管路特性曲线较平坦的低阻管路采用并联组合，可获得较串联组合高的流量和压头；对于管路特性曲线较陡的高阻管路采用串联组合，可获得较并联组合高的流量和压头。

3. 实际生产中，通常不采用串联或并联的办法来增加流量或压头，因为这样做通常使操作效率下降，且一旦 2 台泵在调节上出现不同的特性，可能会带来不利的结果，只有当无法使用一台泵满足生产任务要求时或一台大型泵启动电流过大对电力系数造成影响时，才考虑串联或并联组合。

4. 在连续生产中，泵均是并联安装的，但这并不是并联操作，而是一台操作，一台备用。

注意点：①性能相同的泵并联工作时，所获得的流量并不等于每台泵在同一管路中单独使用时的倍数，且并联的台数愈多，流量的增加率愈小；②当管路特性曲线较陡时，流量增加的百分数也较小。对此种高阻管路，宜采用串联组合操作。

四、离心泵的安装高度与气蚀现象

（一）气蚀现象

1. 定义　离心泵的吸液是靠吸入液面与吸入口间的压差完成的。当吸入液面压力一定时，吸上高度越大，吸入阻力越高，吸入口处的压力将越小。当吸入口处压力小于操作条件下被输送液体的饱和蒸气压时，液体将会气化产生气泡，含有气泡的液体进入泵体后，在旋转叶轮的作用下，进入高压区，气泡在高压的作用下，又会凝结为液体，由于原气泡位置的空出造成局部真空，使周围液体在高压的作用下迅速填补原气泡所占空间。这种高速冲击频率很高，可以达到每秒几千次，冲击压强可以达到数百个大气压甚至更高。这种高强度高频率的冲击，轻的能造成叶轮的疲劳，重的则可以将叶轮与泵壳破坏，甚至能把叶轮打成蜂窝状。这种由于被输送液体在泵体内气化再凝结对叶轮产生剥蚀的现象叫离心泵的气蚀现象。

2. 危害　气蚀现象发生时对叶轮剥蚀，会产生噪声和引起振动，流量、扬程及效率均会迅速下降，严重时不能吸液。工程上规定，当泵的扬程下降3%时就进入了气蚀状态。

3. 预防措施　工程上从根本上避免气蚀现象的方法是限制泵的安装高度。所以离心泵的安装高度就是衡量泵抗气蚀能力的参数。此外减小吸入管路阻力，降低泵进口液体的温度也可以有效地防止气蚀现象发生，因此，离心泵流量不采用入口阀门调节。

（二）离心泵的安装高度

离心泵的安装高度是指泵的吸入口与吸入贮槽液面间的垂直距离。避免离心泵气蚀现象发生的最大安装高度，称为离心泵的允许安装高度，也叫允许吸上高度，以符号 H_g 表示。工业生产中，计算离心泵的允许安装高度常用允许气蚀余量法。

1. 允许气蚀余量　允许气蚀余量是表示离心泵的抗气蚀性能的参数，由泵的性能表查得。允许气蚀余量是指离心泵在保证不发生气蚀的前提下，泵吸入口处动压头与静压头之和比被输送液体的饱和蒸气压头高出的最小值，用 Δh 表示，即

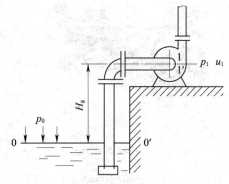

$$\Delta h = \frac{P_1}{\rho g} + \frac{u_1^2}{2g} - \frac{p_v}{\rho g} \qquad (2-13)$$

式中，p_v 为操作温度下液体的饱和蒸气压，Pa。

Δh 值越大，泵抗气蚀性能越强。Δh 随流量增大而增大，因此，在确定允许安装高度时应取最大流量下的 Δh。

图 2 - 15　离心泵的允许安装高度

2. 安装高度

（1）允许安装高度如图 2 - 15 所示，以液面为基准面，列贮槽液面 0 - 0′ 与泵的吸入口 1 - 1′ 间的伯努利方程式，可得

$$Z_1 = H_g = \frac{p_0 - p_1}{\rho g} - \frac{u_1^2}{2g} - \sum H_{f,0-1} \qquad (2-14)$$

将式（2 - 13）和式（2 - 14）联立得允许吸上高度

$$H_g = \frac{p_0}{\rho g} - \frac{p_v}{\rho_g} - \Delta h - \sum H_{f,0-1} \qquad (2-15)$$

（2）实际安装高度　为了安全起见，泵的实际安装高度通常应比允许安装高度低 0.5 ~ 1m。当允许安装高度为负值时，离心泵的吸入口低于贮槽液面。

注意：当液体的输送温度较高或沸点较低时，由于液体的饱和蒸气压较高，就要特别注意泵的安装高度。若泵的允许安装高度较低，可采用下列措施。

①尽量减小吸入管路的压头损失，可采用较大的吸入管径，缩短吸入管的长度，减少拐弯，省去不必要的管件和阀门等。

②把泵安装在贮罐液面以下，使液体利用位差自动吸入泵体内，称之为"倒灌"。

五、离心泵的类型及选用方法

（一）类型

离心泵种类繁多，相应的分类方法也多种多样，按被输送液体性质分为清水泵、油泵、耐腐蚀泵和杂质泵等；按特定使用条件分为液下泵、管道泵、高温泵、低温泵和高温高压泵等；按吸液方式分为单吸泵与双吸泵；按叶轮数目分为单级泵与多级泵；按安装形式分为卧式泵和立式泵。

1. 清水泵　清水泵是化工生产中普遍使用的一种泵，适用于输送水及性质与水相似的液体。常用的清水泵包括 IS 型、D 型和 Sh 型。

（1）IS 型　IS 型泵是单级单吸式离心泵，如图 2 - 16、图 2 - 17 所示。泵体和泵盖都是用铸铁制成。特点是泵体和泵盖为后开门结构形式，优点是检修方便，不用拆卸泵体、管路和电机。它是应用最广的离心泵，用来输送温度不高于 80℃ 的清水以及物理、化学性质类似于水的清洁液体。扬程范围 8 ~ 98mH$_2$O，流量范围 4.5 ~ 360m^3/h。

其型号由符号及数字表示：如 IS100 – 65 – 200，IS 表示单级单吸离心水泵，吸入口直径为 100mm，排出口直径为 65mm，叶轮的名义直径200mm。

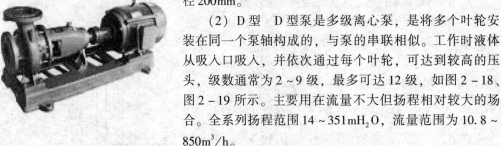

（2）D 型　D 型泵是多级离心泵，是将多个叶轮安装在同一个泵轴构成的，与泵的串联相似。工作时液体从吸入口吸入，并依次通过每个叶轮，可达到较高的压头，级数通常为 2～9 级，最多可达 12 级，如图 2 – 18、图 2 – 19 所示。主要用在流量不大但扬程相对较大的场合。全系列扬程范围 14～351mH$_2$O，流量范围为 10.8～850m^3/h。

图 2 – 16　IS 型泵的外形图

其型号表示：如 100D45 × 4，其中吸入口直径为100mm，每一级扬程为 45m（总扬程为 45 × 4），泵的级数为 4。

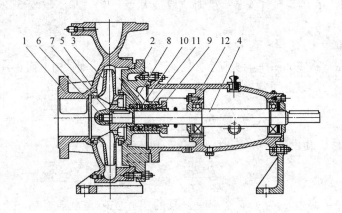

图 2 – 17　IS 型泵的结构图

1. 泵体；2. 泵盖；3. 叶轮；4. 轴；5. 密封环；6. 叶轮螺母；7. 制动垫圈；
8. 轴套；9. 填料压盖；10. 填料环；11. 填料；12. 悬挂轴承部件

（3）Sh 型（原 B 型）　Sh 型泵是双吸式离心泵，叶轮有两个入口，与泵的并联相似。故输送液体流量较大，吸入口与排出口均在水泵轴心线下方，在与轴线垂直呈水平方向泵壳中开盖，检修时无需拆卸进、出水管路及电动机，如图 2 – 20、图2 – 21 所示。主要用于输送液体的流量较大而所需的压头不高的场合。全系列流量范围为 120～12500m^3/h，扬程为9～140m。

图 2 – 18　D 型单吸多级离心泵外形图

2. 耐腐蚀泵　耐腐蚀泵（F 型）的特点是与液体接触的部件用耐腐蚀材料制成，密封要求高，常采用机械密封装置，用来输送酸、碱等腐蚀性液体。全系列流量范围为 2～400m^3/h，扬程为 15～105m。其型号在 F 之后加上材料代号，如 FH 型（灰口铸铁）耐浓硫酸，FG 型（高硅铸铁）耐稀硫酸或混酸，FB 型（铬镍合金钢）耐稀硝酸、碱液及弱腐蚀性液体，FM 型（铬镍钼钛铁合金钢）耐浓硝酸，FS 型（聚三氟氯乙烯塑料）耐硫酸、硝酸、盐酸和碱液。

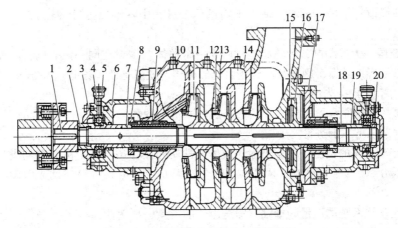

图 2-19 D 型单吸多级离心泵结构图

1. 泵轴；2. 轴套螺母；3. 轴承盖；4. 轴承衬套甲；5. 轴承；6. 轴承体；7. 轴套甲；
8. 填料压盖；9. 填料环；10. 进水段；11. 叶轮；12. 密封环；13. 中段；14. 出水段；
15. 平衡环；16. 平衡盘；17. 尾盖；18. 轴套乙；19. 轴承衬套乙；20. 圆螺母

3. 油泵 油泵（Y 型）是用来输送油类及石油产品的泵，由于这些液体多数易燃易爆，因此必须有良好的密封，而且当温度超过 473K 时还要通过冷却夹套冷却。全系列流量范围为 5～1270m³/h，扬程为 5～1740m，输送温度在 228～673K。油泵的系列代号为 Y，如果是双吸油泵，则用 YS 表示。

图 2-20 Sh 型泵的外形图

4. 杂质泵 杂质泵（P 型）叶轮流道宽，叶片数目少，常采用半开式或开式叶轮。有些泵壳内衬以耐磨的铸钢护板，不易堵塞，容易拆卸，耐磨。用于输送悬浮液及较稠的浆液等。常见有 PW 型（污水泵）、PS 型（砂泵）、PN 型（泥浆泵）。

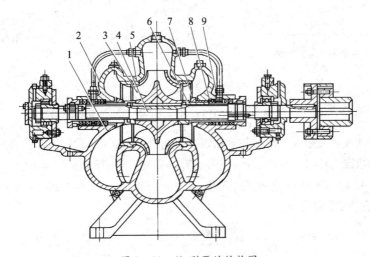

图 2-21 Sh 型泵的结构图

1. 泵体；2. 泵盖；3. 叶轮；4. 密封环；5. 轴；6. 轴套；7. 轴承；8. 填料；9. 填料压盖

5. 液下泵（潜水泵） 液下泵（EY 型）经常安装在液体贮槽内，对轴封要求不高。既节省了空间又改善了操作环境。适用于输送化工过程中各种腐蚀性液体和高凝固点液体。其缺点是效率不高。

6. 屏蔽泵 无泄漏泵，叶轮和电机联为一个整体并密封在同一泵壳内，不需要轴封装置。常输送易燃、易爆、剧毒及具有放射性的液体。缺点是效率较低，为 $26\% \sim 50\%$。

（二）离心泵的选用方法

离心泵的选用通常可根据生产任务，由国家汇总的各类泵的样本及产品说明书进行合理选用，并按以下原则进行。

1. 确定离心泵的类型 根据被输送液体的性质和操作条件确定离心泵的类型，如液体的温度、压力、黏度、腐蚀性、固体粒子含量以及是否易燃易爆等都是选用离心泵类型的重要依据。

2. 确定输送系统的流量和扬程 输送液体的流量一般为生产任务所规定，如果流量是变化的，应按最大流量考虑。根据管路条件及伯努利方程，确定最大流量下所需要的压头。

3. 确定离心泵的型号 根据管路要求的流量和扬程来选定合适的离心泵型号。在选用时，应考虑到操作条件的变化并留有一定的余量。选用时要使所选泵的流量与扬程比任务需要的稍大一些。如果用系列特性曲线来选，要使 (V, H) 点落在泵的 (V, H) 点以下，并处在高效区。

4. 校核轴功率 当液体密度大于水的密度时，必须校核轴功率。

5. 列出泵在设计点处的性能 供使用时参考。

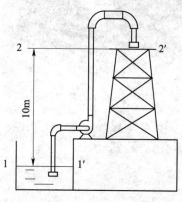

图 2 - 22 实例分析 2 - 2 附图

实例分析 2 - 2 天津地区某化工厂，需将 60°C 的热水用泵送至高 10m 的凉水塔冷却，如图 2 - 22 所示。输水量为 $80 \sim 85 \text{m}^3/\text{h}$，输水管内径为 106mm，管道总长（包括局部阻力当量长度）为 100m，管道摩擦系数为 0.025，试选一台合适离心泵并求出该泵的安装高度。

分析：设水池液面为 1 - 1′ 截面，喷水出口为 2 - 2′ 截面，在水池液面与喷水口截面列伯努利方程

$$z_1 + \frac{p_1}{\rho g} + \frac{u_1^2}{2g} + H_e = z_2 + \frac{p_2}{\rho g} + \frac{u_2^2}{2g} + H_f$$

其中， $u_2 = \dfrac{85}{3600 \times \dfrac{\pi}{4} \times 0.106^2} = 2.68 \text{m/s}$

$$p_1 = p_2, \quad u_1 \approx 0, \quad z_1 = 0$$

代入上式得 $\quad H_f = \lambda \dfrac{l + l_e}{d} \dfrac{u_2^2}{2g} = 0.025 \times \dfrac{100 \times 2.68^2}{0.106 \times 2 \times 9.81} = 8.63 \text{m}$

根据流量和扬程查附录二十泵的规格表，可选 IS100 - 80 - 125 型离心泵，水泵在最效率点下的性能数据： $V = 100 \text{m}^3/\text{h}$，$H = 20 \text{m}$，$N_{\text{轴}} = 7 \text{kW}$，$\eta = 78\%$，$\Delta h = 4.5 \text{m}$。

查附录十九得水在 60°C 的饱和蒸汽压为 $p_v = 19.92 \times 10^3 \text{Pa}$，$\rho = 983.2 \text{kg/m}^3$ 代入式 (2 - 15) 则可求出泵的允许安装高度 H_g。

$$H_g = \frac{p_0}{\rho g} - \frac{p_v}{\rho g} - \Delta h - \sum H_{f, 0-1} = \frac{p_0 - p_v}{\rho g} - \Delta h - \sum H_{f, 0-1}$$

$$= \frac{101.3 \times 10^3 - 19.92 \times 10^3}{983.2 \times 9.81} - 4.5 - 8.63 = -4.693 \text{m}$$

负数说明该泵可以安装在液面下 4.693m 处。

六、离心泵的操作、维护和检修

（一）离心泵的操作规程

1. 启动泵前的准备工作

（1）检查电气设备、开关、启动按钮和仪表是否灵活好用，准确可靠。

（2）检查机泵各部位紧固螺丝有无松动、缺损。

（3）检查看窗油位。

（4）盘泵的联轴器 3～5 圈，转动灵活自如，无杂音和卡阻。

（5）检查各压力表检定合格证是否在有效期内；用手轻敲表壳，指针有无弹性摆动，检查指针是否灵活好用。

（6）检查泵出口阀是否灵活好用，并关闭出口阀门，做好启动控制准备。

（7）关闭泵前过滤器排污阀，打开泵进口阀，打开泵出口放空阀，待排净泵内气体后关闭。

（8）检查泵周围有无妨碍启泵操作的物品。

（9）检查电动机、配电系统配备是否齐全、安全可靠，供电系统电压是否正常。

待上述工作检查无误后，准备启动泵。

2. 离心泵的启动

（1）按启动按钮，启动泵。

（2）当泵达到正常转速后，再逐渐打开泵出口阀门。在泵出口阀门关闭的情况下，泵连续工作的时间不能超过 2～3min。

（3）当设备报警无法启动时，应及时查明原因，排除故障，不可盲目强行启动。

3. 离心泵的运行

（1）检查电流、电压、进出口压力、润滑油油位是否正常，如果发现异常，应及时处理。

（2）检查各部温度是否正常。

（3）检查机泵声音及震动是否正常。

（4）泵运行正常后，清理现场，并在泵机组上挂运行标志牌。

（5）及时填写机组运行记录，做到完整、准确、真实，注意水罐液位及运行参数的变化。

4. 离心泵的停车

（1）逐渐关闭泵出口阀门，戴绝缘手套按下电动机停止按钮。

（2）待机泵空转停稳后，盘泵 3～5 圈，关闭泵进口阀门，打开泵前过滤器的排污阀门或出口放空阀门。

（3）控制好水罐液位。

（4）在停用泵机组上挂上停运标志牌，做好停运记录，及停用泵机组的卫生清洁工作。

（5）如环境温度低于5℃时，应将泵内水放出，以免冻裂。

（6）如长期停用，应将泵拆卸清洗，包装保管。

（二）离心泵的维护保养规程

1. 日常维护保养　由操作人员在日常操作中进行。

（1）进口管道必需充满液体，禁止泵在气蚀状态下运行。

（2）起动前应先盘泵几圈，以免突然启动造成设备损坏。

（3）定时检查电机电流值，不得超过电机额定电流。

（4）泵进行长期运行后，由于机械磨损。使机组的噪音及振动增大时，应停车检查。

2. 一级维护保养　以维修人员为主每 3 个月进行 1 次。

（1）由电器维修人员检查电器部分，要求电线绝缘良好，接线牢固，电器开关灵敏可靠。

（2）由设备操作人员彻底清洗，擦拭设备内外表面死角部位。

（3）机械密封润滑应清洁无固体颗粒。

（4）严禁密封在干磨情况下工作。

（5）密封泄漏允差 3 滴/分，否则应检修。

3. 二级维护保养　以维修人员为主每年进行 1 次。

（1）完成一级保养全部内容。

（2）由车间维修人员检查传动系统，调整间隙，更换磨损件。

（3）由电器维修人员清洗电机，更换润滑脂，检查电机绝缘情况。

（4）由电器维修人员整理、清洁、检查电器元件及线路，做到整齐安全、接地良好。

（三）离心泵的检修

1. 检修周期

（1）小修：半年进行 1 次。

（2）中修：1 年进行 1 次。

（3）大修：3 年进行 1 次。

2. 检修前准备

（1）技术资料准备：使用说明书、结构图、维护保养记录、运行记录。

（2）准备材料及维修专用工具。

（3）切断电源，悬挂"维修中"状态标志。

3. 检修内容

（1）小修：设备维修人员负责完成。

①检查电机是否异常响声。

②检查水泵是否运转正常。

③检查阀门是否有渗漏，做好密封工作。

④常见故障及检修。

（2）中修

①包括小修内容。

②检查、更换易损件。

③检查调整校核各控制仪表。

（3）大修

①包括中修内容。

②对整机进行拆卸，清洗检查零部件，根据磨损情况确定修理件及更换件。

③检查、调整电器部分。

④设备经大修后应恢复其原有性能、精度及生产效率，并由工程设备部、使用部门进行验收，做好记录。

工作结束后应及时做好设备使用、维护保养、检修记录。

七、离心泵的常见故障及处理方法

表 2 – 1　离心泵的常见故障及处理方法

序号	故障现象	产生原因	处理方法
1	泵灌不满	1. 底阀未关，或吸入系统泄漏； 2. 底阀损坏	1. 关闭底阀或消除泄漏； 2. 修理或更换底阀
2	泵不吸液，真空表指示高度真空	1. 底阀未打开或滤液部分淤塞； 2. 吸液管阻力太大； 3. 吸入高度过高； 4. 吸液部位浸没深度不够	1. 打开底阀或清洗滤液部分； 2. 清洗或更换吸液管； 3. 适当降低吸水高度； 4. 降低吸水部分
3	泵不吸液，真空表和压力表的指针剧烈跳动	1. 开泵前，泵内空气未排空； 2. 吸液系统管子或仪表漏气； 3. 吸液管没有浸在液中，或浸入深度不够	1. 停泵将泵内空气排尽； 2. 检查吸液管和仪表或堵住漏气部分； 3. 降低吸液管
4	压力表虽有压力力，但排液管不出水	1. 排液管阻力太大； 2. 叶轮转向不对，无压力； 3. 叶轮流道堵塞； 4. 出口阀关闭	1. 清除液管或减少弯头； 2. 检查电动机相位是否安错； 3. 清洗叶轮； 4. 打开出口阀
5	泵排液后中断	1. 吸入管路漏气； 2. 灌泵时吸入侧气体未排完； 3. 吸入侧突然被异物堵住； 4. 吸入大量气体	1. 检查吸入侧管道连接处及填料函密封情况； 2. 要求重新灌泵； 3. 停泵处理异物； 4. 检查吸入口有否旋涡，淹没深度是否太浅
6	流量不足	1. 密封环径向间隙增大，内漏增加； 2. 叶轮流道堵塞； 3. 吸液部分阻力太大，如，吸液滤液部位淤塞，弯头过多，底阀太小等	1. 检修； 2. 清洗叶轮； 3. 清洗滤阀，减少弯头
7	扬程不够	1. 灌泵不足（或泵内气体未排完）； 2. 泵转向不对； 3. 泵转速太低	1. 重新灌泵； 2. 检查旋转方向； 3. 检查转速，提高转速
8	振动	1. 叶轮磨损不均匀或部分流道堵塞造成叶轮不平衡； 2. 轴承磨损； 3. 泵轴弯曲	1. 对叶轮作平衡校正或清洗叶轮； 2. 修理或更换轴承； 3. 校直或更换泵轴

离心泵故障判断几种常用的方法

1. **区分机泵故障**　对一台确认存在故障的泵，首先应区分是机械故障还是电气故障，以缩小诊断的范围。简便的方法是将电机断开，观察测振仪的读数是否迅速下降至零，如果是，则为电气故障；如缓慢下降，则是机械故障的可能性大；如果泵不能停车，则可对振动的信号作频率分析加以判定；若1倍频或2倍电源频率处有突出峰值则属于电气故障；否则为机械故障。

2. **参数方向特征判别**　不同的故障类型，在测点不同方位上的振动大小是不同的。在许多情况下，如果水平方向振动大，反映出不平衡，轴向振动值大，则为不同轴，当然，为了更加详细的判断，可通过频谱分析来进行，2倍频明显，则为平行不对中等等。垂直方向振动大，往往是地脚松动。

3. **隔离法定位**　由于泵与电动机联在一起，不同部位的振动信号会相互干扰，如测得有故障的机泵，为了确定位置，则条件许可下可将联轴器拆卸下，如电机单机运行正常，则为泵的故障引起的。

4. **其他**　如温度的测量也是一种方法，但其敏感长远远不如振动，只有当轴承存在严重的润滑不良如少油、油脏等，或轴承元件出现严重的损伤时才有突出的反应，这时往往已经发生较大的故障了，因此，温度只是一种辅助的监测方法。

第二节　其他化工生产用泵

一、往复泵

往复泵是容积式泵的一种形式，通过活塞或柱塞在缸体内的往复运动来改变工作容积，进而使液体的能量增加。适用于输送流量较小、压力较高的各种介质。当流量小于100m³/h、排出压力大于10MPa时，有较高的效率和良好的运行性能。包括活塞泵、柱塞泵、隔膜泵、计量泵等。主要适用于小流量、高扬程的场合，输送高黏度液体时效果要好于离心泵，但是不能输送腐蚀性液体和有固体粒子的悬浮液。

（一）往复泵的结构和工作原理

1. 结构　往复泵的结构如图2-23所示，主要部件包括：泵缸，活塞（或柱塞），活塞杆，若干个吸入阀、排出阀。其中吸入阀和排出阀均为单向阀。

2. 工作原理　活塞杆通过曲柄连杆机构将电机的回转运动转换成直线往复运动。当活塞自左向右运动时泵缸容积增大，形成低压，此时因受排出管内压力的作用，排出阀关闭，吸入阀则受贮池液体压强的作用而被顶开，液体流入缸内。当活塞移至最右端时，泵缸容积最大，吸入的液体量最多。此后活塞向左运动，缸内液体被挤压，吸入阀关闭，排出阀被顶开，液体被压入排出管中，排液完毕，完成一个工作循环。

通常把活塞移动的距离称为冲程。若在一个工作循环中只有一次吸入和一次排出则称为单动泵。它是不连续的输送液体。若在一个工作循环中，无论活塞向左向右运动，都有吸入液体和排出液体的过程，则称这种泵为双动泵。

3. 特点

（1）往复泵是通过活塞的往复运动，将外功以改变压强的形式传递给液体。

（2）输液过程是间歇、周期性的，活塞运动非等速，排液量不均匀。

4. 说明

（1）为改善单动泵排液量不均匀，可采用双动泵、三动泵等多作用往复泵或设置贮液罐，使液体均匀流出。

（2）往复泵具有自吸能力，不需灌泵排气，但仍有安装高度的限制。

（3）由于往复泵的操作容积与往复速度均有限，故主要用于小流量、高扬程的场合，尤其适合于输送高黏度的液体，但不适合有腐蚀性和有固体颗粒的液体的输送。

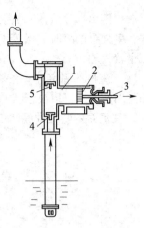

图 2 - 23 往复泵装置简图
1. 泵缸；2. 活塞；3. 活塞杆；
4. 吸入阀；5. 排出阀

（二）往复泵的流量及其调节

1. 往复泵的流量

（1）理论平均流量 V_T（m³/s）

$$单动泵 \quad V_T = Asn/60 \qquad (2-16)$$

式中，A 为活塞截面积，m²；s 为活塞冲程，m；n 为活塞往复频率，次/min。

$$双动泵 \quad V_T = (2A - a)sn/60 \qquad (2-17)$$

式中，a 为活塞杆的截面积，m²。

（2）实际平均流量 V 往复泵的实际流量总小于理论流量 V_T，即

$$V = \eta_v V_T \qquad (2-18)$$

式中，η_v 为容积效率。主要是由于阀门开、闭滞后，阀门、活塞填料函泄漏。

一般输送常温清水的往复泵，$\eta_v = 0.80 \sim 0.98$。

（3）流量的不均匀性 往复泵的瞬时流量取决于活塞截面积与活塞瞬时运动速度之积，由于活塞运动瞬时速度的不断变化，使得它的流量不均匀。单缸和多缸单动往复泵的流量如图 2 - 24 所示。

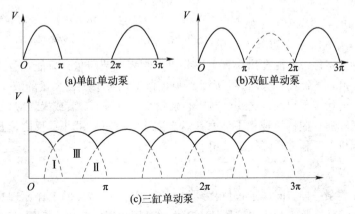

图 2 - 24 往复泵流量周期性变化示意图

实际生产中，为了提高流量的均匀性，可以采用增设空气室，利用空气的压缩和膨胀

来存放和排出部分液体，从而提高流量的均匀性。采用多缸泵也是提高流量均匀性的一个办法，多缸泵的瞬时流量等于同一瞬时各缸流量之和，只要各缸曲柄相对位置适当，就可使流量较为均匀。

（4）流量的固定性　往复泵的瞬时流量虽然是不均匀的，但在一段时间内输送的液体量却是固定的，仅取决于活塞面积、冲程和往复频率–流量的固定性。

2. 往复泵的特性曲线和工作点　因为是靠挤压作用压出液体，往复泵的压头理论上可以任意提高，如图 2 – 25 所示。即在流量 V 一定的情况下，工作曲线 a 的压头为 H；改变其他参数工作曲线为图线 a'，则压头升高为 H'。但实际上由于构造材料的强度有限，泵内的部件有泄漏，故往复泵的压头仍有一限度。而且压头太大，也会使电机或传动机构负载过大而损坏。

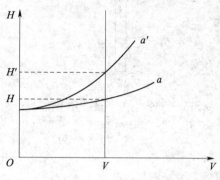

图 2 – 25　往复泵的特性曲线

讨论：往复泵的理论流量是由单位时间内活塞扫过的体积决定的，而与管路的特性无关。而往复泵提供的压头则只与管路的情况有关，与泵的情况无关，管路的阻力大，则排出阀在较高的压力下才能开启，供液压力必然增大；反之，压头减小。这种压头与泵无关，只取决定管路情况的特性称为正位移特性。具有正位移特性的泵称正位移泵或容积式泵。

3. 往复泵的操作要点和流量调节　往复泵的效率一般都在 70% 以上，最高可达 90%，它适用于所需压头较高的液体输送。往复泵可用以输送黏度很大的液体，但不宜直接用以输送腐蚀性的液体和有固体颗粒的悬浮液，因泵内阀门、活塞受腐蚀或被颗粒磨损、卡住，都会导致严重的泄漏。

（1）由于往复泵是靠贮池液面上的大气压来吸入液体，因而安装高度有一定的限制。

（2）往复泵有自吸作用，启动前无需要灌泵。

（3）一般不设出口阀，即使有出口阀，也不能在其关闭时启动。

（4）往复泵的流量调节方法如下。

①支路旁路调节流量　如图 2 – 26，凡是正位移

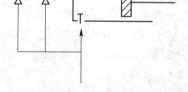

图 2 – 26　往复泵旁路调节流量示意图
1. 旁路阀；2. 安全阀

泵，因其流量的固定性，不能在出口管上安装出口阀来调节流量，只能在旁路上安装旁路阀，以满足输出流量的需要，旁路阀开度大，则实际输出量减少，大量的液体回流至入口。旁路阀应在打开的情况下启动，这些是与离心泵截然不同的，安装或操作应多加注意。

②改变曲柄转速　曲柄转速慢，活塞往返次数小，流量就减小；反之流量增加。这时需要采用无级电机，工程上实际较少采用。

二、旋转泵

旋转泵和往复泵一样，同属于正位移泵的一种类型。旋转泵的工作原理是由泵内的一个或多个转子的旋转来吸入和排出液体的。现介绍常用的齿轮泵和螺杆泵。

（一）齿轮泵

齿轮泵的结构如图 2 – 27（a）所示。泵壳内有 2 个齿轮，一个是主动轮靠电动机驱动

旋转，另一个是从动轮靠与主动轮啮合向相反方向而转动。当齿轮转动时，在泵的吸入端，两个齿轮的齿互相拔开，形成低压而吸入液体，然后随齿轮转动，液体分两路封闭于齿穴和壳体之间，并被压向排出端，在排出端两齿轮互相合拢，形成高压而将液体排出。

齿轮泵扬程高而流量小，流速均匀，它用于输送黏稠性液体，但不能输送含有固体颗粒的悬浮液体。

（二）螺杆泵

螺杆泵主要由泵壳和一根或多根螺杆构成，如图 2 - 27（b）、（c）所示。在单螺杆泵中，见图 3 - 27（c），螺杆在有内螺旋的壳内运动，使液体沿轴向推进，挤压到排出口。在双螺杆泵中，一个螺杆转动时带动另一个螺杆，螺纹互相啮合，液体被拦截在啮合室内沿杆轴前进，从螺杆两端被挤向中央排出。此外还有多螺杆泵，其转速高，螺杆长，因而可以达到很高的排出压力。三螺杆泵排出压力可达 10MPa 以上。

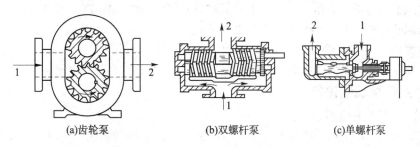

(a)齿轮泵　　　　　(b)双螺杆泵　　　　　(c)单螺杆泵

图 2 - 27　旋转泵结构
1. 吸入口；2. 排出口

其工作原理与齿轮泵相似。它是利用螺杆间互相啮合的容积变化来排出液体，当需要的扬程较高时可用较长的螺杆。

螺杆泵的特点是扬程高，效率高和低噪音，适宜于在高压下输送高黏度液体，并可以输送带颗粒的悬浮液体。

第三节　气体输送设备

案例导入

案例： 普通家庭的厨房几乎都有一台油烟机，它是通过扇叶的旋转输送气体的。

讨论： 1. 离心式气体输送设备和离心式液体输送设备在结构上有哪些区别？
　　　　2. 哪种设备在结构上更复杂？

一、概述

（一）气体输送机械在工业生产中的应用

1. 输送气体。

2. 产生高压气体。

3. 产生真空。

（二）气体输送机械的特点

1. 动力消耗大。对一定的质量流量，由于气体的密度小，其体积流量很大。因此，气体输送管中的流速比液体要大得多。

2. 气体输送机械体积一般都很庞大，对出口压力高的机械更是如此。

3. 由于气体的可压缩性，故在输送机械内部气体压力变化的同时，体积和温度也将随之发生变化。这些变化对气体输送机械的结构、形状有很大影响。因此，气体输送机械需要根据出口压力来加以分类。

（三）气体输送机械的分类

气体输送机械按工作原理分为离心式、旋转式、往复式以及喷射式等。按出口压力（终压，气体输送设备出口的最后压力）和压缩比（气体出口压力与进口压力之比，多级压缩时，各级的压缩比相同）不同分为如下几类。

1. 通风机 终压（表压，下同）不大于 15kPa（约 1500mmH$_2$O），压缩比 1～1.15。

2. 鼓风机 终压 15～300kPa，压缩比小于 4。

3. 压缩机 终压在 300kPa 以上，压缩比大于 4，但小于 7。

4. 真空泵 在设备内造成负压，终压为大气压，压缩比由真空度决定。

二、离心式气体输送设备

（一）离心式通风机

1. 离心式通风机的结构特点 如图 2-28 所示离心式通风机的结构与单级离心泵相似。在蜗壳形机壳内装一叶轮，叶轮上叶片数目较多。

离心式通风机的工作原理与离心泵相同。

（1）为适应输送风量大的要求，通风机的叶轮直径一般是比较大的。

（2）叶轮上叶片的数目比较多。

（3）叶片有平直的、前弯的、后弯的。通风机的主要要求是通风量大，在不追求高效率时，用前变叶片有利于提高压头，减小叶轮直径。

（4）机壳内逐渐扩大的通道及出口截

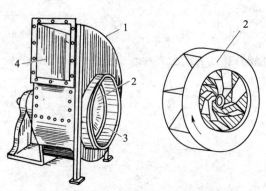

图 2-28 离心通风机及叶轮
1. 机壳；2. 叶轮；3. 吸入口；4. 排出口

面常不为圆形而为矩形。

2. 离心式通风机的性能参数

（1）风量 V（m^3/s，m^3/h） 单位时间内风机出口排出的气体体积，以风机进口处气体状态计。

（2）全风压 P_T（J/m^3，Pa） 单位体积气体通过风机时获得的能量。在风机进、出口之间列伯努利方程

$$P_T = \rho g(z_2 - z_1) + (p_2 - p_1) + \frac{\rho(u_2^2 - u_1^2)}{2} + \rho \sum h_f$$

式中，$(z_2 - z_1)\rho g$ 可以忽略；当气体直接由大气进入风机时，忽略气体进入风机的速度，即 $u_1 \approx 0$，再忽略入口到出口的能量损失，则上式变为

$$P_T = (p_2 - p_1) + \frac{\rho u_2^2}{2} = P_{st} + P_k \qquad (2-19)$$

说明：①从该式可以看出，通风机的全风压由两部分组成，一部分是进出口的静压差，习惯上称为静风压 P_{st}；另一部分为进出口的动压头差，习惯上称为动风压 P_k。

②在离心泵中，泵进出口处的动能差很小，可以忽略。但离心通风机气体出口速度很高，动风压不仅不能忽略，且由于风机的压缩比很低，动风压在全压中所占比例较高。

③轴功率和效率 N（W 或 kW）、η

$$N = \frac{VP_T}{1000\eta}, \qquad \eta = \frac{VP_T}{1000N} \qquad\qquad (2-20)$$

实例分析 2-3 现从一气柜向某设备输送密度为 $1.36\,kg/m^3$ 的气体，气柜内的压力为 650Pa（表压），设备内的压力为 102.1kPa（绝压）。通风机输出管路的流速为 12.5m/s，管路中的压力损失为 500Pa。试计算管路中所需的全风压。（设大气压力为 101.3kPa）

解：$P_T = (P_2 - P_1) + \dfrac{\rho}{2}u_2^2 + \Delta P_f$

$= \left[102.1 - (101.3 + 0.65)\right] \times 10^3 + \dfrac{1.36}{2} \times 12.5^2 + 500$

$= 756.25Pa$

3. 离心式通风机的选型

（1）根据被输送气体的性质、操作条件选定类型。

（2）根据实际风量（以进口状态计）和计算的全风压，从风机样本或产品目录中选择合适的型号。

（3）列出所选风机的主要性能参数并核算风机的轴功率。

选用时要注意的是当实际操作条件与实验条件不符合时，需将风机的风压换算成实验条件下的风压，最后用换算值选风机。

（二）离心式鼓风机

离心式鼓风机又称为透平鼓风机，常采用多级（级数范围为 2~9 级），故其工作原理与多级离心泵相似，内部结构也有许多相同之处。图2-29 所示为一台 5 级离心鼓风机的示意图。气体由吸气口进入后，经过第 1 级的叶轮和导轮，然后转入第 2 级叶轮入口。再依次通过以后所有的叶轮和导轮，最后由排出口排出。

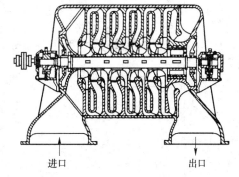

离心式鼓风机的蜗壳形通道亦为圆形；但外壳直径与厚度之比较大；叶轮上叶片数目较多；转速较高；叶轮外周都装有导轮。单级出口表压多在 30kPa 以内；多级可达 0.3MPa。

进口　　　　　　出口

图 2-29　5 级离心式鼓风机示意图

由于在离心鼓风机中气体的压缩比不大，所以无需设冷却装置，各级叶轮的直径也大致相等。其选型方法与离心式通风机相同。

（三）离心式压缩机

离心压缩机常称为透平压缩机，主要结构、工作原理都与离心鼓风机相似。主要由转子（主轴、多级叶轮、轴套及平衡元件）和定子（气缸和隔板）组成。只是离心压缩机的叶轮级数更多，可在 10 级以上，转速较高，故能产生更高的压强。由于气体的压缩比较高，体积变化就比较大，温度升高也较显著。因此离心压缩机常分成几段，每段包括若干级。叶轮直径与宽度逐段缩小，段与段之间设置中间冷却器，以免气体温度过高。

工作时气体沿轴向进入各级叶轮中心处，被旋转的叶轮做功，受离心力的作用，以很高的速度离开叶轮，进入扩压器。气体在扩压器内降速、增压。经扩压器减速、增压后气体进入弯道，使流向反转180°后进入回流器，经过回流器后又进入下一级叶轮。显然，弯道和回流器是沟通前一级叶轮和后一级叶轮的通道。如此，气体在多个叶轮中被增加数次，能以很高的压力离开。

与其他气体输送设备相比，离心式压缩机有如下优点：流量大，供气均匀，体积小；运转平稳；易损部件少、维护方便。因此，除非压力要求非常高，离心式压缩机已有取代往复式压缩机的趋势。而且，离心式压缩机已经发展成为非常大型的设备，流量达几十万立方米/小时，出口压力达几十兆帕。

（四）离心风机型号的意义

离心风机的型号由基本型号和补充型号所组成。如果风机的基本型号相同，而用途不同时，为方便区别，在基本型号前加"G"或"Y"等符号。"G"表示送风机（鼓风机）"Y"表示引风机。补充型号由两位数字组成。

第1位数字表示风机进口吸入形式，以"0""1""2"表示，其中"0"代表双吸风机；"1"代表单吸风机；"2"代表两级串联风机。

第2位数字代表设计序号。风机型号完整的表示方法就包括：名称、型号、机号、传动方式、旋转方向、出口位置等部分。

1. 一般通风机全称表示方法　详见图2-30所示。

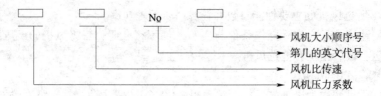

图2-30　一般通风机全称表示方法

2. 形式和品种组成表示方法　详见图2-31所示。

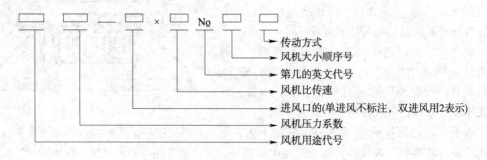

图2-31　形式和品种组成表示方法

例如，W9-26No16D第1个位置代表风机的用途，W代表高温，F代表防腐，B代表防爆；第2个位置代表风机的压力特征，9代表高压，8代表高压，6代表中压，5代表中压，4代表低压，3代表低压；第3个位置连接符号；第4个位置代表风机的压力与风量的特征比值，72代表大风量，68代表中风量，26代表低风量，19代表小风量，12代表小风量；第5个位置为第几的英文代号；第6个位置代表风机叶轮直径，16代表叶轮直径

1.6m，12 代表叶轮直径 1.2m，10 代表叶轮直径 1.0m。以 4 – 72 – 11 系列为例，说明如图
2 – 32 所示。

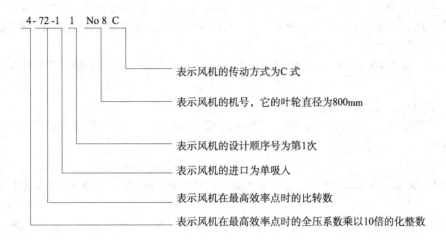

4-72-1 1 No 8 C

表示风机的传动方式为C式

表示风机的机号，它的叶轮直径为800mm

表示风机的设计顺序号为第1次

表示风机的进口为单吸入

表示风机在最高效率点时的比转数

表示风机在最高效率点时的全压系数乘以10倍的化整数

图 2 – 32　举例

三、往复式压缩机

（一）简单结构和工作原理

主要部件有气缸、活塞、吸气阀和排气阀等。因气体密度小、可压缩，且在压缩过程中温度升高，所以压缩机的结构复杂，并设有冷却装置。

往复式压缩机的 1 个工作循环，需要经过压缩、排气、膨胀、吸气 4 个阶段，如图 2 – 33 所示。

1. 压缩阶段　活塞位于气缸右端死点，气缸内充满压力为 P_1，体积为 V_1 的气体，其状态点以 $P \sim V$ 图上的点 1 表示。当活塞向左移动时，气缸内气体压强升高，体积压缩，压强增至 P_2，体积达到 V_2，其状态点以点 2 表示。气体由状态点 1 到状态点 2 的过程称为压缩阶段。

2. 排气阶段　当活塞继续向左移动，气缸内压强 P_2 稍大于出口管中压强时，排气阀被顶开，气体排出，气体体积减小，压强保持不变，恒等于 P_2 直至活塞达到左端的极限位置为止，体积为 V_3 压强仍为 P_2，其状态点以点 3 表示，气体由状态点 2 到状态点 3 的过程称为排气阶段。

3. 膨胀阶段　当活塞达到左端极限位置时，活塞与气缸之间还留有也必须留有一段很小的间隙。这个间隙称为余隙。当活塞从左极端向右移动时，这部分气体将会膨胀，直至等于进

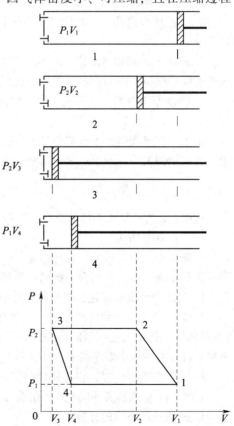

图 2 – 33　往复式压缩机工作原理示意图

口管中气体压强，即 $P_4 = P_1$，其状态点以点 4 表示，气体从状态点 3 到状态点 4 的过程称为膨胀阶段。

4. 吸气阶段 当活塞继续向右移动时，当 $P_4 \leqslant P_1$ 时，吸入阀打开，气体不断吸入，压强恒等于 P_1，直至活塞达到右端极点，状态回复到点 1 为止。气体从状态点 4 变到状态点 1 的过程称为吸气阶段。

至此，活塞往复运动 1 次，实现 1 个工作循环，由压缩 – 排气 – 膨胀 – 吸气 4 个阶段组成。

（二）往复式压缩机的主要性能参数

1. 生产能力 压缩机的生产能力又称压缩机的排气量，理论上的排气量应等于活塞扫过的容积。

$$V' = ASn_r \qquad (2-21)$$

式中，A 为气缸横断面积，m^2；S 为活塞的冲程距离，m；n_r 为转速即活塞的往返次数。

注意：（1）由于气缸有余隙，余隙中高压气体的膨胀，占据一部分气缸的容积。

（2）吸入阀只能在气缸内部压强低于吸入管中气体压强下打开，进入的气体也有 1 个膨胀过程，也占据一部分气缸的容积，使吸气量减少。

（3）气体通过填料函、阀门、活塞杆等处的泄漏。

所以实际排气量总比理论值要小

$$V = \lambda V' \qquad (2-22)$$

式中，λ 为送气系数，$\lambda = 0.7 \sim 0.9$。

2. 压缩比和级数 压缩比是压缩机的出口和进口压强之比。气体每经过 1 次压缩称为 1 级。

3. 排气压力和排气温度 在说明书的铭牌上标注了最终排出压力和各级的排出温度，操作时应严格控制压力和温度不能超过规定值，防止安全事故发生。

4. 轴功率与效率 压缩机所需的理论功率与流量、压缩比以及系统与环境的换热情况有关。

由于压缩过程中，不可避免地有部分泄漏；以及活塞运动，通过气阀开、启时不可避免地有能量损失等；所以压缩机的轴功率应为

$$N = \frac{N_e}{\eta} \qquad (2-23)$$

式中，η 为往复压缩机的效率，一般 $\eta = 0.7 \sim 0.9$。

（三）多级压缩

通常压缩机中每级的压缩比以 4 ~ 7 为宜，若生产上需要总压缩比很大、终压很高时，则需进行多级压缩，否则会引起以下问题。

1. 气缸内润滑油碳化，严重时可能引起油雾爆炸。

2. 由于余隙和压缩比的影响，气体在膨胀阶段余隙大（没排出的气体多），压缩比大（气体膨胀的体积大），气体膨胀时占去的气缸容积；容积系数 λ_0 严重下降，使吸气能力下降，设计时考虑余隙尽可能的小，压缩比应小于 7。

3. 进行多级压缩时，须在每级间将压缩气体进行冷却。

（四）往复式压缩机的类型和选用

1. 往复式压缩机的分类

（1）按压缩机在活塞一侧吸、排气体还是在两侧都吸、排气体，分为单动和双动压

缩机。

（2）按气体受压缩的次数，分为单级、双级和多级压缩机。

（3）按压缩机产生的终压的高低，分为低压、中压、高压和超高压压缩机。

（4）按压缩机生产能力的大小，分为小型、中型和大型压缩机。

（5）按所压缩的气体种类，分为空气压缩机、氧气压缩机、氢气压缩机、氮气压缩机、氨气压缩机等。

（6）按气缸在空间布置的不同，分为立式、卧式、角式和对称平衡式。

2. 往复式压缩机的选用　选用往复式压缩机时，首先根据气体的性质定类型（如空气压缩机、氮气压缩机等；立式或卧式等），再根据生产能力和排出压力（或压缩比）从压缩机的样本或产品目录中选择合适的型号。

（五）往复式压缩机的安装与运转

1. 安装　往复压缩机的排气量是间歇的，不均匀的。为此排出的气体要先经过冷却排管降温后进入缓冲罐，再进入输气管路，作用有两个：①使气体输送流量均匀；②使气体中夹带的油沫得到沉降、分离。

2. 运转　往复压缩机运转时，注意：①各部分的润滑和冷却；②运行时不允许关闭出口阀门；③严格按铭牌上规定值控制。

四、真空泵

从设备或系统中抽出气体使其中的绝对压强低于大气压，此时所用的输送设备称为真空泵。真空泵的形式很多，此处仅介绍制药化工厂中较常用的形式。

（一）水环真空泵

水环真空泵的结构如图 2 - 34 所示。外壳内偏心地装有叶轮，其上有辐射状的叶片，泵内约充有一半容积的水。当旋转时，形成水环，水环具有液封的作用，与叶片之间形成许多大小不同的密封小室。当小室渐增时，气体从吸入口吸入；当小室渐减时，气体由排出口排出。

水环真空泵可以造成的最高真空度为 83kPa 左右，当被抽吸的气体不宜与水接触时，泵内可充以其他液体，所以又称为液环真空泵。

此类泵结构简单、紧凑，易于制造与维修，由于旋转部分没有机械摩擦，使用寿命长，操作可靠。适用于抽吸含有液体的气体，尤其在抽吸有腐蚀性或爆炸性气体时更为合适。但效率很低，为 30% ~ 50%，所能造成的真空度受泵体中液体的温度所限制。

（二）喷射泵

喷射泵是利用流体流动时的静压能与动能相互转换的原理来吸、送流体的，既可用于吸送气体，也可用于吸送液体。在化工生产中，喷射泵常用于抽真空，故又称为喷射式真空泵。

喷射泵的工作流体可以是蒸汽，也可以是液体。图 2 - 35 所示的为蒸汽喷射泵。工作蒸汽在高压下以很高的速度从喷嘴喷出，在喷射过程中，蒸汽的静压能转变为动能，产生低压，而将气体吸入。吸入的气体与蒸汽混合后进入扩散管，速度逐渐降低，压强随之升高，而后从压出口排出。

喷射泵构造简单、紧凑，没有活动部分。但是效率很低，蒸汽消耗量大，故一般多当作真空泵使用，而不作为输送设备用。由于所输送的流体与工作流体混合，因而使其应用范围受到一定的限制。若将几个喷射泵串联起来使用，便可得到更高的真空度。

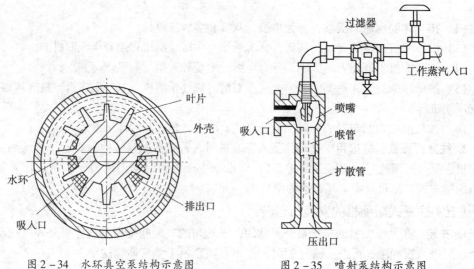

图 2-34 水环真空泵结构示意图   图 2-35 喷射泵结构示意图

拓展阅读

风机的维修与保养

正确的维护、保养，是风机安全可靠运行，提高风机使用寿命的重要保证。因此，在使用风机时，必须引起充分的重视。

一、叶轮的维修、保养

在叶轮运转初期及所有定期检查的时候，只要一有机会，都必须检查叶轮是否出现裂纹、磨损、积尘等缺陷。

只要有可能，都必须使叶轮保持清洁状态，并定期用钢丝刷刷去上面的积尘和锈皮等，因为随着运行时间的加长，这些灰尘由于不可能均匀地附着在叶轮上，而造成叶轮平衡破坏，以至引起转子振动。

叶轮只要进行了修理，就需要对其再做动平衡。如有条件，可以使用便携式动平衡仪在现场进行平衡。在做动平衡之前，必须检查所有紧固螺栓是否上紧。因为叶轮已经在不平衡状态下运行了一段时间，这些螺栓可能已经松动。

二、机壳与进气室的维修保养

除定期检查机壳与进气室内部是否有严重的磨损，清除严重的粉尘堆积之外，这些部位可不进行其他特殊的维修。

定期检查所有的紧固螺栓是否紧固，对有压紧螺栓部的风机，将底脚上的蝶形弹簧压紧到图纸所规定的安装高度。

三、轴承部的维修保养

经常检查轴承润滑油供油情况，如果箱体出现漏油，可以把端盖的螺栓拧紧一点，这样还不行的话，可能只好换用新的密封填料了。

轴承的润滑油正常使用时，半年内至少应更换一次；首次使用时，大约在运行200h后进行，第二次换油时间在1~2个月进行，以后应每周检查润滑油1次，如润滑油没有变质，则换油工作可延长至2~4个月1次，更换时必须使用规定牌号的润滑油（总图上有规定），并将油箱内的旧油彻底放干净且清洗干净后才能灌入新油。

如果要对风机轴承作更换，应注意以下事项。

在将新轴承装入前，必须使轴承与轴承箱都十分清洁。将轴承置于温度约为 $70\sim80^{\circ}\mathrm{C}$ 的油中加热后再装入轴上，不得强行装配，以避免伤轴。

四、其余各配套设备的维修保养

各配套设备包括电机、电动执行器、仪器、仪表等的维修保养详见各自的使用说明书。这些使用说明书都由各配套制造厂家提供，制造厂将这些说明书随机装箱提供给用户。

五、风机停止使用时的维修保养

风机停止使用时，当环境温度低于 $5^{\circ}\mathrm{C}$ 时，应将设备及管路的余水放掉，以避免冻坏设备及管路。

六、风机长期停车存放不用时的保养工作

1. 将轴承及其他主要的零部件的表面涂上防锈油以免锈蚀。

2. 风机转子每隔半月左右，应人工手动搬动转子旋转半圈（即 180°），搬动前应在轴端作好标记，使原来最上方的点，搬动转子后位于最下方。

七、检修过程中如何进行机械部零件的清洗

拆卸后的机械零件进行清洗是修理工作的重要环节。清洗方法和清理质量，对零件鉴定的准确性、设备的修复质量、修理成本和使用寿命等都将产生重要影响。

零件的清洗包括清除油污、水垢、积碳、锈层、旧涂装层等。

1. 脱脂　清除零件上的油污，常采用清洗液，如有机溶剂、碱性溶液、化学清洗液等。清洗方法有擦洗、浸洗、喷洗、气相清洗及超声波清洗等。清洗方式有人工清洗和机械清洗。

2. 除锈　零件表面的腐蚀物，如钢铁零件的表面锈蚀，在机械设备修理中，为保证修理质量，必须彻底清除。根据具体情况，目前主要采用机械、化学和电化学等方法进行清除。

（1）机械法除锈　利用机械摩擦、切削等作用清除零件表面锈层。

（2）化学法除锈　利用一些酸性溶液溶解金属表面的氧化物，以达到除锈的目的。其工艺过程是：脱脂—水冲洗—除锈—水冲洗—中和—水冲洗—去氢。为保证除锈效果，一般都将溶液加热到一定的温度，严格控制时间，并要根据被除锈零件的材料，采用合适的配方。

（3）电化学法除锈　电化学除锈又称电解腐蚀，这种方法可节约化学药品，除锈效率高、除锈质量好，但消耗能量大且设备复杂。

3. 清除涂装层　清除零件表面的保护涂装层，可根据涂装层的损坏程度和保护涂装层的要求，进行全部或部分清除。涂装层清除后，要冲洗干净，准备再喷刷新涂层。

4. 简易的设备故障诊断方法　常用的简易状态监测方法主要有听诊法、触测法和观察法等。

重点小结

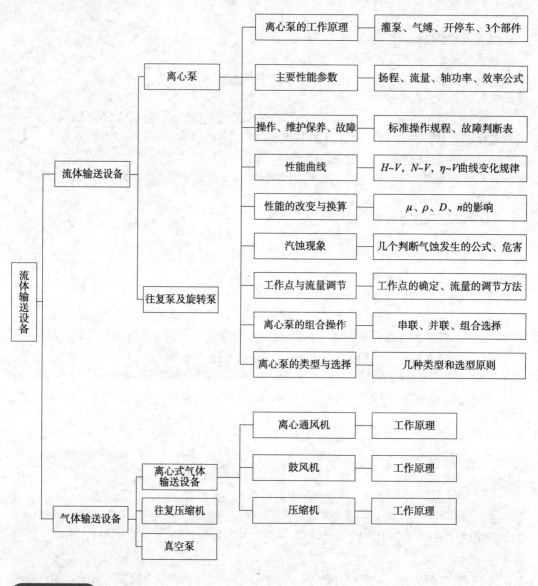

目标检测

一、选择题

(一) 单项选择题

1. 有自吸能力的泵是 (　　)。

　　A. 离心泵 　　　　B. 往复泵 　　　　C. 旋转泵 　　　　D. 轴流泵

2. 离心泵的调节阀开大时，则 (　　)。

　　A. 吸入管路的阻力损失不变 　　　　B. 泵出口的压力减小

　　C. 泵入口处真空度减小 　　　　D. 泵工作点的扬程升高

3. 离心泵的气蚀余量越小，则其抗气蚀能力（　　）。

    A. 越强　　　　　　B. 越弱　　　　　　C. 无关　　　　　　D. 不确定

4. 离心泵的效率随流量的变化情况是（　　）。

    A. V 增大，η 增大　　　　　　　　　B. V 增大，η 先增大后减小

    C. V 增大，η 减小　　　　　　　　　D. V 增大，η 先减小后增大

5. 离心泵的轴功率 N 和流量 V 的关系为（　　）。

    A. V 增大，N 增大　　　　　　　　　B. V 增大，N 先增大后减小

    C. V 增大，N 减小　　　　　　　　　D. V 增大，N 先减小后增大

6. 离心泵在一定管路系统下工作时，压头与被输送液体的密度无关的条件是（　　）。

    A. $Z_2 - Z_1 = 0$　　　B. $\sum h_{\mathrm{f}} = 0$　　　C. $\dfrac{u_2^2}{2}$　　　D. $P_2 - P_1 = 0$

7. 离心泵停止操作时宜（　　）。

    A. 先关出口阀后停电　　　　　　　　B. 先停电后关阀

    C. 先关出口阀或先停电均可　　　　　D. 单级泵先停电，多级泵先关出口阀

8. 往复泵适用于（　　）。

    A. 大流量且要求流量特别均匀的场合　　B. 介质腐蚀性特别强的场合

    C. 流量较小、压头较高的场合　　　　　D. 投资较小的场合

9. 在测定离心泵性能时，若将压强表装在调节阀以后，则压强表读数将（　　），若压强表装在调节阀以前，则压强表读数将（　　）。

    A. 随流量增大而减小　　　　　　　　B. 随流量增大而增大

    C. 随流量增大而基本不变　　　　　　D. 随真空表读数的增大而减小

10. 往复泵在操作中（　　）。

    A. 不开旁路阀时，流量与出口阀的开度无关

    B. 允许的安装高度与流量无关

    C. 流量与转速无关

    D. 开启旁路阀后，输入设备中的液体流量与出口阀的开度无关

（二）多项选择题

1. 压缩机的一个工作循环包括以下哪些过程（　　）。

    A. 吸气　　　　　　B. 压缩　　　　　　C. 排气　　　　　　D. 膨胀

2. 以下关于真空泵的描述正确的有（　　）。

    A. 它是一种输送液体的设备　　　　　B. 它可以分为干式和湿式两大类。

    C. 它仅可以从真空系统吸气　　　　　D. 它可以从真空系统同时吸气体和液体

3. 如果往复泵输送流体的过程中设备的流量低，请判断可能发生以下哪些故障（　　）。

    A. 吸入或排出阀漏　　　　　　　　　B. 冲程次数太少

    C. 阀门泄漏　　　　　　　　　　　　D. 没有灌泵

4. 以下关于离心泵的操作描述正确的有（　　）。

    A. 它有自吸能力，不用灌泵　　　　　B. 离心泵的流量调节可以用旁路调节法

    C. 填料压得过紧会造成填料过热　　　D. 安装不对中可能造成转轴颤动

5. 以下关于离心泵的判断正确的有（　　）。

    A. 离心泵的泵壳是圆形的　　　　　　B. 叶轮是传能部件

    C. 泵壳是转能部件

    D. 在输送有毒有害易燃易爆的流体时常采用机械密封

二、简答题

1. 简要说明离心泵的工作原理。

2. 离心泵在生产中采用并联组合或串联组合操作取决于管路特性曲线，如何根据管路特性曲线确定采用哪种组合？

3. 离心泵的气蚀现象是什么，会造成哪些危害，如何预防？

4. 离心泵的主要拆装步骤有哪些？

5. 往复泵的常见故障有哪些，排除的方法是什么？

三、应用实例题

1. 在一定转速下测定某离心泵的性能，吸入管与压出管的内径分别为70mm和50mm。当流量为30m³/h时，泵入口处真空表与出口处压力表的读数分别为40kPa和215kPa，两个测压口间的垂直距离为0.4m，轴功率为3.45kW。试计算泵的压头与效率。

2. 在一制药生产车间，要求用离心泵将冷却水从贮水池经换热器送到一敞口高位槽中。已知高位槽中液面比贮水池中液面高出10m，管路总长为400m（包括所有局部阻力的当量长度）。管内径为75mm，换热器的压头损失为$32\dfrac{u^2}{2g}$，摩擦系数可取为0.03。此离心泵在转速为2900rpm时的性能如表2-2所示。

表2-2　离心泵在转速为2900rpm时的性能

V/（m³/s）	0	0.001	0.002	0.003	0.004	0.005	0.006	0.007	0.008
H/m	26	25.5	24.5	23	21	18.5	15.5	12	8.5

试求：（1）管路特性方程；（2）泵工作点的流量与压头。

3. 用离心泵将水从贮槽输送至高位槽中，两槽均为敞口，且液面恒定。现改为输送密度为1200kg/m³的某水溶液，其他物性与水相近。若管路状况不变，试说明：（1）输送量有无变化？（2）压头有无变化？（3）泵的轴功率有无变化？（4）泵出口处压力有无变化？

4. 用油泵从贮槽向反应器输送44℃的异丁烷，贮槽中异丁烷液面恒定，其上方绝对压力为652kPa。泵位于贮槽液面以下1.5m处，吸入管路全部压头损失为1.6m。44℃时异丁烷的密度为530kg/m³，饱和蒸汽压为638kPa。所选用泵的允许气蚀余量为3.5m，问此泵能否正常操作？

5. 用内径为100mm的钢管将河水送至一蓄水池中，要求输送量为70m³/h。水由池底部进入，池中水面高出河面26m。管路的总长度为60m，其中吸入管路为24m（均包括所有局部阻力的当量长度），设摩擦系数λ为0.028。今库房有以下3台离心泵，性能如表2-3所示，试从中选用一台合适的泵，并计算安装高度。设水温为20℃，大气压力为101.3kPa。

表2-3　不同型号离心泵的性能参数

序号	型号	V，m³/h	H，m	n，rpm	η，%	△h允，m
1	IS100-80-125	60	24	2900	67	4.0
		100	20		78	4.5
2	IS100-80-160	60	36	2900	70	3.5
		100	32		78	4.0
3	IS100-80-200	60	54	2900	65	3.0
		100	50		76	3.6

实训二　离心泵的性能测定

一、实验目的

1. 了解离心泵的构造与特性。
2. 掌握离心泵的操作方法。
3. 测定并绘制离心泵在恒定转速下的特性曲线。

二、实验基本原理

离心泵的压头 H、轴功率 N 及功率 η 与流量 V 之间的对应关系，若以曲线 $H \sim V$、$N \sim V$、$\eta \sim V$ 表示，则称为离心泵的特性曲线，可由实验测定。

实验时，在泵出口阀全关至全开的范围内，调节其开度，测得一组流量及对应的压头、轴功率和效率，即可测定并绘制离心泵的特性曲线。

泵的扬程 H 计算如下。

$$H = h_0 + \frac{u_2^2 - u_1^2}{2g} + \frac{p_2 - p_1}{\rho g} + \sum h_f$$

而泵的有效功率 N_e 与泵效率 η 的计算式为

$$N_e = HV_s \rho g$$

$$N = \frac{N_e}{\eta} = \frac{HV_s \rho g}{\eta} = \frac{HV_s \rho}{102\eta}$$

测定时，流量 V 可用涡轮流量计或孔板流量计来计量。轴功率 N 可用马达 – 天平式测功器或功率表测量。

离心泵的性能与其转速有关。其特性曲线是某一恒定的给定转速（一般 $n_1 = 2900$ 转）下的性能曲线。因此，如果实验中的转速 n 与给定转速 n_1 有差异，应将实验结果换算成给定转速下的数值，并以此数值绘制离心泵的特性曲线。

三、实验设备与流程

装置及流程如图 2 – 36 所示，水从水池经底阀吸入水泵，增压后经出口阀调节流量大小，流经涡轮流量传感器、计量槽再流回水池。

四、实验操作要点

1. 熟悉设备、流程及所用三相功率表、流量演算仪的使用方法。
2. 检查泵轴的润滑情况，用手转动联轴器看是否转动灵活。如转动灵活，表明离心泵可以启动。
3. 打开泵的出口调节阀和充水阀，向泵壳内灌水，直至泵壳内空气排净。然后关闭泵的出口调节阀和充水阀。
4. 启动离心泵，然后再按下泵 – 功率表连锁开关，听到"咔咔"两声，松开手指，功率表同时启动。
5. 打开出口阀使流量达到最大，进行系统的排气操作。
6. 数据测量，将离心泵的出口阀全部开启，流量达到最大，开始记录数据。从最大流量到最小流量（零）依次测取数据，大流量下流量值从演算仪上读取，小流量下改用实测流量。实验中每调节 1 个流量后稳定一段时间，然后同时记录流量值、压力表读数、真空表读数、功率表偏转格数及转速值，直到出口阀全部关闭，即流量为零时为止。注意不要忘记读取流量为零时的各有关参数。

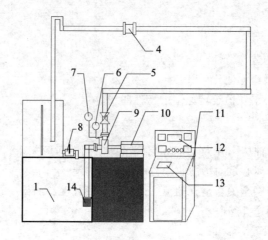

图 2 – 36　离心泵性能测定装置流程图

1. 水池；2. 计量槽；3. 液位计；4. 涡轮流量计；5. 出口调节阀；6. 真空表；7. 压力表；
8. 球阀；9. 离心泵 10. 电机；11. 仪表柜；12. 流量显示仪；13. 功率表；14. 底阀

7. 实验完毕，关闭泵的出口阀，停泵并关闭电源。做好清洁卫生工作。

8. 测量水温。取实验前后水温的算术平均值作为测量温度。

五、实验数据记录和数据处理

实验数据记录表及数据处理表如表 2 – 4、2 – 5。

水泵型号_____，转速_____，泵入口管径 d_1 = _____ mm，出口管径 d_2 = _____ mm，压力表与真空表高度差（h_0）= _____ m，直管长度 l = _____ m，水温 = _____℃，ρ = _____ kg/m³，μ = _____ Pa·s。

表 2 – 4　泵性能数据记录表

序号	流量读数 （m³/h）	压力表读数 （kPa）	真空表读数 （kPa）	功率表读数 （W）	备注
1					
2					
…					

表 2 – 5　泵性能数据处理表

序号	流量 V（$10^3 \times$ m³·s⁻¹）	压头 H（m）	轴功率 N（w）	有效功率 N_e（w）	效率 η（%）
1					
2					
…					

在坐标纸上描出 H – V、N – V、η – V 曲线。

六、思考题

1. 离心泵开启前，为什么要先灌水排气？

2. 启动泵前，为什么要先关闭出口阀，待启动后再逐渐开大，而停泵时也要先关闭出口阀？

3. 离心泵的特性曲线是否与连接的管路系统有关？

4. 离心泵流量愈大，则泵入口处的真空度愈大，为什么？

5. 离心泵的流量可由泵出口阀调节，为什么？

七、实验报告要求

1. 实验目的。

2. 主要设备名称、型号及参数。

3. 实验操作步骤。

4. 实验数据记录及处理（数据计算过程）。

5. 思考题。

6. 实验体会（查阅相关资料补充实验内容，实验中的体验和个人看法）。

第三章

非均相物系的分离

学习目标

知识要求 **1. 掌握** 非均相物系的组成、分类、非均相物系的分离意义、分离原理、分离方法和分离设备；重力沉降和离心沉降的区别，重力沉降速度的计算和提高措施。

2. 熟悉 非均相物系所用分离设备的基本结构、工作原理和操作方法。

3. 了解 混合物的分类、均相物系的概念和分离方法。

技能要求 1. 会非均相混合物的分离方法和分离设备的操作。

2. 会有关过滤基本概念、控制过滤操作的主要因素，过滤和离心分离的实际应用。

制药生产过程中经常会遇到各种类型的混合物需要分离。混合物分为均相混合物和非均相混合物。本章主要介绍非均相物系的机械分离方法及相应分离设备的操作技术。通过学习掌握非均相物系分离的操作原理、过程计算、典型设备的结构与使用，以适应制药化工生产中非均相物系分离岗位的操作要求。本章重点是沉降原理和设备结构、过滤过程及设备的操作，沉降速度的计算；难点是非均相物系分离设备的操作、维护和保养。

非均相混合物的分离在工业生产中主要要有以下几个方面作用。

（1）收集分散物质 收集气流干燥器、喷雾干燥器等设备出口气体；收集结晶器中晶浆中夹带大量固体的颗粒；收集催化反应器中气体夹带的催化剂，以循环应用等。

（2）净化分散介质 除去药液中无用的混悬颗粒以得到澄清的药液；将结晶产品与母液分开；除去空气中的尘粒以便得到洁净空气；除去催化反应原料气中的杂质，以保证催化剂的活性等。

（3）环境保护 随着经济的发展，工业污染对环境的危害影响越来越严重，利用机械分离的方法处理工厂排出的废气、废液，使其浓度达到国家规定的排放标准，从而保护环境；另一方面去除容易构成危险隐患的漂浮粉尘以保证安全生产。

第一节 沉降

案例导入

案例：我们在制药化工生产过程中会遇到大量的气体与固体的混合物、液体与固体的混合物，如粉碎车间会产生大量的粉尘，空气中还有大量肉眼看不见的微粒和细小微生物，自来水中也含有大量的杂质和金属粒子，如何将它们分离才能达到生产要求呢？

讨论：1. 药厂有哪些分离方法？

2. 如何进行分离操作？

沉降是依靠外力（重力、离心力、惯性力）作用，利用分散相与连续相之间的密度差异，使之发生相对运动而实现分离的。依据外力的不同沉降分为重力沉降和离心沉降。

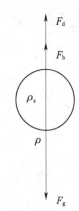

图 3 – 1 静止流体中颗粒受力示意图

一、重力沉降

重力沉降是粒子在重力作用下，沿重力方向的沉积运动的过程。重力沉降既可分离含尘气体，也可分离悬浮液，广泛应用在制药化工生产中。

1. 球形颗粒的自由沉降速度 颗粒不受其他颗粒的干扰及器壁的影响，在静止的流体中的沉降过程。

一个表面光滑的刚性球形颗粒置于静止连续相流体中，若颗粒密度大于流体密度时，颗粒将下沉。在颗粒作自由沉降过程中，颗粒会受到重力 F_g、浮力 F_b 和阻力 F_d 的作用，如图 3 – 1 所示。

即

$$F_g = \frac{\pi}{6}d_s^3 \rho_s g \tag{3-1}$$

$$F_b = \frac{\pi}{6}d_s^3 \rho g \tag{3-2}$$

$$F_d = \zeta A \frac{\rho u^2}{2} \tag{3-3}$$

式中，d_s 为球形颗粒的直径，μm；A 为沉降颗粒沿沉降方向的最大投影面积，m^2，对于球形粒子 $A = \frac{\pi}{4}d_s^2$；u 为颗粒相对于流体的降落速度，m/s；ζ 为沉降阻力系数，无因次；ρ_s 为球形粒子的密度，kg/m^3；ρ 为流体的密度，kg/m^3。

对于一定的颗粒与流体，重力与浮力的大小一定，而阻力随沉降速度变化，讨论如下。

①沉降开始的瞬间，$u = 0$，因而阻力 $F_d = 0$，故 $\sum F = F_g - F_b = ma$，故加速度 a 具有最大值，此过程为匀加速阶段。

②速度逐渐增大，直到速度增大到某一数值时，重力、浮力、阻力三者达到平衡时，即 $\sum F = F_g - F_b - F_d = 0$，加速度为零，粒子做匀速运动，沉降速度 u_1，也是最大沉降速度由 $F_g - F_b - F_d = 0$ 得

$$u_t = \sqrt{\frac{4d_s\,(\rho_s - \rho)}{3\rho\zeta}g} \tag{3-4}$$

在制药化工生产中，小颗粒沉降最为常见，其中 $(F_g - F_b)$ 较小，而阻力 F_d 增加较快，加速阶段短暂，常可忽略。在这种情况下，粒子的沉降过程可视为匀速沉降。

2. 阻力系数的确定 计算沉降速度 u_t 时，需要确定沉降阻力系数 ζ。ζ 是颗粒与流体相对运动时，以颗粒形状及尺寸为特征量的雷诺数 $Re_t = d_s u_t \rho / \mu$ 的函数，一般由实验测定。

对于球形颗粒，沉降的区域如图 3 – 2 图中曲线，大致可分为 3 个区域，各区域中 ζ 与 Re_t 的关系可分别表示为式 3 – 5、3 – 6、3 – 7。

层流区 $\qquad\qquad 10^{-4} < Re_t < 1$，$\zeta = \dfrac{24}{Re_t}$ $\qquad\qquad(3-5)$

过渡区 $\qquad\qquad 1 < Re_t < 10^3$，$\zeta = \dfrac{18.5}{Re_t^{0.6}}$ $\qquad\qquad(3-6)$

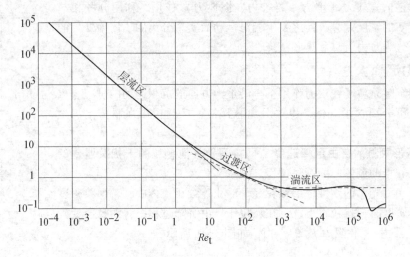

图 3 - 2　球形粒子自由沉降的 ζ 与 Re_t 的关系

湍流区 $\quad\quad\quad\quad\quad\quad\quad\quad 10^3 < Re_t < 2 \times 10^5,\ \zeta = 0.44 \quad\quad\quad\quad\quad\quad\quad\quad (3-7)$

3. 沉降速度的计算　若已知球形粒子沉降所处的区域，即可将该区域沉降阻力系数 ζ 的计算式代入 (3-4) 式得到沉降速度 u_t。

层流区 $\quad\quad\quad\quad\quad\quad\quad\quad u_t = \dfrac{d_s^2\ (\rho_s - \rho)\ g}{18\mu} \quad\quad\quad\quad\quad\quad\quad\quad (3-8)$

此式称为斯托克斯公式。

过渡区 $\quad\quad\quad\quad\quad\quad u_t = 0.27 \sqrt{\dfrac{d_s\ (\rho_s - \rho)\ g}{\rho} Re_t^{0.6}} \quad\quad\quad\quad\quad\quad (3-9)$

此式称为艾仑公式。

湍流区 $\quad\quad\quad\quad\quad\quad\quad u_t = 1.74 \sqrt{\dfrac{d_s\ (\rho_s - \rho)\ g}{\rho}} \quad\quad\quad\quad\quad\quad\quad (3-10)$

此式称为牛顿公式。计算沉降速度 u_t（或颗粒直径 d_s 或颗粒的真密度 ρ_s）用试算法。

4. 非球形颗粒的自由沉降速度　颗粒在沉降方向的投影面积 A 越大，沉降阻力越大，沉降速度越慢。球形或近球形颗粒的沉降速度大于同体积非球形颗粒的沉降速度。

实例分析 3 - 1　试计算直径为 $50\mu m$ 的球形颗粒（密度为 $2650kg/m^3$），在 20℃ 水中和 20℃ 常压空气中的自由沉降速度。

分析：已知 $d_s = 50\mu m$，$\rho_s = 2650kg/m^3$

(1) 查附录（四）20℃ 水 $\mu = 1.01 \times 10^{-3} Pa \cdot s$，$\rho = 998kg/m^3$

设颗粒沉降在层流区，依据斯托克斯公式得

$$u_1 = \frac{d_s^2\ (\rho_s - \rho)\ g}{18\mu} = \frac{(50 \times 10^{-6})^2 \times (2650 - 998) \times 9.81}{18 \times 1.01 \times 10^{-3}} = 2.23 \times 10^{-3} m/s$$

校核流型

$$Re_t = \frac{d_s u_t \rho}{\mu} = \frac{50 \times 10^{-6} \times 2.23 \times 998}{1.01 \times 10^{-3}} = 0.11$$

$10^{-4} < Re_t < 1$，假设成立，球形颗粒沉降发生在层流区 $u_t = 2.23 \times 10^{-3} m/s$ 为所求。

(2) 查附录（二）20℃ 常压空气 $\mu = 1.81 \times 10^{-5} Pa \cdot s$，$\rho = 1.21kg/m^3$

设石英颗粒沉降在层流区，依据公式得

$$u_1 = \frac{d_s^2 (\rho_s - \rho) g}{18\mu} = \frac{(50 \times 10^{-6})^2 \times (2650 - 1.21) \times 9.81}{18 \times 1.81 \times 10^{-5}} = 0.199\text{m/s}$$

校核流型

$$Re_t = \frac{d_s u \rho}{\mu} = \frac{50 \times 10^{-6} \times 0.199 \times 1.21}{1.81 \times 10^{-5}} = 0.665$$

$10^{-4} < Re_t < 1$，沉降发生在层流区，假设成立，$u_t = 0.199\text{m/s}$ 为所求。

二、离心沉降

离心沉降是依靠惯性离心力的作用而实现的沉降过程。对于两相密度差较小、颗粒粒度较细的非均相物系，在重力场中的沉降速率很低甚至完全不能分离，利用离心沉降则可大大提高沉降速度。

1. 离心沉降速度 当流体围绕某一中心轴作圆周运动时，形成了惯性离心力场。惯性离心力场强度不是常数，随位置及切向速度变化，其方向是沿旋转半径从中心指向外周。当流体带着颗粒旋转时，如果颗粒的密度大于流体的密度，则惯性离心力将会使颗粒在径向上与流体发生相对运动而飞离中心。与颗粒在重力场中受到 3 个作用力相似，惯性离心力场中颗粒在径向上也受到 3 个力的作用，离心力 F_g、向心力 F_b 和阻力 F_d，其值分别为

$$F_g = V_s \rho_s \alpha = \frac{\pi}{6} d_s^3 \rho_s g \tag{3-11}$$

$$F_b = V_s \rho \alpha = \frac{\pi}{6} d_s^3 \rho g \tag{3-12}$$

$$F_d = \zeta A \frac{\rho u_r^2}{2} = \frac{\pi}{4} d_s^2 \zeta \frac{\rho u_r^2}{2} \tag{3-13}$$

其中离心沉降速度 u_r 为

$$u_r = \sqrt{\frac{4d_s (\rho_s - \rho)}{3\rho\zeta} \left(\frac{u_T^2}{R} \right)} \tag{3-14}$$

假设颗粒在层流区，沉降阻力系数 ζ 符合斯托克斯定律。将 $\zeta = 24/Re_t$ 代入式（3-14）得

$$u_r = \frac{d_s^2 (\rho_s - \rho) u_T^2}{18\mu R} \tag{3-15}$$

式中，u_T 为含尘气体的进口速度，m/s；R 为颗粒的旋转半径，m。

2. 离心分离因数 同一颗粒在介质中的离心沉降速度与重力沉降速度的比值为

$$\frac{u_r}{u_t} = \frac{u_T^2}{gR} = k_c \tag{3-16}$$

比值 k_c 就是粒子所在位置的惯性离心力场强度与重力场强度之比，称为离心分离因数。离心分离因数是离心分离设备的重要指标。k_c 越高，其离心分离效率越高。离心分离因数的数值一般为几百到几万，同一颗粒在离心力场中的沉降速度 u_r 远远大于其在重力场中的沉降速度 u_t，用离心沉降可将更小的粒子从流体中分离出来。

三、沉降设备

（一）重力沉降设备

1. 降尘室 降尘室是利用重力沉降的作用从含尘气体中除去固体颗粒的设备，其结构及尘粒在降尘室内的运动情况如图 3-3 所示。含尘气体进入降尘室后，流通截面积扩大，速率降低，只要颗粒能够在气体通过降尘室的时间内沉到室底，便可从气流中除去。为满足除尘

要求，气体通过降尘室的时间 t_r 必须大于等于颗粒沉降至底部所用时间 t_s。

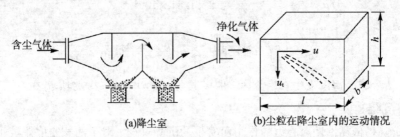

图 3-3　降尘室尘粒运动情况示意图

设，u 为气体在降尘室内的平均流速，m/s；l 为降尘室的长度，m；h 为降尘室的高度，m；b 为降尘室的宽度，m；A 为降尘室的底面积，m²。

则
$$t_r = \frac{l}{u} \qquad t_s = \frac{h}{u_t} \qquad A = bl$$

根据尘粒从气体中分离出来的必要条件，即

$$\frac{l}{u} \leqslant \frac{h}{u_t} \tag{3-17}$$

设 V_s 为降尘室所处理的含尘气体的体积流量 m³/s，即降尘室的生产能力。

$$V_s = bhu \qquad 则 \qquad u = \frac{V_s}{bh}$$

代入式（3-17）可得
$$V_s \leqslant blu_t \tag{3-18}$$

降尘室的最大生产能力
$$V_{smax} = blu_t = Au_t \tag{3-19}$$

从式（3-19）可以看出，降尘室生产能力只与降尘室的底面积 A 及颗粒的沉降速度 u_t 有关，而与降尘室高度 h 无关，所以降尘室一般采用扁平的几何形状，或在室内加多层隔板，形成多层降尘室，其结构如图 3-4，可以提高其生产能力和除尘效率。

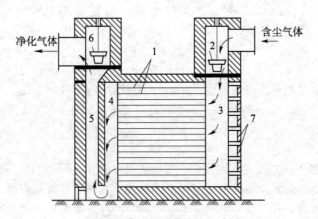

图 3-4　多层隔板降尘室示意图
1. 隔板；2. 调节阀；3. 气体分散通道；4. 气体聚集通道；5. 气道；6. 调节阀；7. 清灰口

降尘室结构简单，气流阻力小，但设备庞大、分离效率低，适于分离在 75μm 以上的较大颗粒，或作为预除尘使用。多层沉降室虽能分离较细颗粒且节省地面，但是除灰不方便。

2. 沉降槽　沉降槽也称为沉降器或增浓器，是利用微粒重力的差别使液体中的固体微粒沉降的设备。沉降槽有间歇操作和连续操作。

间歇沉降槽通常是一个圆形、方形或矩形的敞口容器。悬浮液加入器内后，在静止状态下沉降。沉降结束后，排出清液和由底口排出稠厚的沉渣。随后重新将悬浮液加入沉降器内，进行沉降操作。

连续式沉降槽（也称增稠器）是一种应用最广泛的沉降器，如图3-5所示。它是一个底部略具有圆锥形的大直径浅槽，需处理的料浆自中央进料口缓慢送入液面以下0.3～0.1m处，以减少进料对槽内沉聚过程的扰动。料液进槽后，清液上浮，经由槽顶部四周的溢流堰连续溢出，称为溢流；颗粒下沉，槽底有缓慢转动的靶将沉渣聚拢到底部排渣口连续排出，排出的稠浆称为底流。

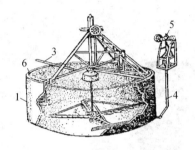

图3-5 连续式沉降槽示意图

1. 槽；2. 耙；3. 悬浮液送液泵；4. 管；5. 泵；6. 溢流槽

沉降槽有澄清液体和增稠悬浮液的双重作用功能，与降尘室类似，沉降槽的生产能力与高度无关，只与底面积及颗粒的沉降速度有关，故沉降槽一般均制造成大截面、低高度。大的沉降槽直径可达10～100m、深2.5～4m。它一般用于大流量、低浓度悬浮液的处理。

（二）离心沉降设备

1. 旋风分离器 是利用惯性离心力分离气－固相混合物的最常用设备。

图3-6是标准型旋风分离器的示意图，主体的上部为圆筒形，下部为圆锥形，中央有一升气管。旋风分离器的工作原理如下。含尘气体从侧面的矩形进风口切向引入，在分离器内做以上向下、再由下向上的螺旋运动，然后从中心管引出。在上、下螺旋运动过程中，尘粒与气体发生相对运动被甩向器壁后顺壁掉落至灰斗，这样尘粒得以与气体分离并由底部连续排出。由于操作时旋风分离器底部处于密封状态，所以，被净化的气体到达底部后折向上，沿中心轴旋转从顶部的中央排气管排出。

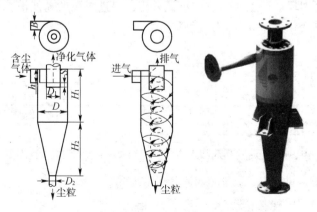

图3-6 旋风分离器结构示意图

$h = D/2$；$B = D/4$；$D_1 = D/2$；$D_2 = D/4$；$H_1 = H_2 = 2D$；$S = D/8$

旋风分离器结构简单紧凑，没有运动部件，而且分离效率较高，分离因数约为5~2500，一般可分离5~75μm的非纤维、非黏性干燥粉尘，操作不受温度、压强的限制，但是对5μm以下的细微颗粒分离效率较低，价格低廉、性能稳定，可满足中等粉尘捕集要求，故广泛应用于制药化工及多种工业部门。

2. 旋液分离器 又称水力旋流器，是一种利用离心力从液流中分离出固体颗粒的分离设备，如波轮洗衣机。旋液分离器的主体由圆筒和圆锥两部分构成，如图3-7所示，悬浮液经入口管切向进入圆筒，形成螺旋状向下运动的旋流，固体颗粒受惯性离心力作用被甩向器壁，并随旋流降至锥底的出口，由底部排出的增浓液称为底流，清液或含有微细颗粒的液体则为上升的内旋流，从顶部的中心管排出，称为顶流。

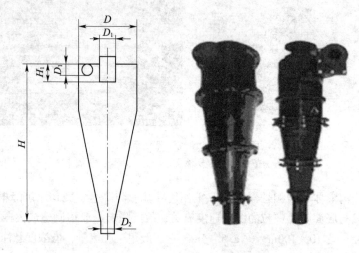

图3-7 旋液分离器结构示意图

与旋风分离器相比，旋液分离器的结构特点是圆筒直径小而圆锥部分长，这是由于液固密度差比气固密度差小得多，在一定的切线进口速度下，较小的旋转半径可使固体颗粒受到较大的离心力，从而提高离心沉降速度，另外，适当地增加圆锥部分的长度，可延长悬浮液在器内的停留时间，有利于液固分离。

旋液分离器结构简单，设备费用低，占地面积小，处理能力大，可用于悬浮液的增浓、分级操作，也可用于不互溶液体的分离、气液分离、传热、传质和雾化等操作中，在化工、制药、石油、冶金、环保等工业部门广泛被采用，但进料泵的动能消耗大，内壁磨损大，进料流量和浓度的变化很容易影响分离性能。

第二节 过滤

案例导入

案例：日常生活中，喝豆浆成为居民生活的饮食最爱，豆浆与豆渣需要分离。

讨论：1. 制作豆浆过程中，豆浆是如何分离出来的？

2. 分离过程中是否需要洗涤豆渣？

一、过滤基本概念

1. 过滤原理 过滤操作是利用一种具有众多毛细孔的物体作为介质，在介质两侧压差的推动下，使悬浮液中的液体通过介质的毛细孔，而将其中的固体微粒截留，从而达到固、液两相分离之目的。过滤操作所处理的悬浮液称为滤浆或料浆，所用的多孔物质称为过滤介质，通过介质孔道的液体称为滤液，被介质截留的固体颗粒层称为滤渣或滤饼，图 3 - 8 为过滤操作的示意图。

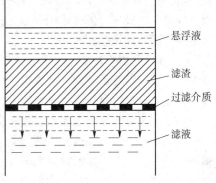

图 3 - 8　过滤操作的示意图

过滤与沉降分离相比，过滤操作可使悬浮液分离得更迅速、更彻底。在某些场合下，过滤是沉降的后续操作。过滤具有操作时间短，分离比较完全等特点，适用于含液量较少的悬浮液，以及颗粒微小且浓度极低的含尘气体。

2. 过滤推动力和阻力 实现过滤操作的外力可以是重力、压力或是惯性离心力，因此，过滤操作又分为重力（常压）过滤、加压过滤、真空过滤和离心过滤。工业上应用最多的是压力差，压力差产生的方式有：①滤液自身重力；②抽真空；③用液体泵增压。过滤介质两侧的压力差是过滤过程的推动力。

过滤操作开始时，滤液流动所遇到的阻力只有过滤介质阻力。随着过滤过程的进行，在过滤介质上形成滤渣以后，滤液流动所遇到的阻力是滤渣阻力和过滤介质阻力之和。介质阻力仅在过滤开始时较为显著，至滤饼层沉积到相当厚度时，介质阻力便可忽略不计。所以，过滤阻力主要决定于滤饼的厚度及其特性。滤渣愈厚，微粒愈细，则过滤阻力越大。

3. 过滤方式 工业上过滤分为 2 种：饼层过滤和深层（或深床）过滤，如图 3 - 9 和图 3 - 10 所示。

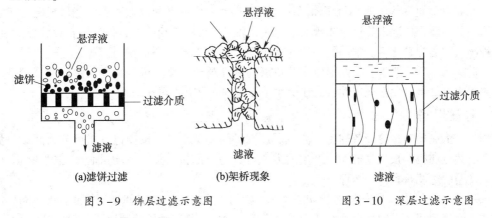

图 3 - 9　饼层过滤示意图　　　　图 3 - 10　深层过滤示意图

（1）饼层过滤　悬浮液中颗粒的大小往往很不一致，在过滤操作的开始阶段，会有部分比过滤介质孔道小的颗粒进入介质孔道内，穿过孔道而不被截留，使滤液仍然是浑浊的。由于滤饼中的孔道通常比过滤介质的孔道要小，在滤饼形成之后，比过滤介质孔道小的颗粒也能被截留。滤饼成为对其后的颗粒起主要截留作用的介质，穿过滤饼的液体则变为澄清的液体。滤饼过滤要求能够迅速形成滤饼，常用于处理固体颗粒含量较高（固体体积分数 >1%）的悬浮液。

（2）深层过滤　当悬浮液中颗粒尺寸比过滤介质孔道的尺寸小得多，颗粒进入弯曲细长的介质孔道，被截留或吸附在介质孔道中，形成深层过滤。深层过滤时并不在介质上形成滤饼，固体颗粒沉积于过滤介质的内部。随着过滤的进行，过滤介质的孔道会因截留颗粒的增多逐渐变窄和减少，所以过滤介质必须定期更换或清洗再生。深层过滤常用于处理固体颗粒含量极少（固体体积分数 < 0.1%）且颗粒直径较小（< 5μm）的悬浮液。如纯净水生产中用活性炭过滤水。

4. 过滤介质 过滤过程所用的多孔性介质称为过滤介质。过滤介质除应达到所需分离要求外，还应具有足够的机械强度，尽可能小的流过阻力，同时，还应具有较高的耐腐蚀性和耐热性。过滤介质要表面光滑，滤饼剥离容易。

工业常用过滤介质主要有织物介质、多孔性固体介质、粒状介质和微孔滤膜等。

（1）织物介质 由天然纤维（棉、毛、丝、麻等）或合成纤维、金属丝等编织而成的筛网、滤布，一般可截留粒径 5μm 以上的固体微粒。织物介质在工业上应用广泛。

（2）多孔性固体介质 由陶瓷、金属或玻璃的烧结物、塑料细粉黏结而成的多孔性塑料管，称为滤板或滤器。一般可截留粒径为 1 ~ 3μm 的微细粒子。

（3）粒状介质 由砂石、木炭、石棉等各种固体颗粒或非编织纤维（玻璃棉等）堆积而成，适用于深层过滤，常用于过滤含固体颗粒较少的悬浮液，如制剂用水的预处理。

（4）微孔滤膜 由高分子材料制成的薄膜状多孔介质，适用于精滤，可截留粒径 0.01μm 以上的微粒，尤其适用于滤除 0.02 ~ 10μm 的混悬微粒。

5. 滤饼的压缩性和助滤剂

（1）滤饼的压缩性 滤饼是由被截留下来的颗粒堆积而成的固定滤渣，可以分成不可压缩的和可压缩的两种。不可压缩的滤渣由不变形的颗粒组成，因而在过滤操作中，其粒子的大小和形状，以及滤渣中孔道的大小均保持不变，许多晶体物料都属于这一种。可压缩滤渣则不同，其颗粒的大小、形状和滤渣孔道的大小，均因压力的增加而变化。胶体粒子都是可压缩的滤渣。

（2）助滤剂 为了减小可压缩滤饼的流动阻力，可将某种质点坚硬而能形成疏松饼层的另一种固体颗粒混入悬浮液或预涂于过滤介质上，形成疏松饼层，使滤液得以畅流通过，这种物质称之为助滤剂。常用的助滤剂有硅藻土、珍珠岩、石棉、炭粉等。

助滤剂的基本要求：①能形成多孔饼层的刚性颗粒，使滤饼有良好的渗透性及较低的流体阻力；②具有化学稳定性；③在操作压强范围内具有不可压缩性。

二、过滤设备

工业上应用的过滤设备称为过滤机。过滤机的类型很多，按操作方式可分为间歇过滤机和连续过滤机；按过滤推动力产生的方式可分为压滤机、真空过滤机和离心过滤机。生产上常用的过滤机有以下 2 种。

1. 板框压滤机 板框压滤机如图 3 - 11 所示，是由若干块交替排列的滤板、滤布、滤框和洗涤板组成，共同被支承在两侧的横梁上，并用压紧装置压紧和拉开。滤板和滤框是板框压滤机的主要工作部件，滤板和滤框的个数在机座长度范围内可自行调节，一般为 10 ~ 60 块不等，过滤面积为 2 ~ 80m²。板框压滤机是广泛应用的一种间歇式操作的加压过滤设备。

滤板和滤框构造如图 3 - 12 所示，一般制成正方形，在板和框的上角端均开有圆孔，在叠合、压紧后即构成供滤浆、滤液和洗涤液流动的通道。滤框两侧覆以滤布、框架和滤布围成了容纳滤浆及滤饼的空间。滤板为支撑滤布而做成实板，滤板上刻有凹槽是为形成滤液的流出通道，滤板又分为洗涤板和过滤板 2 种，结构略有不同，为便于区别，常在板、框外侧铸有小钮或其他标志。通常，过滤板为一钮，滤框为二钮，洗涤板为三钮（如图

3-12所示）。组合时即按钮数 1-2-3-2-1-2-3-1-2…… 的顺序排列板和框。压紧装置的驱动可用手动、电动或液压传动等方式。

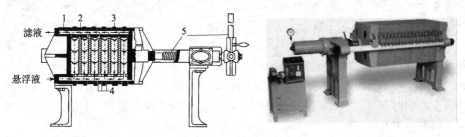

图 3-11 板框压滤机示意图
1. 固定头；2. 滤板；3. 滤框；4. 滤布；5. 压紧装置

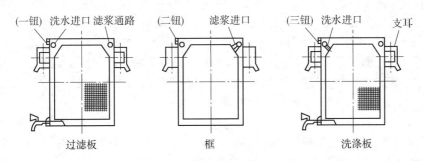

图 3-12 滤板和滤框构造示意图

板框压滤机为间歇操作，每个操作周期由装配、压紧、过滤、洗涤、拆开、卸料、处理等操作组成。过滤时，悬浮液在指定的压力下经滤浆通道，由滤框角端的暗孔进入框内，滤液分别穿过两侧滤布，再经邻板板面流到滤液出口排走，固体则被截留于框内，待滤饼充满滤框后，即停止过滤。

洗涤滤饼时，可将洗水压入洗水通道，经洗涤板角端的暗孔进入板面与滤布之间。此时，应关闭洗涤板下部的滤液出口，洗水便在压力差推动下穿过一层滤布及整个厚度的滤饼，然后再横穿另一层滤布，最后由过滤板下部的滤液出口排出，这种操作方式能提高洗涤效果，称为横穿洗涤法。洗涤结束后，旋开压紧装置并将板框拉开，卸出滤饼，清洗滤布重新组合，进入下一个操作循环。

板框压滤机优点是结构简单，制造容易，设备紧凑，过滤面积大而占地小，操作压强高，滤饼含水少，对各种物料的适应能力强。缺点是间歇手工操作，劳动强度大，生产效率低。目前各种自动操作的板框压滤机的出现，改善了板框压滤机的工作条件和劳动强度。

拓展阅读

板框压滤机的正常操作规程

1. 检查准备 将滤框、滤板用清水冲洗干净，洗净滤布，检查设备各零部件是否完好。

2. 安装组合 按规定顺序安装滤板和滤框，铺好滤布，注意保持平整，切勿折叠。进料孔必须在一直线上，滤布不能挡进料口。压紧活动端板手轮，使所有滤板、滤框、滤布相互接触，松紧程度以不跑料液为准。如需加助滤剂，把调好的助滤剂浆液用泵打入压滤机，持续5min以形成助滤层，同时检查有无泄漏。

3. 循环调整 将滤浆用泵打入压滤机，循环流动，在出口取样，测滤液的澄清度。待澄清度符合规定指标，停止循环，开始压滤。

4. 压滤 打开进料阀，向滤框进料，同时打开各出口旋塞。待所有板框布腔内充满滤饼时，停止进料，并缓慢转动压紧活动端扳手轮，进行加压过滤。此期间要做到以下几项。

（1）观察压力表是否正常，做好记录；

（2）观察滤液，如发现浑浊或带滤渣，要停下来及时检查滤布。如有破损，立即更换；

（3）检查滤板滤框是否变形，有无裂纹、管路有无泄漏。

5. 洗涤 压滤若干小时后，如板框内阻力加大，过滤速度减慢，就需要洗涤。先关闭进料阀和洗涤板的出口旋塞，再打开洗涤水进口阀，洗涤滤饼。洗涤符合要求后，松开活动端扳手轮，将板、框拉开，卸出滤饼，清洗滤布和滤板、滤框，然后重新装合，准备进行下一个循环。

2. 转鼓（筒）真空过滤机 转鼓真空过滤机结构如图3-13所示。主机由滤浆槽、篮式转鼓、分配头、刮刀等部件构成。转鼓真空过滤机为连续式真空过滤设备，篮式转鼓是一个转轴呈水平放置的圆筒，圆筒1周为金属网上覆以滤布构成的过滤面，转鼓在旋转过程中，过滤面可依次浸入滤浆中。转鼓内沿径向分隔成若干独立的扇形格，每格都有单独的孔道通至分配头上。转鼓转动时，借分配头的作用使这些孔道依次与真空管及压缩空气管相通，因而，转鼓每旋转1周，每个扇形格可依次完成过滤、洗涤、吸干、吹松、卸饼等操作。转筒的过滤面积一般为5~40m²，浸没部分占总面积的30%~40%，转速约为0.1~3转/分。

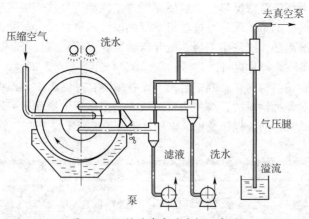

图3-13 转鼓真空过滤机示意图

转鼓真空过滤机操作及分配头的结构如图3-14所示，分配头是转筒真空过滤机的关键部件，由紧密贴合的转动盘与固定盘构成，转动盘随筒体一起转动，固定盘内侧面开有若干长度不等的弧形凹槽，各凹槽分别与真空系统和吹气系统相通。①操作时转动盘与固定盘相对滑动旋转，由固定盘上相连的不同作用的管路实现滤液吸出、洗涤水吸出及空气压入的操作。即当转鼓上某些扇形格浸入料浆中时，恰与滤液吸出系统相通，进行真空吸滤，将滤饼吸附在转鼓上，该部分扇形格离开液面时，继续吸滤，吸走滤饼中残余液体；当转到洗涤水喷淋处，恰与洗涤水吸出系统相通，在洗涤过程中将洗涤水吸走并脱水。②在转到与空气压入系统连接处，滤饼被压入的空气吹松并由刮刀刮下。③在再生区空气将残余滤渣从过滤介质上吹除，再进入下一循环。

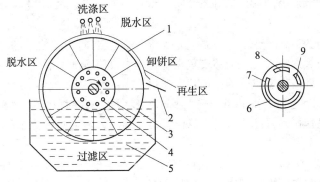

图 3-14　转鼓真空过滤机操作及分配头的结构示意图
1. 滤饼；2. 刮刀；3. 转鼓；4. 转动盘；5. 滤浆槽；6. 固定盘；
7. 滤液出口凹槽；8. 洗涤水出口凹槽；9. 压缩空气出口凹槽

转鼓旋转一周，完成一个操作周期，连续旋转便构成连续的过滤操作。

转鼓真空过滤机优点是能连续自动操作，省人力，生产能力大，适用于处理易含过滤颗粒的浓悬浮液。对于难过滤的细、黏物料，采用助滤剂预涂的方式也比较方便。缺点是附属设备较多，投资费用高，过滤面积不大，滤饼含液量高（常达30%）。由于是真空操作，料浆温度不能过高。

拓展阅读

影响过滤速度的因素

1. 颗粒的物理性质　如颗粒坚硬程度。可压缩性滤饼受压时会缩小原来颗粒之间的空隙，以至阻碍滤液的通过，因而过滤速度减小甚至停止过滤。为了减小可压缩性滤饼的过滤阻力，可采用助滤剂改变滤饼结构，提高滤饼的刚性和颗粒之间的空隙率。

2. 悬浮液的性质　如黏度。黏度越小，过滤速度越快。为了减小悬浮液的黏度，可先将滤液适当预热，趁热过滤，也可将滤浆稀释后再进行过滤。

3. 过滤推动力　推动力可以有重力、压强差和离心力。重力过滤设备简单，但推动力小，过滤速度慢，一般只用于处理固体含量少且容易过滤的悬浮液。加压，过滤推动力大，过滤速度快，但压力越大，对设备的密封性和强度要求越高，因此，加压过滤的压力不能太高，一般不超过500kPa。真空过滤也可以获得较大的过滤速度，但操作的真空受到液体沸点等因素的限制，不能过高，一般在85kPa以下。离心过滤的过滤速度快，但设备复杂，投资费用和动力消耗都较大，一般用于颗粒粒度相对较大、液体含量较少的悬浮液的分离。

第三节　离心分离

一、离心分离的概念

离心分离是在离心力的作用下分离液态非均相物系（悬浮液、乳浊液）中两种密度不同物质的操作。

利用设备（转鼓）本身旋转产生的离心力来分离液态非均相物系的设备为离心机。因为离心机会产生很大的离心力，能够实现在重力场中或旋液分离器中不能有效分离的操作。根据方式或功能不同，离心机分为 3 种基本类型。

1. 离心过滤式离心机　离心机的转鼓上有很多小孔，并衬以金属网和滤布，混悬液加入转鼓内并随之高速旋转，液体和其中悬浮颗粒受离心力作用通过滤布和转鼓上小孔甩出，而固体颗粒被滤布截留形成滤饼。

2. 离心沉降式离心机　离心机的转鼓上无孔，操作进行时，料液在转鼓内受离心力的作用，按密度大小分层沉降，密度大的固体颗粒沉积在鼓壁上，而密度较小的液体收集于中央并不断引出，从而完成两相分离。

3. 离心分离机　离心机的鼓壁上无孔，进行分离乳浊液或胶体溶液的分离。在离心力作用下，液体按密度大小分离，重者在外，轻者在内，各自从适当的位置引出，把乳浊液或胶体溶液分离成为轻重不同的两种液体。

离心分离因数 k_c 是离心分离设备的重要性能参数，设备的离心分离因数越大，则分离性能越好。依据离心分离因数的大小，可将离心机分为以下 3 类。常速离心机 $k_c < 3000$（一般为 $600 \sim 1200$）；高速离心机 $k_c = 3000 \sim 50000$；超速离心机 $k_c > 50000$。分离因数的上限值取决于主轴和转鼓等部件的材料长度及机器结构的稳定性等。目前可生产分离因数 500000 以上的离心机，可以用来分离胶体颗粒及破坏乳浊液等。

离心机还可按操作方式分为间歇式和连续式，或根据转鼓轴线的方向分为立式和卧式。

二、离心分离设备

（一）三足式离心机

三足式离心机在工业生产上应用较早，目前仍是国内应用最广、制造数目最多的一种离心机。如图 3 - 15 是一种间歇操作、人工卸料的立式离心机。离心机的主要部件是篮式转鼓，壁面钻有许多小孔，内壁衬有金属丝网及滤布。整个机座和外罩借 3 根拉杆弹簧悬挂于三足支柱上，以减轻运转时的振动。

操作时，先将料液加入转鼓内，然后启动，滤液穿过滤布和转鼓从机座下部排出，滤渣沉积于转鼓内壁，待一批料液过滤完毕，或转鼓内的滤渣量达到设备允许的最大值时，可停止加料并继续运转一段时间以沥干滤液。必要时，也可于滤饼表面洒以清水进行洗涤，然后停车卸料，清洗设备。

三足式离心机与其他类型的离心机相比，具有构造简单、运转平稳、适应性强、滤渣颗粒不易破损、运转周期可灵活掌握等优点，用于间歇生产过程中的小批量物料的处理，尤其适用于各种盐类结晶的过滤和脱水，晶体较少受到破损。缺点是卸料时的劳动强度较大，转动部件位于机座下部，检修不方便。三足式离心机的转鼓直径一般较大，转速不高（ <2000 转/分），过滤面积为 $0.6 \sim 2.7 \mathrm{m}^2$。

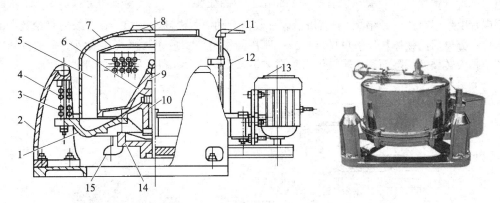

图 3-15　三足式离心机示意图

1. 底盘；2. 支柱；3. 缓冲弹簧；4. 拉杆；5. 鼓壁；6. 转鼓底；7. 拦液板；8. 机盖；
9. 主轴；10. 轴承座；11. 制动手柄；12. 外壳；13. 电动机；14. 制动轮；15. 滤液出口

拓展阅读

常见三足式离心机的型号含义

1. 常用机型

（1）SS300—N 型，SS450—N 型，SS600 型，SS800 型，SS800 型，SS1000 型。

（2）SX800—N 型，SX1000—N 型，SGZ1000—N 型，SGZ1200—N 型。

2. 符号含义　第一个 S 代表三足式；第二个 S 代表上部卸料；X 代表下部卸料；G 代表刮刀卸料；N 代表耐腐蚀；字母后面的数字，表示转鼓直径，mm。

（二）卧式刮刀卸料离心机

卧式刮刀卸料离心机的特点是在转鼓连续全速运转的情况下，能依次循环，间隙的进行进料、分离、洗涤滤渣、甩干、卸料、洗网等工序的操作。整个操作周期均在连续运转中完成，每一步骤均采用自动控制的液压操作。图 3-16 是卧式刮刀卸料式离心机示意图。操作时，进料阀自动定时开启，悬浮液由进料管进入连续运转的转鼓内，液相经滤网和转鼓壁上小孔被甩到鼓外，由机壳的排液口流出。固相留在鼓内，借耙齿将其均匀地分布在滤网上。待滤饼达到一定厚度时，进料阀自动关闭，停止加料。随后冲洗阀自动开启，进行洗涤、沥干。沥干结束后，装有长刮刀的刮刀架自动上升，将滤饼刮入卸料斗卸出机外，继而清洗转鼓。即完成一个操作循环，又重新开始进料。

卧式刮刀卸料离心机的优点是可在全速下自动控制各工序的操作，适应性好，使用可靠，操作周期可长可短；能过滤和沉降某些不易分离的悬浮液；生产能力大而人工操作较少；结构比较简单，制造维修方便。缺点是用刮刀卸料，使颗粒破碎严重，对于必须保持晶粒完整的物料不宜采用。

（三）碟片式高速离心机

如图 3-17 所示，碟片式高速离心机是立式离心机的一种，转鼓装在立轴上端，通过传动装置由电动机驱动而高速旋转。转鼓内有一组互相套叠在一起的碟形零件即碟片。碟片与碟片之间留有很小的间隙。悬浮液（或乳浊液）由位于转鼓中心的进料管加入转鼓。当悬浮液（或乳浊液）流过碟片之间的间隙时，固体颗粒（或液滴）在离心机作用下沉降到碟片上形成沉渣（或液层）。沉渣沿碟片表面滑动而脱离碟片并积聚在转鼓内直径最大的部位，分离后的液体从出液口排出转鼓。碟片的作用是缩短固体颗粒（或液滴）的沉降距离、扩大转鼓的沉降面积，转鼓中由于安装了碟片而大大提高了分离机的生产能力。

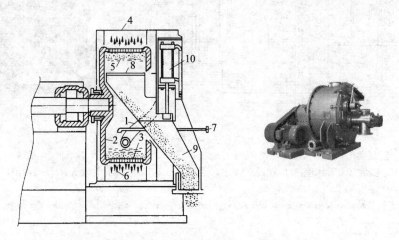

图 3-16　卧式刮刀卸料离心机示意图
1. 进料管；2. 转鼓；3. 滤网；4. 外壳；5. 滤饼；6. 滤液；7. 冲洗管；8. 刮刀；9. 溜槽；10. 液压缸

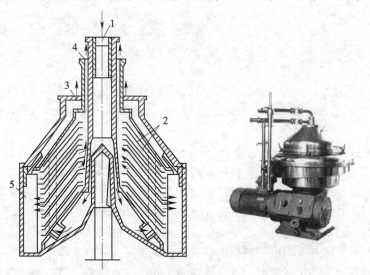

图 3-17　碟片式高速离心机示意图
1. 悬浮液入口；2. 倒锥体盘；3. 重液出口；4. 轻液出口；5. 隔板

积聚在转鼓内的固体在分离机停机后拆开转鼓由人工清除，或通过排渣机构在不停机的情况下从转鼓中排出。碟片式高速离心机转速为 4700～6500 转/分，离心分离数可达 4000～10000。它可以完成 2 种操作，液-固分离（即低浓度悬浮液的分离），称澄清操作；液-液分离（或液-液-固）分离（即乳浊液的分离），称分离操作。碟片式高速离心机具有较高的分离效率，转鼓容量较大，但是结构复杂，不宜用耐腐蚀材料制造，不适用分离腐蚀性的液体。这种离心机广泛用于润滑油脱水、牛乳脱脂、饮料澄清、催化剂分离等。

拓展阅读

静电除尘分离技术

对于气体或液体中小于 $1\sim3\mu m$，对于更小的颗粒，其常用分离方法之一是采用静电除尘，在电力场中，将微小粒子集中起来再除去，自 Cottrell（1907 年）首先成功地将电除尘用于工业气体净化以来，经过近一个世纪的发展，

静电除尘器已成为现代处理微粉分离的主要高效设备之一。

静电除尘过程分为 4 个阶段。 ①气体电离；②粉尘获得离子而荷电；③荷电粉尘向电极移动；④电极上的粉尘清除掉。

如图 3-18 所示，将放电极作为负极，平板集尘极作为正极而构成电场，一般对电场施加 60kv 的高压直流电，提高放电极附近的电场强度，可将电极周围的气体绝缘层破坏，引起电晕放电，于是气体便发生电离，成为负离子和正离子及自由电子，正离子立即就被吸至放电极而被中和，负离子及自由电子则向集尘极移动并形成负离子屏障。 当含尘气体通过这里时，粒子即被荷电成为负的荷电粒子，在库仑力的作用下移向集尘极而被捕集。

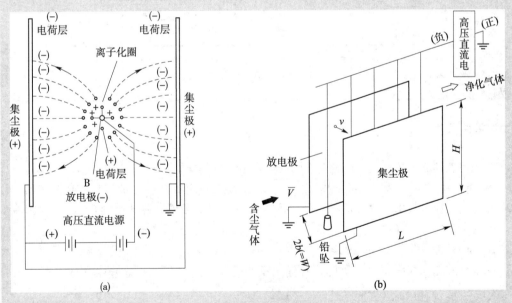

图 3-18 静电除尘示意图

大多数的工业气体都有足够的导电性，易于被电离，若气体导电率低，可以加水蒸气，流过电极的气体速度宜低（ $0.3\sim2m/s$ ），以保证尘粒有足够的时间来沉降。 颗粒越细，要求分离的程度越高，气流速度越接近低限。

📊 重点小结

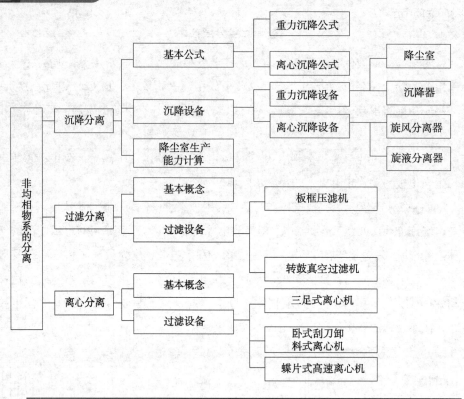

目标检测

一、选择题

（一）单项选择题

1. 利用惯性离心力分离气－固相混合物的最常用设备是（　　　）。

　　A. 降尘室　　　　　　B. 沉降槽　　　　　　C. 旋液分离器　　　　　D. 旋风分离器

2. 含尘气体通过长 4m、宽 3m、高 1m 的降尘室，已知颗粒的沉降速度为 0.25m/s，则除尘室的生产能力为（　　　）。

　　A. 3m³/s　　　　　　B. 1m³/s　　　　　　C. 0.75m³/s　　　　　D. 6m³/s

3. 某粒径的颗粒在降尘室中沉降，若降尘室的高度增加 1 倍，则该降尘室的生产能力将（　　　）。

　　A. 增加 1 倍　　　　B. 为原来 1/2　　　　C. 不变　　　　　　　D. 不确定

4. 粒径分别为 16μm 及 8μm 的两种颗粒在同一旋风分离器中沉降，则两种颗粒的离心沉降速度之比为（　　　）（沉降在斯托克斯区）。

　　A. 2　　　　　　　　B. 4　　　　　　　　C. 1　　　　　　　　D. 1/2

5. 过滤操作的推动力一般是指（　　　）。

　　A. 过滤介质两边的浓度差　　　　　　　　B. 过滤介质两侧的压强差

　　C. 滤饼两边的压力差　　　　　　　　　　D. 固体颗粒的密度差

（二）多项选择题

1. 降尘室的生产能力与降尘室的（　　）有关。

    A. 长度　　　　　　　B. 高度　　　　　　　C. 宽度

    D. 平均流速　　　　　E. 沉降速率

2. 转鼓真空过滤机优点是（　　）。

    A. 能连续自动操作　　B. 生产能力大　　　　C. 适用于处理含过滤颗粒的浓悬浮液

    D. 附属设备多　　　　E. 过滤面积大

3. 过滤后洗涤滤饼的目的是（　　）。

    A. 提高产品纯度　　　B. 保证产品质量　　　C. 提高产品的收率

    D. 生产能力大　　　　E. 生产效率高

4. 三足式离心机的优点是（　　）。

    A. 结构简单　　　　　B. 运转平稳　　　　　C. 适应性强

    D. 颗粒不易破损　　　E. 劳动强度大

二、简答题

1. 重力沉降与离心沉降有什么区别？怎样提高斯托克斯方程中的重力沉降速度以及离心分离因数？

2. 液态非均相混合物常用的分离方法和设备有哪些？

3. 过滤速率与哪些因素有关，如何提高过滤速率？

三、应用实例题

    试分别计算直径为 $95\mu m$、密度为 $3000kg \cdot m^{-3}$ 的石英固体颗粒在 $20℃$ 的水和空气中的自由沉降速度。

第四章

传　热

学习目标

知识要求　**1. 掌握**　间壁两侧流体间的热量衡算、传热平均温度差和传热系数等工艺过程的计算。

　　　　　2. 熟悉　传热速率的影响因素，常见换热器的种类、特点、工作原理和适应范围。

　　　　　3. 了解　传热基本原理、基本方法、传热设备的选用原则和传热过程的强化途径；工业上常用的加热剂和冷却剂，不凝气体和冷凝水的排放。

技能要求　1. 会进行加热、冷却设备的使用和管路布置。

　　　　　2. 会使用强化传热途径的方法，完成给定的传热任务，能提高传热过程的经济性。

　　　　　3. 会间壁式换热器的基本操作技能、日常维护和保养方法。

　　　　　4. 会选择适宜操作条件，提高设备的生产能力和控制产品质量的初步能力。

　　传热是制药化工生产中常见的单元操作，与日常生活密切相关，是生产、生活实用性很强的一门课程。本章主要介绍传热基本原理和传热在制药化工生产中的广泛应用，如何实现工业规模化的加热、冷却与冷凝、传热设备的结构和特点及换热设备的选型、使用、维护和保养。本章重点和难点是传热基本原理在实践中的应用及间壁式换热器的运行和养护，培养学生初步具备工程思维和过程最佳化的观念。

第一节　概述

　　在日常生活中，常常遇到将冷水加热烧开或热水冷却，在北方冬天需要使用热水袋供暖保温的现象，这些现象都涉及一个共同的问题，就是能量转移过程，称为热量的传递过程，简称为传热。传热过程就是热量从高温物体通过介质传向低温物体的过程。

　　传热的必要条件是物体内部或物系之间只要存在温度差，即传热推动力 $\Delta T_m > 0$。传热的充分条件是两种流体以一定的方式（直接或间接）接触。

　　热量总是自发地由高温物体传向低温物体一方，当两物体的温度差为零时传热就停止进行。

　　传热的发生和方向是过程的平衡问题，而热量传递的快慢是过程的速率问题，过程速率能反映换热器换热能力的大小。根据传递过程的规律，传热过程的传热速率为单位时间内通过全部传热面积传递的热量，以 Q 表示（单位，J/s 或 W）；也可以表示成推动力与阻力之间的关系即

$$传热速率\ Q = \frac{传热推动力（温度差）}{传热阻力（热阻）} = \frac{\Delta T}{R} \tag{4-1}$$

在制药化工生产中，常遇到控制化学反应温度，需要将原料、中间体或产品加热或冷却到一定温度的情况，物料的加热与冷却要求设备传热效果好，传热速率大，设备紧凑，设备投资费用低。以适应实现精馏、蒸发和干燥、低温等化工单元操作。在能量短缺的今天，热量与冷量都是能量，有效回收热量和冷量，可以节约能源，降低生产成本。

制药化工生产中对传热技术的运用通常可分成2类。一类是强化传热过程，要求提高各种传热设备的传热速率为目的，从式（4-1）分析，提高传热温度差，降低传热阻力，能加快传热速率。生产中的加热蒸发、蒸馏及废热回收等都要求传热速率快。另一类是削弱传热过程，以降低传热速率为目的，减少传热温度差，增加传热阻力，传热速率就慢。生产中对高于环境温度的热管和低于环境温度的冷管都要保温，防止热（冷）量损失。

一、传热的基本形式

根据传热机制的不同，将传热的基本方式划分为3种：热传导、热对流和热辐射。

1. 热传导 热传导简称导热。物体内部或两个直接接触的物体之间存在温度差，热量能将从高温部分自发地向低温部分传递，直到各部分的温度相等为止，这种传热方式称为热传导。在热传导过程中不发生物质的宏观位移。

2. 热对流 在流动的流体中，由于各处的温度不同，流体各部分之间发生相对位移，将热量从一处带到另一处的传热称为热对流或对流。工程上将流体与固体壁面间的传热称为对流传热，对流传热有自然对流和强制对流2种形式。

3. 热辐射 热辐射是一种通过电磁波传递热量的方式。任何物体只要温度在绝对零度以上（$T > 0K$），都能不断地向外界发射辐射热，同时会不断地吸收来其他物体的辐射能，并转变为热能。低温物体吸收的热量多，辐射的热量少，本身温度升高；高温物体则相反，物体温度越高，辐射热量越多，吸收热量越少，本身温度降低。电磁波的传递是不需要任何介质的，因此热辐射、热传导及热对流传递热量是有根本区别的，如表4-1所示。

实际传热过程中，这3种传热方式或单独存在或同时存在，特别是热辐射，常伴有对流传热。复合传热是指对上述2种以上传热同时存在的综合传热过程。只有导热可单独进行传热，其他的传热都是以复合传热形式进行。

表4-1 三种传热方式的区别

传热方式	定义	起因	特点	条件	举例
热传导	有温差时热量能从高温自发向低温传递到各部分温度相等为止的传热方式	借助分子、原子和自由电子的热运动而进行，常发生于固体或静止的层流流体内部	无物质的宏观位移，依靠介质才能传递热能	$\Delta T_\mathrm{m} > 0$	握手、家用火钳、散热片传热
热对流	流体各部分之间产生相对位移而引起的热量传递过程	仅发生于流体中，流体质点之间产生宏观运动	往往伴随着热传导，依靠介质才能传递热能	$\Delta T_\mathrm{m} > 0$	烧开水、南北向通风
热辐射	高温物体发射的能量比吸收的多，低温物体相反，从而使净热量由高温物体传递至低温物体	高温物体因热的原因而产生的电磁波在空间传播，而被低温物体所吸收并转化为热能的过程	不仅有能量的传递而且有能量形式的转换，辐射能与热能相互转换，不需要任何介质	$T > 0K$	烤箱、冬天烤火、晒太阳

二、工业生产中的换热方式

制药生产中的传热是通过冷、热2种流体的热交换来完成的，而热交换是通过一定的设备来实现的，根据使用的设备不同，换热方式大体可以分为以下几种。

1. 混合式换热　混合式换热即直接接触式换热。是通过直接接触式换热器完成的，它最大特点是传热速率高，通过冷、热流体直接接触，完全混合来进行热量交换，在传热过程中伴有物质的交换，在相互混合过程中实现传热。如目前工业上广泛使用的洗气塔、喷淋式冷却塔、空气冷却塔等。洗气塔如图4-1所示。其优点是有较高的传热效率，具有传热速度快，结构简单，传热效果好等特点。但冷、热流体直接混合，为分离增加了困难，实际使用不多，只适用于冷、热流体允许相互混合的场合。如蒸发操作中产生的二次水蒸气冷凝，在洗涤除尘中用水洗涤含尘高温气体等。

2. 蓄热式换热　蓄热式换热是通过蓄热式换热器完成，它的主要特点是器内装有能吸收大量热量的固体填充物（如石头蓄冷器、丝网蓄冷器等）。

操作时冷、热流体交替通过蓄热室。首先通入热流体，使填充物温度升高而贮存了热量，然后改通冷流体，吸收热流体贮存下来的热量，这种过程交替进行从而实现了冷、热流体之间换热的目的。蓄热式换热器如图4-2所示，它的优点是能控制填充物温度，适用于热敏性物料。缺点是传热效率低，操作复杂，冷、热流体产生间接混合现象，实际使用更少。

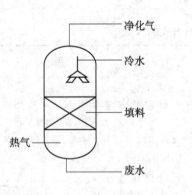

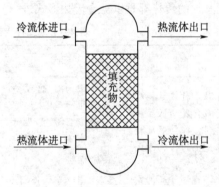

图4-1　洗气塔示意图　　　　　图4-2　蓄热式换热器示意图

3. 间壁式换热　间壁式换热是通过间壁完成的传热典型设备。它是制药生产中广泛应用的一种传热方式，也是本章学习的重点。间壁式换热器的优点是冷、热两种流体被一个固体壁面隔开，热流体将热量传给固体壁面，热量由壁面一侧传给另一侧，最后由壁面的另一侧再传给冷流体。冷热流体不发生混合，在所有工业生产中得到广泛应用。缺点是传热效果和传热速率略低于混合式传热。常见的间壁式换热器如图4-3所示，它适用于冷、热流体不允许直接混合的场合，如夹套式换热器、列管式换热器等。本章在第六节中将详细介绍间壁式换热器。

三、稳定传热和不稳定传热

根据传热系统的温度分布情况，传热过程分为稳定传热和不稳定传热。如果传热过程中各处的温度仅随位置变化，不随时间而变化的传热过程称为稳定传热。稳定传热时，在同一热流方向上的传热速率为常量，连续生产中的传热过程多为稳定传热。

如果传热过程中各处的温度或其他参数既随位置变化，又随时间而变化的传热过程称为不稳定传热。如间歇生产、连续生产的开、停车为不稳定传热，本章重点研究稳定传热状态下的传热，不考虑不稳定传热。

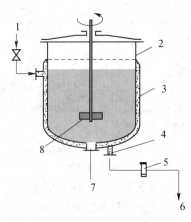

图 4 - 3　间壁式换热器示意图

1. 蒸汽进口；2. 反应釜；3. 夹套；

4. 接管；5. 疏水器；6. 冷凝水出口；

7. 出料口；8. 搅拌叶轮

第二节　热传导（导热）

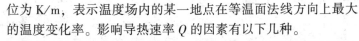

案例导入

案例： 厨具是用铁锅好还是不锈钢好？保温瓶保温的原理是什么？

讨论： 1. 制药厂间壁式换热器宜选用哪些材料？

2. 哪些设备和管路需要保温？

3. 保温的目的是什么？

4. 怎样选择保温材料？

一、傅里叶定律

傅里叶定律是热传导的基本定律。常用的导热介质有平壁和圆筒壁两种。

（一）傅里叶定律的推导

由均匀材料构成的平壁导热，如图 4 - 4 所示。

对于一维稳态热传导，温度仅随传热距离发生变化，则温度梯度可表示为 dT/dn，单位为 K/m，表示温度场内的某一地点在等温面法线方向上最大的温度变化率。影响导热速率 Q 的因素有以下几种。

（1）导热量与传热面积成正比，即 $Q \propto A$ 传热面积越大，则传递的热量越多。

（2）导热量与温度差成正比，即 $Q \propto dT$ 温度差越大，推动力越大，传热速率越快。

（3）导热量与导热层的厚度成反比，即 $Q \propto 1/dn$ 如冬天穿厚衣服，盖棉被能保暖。

（4）导热量与导热材料有关，导热性能好的材料，传热较快，导热性能差的材料，传热较慢。傅里叶定律表明，在热传导时，其导热速率与导热面积和温度梯度成正比。引入常数 λ

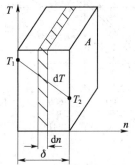

图 4 - 4　傅里叶定律示意图

改写成等式

$$Q = -\lambda A \frac{\mathrm{d}T}{\mathrm{d}n} \tag{4-2}$$

式中，λ 为比例系数称导热系数，W/（m·K）或 W/（m·℃）；A 为垂直于热流方向的导热面积，m²；$\mathrm{d}n$ 为导热层的厚度（即壁的薄层厚度），m；$\mathrm{d}T$ 为厚度为 $\mathrm{d}n$ 的导热层两侧的温度差，K。

式（4-2）负号表示热量传递的方向与温度降低的方向一致。

（二）导热系数

导热系数 λ 是物质的重要物性参数，与物质的组成、结构、密度、温度及压力有关，是衡量物质导热能力的一个物理量。

1. 物理意义　根据傅里叶定律，当导热面积 A 为 1m²，温度梯度 $\mathrm{d}T/\mathrm{d}n$ 为 1K/m 时，在数值上 $Q = \lambda$，即导热系数为单位时间内以导热方式传递的热量。

2. 含义　导热系数表示物体导热能力的大小。λ 值越大（热阻小），说明物质的导热性能越好，导热能力越强。不同物质的 λ 值不同，一般由实验方法测定，可从手册或附录中查出。

3. λ 的大小

（1）固体 λ　金属材料中，银的 λ 值最大，其次是铜、铝、铁、碳钢、不锈钢，合金含有较多的杂质，其导热系数变小。非金属材料中石墨的导热系数较大，建筑材料或隔热材料的导热系数一般很小。

纯金属导热系数较大，故纯金属是良好的导热体，因此间壁式换热器的间壁用铜、铝等金属或合金材料制成。此外，非金属材料石墨还具有良好的耐腐蚀性能，也常用作间壁的材料。其他非金属固体，因导热系数小而作建筑材料和保温、隔热材料。

（2）液体 λ　非金属液体中水的导热系数 λ 值最大，有机液体的一般较小，而有机水溶液的 λ 值高于相关的纯有机液体的 λ 值。常见液体的导热系数 λ 值及随温度变化的规律如图 4-5（a）所示。

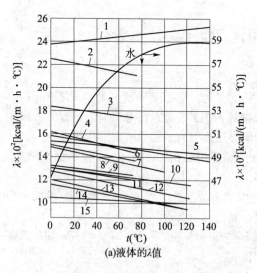

(a)液体的λ值

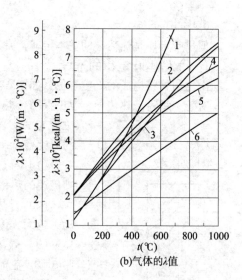

(b)气体的λ值

图 4-5　各种流体的 λ 值

（3）气体 λ　一般气体 λ 值很小，不利于导热而有利于保温。石棉、矿渣棉、泡沫塑料、软木等细小的空隙中有气体，导热性能很差，导热速率慢，常用做保温绝热材料。如制药厂输送水蒸气和冷冻盐水的管路,都需要采取保温措施,防止热(冷)量散失、节约能源。

总之,纯金属 λ > 合金 λ > 非金属固体 λ(石墨除外)> 液体 λ(汞除外)> 气体 λ,气体是最好的隔热材料。$\lambda_{湿} \gg \lambda_{干}$,保温材料应保持干燥。

4. 各种状态下 λ 的性质

(1)气体 λ 在相当大的压力范围内,压力对气体的 λ 值无明显影响。只有当气体压力很低(小于 2.7kPa)或很高(大于 200MPa),λ 值才随压力增加而增大。温度升高,λ 增大。图 4 – 5(b)所示为几种气体的 λ 与温度之间的关系。湿度增加,λ 增大。

(2)液体 λ 除无水甘油和水随温度升高,λ 增加以外,其余液体随温度升高,λ 略减小。液体的 λ 与压力无关。

(3)固体 λ 金属随温度升高,λ 减小(高合金钢除外);非金属随温度升高,λ 增大(冰除外)。非金属的建筑材料或隔热材料的 λ 值通常还随着密度增大而增加。

(4)绝热材料的 λ 值 不仅与材料组成和温度有关,而且与密度和湿度有关。密度增加 λ 增大,湿度增加 λ 增大。这种材料呈纤维状或多孔结构,其空隙中含有 λ 值很小的空气。绝热材料的多孔结构使其容易吸收水分,λ 值增大,保温性能变差。所以露天设备需要隔热保温时应采取防水措施。另外,在选用绝热材料时还应考虑材料所能承受的温度和机械强度。

5. 保温材料的选择 保温材料是指 $\lambda \leqslant 0.12W/(m \cdot K)$,平均温度不高于 350℃ 时的材料。其选择原则是 λ 小,空隙率 ε 大,材料轻,价格低,强度合适。

6. 保温(保冷)材料布置原则

(1)凡是保温材料,λ 小的(热阻大)放内层,如保暖内衣。凡是保冷材料,λ 小(热阻大)的放最外层,如原用泡沫冰棒箱。

(2)因 $\lambda_{湿} \gg \lambda_{干}$,保温设备应防止潮湿,保护保温材料免受雨水浸泡而影响保温效果。

(3)对 λ 的选用凡是需要强化传热提高传热速率时,尽可能选 λ 大的导热材料,如换热设备的间壁常用金属;凡是需要削弱传热降低传热速率时,尽可能选 λ 小的导热材料。如石棉的 λ 小常用来保温。

二、平壁的导热

构成平壁的材料完全均匀,如耐火砖、铝箔等,其导热系数不随温度而变化。平壁的特点是导热速率 Q 和导热面积 A 均为定值,即

$$q_F = \frac{Q}{A} \tag{4 – 3}$$

式中,q_F 为定值是指单位时间内通过单位面积传递的热量,即热流强度(或热通量或热流密度)不变,单位为 $J/(S \cdot m^2)$,即 W/m^2。

(一)单层平壁的导热

单位时间内的导热量 Q 为定值,单位为 W,如图 4 – 6 所示,根据傅里叶定律 $Q = -\lambda A \dfrac{dT}{dn}$,当平面壁厚度值 n 由 $0 \rightarrow \delta$(平壁的厚度,常用 mm 需换算成 m);温度 T 由 $T_1 \rightarrow T_2$(均为两侧表面温度,K)。

则导热速率

$$Q = \frac{\lambda A}{\delta}(T_1 - T_2) \tag{4 – 4}$$

可改写成

$$Q = \frac{T_1 - T_2}{\dfrac{\delta}{\lambda A}} = \frac{\Delta T}{R_\lambda} = \frac{传热推动力}{导热热阻} \qquad (4-5)$$

式（4-5）为单层平壁稳定导热速率方程，式中 R_λ 为固体导热热阻，$R_\lambda = \delta / \lambda A$。

（二）多层平壁的导热

对两层平壁，如图 4-7 所示有 3 个温度，其中内侧温度为 T_1，最外侧温度为 T_3，T_2 为两层平壁之间的交界温度；由两种不同材料串联而成，即有两个导热系数，两个厚度值，即总热阻由两个分热阻串联组成。

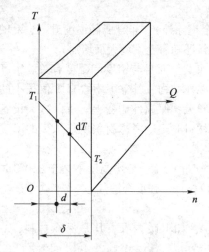

图 4-6　单层平壁导热

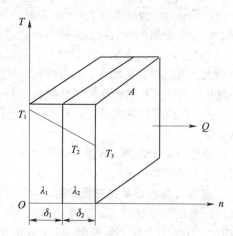

图 4-7　两层平壁导热

两层平壁的导热速率方程

$$Q = \frac{\Delta T}{R_{\lambda 总}} = \frac{T_1 - T_3}{\dfrac{\delta_1}{\lambda_1 A} + \dfrac{\delta_2}{\lambda_2 A}} \qquad (4-6)$$

对于更多层的平壁导热，式（4-6）中的 ΔT 和 $R_{\lambda 总}$，可以依次类推。

对三层平壁，如图 4-8 所示，借助单层平壁的导热速率方程，并与串联电路求总电阻类比，可直接写出三层平壁的总导热速率方程式

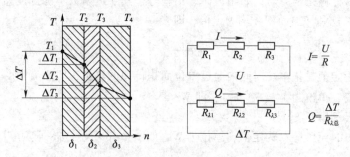

图 4-8　三层平壁稳态导热温度分布

三层平壁特点：$A_1 = A_2 = A_3 = A$，有四个温度值，$T_1 > T_2 > T_3 > T_4$，两侧温度分别为 T_1 和 T_4；由三种不同材料组成即有三个导热系数和三个厚度值，即总热阻由三个分热阻串联组成。三层平壁的导热速率

$$Q = \frac{\Delta T}{R_{\lambda \dot{\otimes}}} = \frac{\ddot{\otimes}\text{推动力}}{\ddot{\otimes}\text{热阻}} = \frac{\Delta T}{\sum R_\lambda} = \frac{T_1 - T_4}{\sum\limits_{i=1}^{3} \frac{\delta_i}{\lambda_i A}} = \frac{T_1 - T_2}{\frac{\delta_1}{\lambda_1 A}} + \frac{T_2 - T_3}{\frac{\delta_2}{\lambda_2 A}} + \frac{T_3 - T_4}{\frac{\delta_3}{\lambda_3 A}} \qquad (4-7)$$

式中，ΔT 为三层平壁总温度差又称传热推动力，K；$R_{\lambda \dot{\otimes}}$ 为导热总热阻，为各层热阻之和，K/W。

对 n 层平壁：$A_1 = A_2 = A_3 = \cdots = A_n = A$，有（$n+1$）个温度值，其中内侧温度仍为 T_1，最外侧温度为 T_{n+1}，由 n 种不同的材料组成，即有 n 个导热系数和 n 个厚度值，即总热阻由 n 个分热阻串联组成，可以类推出 n 层平壁的导热速率

$$Q = \frac{\Delta T}{R_{\lambda \dot{\otimes}}} = \frac{\Delta T}{\sum R'} = \frac{T_1 - T_{n+1}}{\sum\limits_{i=1}^{n} \frac{\delta_i}{\lambda_i A}} = \frac{T_1 - T_2}{\frac{\delta_1}{\lambda_1 A}} + \frac{T_2 - T_3}{\frac{\delta_2}{\lambda_2 A}} + \cdots + \frac{T_n - T_{n+1}}{\frac{\delta_n}{\lambda_n A}} \qquad (4-8)$$

热流强度（热通量）

$$q_F = \frac{Q}{A} = \frac{T_1 - T_2}{\frac{\delta_1}{\lambda_1}} = \frac{T_2 - T_3}{\frac{\delta_2}{\lambda_2}} + \cdots + \frac{T_n - T_{n+1}}{\frac{\delta_n}{\lambda_n}} = \frac{T_1 - T_{n+1}}{\sum\limits_{i=1}^{n} \frac{\delta_i}{\lambda_i}} \qquad (4-8a)$$

实例分析 4-1　铝箱壁厚 $\delta_1 = 20$mm，其导热系数 $\lambda_1 = 58.2$W/（m·℃）。若黏附在铝箱内壁的水垢层厚度 $\delta_2 = 1$mm，其导热系数 $\lambda_2 = 1.162$W/（m·℃）。已知铝箱外表面温度 $T_1 = 250$℃，水垢内表面温度 $T_3 = 200$℃。试求铝箱每平方米表面积的热流强度以及铝箱内表面（与水垢相接触的一面）的温度 T_2。

分析：（1）按双层平壁热流强度方程计算

$$q_F = \frac{Q}{A} = \frac{T_1 - T_3}{\frac{\delta_1}{\lambda_1} + \frac{\delta_2}{\lambda_2}} = \frac{250 - 200}{\frac{0.02}{58.2} + \frac{0.001}{1.162}} \approx 41494\text{W/m}^2$$

（2）双层平壁简化成单层平壁稳定导热　　$q_F = \dfrac{Q}{A} = \dfrac{T_1 - T_2}{\dfrac{\delta_1}{\lambda_1}}$

则 $T_2 = T_1 - Q\dfrac{\delta_1}{\lambda_1 A} = 250 - 41494 \times \dfrac{0.02}{58.2} \approx 236$℃

由此可知，虽然水垢厚度很薄，但因其导热系数很小，它所产生的热阻却占总热阻的

$$\frac{\frac{\delta_2}{\lambda_2 A}}{\frac{\delta_1}{\lambda_1 A} + \frac{\delta_2}{\lambda_2 A}} = \frac{\frac{0.001}{1.162 \times 1}}{\frac{0.02}{58.2 \times 1} + \frac{0.001}{1.162 \times 1}} \times 100\% = 71\%，\text{为铝壁热阻的} \frac{R_{\lambda \text{垢}}}{R_{\lambda \text{铝}}} = \frac{\frac{\delta_2}{\lambda_2 A}}{\frac{\delta_1}{\lambda_1 A}} = \frac{\frac{0.001}{1.162 \times 1}}{\frac{0.02}{58.2 \times 1}} = 2.5$$

倍。即 1mm 水垢的热阻相当于 25mm 铝壁的热阻。水垢很薄，因导热系数小，热阻很大，严重影响传热效果。因此，在实际生产和日常生活中应有效防止传热设备结垢，设法及时清除水垢，以降低传热阻力，增强传热效果，节省能源。

实例分析 4-2　炉壁内层由耐火砖组成，其厚度为 500mm、导热系数为 1.163W/（m·K）；外层由普通砖组成，其厚度为 250mm、导热系数为 0.582W/（m·K），该炉壁的内壁温度为 1200℃，外壁温度为 80℃。试求（1）每秒每平方米炉壁面的热损失；（2）耐火砖与普通砖界面的温度。

分析：（1）按两层平壁导热计算

热流强度　$q_F = \dfrac{Q}{A} = \dfrac{T_1 - T_3}{\dfrac{\delta_1}{\lambda_1} + \dfrac{\delta_2}{\lambda_2}} = \dfrac{1200 - 80}{\dfrac{0.5}{1.163} + \dfrac{0.25}{0.582}} = 1303.12\text{W/m}^2$

（2）求两平壁的交界温度 T_2 时，将两层平壁简化成单层，热流强度不变

$$1303.12 = \frac{(273 + 1200) - T_2}{\frac{0.5}{1.163}}$$

得 $T_2 = 912.76K = 639.76℃$

三、圆筒壁的导热

导热介质为圆筒形，如热交换器中的圆管和外壳。与平壁导热的不同点在于导热面积 A 随半径的变化而变化，A 不是常量。

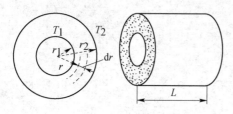

图 4 - 9　单层圆筒壁的导热

（一）单层圆筒壁的导热

如图 4 - 9 所示，设圆筒长为 L，宽为圆筒的周长 $C = 2\pi r$ 则面积 $A = 2\pi rL$，设圆筒的内半径为 r_1，外半径为 r_2，$r_2 > r_1$，即导热面积是变量，r 增大 A 增大，沿半径方向取微小厚度 dr

则 $Q = -\lambda A \dfrac{dT}{dn} = -2\pi rL\lambda \dfrac{dT}{dr}$　即 $-\dfrac{Q}{2\pi L\lambda} = \dfrac{dT}{\frac{dr}{r}}$

分离变量并积分 $-\dfrac{Q}{2\pi L\lambda}\displaystyle\int_{r1}^{r2}\dfrac{dr}{r} = \int_{T_2}^{T_1}dT$

其中，T_1 为圆筒内壁温度，T_2 为圆筒外壁温度，设 $T_1 > T_2$ 得单层圆筒壁传热速率方程

$$Q = \frac{2\pi L\lambda\ (T_1 - T_2)}{\ln \dfrac{r_2}{r_1}} = \frac{2\pi L\lambda\ (T_1 - T_2)}{\ln \dfrac{d_2}{d_1}} = \frac{T_1 - T_2}{\dfrac{\ln \dfrac{d_2}{d_1}}{2\pi L\lambda}} = \frac{\Delta T}{R_\lambda} \qquad (4-9)$$

其中，R_λ 为单层圆筒的导热热阻，其半径之比可以用直径之比代替。

$$R_\lambda = \frac{\ln \dfrac{r_2}{r_1}}{2\pi L\lambda} = \frac{\ln \dfrac{d_2}{d_1}}{2\pi L\lambda} \qquad (4-10)$$

式中，d_2 为圆筒外壁直径，d_1 为圆筒内壁直径，且 $d_2 > d_1$
每米长的热（冷）损，单位为 W/m。

$$\frac{Q}{L} = \frac{2\pi\lambda\ (T_1 - T_2)}{\ln \dfrac{r_2}{r_1}} = \frac{2\pi\lambda\ (T_1 - T_2)}{\ln \dfrac{d_2}{d_1}} \qquad (4-11)$$

（二）多层圆筒壁的导热

以三层圆筒壁为例，如图 4 - 10 所示。设圆筒的长度为 L，三层圆筒壁：有 3 种不同材料，应有 3 个导热系数 λ，有 3 个分热阻，有 4 个半径或直径，有 4 个温度，其中内侧温度为 T_1，最外侧温度为 T_4。

三层圆筒壁的传热速率方程

$$Q = \frac{\Delta T}{R_{\lambda 总}} = \frac{\Delta T}{\sum_{i=1}^{3} R_{\lambda i}} = \frac{T_1 - T_4}{\dfrac{\ln \dfrac{r_2}{r_1}}{2\pi L\lambda_1} + \dfrac{\ln \dfrac{r_3}{r_2}}{2\pi L\lambda_2} + \dfrac{\ln \dfrac{r_4}{r_3}}{2\pi L\lambda_3}} = \frac{2\pi L(T_1 - T_4)}{\dfrac{\ln \dfrac{r_2}{r_1}}{\lambda_1} + \dfrac{\ln \dfrac{r_3}{r_2}}{\lambda_2} + \dfrac{\ln \dfrac{r_4}{r_3}}{\lambda_3}} \qquad (4-12)$$

对多层圆筒壁可以看作由 n 个单层圆筒壁串联而成，设有 n 层圆筒壁：有 n 种不同材料，即有 n 个 λ，有 n 个分热阻，有 $(n+1)$ 个半径或直径值，有 $(n+1)$ 个温度值，其

中内侧温度仍为 T_1，最外侧温度为 T_{n+1}，但只有一个管长 L。

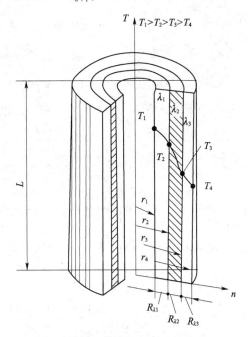

图 4 - 10　三层圆筒壁的导热

类推出 n 层圆筒壁传热速率方程式

$$Q = \frac{\Delta T}{R_{\lambda \text{总}}} = \frac{\Delta T}{\sum\limits_{i=1}^{n} R_{\lambda i}} = \frac{T_1 - T_{n+1}}{\sum\limits_{i=1}^{n} \frac{1}{2\pi L \lambda_i} \ln \frac{r_{n+1}}{r_n}} = \frac{2\pi L (T_1 - T_{n-1})}{\sum\limits_{i=1}^{n} \frac{1}{\lambda_i} \ln \frac{r_{n+1}}{r_n}} \qquad (4-13)$$

每米长的热（冷）损

$$\frac{Q}{L} = \frac{2\pi (T_1 - T_{n+1})}{\sum\limits_{i=1}^{n} \frac{1}{\lambda_i} \ln \frac{r_{n+1}}{r_n}} = \frac{2\pi (T_1 - T_{n+1})}{\sum\limits_{i=1}^{n} \frac{1}{\lambda_i} \ln \frac{d_{n+1}}{d_n}} \qquad (4-14)$$

当圆筒壁的外径大于其壁厚的 4 倍时，圆筒壁导热可以按平壁处理。

实例分析 4 - 3　现有一冷流体在 $\phi 60\text{mm} \times 3\text{mm}$ 的钢管内流动，钢的 λ 为 46.5W/（m·K）。其外用 30mm 厚的软木包扎，又用 100mm 厚的保温灰包扎，以作为绝热层。现测得钢管内壁温度为 -110℃，绝热层外表面温度为 $T_4 = 10$℃。软木和保温灰的导热系数分别为 0.043W/（m·K）和 0.07W/（m·K）。试求每米管长的冷损失量。

分析：按三层圆筒壁热传导计算，如图 4 - 11 所示。

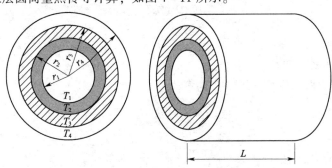

图 4 - 11　三层圆筒壁导热

第一种方法

$$r_1 = \frac{60}{2} - 3 = 27\text{mm} = 0.027\text{m} \qquad r_2 = \frac{60}{2} = 30\text{mm} = 0.03\text{m}$$

$$r_3 = 30 + 30 = 60\text{mm} = 0.06\text{m} \qquad r_4 = 60 + 100 = 160\text{mm} = 0.16\text{m}$$

已知 $\lambda_1 = 46.5\text{W/（m·K）} \qquad \lambda_2 = 0.043\text{W/（m·K）} \qquad \lambda_3 = 0.07\text{W/（m·K）}$

可知 $\lambda_1 > \lambda_3 > \lambda_2$ 即可简化为两层圆筒壁，则 $T_1 \approx T_2$（第一层钢管忽略不计）。

$$\frac{Q}{L} = \frac{2\pi（T_2 - T_4）}{\frac{1}{\lambda_2}\ln\frac{r_3}{r_2} + \frac{1}{\lambda_3}\ln\frac{r_4}{r_3}} = \frac{2 \times 3.14 \times（-110 - 10）}{\frac{1}{0.043}\ln\frac{0.06}{0.03} + \frac{1}{0.07}\ln\frac{0.16}{0.06}} = -25.01\text{W/m}$$

第二种方法

$$d_1 = 0.054\text{m} \qquad d_2 = 0.06\text{m} \qquad d_3 = 0.12\text{m} \qquad d_4 = 0.32\text{m}$$

$$T_1 = -110\text{℃} \qquad T_4 = 10\text{℃}$$

$$\lambda_1 = 46.5\text{W/（m·K）} \qquad \lambda_2 = 0.043\text{W/（m·K）} \qquad \lambda_3 = 0.07\text{W/（m·K）}$$

$$\lambda_1 > \lambda_3 > \lambda_2$$

$$T_1 \approx T_2 = -110 + 273 = 163\text{K} \qquad T_4 = 273 + 10 = 283\text{K}$$

$$\frac{Q}{L} = \frac{2\pi（T_1 - T_4）}{\frac{1}{\lambda_1}\ln\frac{d_2}{d_1} + \frac{1}{\lambda_2}\ln\frac{d_3}{d_2} + \frac{1}{\lambda_3}\ln\frac{d_4}{d_3}} = \frac{2 \times 3.14 \times（163 - 283）}{\frac{1}{46.5}\ln\frac{0.06}{0.054} + \frac{1}{0.043}\ln\frac{0.12}{0.06} + \frac{1}{0.07}\ln\frac{0.32}{0.12}} = -25.01\text{W/m}$$

结论：①两种计算方法中用半径或直径计算，结果相同。②因 $T_1 \approx T_2$，用两层或三层圆筒壁导热计算，结果相同。

实例分析 4-4 已知蒸汽管内径为 160mm，外径为 170mm，管外先包一层 20mm 厚的石棉，再包一层 40mm 厚的保温灰。设蒸汽管内壁温度为 169℃，保温灰外表面温度为 40℃，钢管导热系数为 46.52W/（m·K），石棉导热系数为 0.174W/（m·K），保温灰导热系数为 0.07W/（m·K）。试求：（1）每米管长的热损失为多少？（2）石棉与保温灰间的温度为多少？（3）管外壁与石棉之间的温度为多少？

分析：（1）求 $\frac{Q}{L}$，属于三层圆筒壁导热

$$\frac{Q}{L} = \frac{2\pi（T_1 - T_4）}{\frac{1}{\lambda_1}\ln\frac{d_2}{d_1} + \frac{1}{\lambda_2}\ln\frac{d_3}{d_2} + \frac{1}{\lambda_3}\ln\frac{d_4}{d_3}} = \frac{2\pi（169 - 40）}{\frac{1}{46.52}\ln\frac{0.17}{0.16} + \frac{1}{0.174}\ln\frac{0.21}{0.17} + \frac{1}{0.07}\ln\frac{0.29}{0.21}}$$

$$= 139.03\text{W/m}$$

（2）求交界温度 T_3 时，三层圆筒壁简化成两层

$$139.03 = \frac{2\pi（T_1 - T_3）}{\frac{1}{\lambda_1}\ln\frac{d_2}{d_1} + \frac{1}{\lambda_2}\ln\frac{d_3}{d_2}}$$

得 $T_3 = 415.09\text{K} = 142\text{℃}$

（3）求 T_2 时，两层圆筒壁简化成单层

$$139.03 = \frac{2\pi（T_1 - T_2）}{\frac{1}{\lambda_1}\ln\frac{d_2}{d_1}}$$

得 $T_2 = 441.97\text{K} = 168.97\text{℃}$

拓展阅读

日常生活中利用传热原理采取隔热保温案例

1. 保温瓶的夹层玻璃表面镀一层反射率很高的材料或表面镀银，能减少辐射表面的吸收比和发射率（黑度），增加辐射换热的表面热阻，使辐射换热削弱。

2. 设置遮热板或遮阳布，可显著削弱表面之间的辐射传热速率，阻挡辐射传热，遮热板的使用成倍地增加了系统中辐射的表面热阻和空间热阻，使系统黑度减少，辐射散热量大大降低。

3. 采用夹层结构并抽真空，可削弱对流传热和导热。夹层结构可以使强迫对流或大空间自然对流成为有限空间的自然对流，大大降低了对流传热系数，抽真空则杜绝了空气的自然对流。

4. 在北方的建筑房屋背阴面墙壁中，都加一层泡沫板类的材料，是因为泡沫板类的材料有空隙，空隙中存在空气，气体的导热系数很小，传热速率降低，热量传递减少，但对保温有利。寒冷地区也常采用双层玻璃窗对房屋进行保温，热带地区采用双层玻璃，以减少吸收外界热量。

5. 许多高效隔热材料都采用蜂窝状多孔性结构和多层隔热屏结构。空气的导热系数远远小于固体材料，采用多孔结构可以显著降低保温材料的导热系数，阻碍了导热的进行。

第三节　对流传热

一、对流传热过程分析

对流传热主要是由于流体的微团或质点的移动将热量从一处带到另一处的传热形式，主要发生在流体内部、流体与固体壁面之间。在流体流动章节已经学过，流体在管路中的流动，即使是呈湍流时，在仅靠固体壁面处都存在着一层流体呈层流状态，即层流内层。在对流传热中，温度降低主要集中在层流内层，即热阻主要集中在层流内层，如图 4－12 所示，可见对流传热是指热流体内部的对流传热、左层流内层的导热、固体壁面的导热、右层流内层的导热、冷流体内部的对流传热。共五个过程组成。

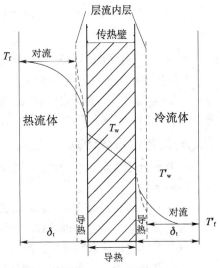

图 4－12　对流传热的温度分布

（一）无相变的对流传热

1. 自然对流　若流体的宏观运动是由于流体内部温度不同而产生的密度差异（密度轻的部分上浮，重的部分下沉）引起的流体的流动称自然对流。温差增大，密度差增加，自然对流越强烈。

2. 强制对流　若流体的宏观运动是由于在外力

强制作用下造成的流动，称为强制对流。为增加流速，常用风机、水泵、搅拌作外力设备。其优点是便于控制、传热快，但消耗机械能增加。

3. 管外对流 流体在管外垂直流过时，分为流体垂直流过单管和垂直流过管束两种情况，工业上所用换热器多为流体垂直流过管束，流体垂直流过管束时的对流传热，与管束的排列方式有关。

4. 管内对流 分为圆形直管、非圆管和弯管。直管内对流又分为层流、过渡流和湍流。

（二）有相变的对流传热

1. 蒸汽冷凝传热 由蒸汽冷凝变成了液体，放出了热量，称冷凝热，取正值。

2. 液体沸腾传热 由液体吸热变成了蒸气，吸收了热量，称气化热，取负值。可查饱和水蒸气表，注意表中包含的内容有：①规定了0℃的水热焓量为零。②气化热＝蒸汽焓－液体焓。③蒸气的热焓量＞液体的热焓量，约为液体热焓量的5~9倍，所以用蒸汽加热的换热器，应及时排除冷凝水。④表中无冷凝热，可查气化热。取 | 冷凝热 | ＝ | 气化热 |。⑤饱和蒸气压的概念：一定的温度下，与同种物质的液态（或固态）处于平衡状态的蒸气所产生的压强叫饱和蒸气压，它随温度升高而增加。⑥因锅炉承受的压力为10个大气压（kgf/cm²），故锅炉产生的蒸汽温度应低于180℃。

二、对流传热速率方程 （牛顿冷却定律）

由于对流传热热阻主要集中在与固体壁面接触的层流内层中，而且以导热的形式传递热量，对照单层平壁稳定导热速率公式：$Q = \dfrac{\lambda A}{\delta}(T_1 - T_2)$

当流体的主体温度 $T_f > T_w$（与流体接触的壁面温度）时

对流传热速率

$$Q = \frac{\lambda_f}{\delta_t} A (T_f - T_w) \tag{4-15}$$

式（4-15）为对流传热方程式，也称牛顿冷却定律。

式中，λ_f 为流体的导热系数，W/（m·K）；δ_t 为有效膜厚即层流内层的厚度，m。

令对流传热系数或膜系数为 $h = \dfrac{\lambda_f}{\delta_t}$，W/（m²·K），式（4-14）可改写成

$$Q = hA(T_f - T_w) = \frac{T_f - T_w}{\dfrac{1}{hA}} = \frac{T_f - T_w}{R_h} \tag{4-16}$$

式中，R_h 为对流传热热阻，$R_h = 1/hA$。

h 的物理意义：当温度差 $T_f - T_w = 1K$，对流传热面积 $A = 1m^2$，对流传热的传热速率 $Q = h$。对 h 的选用：要强化传热时，选 h 越大越好；要削弱传热时，选 h 越小越好。采用换热器换热时，要求传热速率快，h 越大越有利于传热。

三、对流传热系数计算

计算对流传热速率 Q 的关键是要知道对流传热系数 h，即研究对流传热就需要研究对流传热膜系数 h。

（一）影响对流传热系数 h 的因素

对流传热系数 h 与导热系数 λ 不同，h 不是物性参数。影响对流传热系数的因素很多，它不仅与流体的物性参数有关，而且与流体的性质、流动状况及传热面的结构等因素有关。

1. 流体的种类 一般来说，液体的对流传热系数 h 要比气体的 h 大，如水的 h 比空气的大。

2. 流体的流动状态 湍流的 h 大于层流的 h。湍流流速 u 比层流大，雷诺数 R_e 增大，流体的湍动程度增强，使传热边界层的有效膜厚度 δ_t 减小从而增大对流传热系数。

3. 对流传热的形式 强制对流时的流速较大，对流传热系数也较大；自然对流时的流速较小，对流传热系数也较小。因此强制对流的 h 大于自然对流的 h。综合来说，同一流体在圆形直管内尽可能作强制湍流对流，对传热有利。

4. 流体的物性参数 流体密度 ρ、黏度 μ、导热系数 λ 和比热容 C_p，反映物性对对流传热系数较大的影响。即 ρ 越大，h 越大；μ 越小，h 越大；λ 越大，h 越大；C_p 越大，h 越大。

5. 固体传热壁面的结构 固体传热壁面的形状、大小、流道尺寸及流体流动的相对位置都直接影响对流传热系数。

6. 流体有无相变 有相变流体的对流传热系数要远远比无相变流体的对流传热系数大。

（二）对流传热系数的关联式

由于对流传热系数受以上多方面因素的影响，要想推导出一个统一计算对流传热系数公式是十分困难的，目前工程计算中使用的对流传热系数计算式，大多是通过实验得出的经验公式，它是将影响对流传热系数的因素进行分类整理成相应的无因次准数关联式，再根据具体的传热情况进行分析得出适当的计算公式。

借助实验研究方法得出的常用准数关联式，如表 4 - 2 所示。

表 4 - 2　各无因次数群的计算方法和含义

数群名称	表示方法	含义
努塞尔准数	$N_u = \dfrac{hL}{\lambda}$	待定特征数，表示对流传热系数的特征数，反映对流传热强度
雷诺准数	$R_e = \dfrac{Lu\rho}{\mu}$ 式中 $L \approx d$	确定流体的流动形态，又称流型数，反映对流强度，对对流传热的影响
普兰特准数	$P_r = \dfrac{C_p\mu}{\lambda}$	研究对流传热有关的流体物性的数，又称物性数，反映流体物性对传热的影响
格拉斯霍夫准数	$G_r = \dfrac{L^3\rho^2\beta g\Delta T}{\mu_2}$	又称升力数，反映由于温差而引起的自然对流的强度

使用准数时注意以下几点。

1. 对于液体 由于 $P_r > 1$，所以 $P_r^{0.4} > P_r^{0.3}$，当液体被加热时，管壁处滞流内层的温度高于液体主体的平均温度，由于液体黏度随温度升高而降低，故贴壁处液体黏度较小，使滞流底层的实际厚度比用液体主体温度计算的厚度要薄，对流传热系数较大。即液体被加热的对流传热系数大于被冷却的对流传热系数。

2. 对于气体 由于 $P_r < 1$，即 $P_r^{0.4} < P_r^{0.3}$，由于气体黏度随层流内层温度升高而增大，气体被加热时的底层变厚，使 h 变小。即气体被加热的对流传热系数小于被冷却的对流传热系数。

3. 定性温度 在无因次数群中涉及的流体物理性质大都随温度而变化，确定换热器中流体物性的温度，应取流体进、出口温度的算术平均值即平均温度 $T_m = (T_{进} + T_{出})/2$，是各个物性取值（如 ρ，μ，λ，C_p 等）的依据。对高黏度流体用壁温作定性温度；冷凝传热取凝液主体温度和壁温的算术平均值作为定性温度。

4. 应用范围 只能在实验的范围内应用，外推是不可靠的。在后面介绍对流传热系数 h，千万注意各应用范围。

5. 特征尺寸 传热面的结构和几何因素有时是很复杂的，一般选取对传热起决定作用的几何尺寸作为特征尺寸，管内流动取管内径作为特征尺寸；管外流动取管外径作为特征尺寸。

6. 入口效应 对流传热还与流体的入口效应有关，容器进口段的对流传热系数高于充分发展后的对流传热系数值。

（三）流体无相变时的对流传热系数的计算

1. 流体在管内流动

（1）流体在圆形直管内作强制湍流传热

对于气体和黏度 $< 2 \times 10^{-3} Pa \cdot S$ 的低黏度液体

$$N_u = 0.023 R_e^{0.8} P_r^n \tag{4-17}$$

或

$$h = 0.023 \frac{\lambda}{d} \left(\frac{du\rho}{\mu}\right)^{0.8} \left(\frac{C_p\mu}{\lambda}\right)^n \tag{4-18}$$

式中，h 为对流传热系数，W/（$m^2 \cdot$ ℃）；λ 为流体的导热系数，W/（$m \cdot$ ℃）；d 为传热面的特征尺寸，对于圆形管路取管内径 d，m；u 为流体的流速，m/s；ρ 为流体的密度，kg/m^3；μ 为流体的黏度，Pa·s 或 kg/（$m \cdot s$）；c_p 为流体的比热容，J/（kg·℃）。

此经验公式的应用范围：$R_e > 10^4$，$0.7 < P_r < 120$ 及上述有关条件。且管长与管内径之比即 $L/d > 60$ 才能适用本公式。

当管内流体被加热时 $n = 0.4$，当管内流体被冷却时 $n = 0.3$。

对高黏度液体，当 $\mu > 2 \times 10^{-3} Pa \cdot s$ 时

$$N_u = 0.027 R_e^{0.8} P_r^{0.33} \left(\mu/\mu_w\right)^{0.14} \tag{4-19}$$

液体被加热 $\left(\mu/\mu_w\right)^{0.14} \approx 1.05$，液体被冷却 $\left(\mu/\mu_w\right)^{0.14} \approx 0.95$，以修正黏度。

（2）流体在弯管内强制对流先按式（4-17）计算再乘以一个大于1的修正系数

$$f_R = 1 + 1.77 d/R \tag{4-20}$$

式中，d 为管内径，R 为弯曲半径。

（3）流体在非圆形管中流动各式中的 d 应以当量直径 d_e 代入。

对同心套管环状通道 d_e 为

$$d_e = \frac{4 \cdot \pi \left(d_2^2 - d_1^2\right) /4}{\pi \left(d_2 + d_1\right)} = d_2 - d_1 \tag{4-21}$$

（4）对在管进口段，应考虑入口效应，当换热管 $L/d < 60$ 时，先按式（4-17）计算再乘以校正系数

$$f_L = 1 + \left(d/L\right)^{0.7} \tag{4-22}$$

实例分析 4-5 水在 $\phi 38mm \times 2mm$ 的管内流动，流速为 1m/s，进管口的水温为15℃，出管口的水温为85℃，试求管壁对水的对流传热系数 h。若水的流速增加一倍，仍维持原来的加热温度，对流传热系数 h' 有何变化？

分析：求出定性温度 $t_m = \dfrac{t_1 + t_2}{2} = \dfrac{15 + 85}{2} = 50$ ℃

查附录（三）得 $\rho_{水} = 988.1 kg/m^3$ $\lambda = 0.648 W/（m \cdot K）$

$$\mu = 0.549 \times 10^{-3} Pa \cdot s \quad C_p = 4.174 kJ/（kg \cdot K）$$

$$R_e = \frac{du\rho}{\mu} = \frac{0.034 \times 1 \times 988.1}{0.549 \times 10^{-3}} = 6.12 \times 10^4$$

$$P_r = \frac{c_p\mu}{\lambda} = \frac{4.174 \times 10^3 \times 0.549 \times 10^{-3}}{0.648} = 3.54$$

$R_e > 10^4$，$0.7 < P_r < 120$ 适合应用范围。水在管内被加热取 $n = 0.4$。

$$h = 0.023 \frac{\lambda}{d} R_e^{0.8} P_r^{0.4} = 0.023 \times (0.648/0.034) \times (6.12 \times 10^4)^{0.8} \times 3.54^{0.4}$$

$$\approx 4907 \text{W/} (\text{m}^2 \cdot \text{K})$$

$$h' = h \left(\frac{u'}{u}\right)^{0.8} = 4907 \times 2^{0.8} \approx 8538 \text{W/} (\text{m}^2 \cdot \text{K})$$

故水的流速增加一倍时，对流传热系数增加到原来的 $2^{0.8}$ 即 1.74 倍。说明增加流速，对流传热系数也增加。

2. 流体在管外横向作强制流动时的对流传热系数 h 除了与 R_e、P_r 有关外，还与管子排列方式（图 4 – 13）、管间距和管排数有关，此时各排的传热系数

$$h = C\varepsilon R_e^n P_r^{0.4} \frac{\lambda}{L} \tag{4-23}$$

式中，C、ε、n 均由实验确定，其值如表 4 – 3 所示。

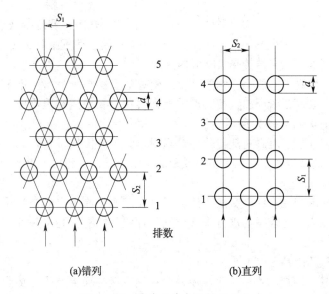

(a)错列   (b)直列

图 4 – 13　列管内管束的排列方式

表 4 – 3　流体垂直于管束流动时的 C、ε 和 n 值

列管排数	错列		直列		C
	n	ε	n	ε	
1	0.6	0.171	0.6	0.171	1. $S_1/d_{外} = 1.2 \sim 3$ 时，
2	0.6	0.228	0.65	0.157	取 $C = 1 + 0.1 S_1/d_{外}$
3	0.6	0.290	0.65	0.157	2. $S_1/d_{外} > 3$ 时，
4	0.6	0.290	0.65	0.157	取 $C = 1.3$

各排的对流传热系数按加权平均求平均值

$$h_{\mathrm{m}} = \frac{h_1 A_1 + h_2 A_2 + h_3 A_3 + \cdots}{A_1 + A_2 + A_3 + \cdots} \tag{4-24}$$

（四）流体有相变化时的对流传热系数分析

1. 蒸汽冷凝的对流传热　蒸汽是工业上最常用的热源，在锅炉内利用煤燃烧时产生的热量将水加热气化，使之产生蒸汽。蒸汽具有一定的压力，饱和蒸汽的压力和温度具有一定的关系。蒸汽在饱和温度下冷凝成同温度的冷凝水时，放出冷凝潜热，供冷流体加热。

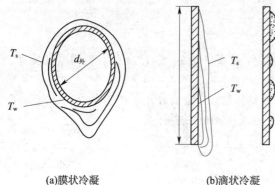

(a)膜状冷凝　　　　　(b)滴状冷凝

图4-14　冷凝方式的流动状态

蒸汽冷凝的方式有两种，膜状冷凝和滴状冷凝，如图4-14所示。膜状冷凝：冷凝液能很好地润湿壁面时，凝结液在壁面上铺展成一层完整的液膜向下流动，将传热壁面完全覆盖称作膜状冷凝，如图4-14（a）所示。

特点：对流传热系数小、热阻大、传热效果差。膜状冷凝时蒸汽放出的潜热必须穿过液膜才能传递到壁面上去，此时，液膜层就形成壁面与蒸汽间传热的主要热阻。若冷凝液借重力沿壁下流，则液膜越往下越厚，传热系数随之越小。少量不凝性气体影响膜状凝结传热，降低传热系数。

滴状冷凝：当冷凝液不能完全润湿壁面，在壁面上形成一个个小液滴，液滴时起时落，且不断成长变大，表面不断更新，使大部分壁面直接重新暴露在蒸汽中，这种冷凝方式称作滴状冷凝，如图4-14（b）所示。

特点：没有完整液膜阻碍对流传热，热阻很小，对流传热系数较大，约为膜状冷凝的5~10倍，甚至更高。但由于壁面上不容易形成滴状冷凝，制药化工生产中蒸汽冷凝多为膜状冷凝。

实现将膜状冷凝变成滴状冷凝的方法：一是在壁面上涂一层油类物质，二是在蒸汽中混入油类或脂类物质。对紫铜管进行表面改性处理等，能在实验室条件下实现连续的滴状冷凝。

影响冷凝传热的因素有以下5个方面。

（1）蒸汽流速和流向的影响　蒸汽流动会在气-液界面上产生摩擦阻力，若蒸汽与液膜的流向相同，便会加速冷凝液膜的流动，使液膜厚度减薄，对流传热系数增大，传热加快。因此，所有用蒸汽加热的换热器，蒸汽进口的管道一般设计在换热器的上部，防止蒸汽与液膜逆向流动，增加液膜厚度，降低传热速率。

（2）不凝性气体的影响　不凝性气体的存在，不凝性气体会在壁面上形成一层气膜，由于气体的导热系数较小，会使传热系数明显下降，例如，当水蒸气中的不凝性气体的含量为1%时，h可降低60%左右。所以换热器在上部应装有放空阀，及时排除不凝性气体。

（3）过热蒸汽的影响　在相同压力下，温度高于其饱和温度的蒸汽称为过热蒸汽，实验表明，在大气压力下，过热30℃的蒸汽比饱和蒸汽的对流传热系数高1%，而过热540℃的蒸汽的传热系数高30%，过热很高，但对传热提高并不多，所以在一定情况下不考虑过热的影响，仍按饱和蒸汽进行计算。

（4）冷凝液的影响　见第四节冷凝水的排放。

（5）传热面的形状与布置方式的影响　冷凝液膜为膜状冷凝传热的主要热阻，如何减薄液膜厚度降低热阻，是强化膜状冷凝传热的关键。一般情况下，错列布置的平均对流传热系数要比直排布置时高，因此设计换热器内的列管是错排布置好，安装换热器内的列管时，应将上管和下管错开分布。

2. 液体的沸腾

（1）沸腾传热过程的机制　工业上经常需要将液体加热使之沸腾蒸发，如在锅炉中把水加热成水蒸气；在蒸发器中将溶剂气化以浓缩溶液，都是属于沸腾传热。其沸腾机制是当液体被加热面加热至沸腾时，首先在加热面某些粗糙不平的点上产生气泡，这些产生气泡的点称为气化中心。气泡形成后，由于壁温高于气泡温度，热量将会由壁面传入气泡，并将气泡周围的液体气化，从而使气泡长大。气泡长大至一定尺寸后，便脱离壁面自由上升。气泡在上升过程中所受的静压力逐渐下降，因而气泡将进一步膨胀，当膨胀至一定程度后便发生破裂。当一批气泡脱离壁面后，另一批新气泡又不断形成。由于气泡的不断产生、长大、脱离、上升、膨胀和破裂，从而使加热面附近的液体层受到强烈扰动。粗糙表面上微细的凹缝或裂穴最可能成为气化核心。同一液体，沸腾时的对流传热系数比无相态变化时的对流传热系数大得多。

（2）沸腾的方式　有大容积沸腾和管内沸腾两种。

大容积沸腾　是指加热面沉浸在液体中，液体在受热面上发生沸腾现象。此时，液体的运动由自然对流和汽泡的扰动所引起。大容器饱和沸腾曲线可分为自然对流、泡状（核状）沸腾、过渡和膜状态沸腾四个区域，其核状沸腾具有温差小、热流大的传热特点，是工程上较为常见的沸腾状况。

管内沸腾　指液体在管内流动的过程中而受热沸腾的现象。此时，气泡不能自由升浮，而是受迫随液体一起流动，形成气 - 液两相流动，沿途吸热，直至全部气化。

（3）液体的沸腾曲线　液体主体达到饱和温度 T'_s，加热壁面的温度 T'_w 随壁面过热度 $\Delta T = T'_w - T'_s$ 的增加，沸腾传热表现出不同的传热规律。如图 4 - 15 所示表示水在一个大气压力下沸腾传热热流强度 q_f 和对流传热系数 h 与壁面过热度 ΔT 的变化关系，称为沸腾曲线。

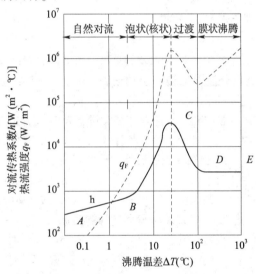

图 4 - 15　水的沸腾曲线

①自然对流沸腾区　过热度 ΔT 较小，加热壁面处的液体轻微过热，产生的气泡在升浮过程往往尚未达到自由液面就放热终结而消失，气泡的生产速度慢。其对流传热系数 h 和热流强度 q_f 都很小，比无相变自然对流略大。如图 4 - 15 中 AB 段所示。

②泡状（核状）沸腾区　随着 ΔT 的增大，在加热面上产生气泡数量增加，气泡脱离时，促进近壁液体的掺混和扰动，故 h 和 q_f 都迅速增加，如图 4 - 15 中 BC 段所示。

③过渡沸腾区　当 ΔT 增大至过 C 点后，加热面上产生的气泡数大大增加，且气泡的生成速率大于脱离速率，气泡脱离壁面前连接成气膜，由于热阻增加，h 与 q_f 均下降，如图 4 - 15中 CD 段所示。

④膜状沸腾区　ΔT 继续增大，气泡迅速形成并互相结合成气膜覆盖在加热壁面上，产

生稳定的膜状沸腾，此时，由于膜内辐射传热逐渐增强，h 和 q_f 又随 ΔT 的增加而升高。膜状沸腾的对流传热系数略有升高。如图 4 – 15 中 DE 段所示。

（4）烧毁点　由图 4 – 15 可知，由核状沸腾转变为过渡沸腾的转变点 C 称为临界点。临界点处的 ΔT 称为临界温度差 ΔT_c；与该点对应的热流强度称为临界热流强度 q_c。工业设备中的液体沸腾一般应控制在核状沸腾区操作，控制 ΔT 不大于临界点 ΔT_c。否则，一旦变为过渡沸腾，不仅 h 会急剧下降，而且因加热壁面温度有可能高于换热器的金属材料的熔化温度，导致加热壁面烧毁。因此，也把 C 点称为烧毁点。

注意：沸腾操作不允许在膜状沸腾阶段工作。因这时金属加热面温度升高，金属壁会烧红、烧坏。实际操作中不允许超越临界温差。

四、辐射传热

辐射传热是高温物体在绝对零度以上都可向低温物体产生热辐射。主要有太阳对大地的辐射和设备对环境的辐射。在现实生活中利用太阳辐射能有太阳热水器、太阳能发电；避开太阳辐射能有遮阳伞等。

在制药化工生产中，主要考虑设备的热损失。当设备或管道的外壁温度高于周围环境的温度时，热量将从壁面以对流和辐射两种方式向环境传递热量。设备的热损失即为以对流和辐射两种方式传递至环境的热量之和。为便于计算，常采用与对流传热速率方程相似的公式计算，即

$$Q_L = h_T A \ (T_W - T) \tag{4 – 25}$$

式中，Q_L 为设备的总热损失速率，W；h_T 为对流 – 辐射联合传热系数，$W \cdot m^{-2} \cdot K^{-1}$；$A$ 为保温设备最外层的面积，m^2；T_W 为保温设备最外层的温度，K；T 为周围环境的温度，K。

换热器、反应釜、塔类设备及蒸汽管道都要安装绝热保温层，减少热损失。对于有保温层的设备或管道，其外壁向周围环境散热的联合传热系数可用下列经验公式估算。

1. 空气在保温层外做自然对流　$T_W < 150℃$，联合传热系数 h_T 分别按以下两式估算。

对平壁　　　　　　　　$h_T = 9.8 + 0.07 \ (T_W - T) \tag{4 – 26}$

对圆筒壁　　　　　　　$h_T = 9.4 + 0.052 \ (T_W - T) \tag{4 – 27}$

2. 空气沿粗糙壁面做强制对流

当空气流速　　　　　$u \leq 5m \cdot s^{-1}$ 时，$h_T = 6.2 + 4.2u \tag{4 – 28}$

当空气流速　　　　　$u > 5m \cdot s^{-1}$ 时，$h_T = 7.8u^{0.78} \tag{4 – 29}$

第四节　加热、冷却与冷凝

案例导入

案例：在蒸汽冷凝传热中，不凝性气体的存在使对流传热系数大大降低。

讨论：1. 用二次热源水蒸气加热时，若存在冷凝水和不凝性气体，对传热有何影响？
　　　　2. 应采取什么措施排放？

一、加热

按产生热量的来源，可以将加热热源分为两类：一次热源和二次热源。

（一）一次热源

1. 炉灶或烟道气加热　优点是加热温度较高，可达到 500～1000℃。缺点是消耗量大，加热温度不均匀，难以精确地控制温度，不清洁，操作和输送不方便，对流传热系数较小，热量利用率差。

2. 电加热　优点是加热温度更高，可达到 1000～3200℃，清洁，均匀，无污染，输送方便，能量利用率高，能精确调控加热温度。常用电阻加热和电感加热。缺点是设备成本高，耗电量大，俗称"电老虎"。

（二）二次热源

1. 饱和水蒸气或热水加热　饱和水蒸气的适用温度范围为 100～180℃，热水适用温度范围为 40～100℃，可利用水蒸气冷凝水或废热水的余热。

2. 联苯混合物加热　优点是适用温度范围广，液态 15～255℃，蒸气 255～380℃，用蒸气加热时温度容易调节。联苯的黏度小于矿物油的黏度，有较大的对流传热系数。缺点是容易渗漏，渗漏的蒸气易燃。

3. 矿物油（包括各类气缸油和压缩机油等）加热　优点是适用温度为 350℃，价廉易得，黏度特大，加热时间越长，本身温度降低，黏度增大，对流传热系数大大减小。缺点是高于 350℃容易分解，容易燃烧。

4. 熔盐加热　适用温度范围为 142～530℃，加热温度高，加热均匀，容积热容小。

（三）载热体的种类及选择原则

1. 载热体有两种　载热体和载冷体。

（1）载热体（起加热作用的载热体称加热介质或加热剂），即为传载热量的流体，也叫作二次热源。常用饱和水蒸气和热水等。

（2）载冷体（起冷却或冷凝作用的载热体称冷却介质或冷却剂），即为传载冷量的流体，如液氨、H_2、自来水、井水、冷冻盐水、氟利昂和空气。

2. 载热体的选择原则　①温度容易调节，并能满足工艺要求。②载体安全、无毒、无害、不分解、不易燃、无腐蚀性。③黏度小、流动性能好，对流传热系数大。④载体干净不易结垢，导热系数大，传热性能好。⑤价廉易得，来源广。⑥加热均匀，不产生局部过热。

制药化工生产中，加热介质广泛采用加热蒸汽（来自锅炉）为载热体，是因为饱和水蒸气有与其他流体无法相比的突出特点。

（1）载热量大　蒸汽冷凝放出大量的相变潜热，温度达 100～180℃或 100～160℃。超过 180℃时水蒸气压力为 1MPa，再高压力不经济。

（2）温度易调节　饱和水蒸气压力和温度严格对应，控制压力就可控制温度。但加热温度不能太高。

（3）水和气都输送方便　水的来源广、干净、安全。蒸汽加热均匀，不会造成局部过热现象。

（4）热利用率较高　水蒸气冷凝有很大的对流传热系数，膜状冷凝时对流传热系数可达到 11600W/（$m^2 \cdot K$）。

二、冷却与冷凝

（一）冷却与冷凝的概念

1. 冷却是从热物料中移走热量，热物料被降温可取走显热，相态不发生变化，只是温度变化，如热水冷却成冷水，高温气体冷却后仍为温度较低的气体。

2. 冷凝也是从热物料中移走热量，但相态发生了变化，由气态变成液态，从热流体中可取走冷凝潜热，得到的液相物料温度与气相物料温度相同，全过程中取走物料潜热。如：水蒸气冷凝成水，此时水的温度与水蒸气的温度相同，但能放出很大的潜热。

（二）冷却剂

移走物料热量的流体，称为冷却剂。工业上常用的冷却剂为：水（有河水、井水、水厂给水、循环水）、冷冻盐水、冰和空气。由于水的比热及传热速率比空气大，又比冷冻盐水经济，故应用最为普遍。水和空气的温度都受来源、地区和季节的限制，在水资源比较紧缺的地区采用空气冷却具有重大现实意义。

1. 冷水冷却　冷水来源广，价格便宜，对流传热系数大，冷却效果好，调节方便，水温受季节和气温影响，冷水适用范围为 5 ~ 80℃。冷却水出口温度差宜小于或等于 5 ~ 10℃，终温一般在 40 ~ 50℃。冷水分为 4 类。

（1）地表水（江、湖、河水）含矿物质少，结垢也较少，但温度随季节变化。

（2）地下水（井水）含矿物质多、容易结垢，水温不随季节变化，最低为4℃。

（3）冷冻盐水（氯化钙或氯化钠溶液）用于使物料冷却到 0 ~ 15℃，只适用于低温冷却物料，成本高。为了降低成本，可先用冷水预冷以后，再用冷冻盐水冷却。

（4）冰冷却用在 0℃ 以上的冷却温度，但只适用于局部冷却。

2. 循环水冷却　为节约水资源，常将升温后的水先用空气冷却后再循环利用，称循环水。可大量节约水资源。

3. 空气冷却　空气适用温度高于30℃，缺乏水资源地区可用空气冷却，对流传热系数较小，温度受季节和气候的影响较大。导热差，传热不良，设备大。最大优点是来源广、易得、价廉。

三、加热蒸汽冷凝后的不凝气体和冷凝水的排放

（一）不凝气体的排放

锅炉蒸发的水中溶有极少量空气，在换热器中形成不凝气体。不冷凝气体逐渐积累会滞留在冷凝器的上部，即使含量极微，也会对冷凝传热产生十分有害的影响，含1%的空气，蒸汽的 h 下降60%，故及时排放不凝气体至关重要。

排放方法：在加热设备的上部适当位置，安装排气阀，不定期地打开不凝气体排空阀门，排放不凝气体。同时夹带蒸汽可进行热量回收。

（二）冷凝水的排放

水蒸气是制药化工生产中最常用的载热体，它能载送的热量主要是相变热（冷凝热），有数据表明，冷凝热约占总热的70%。由此可知要充分利用好蒸汽能载送的热量，尽可能使蒸汽与传热面接触，以利传热。但通过一定时间传热后蒸汽将冷凝成水，水的传热效果很差，应及时排除。既要及时排水，又要不把热源蒸汽浪费，还要减少人工操作，常采用的设备称汽水分离器，也称疏水器，符号为 ——●——。

（三）疏水器的作用、种类及安装

1. 疏水器作用，只准冷凝水通过而不准没有冷凝的蒸汽排出，即只排水不排汽。

2. 汽水分离器的种类　有热动力式、机械式（如浮杯式疏水器）和热膨胀式（如压力恒温疏水器）3 种。

3. 与汽水分离器配合使用的附件和安装　如图 4 - 16 所示其附件有如下几种。

（1）冲洗管　用于冲洗管路、放气。

（2）过滤器　用于过滤冷凝水中的铁锈和渣物，保护分离器。故安装在汽水分离器之前，加装蒸汽过滤器。

（3）汽水分离器　用于排放冷凝水，而不排没有冷凝的蒸气。

（4）旁通管　主要用于加热设备开始运行时排放大量的冷凝水。或在疏水器失效时使用，以便修理疏水器。

（5）逆止阀（单向止回阀门）　防止冷凝水回流。

（6）检查阀　用于检查汽水分离器的工作情况。

安装方法如下。

（1）疏水器的安装位置都应在加热装置的下部0.5m以上，水平放置，使冷凝水易于排放。

（2）复杂的配套安装见图4-16所示。

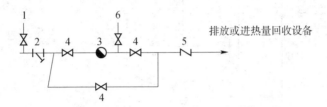

图4-16　汽水分离器的附件与安装方法

1.冲洗管；2.过滤器；3.汽水分离器；4.截止阀；5.逆止阀；6.检查阀

（3）简单的配套安装如图4-17所示。

图4-17　汽水分离器的简单安装方法

1.汽水分离器；2.截止阀

四、夹套设备综合管理布置方案

夹套换热设备具有多种操做功能，不同时刻在一台设备中进行不同操作，以满足工艺上的要求，如图4-18所示。如：能实现盐水降温、冷水降温、水蒸气加热、热水加热等操作，在制药生产过程中得到了广泛的应用。夹套设备操作方法如下（压力表阀门15长开，便于观察压力）。

（1）实现盐水降温的操作　所有阀门关闭，先打开管路8的阀门进冷盐水，再打开管路9的阀门回收盐水。

（2）实现冷水降温的操作　所有阀门关闭，先打开管路5的阀门进冷水，再打开阀门12、13排热废水。

（3）实现蒸汽加热物料的操作　所有阀门关闭，先打开管路7的阀门进蒸汽，再打开管路18、19的阀门使疏水器工作，自动排冷凝水。

（4）实现热水加热物料的操作　所有阀门关闭，先打开管路6的阀门进热水，再打开管路20的阀门排冷废水。注意控制流量，夹套内需要满液位。

（5）盐水降温结束时，夹套内盐水回收操作　先关管路8盐水进口，再关管路9盐水回收阀，后打开管线10（用压缩空气将热盐水压入盐水池，防止夹套中的盐水放入下水道流失）的阀门进压缩空气，同时打开管路 11 的阀门，将盐水回收到盐水池中。

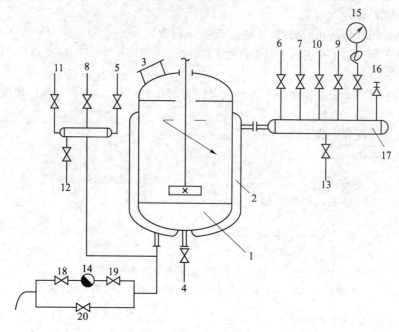

图 4 – 18　夹套设备综合管路布置方案

1. 反应釜；2. 夹套；3. 进料口；4. 出料口；5. 冷水管；6. 热水管；7. 水蒸气；
8. 盐水进口；9. 盐水回收阀；10. 压缩空气；11. 压回盐水管；12、13. 下水；
14. 疏水器；15. 压力表；16. 安全阀；17. 分配管；18 – 19、20. 截止阀

第五节　间壁两侧流体间的总传热过程

案例导入

案例：传热厨具存在水垢和灰垢使导热热阻大大增加，换热性能恶化，传热面易腐蚀，需要定期进行清洗。

讨论：1. 在日常生活中炒锅和水壶使用一段时间后，内、外有污垢吗？对传热有无影响？

　　　2. 在传热设备中，存在水垢、灰垢对传热过程会产生什么影响？

　　　3. 日常生活和实际工作中如何防止结垢？

　　间壁两侧的高温、低温流体之间的热量传递，是通过固体间壁以对流、导热、对流方式进行的传热，达到降低或升高某流体温度的目的，称为间壁式传热。它具有冷、热流体不发生混合的优点，在制药化工生产中应用极广。

一、总传热速率方程式

　　传热面不结垢的间壁式换热器的总传热过程是由三个传热环节串联组合而成，如图 4 – 19 所示。

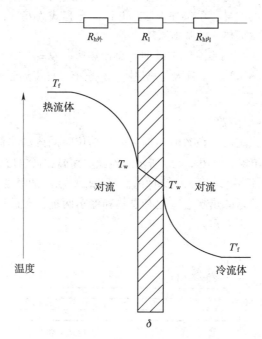

图 4 – 19　间壁两侧流体传热示意图

（1）热流体质点之间发生对流传热即热流体将热量传给管壁一侧，温度差为（T_f - T_w），以对流的形式，层流内层为对流传热的主要热阻。

（2）间壁两侧的热传导管壁一侧的热量传给管壁的另一侧，温度差为（$T_w - T'_w$）的导热形式。

（3）管壁另一侧将热量以对流的形式传给冷流体，以温度差为（$T'_w - T'_f$）。

热流体与间壁侧热对流 　　　　　$Q = h_1 A_1 \ (T_f - T_w)$ 　　　　　　　　　（4 – 30）

间壁两侧热传导 　　　　　　　　$Q = \dfrac{\lambda}{\delta} A_m \ (T_w - T'_w)$ 　　　　　　　（4 – 31）

间壁与冷流体：热对流 　　　　　$Q = h_2 A_2 \ (T'_w - T'_f)$ 　　　　　　　（4 – 32）

总传热速率 $Q = \dfrac{T_f - T_w}{\dfrac{1}{h_1 A_1}} = \dfrac{T_w - T'_w}{\dfrac{\delta}{\lambda A_m}} = \dfrac{T'_w - T'_f}{\dfrac{1}{h_2 A_2}} = \dfrac{T_f - T'_f}{\dfrac{1}{h_1 A_1} + \dfrac{\delta}{\lambda A_m} + \dfrac{1}{h_2 A_2}} = \dfrac{T_f - T'_f}{\dfrac{1}{KA}} = \dfrac{传热总推动力\ \Delta T_m}{传热总阻力\ R_{总}}$

（4 – 33）

间壁两侧流体的总传热速率方程为

$$Q = KA \ (T_f - T'_f) \ = KA \Delta T_m \qquad\qquad （4 – 34）$$

式中，$R_{总}$ 为对流、导热、对流的总热阻 $R_{总} = 1/KA$；K 为比例常数即总传热系数 W/（$m^2 \cdot K$）；A 为传热面积，m^2，A 可取 A_1、A_m、A_2 等；ΔT_m 为传热总推动力即冷、热两种流体的平均温度差，单位为 K（或℃）。

从式（4 – 34）可知，在稳态传热过程中，单位时间内通过换热器间壁传递的热量与传热面积成正比，与冷、热两流体间的平均温度差成正比，与总传热系数成正比。

在传热计算和传热过程的分析中，总传热速率方程式是十分重要的，读者应该熟悉该方程式以及该式中各项的意义、单位和求法；并以此方程式为基础，将传热中主要的内容联系起来，以便熟练地掌握传热的基本原理。

K 的物理意义是在 $\Delta T_m = 1\mathrm{K}$，$A = 1\mathrm{m}^2$ 时，总传热速率 $Q = K$，K 中包括对流与导热的两种系数之和，故称总传热系数。K 越大，总热阻 $R_{总}$ 越小，总传热速率 Q 越大。

二、总传热过程的计算

（一）换热器的热量衡算

根据能量守恒和转换定律，在忽略热损失时，单位时间内高温流体释放的热量 $Q_{放}$ 与低温流体吸收热量 $Q_{吸}$ 相等，如图 4-20 所示。因此用高温或低温流体中的任何一个都可求得换热器的热负荷 Q，并由此求出另一流体的流量或出口状态的温度。

流体进入和离开换热器的热状态变化有显热和潜热两种，在进行热量衡算时切记各种物料在液相 0℃时的热焓量等于零。

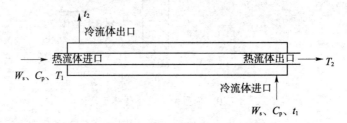

图 4-20　换热器的热量衡算

1. 显热

（1）定义　流体不发生相态的变化，只有明显的温度变化时交换的热量称显热。

$$冷水 \underset{被冷却（放热）}{\overset{被加热（吸）}{\rightleftharpoons}} 热水$$

（2）计算式

热流体放热　　　　　　　　$Q = W_s C_p (T_1 - T_2)$, kW　　　　　　　（4-35）

$Q > 0$ 表示放热，热流体由 T_1 降至 T_2，即 $\Delta T = T_1 - T_2 > 0$ 表示热流体的冷却程度，非传热推动力，ΔT 越大，说明热流体的冷却程度越大，放出的热量越多。

冷流体吸热　　　　　　　　$Q = W_s C_p (t_1 - t_2)$, kW　　　　　　　（4-36）

$Q < 0$ 表示吸热，冷流体由 t_1 升至 t_2，即 $\Delta t = t_1 - t_2 < 0$ 表示冷流体的受热程度，非传热推动力，Δt 越大，说明冷流体的受热程度越大，吸收的热量越多。

式中，W_s 为流体的质量流量，$W_s = \rho V_s$，kg/s；C_p 为流体的平均定压比热容，根据定性温度查表，kJ/（kg·K）。

2. 潜热

（1）定义　流体不发生温度变化，只有相态变化时交换的热量称潜热。

$$100℃水 \underset{冷凝（放热）}{\overset{气化（吸）}{\rightleftharpoons}} 100℃水蒸气$$

（2）计算式

$$Q = rW_s, \text{kW} \qquad\qquad (4-37)$$

其中 $Q > 0$ 说明蒸汽冷凝能放出热量；反之 $Q < 0$ 说明液体气化需要吸收热量。r 表示流体的气化热，可查附录（六），$|r_{冷凝热}| = |r_{气化热}|$，kJ/kg。

实例分析 4 – 6　试计算压力为 143.3kPa（绝对），流量为 1200kg/h 的饱和水蒸气冷凝后，并降温至 50℃时所放出的热量。

分析：（1）查饱和水蒸气表，绝对压力为 143.3kPa 时的饱和温度为

$$T_s = 110℃，气化热 \gamma = 2232kJ/kg = 2.232 \times 10^6 J/kg$$

（2）冷凝水从 $T_s = 110℃$降至 $T_2 = 50℃$，其定性温度 $T_m = 80℃$，查水的物理性质表得 80℃时水的 $C_p = 4.195 \times 10^3 J/（kg \cdot K）$

（3）饱和水蒸气冷凝后放出的潜热

$$Q_1 = rW_s = 2.232 \times 10^6 \times 1200/3600 \approx 0.7439 \times 10^6 W$$

（4）饱和水蒸气由 110℃降温到 50℃时，放出的显热。

$$Q_2 = W_s C_p （T_s - T_2） = 1200/3600 \times 4.195 \times 10^3 \times （110 - 50）$$
$$\approx 83.8999 \times 10^3 W \approx 0.0839 \times 10^6 W$$

（5）放出的总热 $Q = Q_1 + Q_2 = 0.8278 \times 10^6 W$

（二）传热平均温度差 ΔT_m 的计算

间壁式换热器的传热总推动力与两侧流体的温度差有关。用 t、T 分别表示冷、热流体的温度，对一种流体的温度差 $\Delta T = T - t$，对两种流体有 T_1、T_2 和 t_1、t_2 四个进、出口温度，怎样计算 ΔT_m 及怎样提高 ΔT_m，有待如下研究。两种流体沿着间壁两侧流动时温度变化不同，可分为恒温稳定传热和变温稳定传热两种情况。

1. 恒温传热　冷、热流体只有相态变化、无温度变化。恒压的饱和水蒸气和沸腾液体间的传热，如蒸发器、再沸器。

$$T_1 \xrightarrow{\text{热流体}} T_2 \qquad T_1 = T_2 = T$$
$$t_1 \xrightarrow{\text{冷流体}} t_2 \qquad t_1 = t_2 = t$$

传热平均温度差 $\qquad\qquad \Delta T_m = T - t \qquad\qquad\qquad (4-38)$

2. 变温传热　分为间壁一侧流体变温，另一侧流体恒温；间壁两侧流体均变温两种情况。

（1）间壁一侧流体恒温，另一侧流体变温　如图 4 – 21 所示，为一侧流体变温，另一侧恒温传热时的温差变化情况。图 a 是一侧为热流体从进口的 T_1 降低到出口的 T_2，另一侧为环境温度，温度恒定为 t。$\Delta T_m = \Delta T_t - \Delta T_2 = T_1 - t - （T_2 - t） = T_1 - T_2$。图 b 是一侧为饱和蒸汽冷凝，温度恒定为 T，另一侧为冷流体被加热，温度从进口的 t_1 升高到出口的 t_2，$\Delta T_m = \Delta T_1 - \Delta T_2 = T - t_1 - （T - t_2） = t_2 - t_1$。

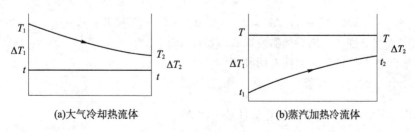

(a)大气冷却热流体　　　　　　　　(b)蒸汽加热冷流体

图 4 – 21　一侧流体变温时的温差变化

（2）间壁两侧流体均变温，如图 4 – 22 所示。

（3）间壁两侧变温传热，冷、热两流体的流向有 4 种，如图 4 – 23 所示。

（1）并流（顺流）　冷、热两种流体平行流动且方向相同。

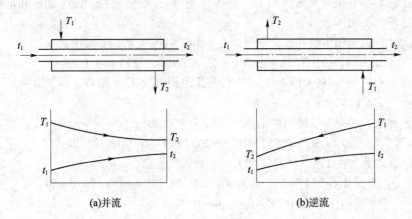

(a)并流   (b)逆流

图 4 – 22   并流和逆流变温传热时的温差变化

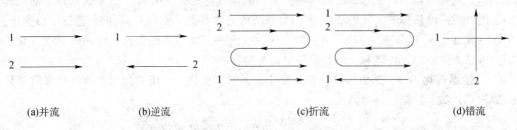

(a)并流   (b)逆流   (c)折流   (d)错流

图 4 – 23   间壁换热器中冷、热两种流体的流向

（2）逆流　冷、热两种流体平行流动且方向相反。

（3）折流（混合流）　分简单折流（一种流体只沿一个方向，另一种流体折流）；复杂折流（两种流体均作折流或既有折流又有错流）两种。

（4）错流（交叉流）　冷热两种流体的走向互相垂直。

3. 并流和逆流 ΔT_m 的计算　如图 4 – 22 所示。

（1）并流   （2）逆流

$$T_1 \xrightarrow{\text{热流体}} T_2 \qquad\qquad\qquad T_1 \xrightarrow{\text{热流体}} T_2$$

$$t_1 \xrightarrow{\text{冷流体}} t_2 \qquad\qquad\qquad t_2 \xrightarrow{\text{冷流体}} t_1$$

$$\Delta T_1 = T_1 - t_1, \quad \Delta T_2 = T_2 - t_2, \quad \Delta T_1 = T_1 - t_2, \quad \Delta T_2 = T_2 - t_1$$

ΔT_1、ΔT_2：分别代表热交换器两端的温差且 $\Delta T_1 > \Delta T_2$。

传热推动力 ΔT_m 的计算方法有两种

当 $\Delta T_1/\Delta T_2 \leqslant 2$ 时，用算术平均法计算，即 $\Delta T_m = （\Delta T_1 + \Delta T_2）/2$ （4 – 39）

当 $\Delta T_1/\Delta T_2 > 2$ 时，用对数平均法计算，即 $\Delta T_m = \dfrac{\Delta T_1 - \Delta T_2}{\ln \dfrac{\Delta T_1}{\Delta T_2}}$ （4 – 40）

算术平均值总是大于对数平均值，此两式适用并流、逆流和一侧流体变温，另一侧流体恒温的 ΔT_m 计算。

实例分析 4 – 7　送入蒸发器的稀溶液由 15℃，预热至 50℃，蒸发后的浓溶液由 106℃，降至 60℃，求并流及逆流时的传热平均温度差，并加以比较。

分析：（1）并流

$$106℃ \xrightarrow{浓溶液} 60℃$$

$$15℃ \xrightarrow{稀溶液} 50℃$$

$$91K \qquad 10K$$

要求 $\Delta T_1 > \Delta T_2$，故取 $\Delta T_1 = 91K$，$\Delta T_2 = 10K$

因 $\Delta T_1 / \Delta T_2 = 9.1 > 2$

用对数平均法求 ΔT_m，$\Delta T_m = \dfrac{\Delta T_1 - \Delta T_2}{\ln \dfrac{\Delta T_1}{\Delta T_2}} = \dfrac{91 - 10}{\ln \dfrac{91}{10}} = 36.68K$

（2）逆流

$$106℃ \xrightarrow{浓溶液} 60℃$$

$$50℃ \xleftarrow{稀溶液} 15℃$$

$$56K \qquad 45K$$

取 $\Delta T_1 = 56K$　$\Delta T_2 = 45K$

因 $\Delta T_1 / \Delta T_2 = 1.24 < 2$，用算术平均法求 ΔT_m，$\Delta T_m = （\Delta T_1 + \Delta T_2）/2 = 50.5K$

通过计算得出重要结论：$\Delta T_{m逆} > \Delta T_{m并}$，逆流优于并流。实际生产中尽可能采用逆流传热。其优点有：①在两流体的进、出口温度相同的条件下，当传热量速率 Q 和总传热系数 K 相同时，传热平均温度差 $\Delta T_{m逆} > \Delta T_{m并}$，故传热面积 $A_逆 < A_并$，采用逆流操作所需的传热面积最小，使换热器结构紧凑，减少一次性设备投资。②在传热面积 A 相同时，逆流操作还可节省热流体或冷流体的用量，降低生产成本，减少日常费用投资。

因此实际生产中所使用的换热器多采用逆流传热。但在某些特殊情况下也有采用并流传热。例如工艺要求控制冷流体被加热时不得超过某一温度，防止热敏性药物过敏，或热流体被冷却时不得低于某一温度，防止某液体降温后结晶。又如，加热高黏度液体时，可利用并流初温差较大的特点，可先使液体迅速升温，降低黏度，以提高对流传热系数等，宜采用并流操作。

4. 折流和错流的平均温度差的计算　折流和错流的平均温度差介于并流与逆流之间，其计算方法先以逆流布置时计算平均温度差 ΔT_m，再乘以温度修正系数 ψ 计算，即

$$\Delta T_m = \psi \Delta T_{m逆} \tag{4-41}$$

式中，ΔT_m 为折流或错流时的平均温度差，℃；ΔT_m 为按纯逆流计算的平均温度差，℃；ψ 为温差修正系数，无因次。

修正系数 ψ 是 R 与 P 的函数，即 $\psi = f（R, P）$

$$R = \frac{T_1 - T_2}{t_2 - t_1} = \frac{热流体的温降}{冷流体的温升} \tag{4-42}$$

$$P = \frac{t_2 - t_1}{T_1 - t_1} = \frac{冷流体的温升}{两流体的最初温差} \tag{4-43}$$

根据 R 与 P 的数值，从图 4-24 所示，可查出 ψ 值。折流或错流时，管程数一般用偶数。

因温差修正系数 ψ 值恒小于1，故折流和错流时的平均温度差总小于逆流。设计换热器时，应使 $\psi \geq 0.8$，否则经济上不合理。若 $\psi < 0.8$，应考虑增加壳程数，或将多台换热器串联使用，以提高 ψ 值，使传热过程更接近于逆流。

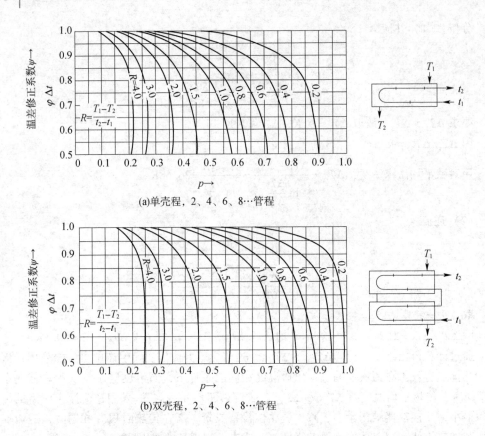

(a)单壳程，2、4、6、8…管程

(b)双壳程，2、4、6、8…管程

(c)错流(两流体不混合)

图4-24 温差修正系数ψ

（三）总传热系数的计算

如何正确确定 K 值，收集各种传热情况下的经验数据，是传热过程计算中的一个重要内容，先讨论总传热速率方程的总热阻求算方法。

由总传热速率方程

$$Q = KA\Delta T_m = \frac{\Delta T_m}{\frac{1}{KA}} = \frac{\Delta T_m}{R_{总}}$$

可知总热阻 $R_{总} = \dfrac{1}{KA}$，K 增大，$R_{总}$ 减小，Q 增大

对间壁式换热

$$R_{总} = R_{h外} + R_{\lambda} + R_{h内} = \frac{1}{h_{外}A_{外}} + \frac{\delta}{\lambda_{壁}A_m} + \frac{1}{h_{内}A_{内}} \tag{4-44}$$

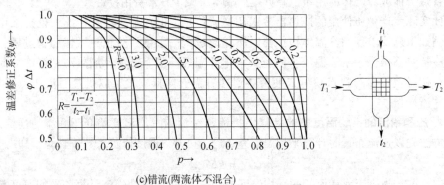

式中，$\lambda_{壁}$ 为间壁层固体的导热系数，W/（m·K）；$h_{外}$、$h_{内}$ 为圆筒外、内对流的对流传热系数，W/（m²·K）；A_{m} 为圆筒内、外表面积 $A_{内}$、$A_{外}$ 的平均表面积，m²；δ 为冷凝液膜的有效厚度，m。

圆筒形间壁外、内无垢层的换热

$$Q = \frac{T_{f} - T'_{f}}{\dfrac{1}{h_{外} A_{外}} + \dfrac{\delta}{\lambda_{壁} A_{m}} + \dfrac{1}{h_{内} A_{内}}} \qquad (4-45)$$

1. 当圆筒直径趋于无穷大，传热面可视为平壁面时（即 $A_{外} = A_{m} = A_{内}$）的通用式

$R_{总} = \dfrac{1}{KA} = \dfrac{1}{h_{外} A_{外}} + \dfrac{1}{\lambda_{壁} A_{m}} + \dfrac{1}{h_{内} A_{内}}$，因是平壁，$A = A_{外} = A_{m} = A_{内}$ 化简后得

$$\frac{1}{K} = \frac{1}{h_{外}} + \frac{\delta}{\lambda_{壁}} + \frac{1}{h_{内}} \qquad (4-46)$$

2. 以管外壁表面 $A_{外}$ 为计算基准（一般设计时用）

$$\frac{1}{K_{外}} = \frac{1}{h_{外}} + \frac{\delta A_{外}}{\lambda_{壁} A_{m}} + \frac{A_{外}}{h_{内} A_{内}} \qquad (4-47)$$

3. 以平均壁 A_{m} 为计算基准

$$\frac{1}{K_{m}} = \frac{A_{m}}{h_{外} A_{外}} + \frac{\delta}{\lambda_{壁}} + \frac{A_{m}}{h_{内} A_{内}} \qquad (4-48)$$

4. 以内壁面 A 内为计算基准

$$\frac{1}{K_{内}} = \frac{A_{内}}{h_{外} A_{外}} + \frac{\delta A_{内}}{\lambda_{壁} A_{m}} + \frac{1}{h_{内}} \qquad (4-49)$$

5. 若考虑管壁外、内有垢层且以 $A_{外}$ 为计算基准时

$$\frac{1}{K_{外}} = \frac{1}{h_{外}} + R_{垢外} + \frac{\delta A_{外}}{\lambda_{壁} A_{m}} + R_{垢内} \times \frac{A_{外}}{A_{内}} + \frac{A_{外}}{h_{内} A_{内}} \qquad (4-50)$$

上式 $A_{外}$、A_{m}、$A_{内}$ 可用对应的 $d_{外}$、d_{m}、$d_{内}$ 代替。上式中总热阻由 5 个串联分热阻组成。其中污垢热阻：指污垢对传热的阻力（无垢时传热面的热阻为零）。$R_{垢外} = 1/h_{垢外}$ $R_{垢内} = 1/h_{垢内}$，单位为 K/W。污垢热阻的倒数为污垢对流传热系数 $h_{垢}$，指单位面积的污垢热阻，W/（m²·K）。5 个串联热阻的数量级不一样，常常是一两个热阻具有较大的数值，称这一两个热阻为关键热阻，关键热阻直接决定总热阻的大小。关键热阻减小，$R_{总}$ 减小快，K 增大，Q 增大。在实际生产中，尽可能降低关键热阻，来增加传热速率 Q。

换热设备在使用一段时间后，通常传热表面会有污垢积存，降低传热速率。尽管污垢层较薄，但热阻却很大。如仅产生 1mm 厚的水垢，其热阻相当于 25mm 厚的铝板的热阻。说明垢层大大降低了总传热系数，严重影响了传热效果。由于污垢热阻随换热器操作时间的延长而增大，因此在设计换热器时首先应考虑结垢的影响，换热器要根据具体工作条件定期清洗。由于污垢层的厚度和导热系数难以准确估计，因此常采用污垢热阻的经验值。常用液体的污垢系数 $h_{垢}$，参见表 4-4。常见气体及蒸汽的污垢系数 $h_{垢}$，参见表 4-5。选用时首选污垢系数小的材料。

表 4-4　常见液体的污垢系数 $h_{垢}$

介质	$h_{垢}$ [W/（m²·K）]	介质	$h_{垢}$ [W/（m²·K）]
一般的水	1680～2900	冷冻盐液	1390
优质的水	2900～5800	苛性碱液	2900

介质	$h_{垢}$ [W/ (m² · K)]	介质	$h_{垢}$ [W/ (m² · K)]
海水 （<50℃）	1390*	乙醇	5800
载热剂油及制冷剂	5800	一般稀无机物液	1160*
20% NaCl 溶液	1620*	轻有机化合物	5800
25% CaCl₂ 溶液	1390*		

* 表示比较安全的系数。

表 4 – 5　常见气体及蒸气的污垢系数 $h_{垢}$

介质	$h_{垢}$ [W/ (m² · K)]	介质	$h_{垢}$ [W/ (m² · K)]
轻有机蒸气	1160	压缩空气	2900
水蒸气 （不含油）	5800 ~ 11600	制冷剂蒸气 （含油）	2900
HCl 气体	1920	潮湿空气	3770
酸性气体	5.80	工业用溶剂及有机载热体蒸气	5800
常压空气	5800 ~ 11600		

（四）讨论总传热系数 K

1. 当管壁薄或管径较大时，$A_{外} \approx A_{内} = A_m$ （即 $d_{外} \approx d_{内} \approx d_m$），可按平壁计算。

$$\frac{1}{K} = \frac{1}{h_{外}} + \frac{\delta}{\lambda_{壁}} + \frac{1}{h_{内}} + R_{垢外} + R_{垢内} \tag{4-51}$$

2. 当忽略管壁和污垢热阻时

$$\frac{1}{K} = \frac{1}{h_{外}} + \frac{1}{h_{内}}, \quad K = \frac{h_{外} h_{内}}{h_{内} + h_{外}} = f (h_{内}, h_{外}) \tag{4-52}$$

若 $h_{外} \approx h_{内}$ 时，即两侧 h 相差不大时，必须同时提高两侧的 h，才能提高 K 值。

若 $h_{内} \ll h_{外}$ 时，如用饱和蒸汽 （走管外，$h_{外}$ 有相变），加热冷流体 （走管内，$h_{内}$ 无相变） 则 $K \approx h_{内}$，叫 $h_{内}$ 控制。$h_{内}$ 控制了 K 的大小，此时，$h_{内}$ 是管内对流传热系数，关键热阻在管内，应设法提高管内的 h 值。方法有：增加管内流体的流速；在管内设计翅片以增加传热面积；选用黏度小的流体等。

若 $h_{外} \ll h_{内}$ 时，则 $K \approx h_{外}$ 此时 $h_{外}$ 是管外的对流传热系数，关键热阻在管外，应设法提高管外的 h 值。方法有：增加管外流体的流速；在管外设置挡板以增加流体的湍动程度；选用黏度小的流体等。

即两侧流体的对流传热系数 h 相差较大时，则 $K \approx h_{小}$，过程由 $h_{小}$ 控制，关键在于提高较小的 h 以提高 K 值，增强传热。当采用翅片方法强化传热时，翅片应该加 h 较小一侧会最有效。

3. 若考虑垢层存在，总传热量 Q 受 $\lambda_{小}$ 的 （垢层厚） 的一侧所控制，要想提高 Q，则应重点考虑垢层厚度。垢层厚，$\lambda_{小}$ 的为关键热阻，应及时清除 $\lambda_{小}$ 的一侧污垢。

4. 结论。强化传热提高 Q 时，需要提高 K，减小 $R_{总}$，而总热阻是由热阻大的那一侧的对流传热 $h_{小}$ 的所控制，在强化传热过程中传热热阻大的一侧的传热系数小，要想传热快，应提高对流传热系数小的一侧，会最有效。

（五）如何确定 K 值

在设计换热器时，总传热系数 K 值的来源有以下三个方面：

K 值的计算比较繁琐，如果能在现场进行实测也是一种好方法，甚至有时候在现场进行粗略的估算，也可能有用。

1. 查找生产实际的经验数据。在有关手册或专业书中，都列有某些情况下 K 的经验值，参见表 4-6、表 4-7、表 4-8，常可供初步设计时参考。但应选用与工艺条件相仿、传热设备类似而较为成熟的经验 K 值作为设计依据。

表 4-6　列管式换热器总传热系数 K 的经验值

冷流体	热流体	$[W/(m^2 \cdot K)]$	冷流体	热流体	$[W/(m^2 \cdot K)]$
水	水	850～1700	水	水蒸气冷凝	1420～4250
水	气体	17～280	气体	水蒸气冷凝	30～300
水	有机溶剂	280～850	气体	气体	10～40
水	轻油	340～910	有机溶剂	有机溶剂	115～340
水	重油	60～280	水沸腾	水蒸气冷凝	2000～4250
水	低沸点烃类冷凝	455～1140	轻油沸腾	水蒸气冷凝	455～1020

2. 通过实验测定　对现有的换热器，通过实验测定有关的数据，如流体的流量和温度等，再用总传热速率方程式计算 K 值，显然，实验测定可以获得较为可靠的 K 值。实测 K 值的意义不仅是为了提供设计换热器的依据，而且可以了解传热设备的性能，从而寻求提高设备生产能力的途径。

3. K 值的计算　K 值可以通过总传热速率方程 $Q = KA\Delta T_m$ 求得，在测试装置中用转子（或孔板）流量计测出流体的流量；用温度计测出两种流体的进、出口温度值，求出 ΔT_m；从手册中查出冷或热流体的定压比热容，进行热量衡算求出 Q 值；再从换热器设计图中查出传热面积 A，即可求出 A。但是计算得到的 K 值往往与实际值相差较大，实测的 K 值往往偏小，主要是污垢造成，或冷、热流体的温度、流速、黏度等没有达到设计要求造成。总之，在采用计算方法得到 K 值时应慎重，最好与前面两种方法对照，以确定合适的 K 值。

表 4-7　无相变时管壳式换热器的 K 值

管内	管间	$[W/(m^2 \cdot K)]$
水	水（流速较高时）	815～1160
水（0.9～1.5m/s）	净水（0.3～0.6m/s）	580～700
盐水	轻有机物 $\mu < 0.5cP$	230～580
有机溶剂	有机溶剂 $\mu = 0.3～0.55cP$	200～230
冷水	轻有机物 $\mu < 0.5cP$	410～815
冷水	中等有机物 $\mu = 0.5～1cP$	290～700
水	气体	12～280

表 4 – 8　有相变时管壳式换热器的 K 值

管内	管间	[W/ (m² · K)]
水溶液 $\mu = 2$cP 以上	水蒸气	570 ~ 2800
水溶液 $\mu = 2$cP 以下	水蒸气	1160 ~ 4000
水	有机蒸气及水蒸气	580 ~ 1160
水	水蒸气	1160 ~ 4000
水	饱和有机溶剂蒸气（常压）	580 ~ 1160

实例分析 4 – 8　已知热流体走管内，测得其流量为 2000kg/h，进口温度为 80℃，出口温度为 50℃；冷流体走管外，测得进口温度为 15℃，出口温度为 30℃，逆流传热。查设计资料得传热面积为 $2m^2$ 的列管式换热器，求总传热系数 K 值，并说明实测 K 值的意义。

分析：（1）已知热流体的 $T_1 = 80℃$，$T_2 = 50℃$，求出定性温度 $T_m = 65℃$，查得热水的定压比热容 $C_p = 4.18 \times 10^3$J/ （kg · K）

（2）已知热流体的流量 $W_s = 2000$kg/h，放出的显热

$$Q = W_s C_p （T_1 - T_2） = 2000/3600 \times 4.18 \times 10^3 \times （80 - 50） = 6.97 \times 10^4 \text{W}$$

（3）逆流时的平均温度差

80℃ $\xrightarrow{\text{热水}}$ 50℃

30℃ $\xleftarrow{\text{冷水}}$ 15℃

50K　　　35K

取 $\Delta T_1 = 50$K，$\Delta T_2 = 35$K

因 $\Delta T_1 / \Delta T_2 < 2$，用算术平均法求，$\Delta T_m = （\Delta T_1 + \Delta T_2） /2 = 42.5$K。

（4）当传热面积 $A = 2m^2$ 时，总传热系数

$$K = \frac{Q}{A \Delta T_m} = \frac{6.97 \times 10^4}{2 \times 42.5} = 820 \text{W/ （m}^2 \cdot \text{K）}$$

根据换热器制造厂家出厂时 K 值的设计数据，将实测的 K 值与之进行对照，可检查正在运行中的换热器的传热能力是否变差，评价换热器的换热效果，估计器壁的结垢情况。

若 $K_{测定} > K_{设计}$，不现实，说明实测有误或各流量没有达到设计要求，重新测量。

若 $K_{测定} \approx K_{设计}$，正常，说明换热器能达到设计时的效果。

若 $K_{测定} \leq K_{设计}$，说明换热器效率太低，有待清除污垢或检修；或冷、热流体流量过小，没有达到设计时湍流的流速要求；或 ΔT_m 没有达到设计要求。

实例分析 4 – 9　现将 5000kg/h 的干空气由 10℃ 加热到 110℃。现在采用间壁加热器，用 0.49MPa（表压）的饱和水蒸气加热，不计热损失。试求蒸汽消耗量为多少 kg/h？

分析：（1）将已知的表压换算成绝对压力，便于查附录

$$P_{绝对} = P_{大气压} + P_{表压} = 0.1 + 0.49 = 0.59 \text{MPa} \approx 600 \text{kN/m}^2$$

查附录（九）当 $P_{绝对} = 600$kN/m² 时，$\gamma_{冷凝热} \approx 2091.1$kJ/kg，用内插法求得 $\gamma = 2093.96$kJ/kg。

（2）求出干空气的定性温度 $T_m = 60℃$，查附录（十二）$C_p = 1.005$kJ/ （kg · K）

（3）干空气吸收的显热

$$Q = C_p W_s \ (T_2 - T_1) \ = 1.005 \times 5000 \times \ (110 - 10) \ = 502500 kJ/h$$

或当 $W_s = 5000 kg/h \approx 1.39 kg/s$ 时，$Q = 139 kW = 139 \times 10^3 J/s$

（4）由题意，不计热损，$Q_{吸} = Q_{放}$，$Q = C_p W_s \ (T_2 - T_1) \ = \gamma W_h$

$$W_h = \frac{W_s C_p \ (T_2 - T_1)}{\gamma} = \frac{502500}{2093.96} \approx 239.98 kg/h$$

或 $W_s = \dfrac{Q}{\gamma} = \dfrac{139 \times 10^3}{2093.96 \times 10^3} = 0.0664 kg/s \approx 238.97 kg/h$

实例分析 4 – 10 某药厂有一列管式换热器，管束由 $\phi 25 \times 2.5 mm$ 的钢管组成。热流体 CO_2 走管内，流量为 5kg/s，温度由 60℃冷却到 25℃。冷流体水走管外，与热流体逆流传热，流量为 3.8kg/s，进口温度为 20℃。已知管内 CO_2 的定压比热容 $C_{p热} = 0.653 kJ/(kg \cdot ℃)$，对流传热系数 $h_{内} = 260 W/(m^2 \cdot ℃)$；管外水的定压比热容 $C_{p冷} = 4.2 KJ/(kg \cdot ℃)$，对流传热系数 $h_{外} = 1500 W/(m^2 \cdot ℃)$；钢的导热系数 $\lambda = 45 W/(m \cdot ℃)$。若热损失和污垢热阻均可忽略不计，试计算换热器的传热面积。

分析：（1）根据热量衡算，求出热流体 CO_2 放出的显热

$$Q_{热放} = C_{p热} W_{s热} \ (T_1 - T_2) \ = 0.653 \times 5 \times \ (60 - 25) \ = 114.2750 kW$$

（2）求冷水的出口温度 t_2，因忽略热损失，则 $Q_{热放} = Q_{冷吸}$

$$C_{p冷} W_{s冷} \ (t_2 - t_1) \ = 114.2750$$

$$4.2 \times 3.8 \times \ (t_2 - 20) \ = 114.2750$$

$$t_2 = 27.16℃ \approx 27℃$$

（3）求总传热系数 K，钢管为圆筒壁，以管外表面积 $A_{外}$ 为计算基准

$$\frac{1}{K_{外}} = \frac{1}{h_{外}} + \frac{\delta d_{外}}{\lambda_{壁} d_m} + \frac{1}{h_{内}} \cdot \frac{d_{外}}{d_{内}} = \frac{1}{1500} + \frac{0.0025 \times 25}{45 \times 22.5} + \frac{25}{260 \times 20} \approx 0.0056$$

$$K_{外} \approx 178.5741 W/ \ (m^2 \cdot K)$$

（4）求逆流时的传热推动力 ΔT_m

$$
\begin{array}{ccc}
60℃ & \xrightarrow{\quad 热流体 \quad} & 25℃ \\
27℃ & \xleftarrow{\quad 冷流体 \quad} & 20℃ \\
\hline
33℃ & & 5℃
\end{array}
$$

取 $\Delta T_1 = 33℃$，$\Delta T_2 = 5℃$

因 $\Delta T_1 / \Delta T_2 > 2$，用对数平均法求

$$\Delta T_m = \frac{\Delta T_1 - \Delta T_2}{\ln \dfrac{\Delta T_1}{\Delta T_2}} = \frac{33 - 5}{\ln \dfrac{33}{5}} \approx 14.8376℃$$

（5）求传热面积 A

$$A = \frac{Q}{K \Delta T_m} = \frac{114.275 \times 10^3}{178.5714 \times 14.8376} \approx 43.13 m^2$$

第六节　换热器简介

冷、热流体进行热量交换以满足工艺要求的设备或装置，统称为热交换器，简称换热器。是制药、化工、石油、动力、轻工等许多工业部门中应用最为广泛的设备之一。

一、换热器的要求和分类

（一）要求

由于用途、工作条件和物料特性的不同，出现了各种不同形式的换热设备，对换热设备提出基本要求如下。

1. 能满足生产工艺对压力、温度、流量、传热量等的要求。
2. 传热面积要大，占地面积要小，传热效果要好。
3. 流体阻力小，日常费用低。
4. 结构可靠，便于清洗除垢。
5. 选材准、用材省、一次性成本低、能防腐、适用能力广。
6. 便于制造、安装和维修。

（二）分类

传热设备的种类很多，换热器的分类有很多种方法。

1. 按使用目的和用途不同　可分为冷却器、加热器、蒸发器、冷凝器、蒸馏塔、精馏塔、再沸器、废热回收等。

2. 按构成间壁式换热器的换热面不同特点　可分为管式换热器和板面式换热器两大类，管式换热器是通过管子壁面进行传热，目前设计制造都比较成熟，按传热管的结构不同，又分为列管式、盘管（蛇管）式、套管式。管式换热器中应用最广的是列管式换热器，它具有可靠性高、适应性广等优点。板面式换热器是冷、热流体通过板面进行传热的换热设备，也是间壁式换热器的另一种形式，由于金属板容易加工成不同的形状，板面式换热器又分为板翅式、板片式、螺旋板式。

3. 按材料不同　可分为金属换热器（分为钢、铝、铜等）和非金属换热器（分为玻璃、陶瓷、塑料、石墨等）。

4. 按工作原理和冷、热流体的传热方式不同　可分为间壁式换热器、蓄热式换热器和混合式换热器 3 类。

学习以下间壁式换热器，重点要掌握各个换热器的结构及优、缺点，以便合理选用。

二、间壁式换热器

间壁式换热器是指冷、热两种流体被固体壁面隔开，各自在一侧流动，热量通过固体壁面由热流体传给冷流体的换热设备。前已述及，由于生产中参与换热的冷、热流体绝大部分是不允许互相混合的，因此间壁式换热器是制药及化工生产中应用最多的一种传热设备。

（一）夹套式换热器

结构如图 4－3 所示，壁外设夹套，夹套安装在容器外部，与容器壁形成一个密闭空间作为载热体或载冷体的通道，另一个空间即为反应器内部。夹套通常用钢或铸铁制成，可焊在器壁上或者用螺钉固定在反应器的法兰或器盖上。虽然夹套式换热器的体积较大，但由于传热面仅为夹套所包围的反应器器壁，因而传热面积受到限制。有时为增加传热面积，可在釜内装设蛇管。由于反应器内物料的对流传热系数较小，故常在釜内安装搅拌装置，使物料作强制对流，以提高对流传热系数。由于夹套内难以清洗，因此只能通入不易结垢的清洁流体。当夹套内通入水蒸气等压力较高的流体时，其表压一般不能超过 0.5MPa，以免在外压作用下容器发生变形（失稳）。夹套换热器 K 的经验值参见表 4－9。

表4-9 夹套换热器的K值

	夹套内流体	釜中流体	器壁材料	$[W/(m^2 \cdot K)]$	备注
用作加热器	水蒸气	溶液		390~1160	双层刮刀式搅拌
	水蒸气	水	铜	835	无搅拌
	水蒸气	溴化钾溶液	搪玻璃	357	有搅拌（加热精制）
	水蒸气	加热至沸腾的水	钢	1060	无搅拌
用作冷却器	水	硝基乙苯	钢	164	有搅拌（冷却结晶）
	水	普鲁卡因NaCl	搪玻璃	135	有搅拌（冷却盐析）
	盐水	普鲁卡因溶液	搪玻璃	171	有搅拌（冷却盐析）
	盐水	溴化钾溶液	搪玻璃	198	有搅拌（冷却结晶）
	水	培养基	钢	215	有搅拌
	盐水	发酵液	钢	144	有搅拌
	盐水	四氯化碳	不锈钢	391	有搅拌
用作蒸发器	水蒸气	液体		290~1740	罐中无或有搅拌
	水蒸气	水	钢	1060~1400	无搅拌
	水蒸气	苯	钢	700	无搅拌
	水蒸气	二乙胺	钢	490	无搅拌

优点：具有结构简单、造价低廉、适应性强等特点，常用于釜式反应器内物料的加热或冷却。在用水蒸气加热时，蒸汽应从上部接管进入夹套，冷凝水则从下部的疏水阀排出。当用冷却水或冷冻盐水冷却时，冷却介质应从下部接管进入夹套，以排尽夹套内的不凝性气体，从上部接管流出来。其最大的优点是边生产边传热，其他间壁式换热器都做不到。

缺点：传热面积和总传热系数都较小。因此适用于传热量不太大的场合。

（二）列管式换热器

列管式换热器又称为管壳式换热器，结构由外壳、封头、管束、管板、挡板、接管组成。双程换热器以上还有隔板，隔板分为管程隔板（指封头内的隔板）和壳程隔板（指管板间的隔板）。两种流体分别在管内和管间两个空间流动，实现传热目的。流体从换热器的一端流到另一端称为一个流程。流体在管内流动，其流程称为管程（管内），在管内流动的流体称为管程流体；另一种在壳与管束之间从管外表面流过的流体称为壳程流体。流体在壳内或管间环空隙流动，其流程称为壳程（管间即管外），管束的壁面即为传热面。流体在管内每通过管束一次称为一管程；流体在管外每通过壳体一次称为一壳程。管内流体自管束的一端进入，一次穿过管束并从另一端流出，称为单程管壳换热器，也叫单管程单壳程换热器，如图4-25所示。

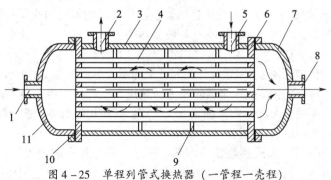

图4-25 单程列管式换热器（一管程一壳程）

1、2、5、8.接管；3.外壳；6、10.管板；7、11.封头；9.挡板

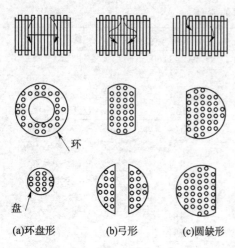

（a）环盘形　　　（b）弓形　　　（c）圆缺形

图 4 – 26　换热器挡板的形式和流向

为增大壳程的对流传热膜系数，通常设置挡板（折流板），如图 4 – 25 所示，折流板的形式有环盘形、弓形、圆缺形。其目的就是增大壳程流体的流速，增大对流传热系数，以增强流体的湍动，以便提高传热效果。这种换热器的优点是单位体积内所具有的传热面积较大，具有较大的操作弹性，传热效果较好，便于清洗和检修，结构坚固，选材广泛，制造容易。已形成标准化，由专门厂家生产。因而在制药化工生产中有着广泛地应用。但结构复杂、成本高。

为增大管内流体的流速，增大 K，可在两端的封头内添置适当的隔板，使流体先后流经各部分管束。管内流体通过管束中的一半管子，又从另一封头改变流向通过另一半管子，流体质点在管内走的路程是管束长的两倍，称这个换热器为双管程换热器，如图 4 – 27 所示。我国有 1、2、3、4 壳程和 1、2、4、6、8 管程的列管式换热器。

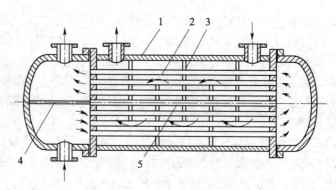

图 4 – 27　双程列管式换热器（一壳程二管程）
1. 壳体；2. 管束；3. 挡板；4. 管程隔板；5. 壳程隔

在列管式换热器内，由于冷、热流体的温度不同，因而管束和壳体的热膨胀程度也不同。若两流体的温差较大（50℃以上），产生的热应力可能造成壳体或管束变形，甚至弯曲、断裂或管板变形。因此，应采取相应的热补偿措施，以消除或减少热膨胀的影响。根据热补偿方法和形式的不同，列管式换热器有下列 3 种常用类型。

1. 固定管板式换热器　对于管壳式换热器，若将两端的管板与壳体焊接成一体，则称为固定管板式换热器。如图 4 – 28 所示，当两流体的温度差较大时，管束与壳的热膨胀程度不同，常考虑安装膨胀节（补偿圈），即在外壳的适当部位焊上一个补偿圈，能发生相应的弹性变形（拉伸或压缩），以适应外壳和管束的不同热膨胀程度。此种热补偿方法较为简单，但补偿能力有限，且不能完全消除较大的热应力，可用于冷、热流体温差不大（<70℃）及壳程压力不高（<600kPa）的场合。优点：结构相对简单，造价较低，应用广泛。缺点：壳程不易机械清洗和检修。

2. 浮头式换热器　浮头式换热器的两端管板之一不与外壳固定连接，该端称为浮头，本身具有补偿能力，如图 4 – 29 所示。当管子受热或受冷时，管束连同浮头可在壳体内自由伸缩，而与外壳的膨胀无关。优点：不但可以补偿热膨胀，完全消除热应力，而且由于固定端的管板是以法兰与壳体相连接的，因此管束可从壳体中拉出壳外，便于清洗或检修，适用于冷、热流体温差较大的情况。缺点：浮头式换热器的结构比较复杂，金属消耗量较多，造价也较高。在制药化工生产中有着广泛的应用。

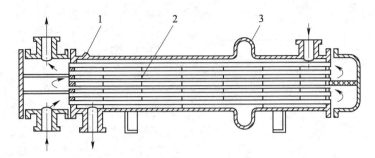

图 4-28 带膨胀节的固定管板式换热器（一壳程四管程）
1. 放气嘴；2. 折流板（挡板）；3. 膨胀节（补偿圈）

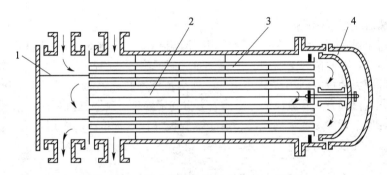

图 4-29 浮头式换热器（二壳程四管程）
1. 管程隔板；2. 壳程隔板；3. 折流板；4. 浮头

3. U 形管式换热器 若将每根换热管均弯成 U 形，并将管子的两端固定于同一管板上，因此每根管子可以自由伸缩，而与其他管子和壳体均无关，如图 4-30 所示。

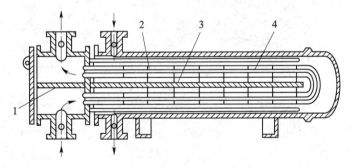

图 4-30 U 形管式换热器
1. 管程隔板；2. 折流板；3. 壳程隔板；4. U 形管

优点：结构简单（无后管板和浮头），质量较轻，本身具有补偿能力。由于每根换热管都能在壳体内自由伸缩，因而可完全消除热应力。U 形换热管可拉出壳外，便于管外清洗，耐高温高压。缺点：管内不易清洗，换热管少，且管子需一定的弯曲半径，因而降低了管板的利用率。适用于高温高压、冷热流体温差较大的情况。

（三）套管式换热器

由直径不同的直管同心套合而成，其结构如图4-31所示。内管以及内管与外管构成的环隙作为载热体的通道，内管表面为传热面。每一段套管称为一程，总程数可根据所需的传热面积增减。相邻程的内管之间可用U形管连接，而外管之间则用管子连接。

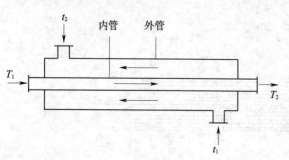

图4-31　套管式换热器

优点：结构简单，制造容易，安装方便，能耐高压，传热面积可调，传热系数较大，并可实现纯逆流操作，有利于传热。缺点：单位换热器长度所具有的传热面积较小，且管间接头较多，易产生泄漏，环隙也不易清洗。一般用于传热面积不太大而要求压强较高或传热效果较好的场合。

（四）螺旋板式换热器

将两张薄金属板分别焊接在一块分隔板的两端并卷成螺旋体，从而形成两个互相隔开的螺旋形通道，再在两侧焊上盖板和接管，即成为螺旋板式换热器，如图4-32所示。为保持通道的间距，两板之间常焊有定距柱。这样流体在雷诺数较低时，也可以产生湍流。通过这种优化的流动方式，流体的热交换能力得到了提高，而颗粒沉积的可能性下降。冷、热流体分别在两个螺旋形通道内流动，通过螺旋板进行热量传递。应用较为广泛，可以被焊接或是用法兰连接在塔顶成为塔顶冷凝器，这样还可以实现多级冷凝。

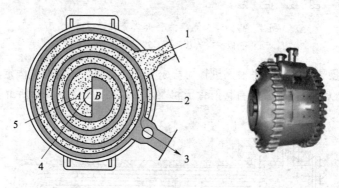

图4-32　螺旋板式换热器

1. 冷流体进口；2. 壳体；3. 热流体出口；4. 隔板；5. 金属板；A. 冷流体出口；B. 热流体进口

优点：结构紧凑，单位体积内的传热面积较大，可实现完全逆流操作，ΔT_m大，总传热系数较高，具有自冲刷作用，不易结垢和堵塞，能利用低温热源，精密控制温度。缺点：流动阻力较大，操作压力和温度不能太高，一旦发生内漏则很难检修。用于热源温度较低或需精密控制温度的场合。

（五）蛇管式换热器

根据换热方式的不同，蛇管式换热器有喷淋式和沉浸式两类。

1. 喷淋式　喷淋式蛇管换热器的结构，如图4-33所示，将蛇管成排地固定于钢架上，并排列在同一垂直面上，从而构成管内及管外空间，传热面为蛇管表面。多用于冷却管内热流体，冷却介质一般为水。工作原理是水由最上面的锯形槽均匀喷淋而下，被冷却的流体在管内自下部管进口流入，上部管出口排出，形成以错流为主并带逆流的热交换。优点：传热推动力大，传热效果好，便于检修和清洗。水在外部受热后易气化，对流传热系数大。缺点：占地面积较大，常安装在室外操作，喷淋不易均匀，并可能造成部分干管。注意水槽应水平放置，使淋水均匀，防止干管。

2. 沉浸式　沉浸式蛇管换热器的结构，如图 4 - 34 所示，将金属管绕成各种各样与容器相适应的形状，并沉浸于容器内的液体中。工作原理是两种流体分别在蛇管内、外流动而进行热量交换。优点：结构简单，价格低廉，制造容易，管内能耐高压，用耐腐蚀的材料制造，管外易清洗。缺点：管内不易清洗，管外流体流动的湍动程度较差，因而对流传热系数及总传热系数较小，为此可缩小容器体积，或在容器内增设搅拌装置。常用于釜式反应器内物料的加热或冷却，以及高压或强腐蚀性介质的传热。

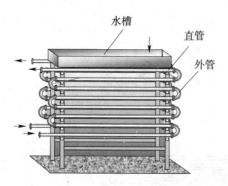
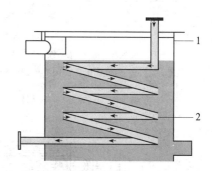

图 4 - 33　喷淋式蛇管换热器　　　　图 4 - 34　沉浸式蛇管换热器
1. 容器；2. 蛇管

喷淋式与沉浸式相比，喷淋式蛇管换热器管外的冷却水可部分气化，故对流传热系数大，传热效果好，清洗和检修比较容易。

（六）板式换热器

结构：由传热板片、密封垫片和压紧装置组成，其核心部件是长方形的薄金属板，又称为板片。为增加流体的湍动程度和传热面积，每块金属板的表面均被冲压成凹凸规则的波纹。如图 4 - 35 所示。将一组金属板片平行排列起来，并在相邻两板的边缘之间衬以垫片，用框架夹紧，即成为板式换热器。由于每块板的 4 个角上均有一个圆孔，因此当板片叠合时，这些圆孔就形成了冷、热流体进出的 4 个通道。其工作原理是两种流体分别在每块板的两侧流动，进行对流传热。

优点：结构紧凑，金属材料消耗量低，加工容易，单位体积设备提供的传热面积较大，可根据需要增减板数以调节传热面积，操作灵活性大，易于清洗和检修，总传热系数较高，传热效率高。缺点：处理量不大，允许操作压力较低，操作温度也不能过高。因此，常用于所需传热面积不大及承受压力较低的场合。

（七）翅片管式换热器

结构与管壳式换热器相似。如图 4 - 36 所示，其不同点是换热管的内表面或外表面上装有径向或轴向翅片，以增加管内或管外及管内外的传热面积，增加流速。常用翅片，如图4-37所示，工作原理与管壳式换热器相同。

优点：采用翅片管既能增加传热面积，又能提高管外流体的湍动程度，从而可显著提高换热器的传热效果。缺点：加工困难，翅片与管的连接应紧密、无间隙。否则连接处的附加热阻可能很大，翅片连接处易产生高热阻，导致传热效果下降。常用于两种流体的对流传热系数相差较大的场合，如空气冷却器、空气加热器等，翅片常用在对流传热系 h 较小（即关键热阻）的一侧。

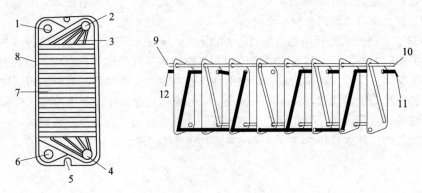

图 4 – 35　板式换热器

1、2、4、6. 圆孔；3. 导流槽；5. 定位缺口；7. 水平波纹；8. 密封槽
9. 热流体出口；10. 热流体进口；11. 冷流体出口；12. 冷流体进口

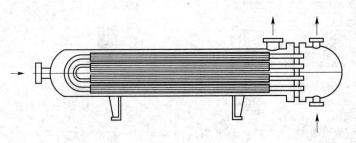

图 4 – 36　翅片管式换热器

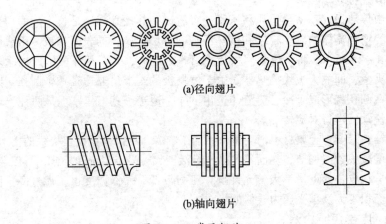

(a)径向翅片

(b)轴向翅片

图 4 – 37　常见翅片

（八）板翅式换热器

　　板翅式换热器常用铝和铝合金材料制造。其结构是在两块平行的薄金属板间夹入波纹状或其他形状的翅片，两边以侧封条密封即构成一个传热单元体，如图 4 – 38 所示。将各传热单元体以不同的方式组合在一起，并用钎焊固定，可制成逆流、并流或错流型板束，再将带有进、出口的集流箱焊接到板束上，即成为板翅式换热器。工作原理是冷、热流体

在板两侧流动而达到传热。

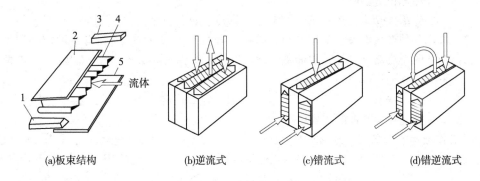

(a)板束结构　　　　(b)逆流式　　　　(c)错流式　　　　(d)错逆流式

图 4 - 38　板翅式换热器
1、3. 侧板；2、5. 隔板；4. 翅片

　　主要优点：结构紧凑，体积小，轻巧牢固，设备投资费少，每立方米体积内的传热面积大，一般可达 $2500\sim4300m^2$。总传热系数较高，传热效果好，能承受高达 5MPa 的压力。适应性强，操作范围广。缺点：制造工艺复杂，流道易堵塞，阻力较大，清洗困难，内漏难以修复，铝质翅片易腐蚀，难检修，故介质要求清洁干净。

　　主要用于低温和超低温的场合，适应性大，可适用多种介质的热交换。

三、传热过程的强化

　　要想强化传热，提高总传热速率，根据总传热速率方程 $Q = KA\Delta T_m$ 可知，Q 与 K、A、ΔT_m 成正比，因此，采取的强化方法有：增大 ΔT_m、A 或 K 3 种方法。

　　1. 增大传热推动力 ΔT_m　ΔT_m 的增大，可通过提高热流体温度或降低冷流体温度来实现。但工艺流体的温度受到客观条件和工艺因素的限制，一般不能随意变动。如冷却用水的进口温度因气温的限制而不能降低，加热用蒸汽的温度受压力的限制也只能达到 160 ~ 180℃，不能再高。ΔT_m 增大同时会使有效能损失增大，因此两流体平均温度差的提高是有一定限度的。尽可能采用逆流或接近逆流是最简单、快捷、经济的方法。

　　提高 ΔT_m 的另一方法是从设备结构上尽可能保证逆流或接近逆流操作。

　　2. 增大传热面积 A　增大传热面积是强化传热的有效途径之一，增加换热器单位体积设备的传热面积，提高其紧凑性。需改进传热面结构，如采用不同异形管，开槽及加翅片，折流形式，多孔、高效传热面。会增加设备投资费用，同时设备的体积显得笨重，因此也不是很好的办法。

　　3. 提高总传热系数 K　K 是换热器传热效果好坏的标志，强化传热的最有效途径是增大总传热系数。

　　工程上提高 K 值可采用的措施主要是降低一、两个关键分热阻。

　　（1）当 $h_{内}\le h_{外}$ 时，需提高对流传热系数小的一侧即 $h_{内}$ 的一侧。可采取提高 $h_{内}$ 侧的流速，清除 $h_{内}$ 侧的垢层，或增加搅拌装置，在管内增设翅片，使流动湍流加剧。

　　（2）当 $h_{外}>h_{内}$ 时，$h_{外}$ 成为关键热阻，要想提高 K 值，应在 $h_{外}$ 侧提高流速，清除污垢，增加搅拌，在管外增设翅片等。

　　改进和提高换热器的传热效率和性能是节省投资，节约能源，提高生产能力的重要途径。换热器的开发与研究，强化传热元件的开发与应用，始终是人们关注的课题。

四、换热器的选用、操作与维护

（一）换热器的选用

这里主要介绍管壳式换热器的选用应，根据冷、热流体的温度、压力、流量、生产工艺要求等选用各种换热设备。常用的管壳式换热器在我国都已实现标准化，要求根据生产任务选择合适的换热器（计算传热面积，确定管、壳程数，管规格，管排布等），一般情况下，可按下列步骤进行选择。

1. 根据生产工艺要求选择 生产工艺的压力，冷、热流体的温度及温度差、流量、腐蚀性、黏度等是选择换热器的主要依据。

2. 流体流速的选择 流速影响对流传热系数和污垢的大小。流速增大，既能提高对流传热系数，又能减少结垢，从而可提高总传热系数，减少换热器的传热面积。但流速越大，流体流动阻力就越大，动力消耗就越多；流速减小，流体中颗粒沉积，甚至堵塞管路。适宜的流速可通过经济衡算来确定，也可根据经验数据来选取，但所选流速应尽可能避免流体在层流状态下流动。列管式换热器中常用的流速范围列于表 4 – 10、表 4 – 11、表 4 – 12。

表 4 – 10 列管式换热器中常用的流速范围

流体种类		低黏度流体	易结垢流体	气体
流速 u（$m \cdot s^{-1}$）	管程	0.5 ~ 3	>1	5 ~ 30
选择范围	壳程	0.2 ~ 1.5	>0.5	3 ~ 15

表 4 – 11 列管式换热器中易燃、易爆液体的安全允许流速

液体名称	乙醚、二硫化碳、苯	甲醇、乙醇、汽油	丙酮
安全允许流速（$m \cdot s^{-1}$）	<1	<2 ~ 3	<10

表 4 – 12 列管式换热器中不同黏度下液体的常用流速

液体黏度 [$\mu \times 10^3$/（$Pa \cdot s$）]	>1500	1500 ~ 500	500 ~ 100	100 ~ 35	35 ~ 1	<1
最大流速（$m \cdot s^{-1}$）	0.6	0.75	1.1	1.5	1.8	2.4

3. 流体流径的选择 对于固定管板式换热器，流体走壳程（管外），还是走管程（管内），一般由经验确定。

（1）不清洁、易结垢的流体宜走管内，因为管内可定期拆开端盖（封头）检查清洗方便，而壳程清洗较困难。

（2）腐蚀性大的流体宜走管内，避免对壳体腐蚀。因为更换管束的成本比更换壳体要低，且若将腐蚀性强的流体，置于壳侧，被腐蚀的不仅是壳体还有列管。

（3）压力高的流体宜走管内，圆管承受大，以避免制造较厚的壳体。

（4）需冷却的高温流体和待加热的低温流体走壳程，高温流体走壳程可利用壳体散热，低温流体走壳程是为了减少换热器的热损失。这就要根据工艺是以冷却为主还是以加热为主来确定。

（5）流量较小的流体宜走壳程，增加折流板，使流体在壳程的流道延长或增加壳程隔板来延长流道，以提高流速。横向冲刷管束，可使表面传热系数增加。流量小的也可走管内，因为管内容易制成多管程，提高流速以提高 h 值。

（6）黏度较大的流体走壳程，可使管外侧表面传热系数增加。

（7）饱和蒸汽宜走壳程，这样易于排除不凝性气体和冷凝水。

在选择流体流径时，应视具体情况，抓主要矛盾。通常情况下，应首先考虑流体压力、防腐蚀及结构清洗等要求，然后再校核对流传热系数和压强降，以便作出较恰当的选择。

4. 冷却介质用量和终温的选择

（1）用水冷却热流体时，水的进口温度可根据当地的气候条件确定，但其出口温度需通过经济衡算来确定。为节约用水，可提高水的出口温度，但传热面积将增大或热流体的出口温度升高；反之，为减少传热面积，冷却水的用量将增加。一般情况下，冷却水两端的温度差控制在 $5 \sim 10℃$ 以内。水源充足的地区，可选较小的温差；水源不足的地区，可选较大的温差。

（2）冷却水终温最高不得超过 $40 \sim 50℃$，若冷却水的终温较高，可以减少冷却水的用量，节约电能和水源。但是终温偏高，水流量少，易出现严重的结垢，热流体温度升高不能满足工艺要求，且传热 ΔT_{m} 降低而不利于传热。

5. 换热管的规格和排列方式的选择　在我国现行的列管式换热器系列标准中，最常用的管径规格仅有 $\phi 25\mathrm{mm} \times 2.5\mathrm{mm}$ 和 $\phi 19\mathrm{mm} \times 2\mathrm{mm}$ 2 种。管长有 1.5m、2m、3m 和 6m 共 4 种规格，其中以 3m 和 6m 最为普遍。管子在管板上的排列方式有直列和错列 2 种，常用的有正三角形排列（即等边三角形）、正方形直列和正方形错列，如图 4 - 39 所示。正三角形排列较紧凑，对相同壳体直径的换热器排的管子较多、传热面大、传热效果也较好，但管外清洗较困难。正方形直列则管外清洗方便，适用于壳程流体易结垢的情况，但其对流传热系数小于正三角形排列，若将正方形直列管束斜转 45°安装，变为正方形错列，可适当增强传热效果。

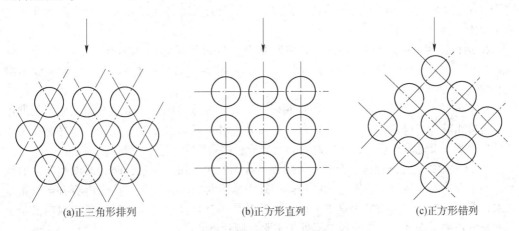

(a)正三角形排列　　　　(b)正方形直列　　　　(c)正方形错列

图 4 - 39　管子在管板上的排列

6. 管程和壳程数的确定　管程数是以两端封头内的管程隔板数来控制，管程控制方法，当流体的流量较小或因传热面积较大而导致管数很多时，管内的流速可能很低，而对流传热系数减小。为提高管内流体的流速，可采用多管程。但程数也不宜过多，因为程数越多，管程流体的阻力就越大，动力消耗也就越多。在列管式换热器的系列标准中，常用管程数有 1、2、4、6、8 共 5 种规格，如图 4 - 40 所示。

壳程数是以壳程隔板来控制，当温度修正系数 $\psi < 0.8$ 时，可增加壳程数。但由于多壳程换热器的壳程隔板在制造、安装和维修方面比较困难，又减少了管束的数量，减少了传热面，因而一般不采用多壳程换热器，而将多台换热器串联使用。我国常用的壳程数有 1、

2、3、4共4种规格供选用。

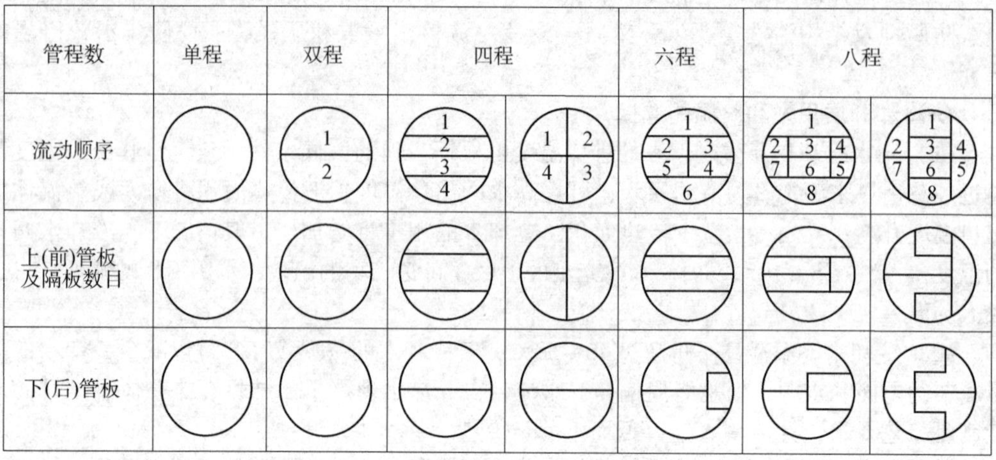

管程数	单程	双程	四程		六程	八程	
流动顺序							
上(前)管板及隔板数目							
下(后)管板							

图4-40　列管换热器的管程数与隔板的设置

7. 材料的选用　根据冷、热流体的压强、温度及腐蚀性等情况，选择换热器的材料。常用的金属材料有碳钢、不锈钢、低合金钢、铜和铝等；常用的非金属材料有石墨、玻璃和聚四氟乙烯等。

（二）换热器的操作与维护

现以广泛使用的列管式换热器为例，讨论其使用、维护和管理方法。

1. 启动　先通入冷流体，再通入热流体，待冷流体温度升高，热流体温度下降后。观察冷、热流体的进、出温度是否达到工艺要求，调节有关流体流量达到一定温度为止，进入正常生产运行。

2. 运行监测　在运行过程中，定期监测冷、热流体的进、出口温度，了解冷、热流体的流量和压力的变化，随时进行调节，以掌握换热器的运行状况，定期排放不凝气体和冷凝液体。

3. 停车　先关闭热流体的进、出口阀门，再关闭冷流体的进、出口阀门。如要长期停车，应排出液体，以防冰冻损坏换热器。检修时，对有毒有害流体要置换，对易燃、易爆流体置换后，要动火检修时，还应进行动火分析，达到要求才能动火检修。

4. 日常维护　加强检查，及时发现问题，首先应保证压力稳定，防止温度和压力的波动，绝不允许超压运行。采用正确的预防和处理措施避免事故发生。检查内容有：设备是否有内漏或外漏，保温层是否良好，压力、温度是否符合设计要求，是否超温超压，是否存在异常声响或振动等。应使换热器处于正常控制状态。

5. 换热器的清洗　换热设备经长时间运转后，由于介质的腐蚀、冲蚀、积垢和结焦，使管子内外表面都有不同程度的结垢，甚至堵塞。在停工检修时必须进行彻底清洗，常用的方法有风扫、水洗、汽扫、化学清洗和机械清洗等。

（1）酸洗法　分为浸泡法和循环法两种，用盐酸作为清洗剂。

（2）机械清洗法　对严重的结垢和堵塞，可用钻的方法疏通和清理。

（3）高压水洗法　多用于结焦严重的管束的清洗，如催化油浆换热器。

（4）海绵球清洗法　将较松软并富有弹性的海绵球塞入管内，使海绵球受到压缩而与管内壁接触，然后用人工或机械法使海绵球沿管壁移动，不断摩擦管壁，达到消除积垢的目的。

6. 换热器常见故障排除　如表4－13所示。

表4－13　换热器常见故障及处理办法

故障	处理办法
传热效率差	(1)检查冷、热流体流量检查，阀门开启状态。 (2)检查进入换热器的流体是否清洁，排除结垢
传热管穿孔泄漏（内泄漏）	(1)检查冷、热流体流量是否有变化。高压流体流量变小，低压流体流量增多，说明换热器有内漏，应停车，阻塞泄漏管。 (2)停车检查分析判断是哪根管穿孔，将两端堵塞，可恢复生产
外泄漏（进出接管穿孔、法兰密封差）	(1)发生在法兰密封处，可再紧固法兰。 (2)发生在壳体处，对于轻微低压，外泄，可用堵塞或加箍的方法临时解决，对于大量高压的应停车补焊
流体的进出口压力差偏大	(1)有堵塞现象，或结垢严重引起，应停车清洗。 (2)进出阀门开启小，尽量及时打开阀门
振动	(1)地脚螺丝松脱，应加以坚固。 (2)流体的脉动，可改变流量，防止脉动。 (3)吊架失效，或基础不稳固，应加固吊架或基础
温度达不到工艺要求	(1)内泄引起，应停车堵管。 (2)结垢引起，应停车洗管。 (3)冷、热流体的流量、温度变化，应进行调节，满足工艺要求

7. 检修　经检查分析：发现换热器的总传热系数K减小，传热效果太差，达不到生产要求时，应请检修人员及时检修，用洗管机洗去管内污垢，堵漏等工作。

检修分小修、中修和大修3类。

小修：半年1次，修补保温层，补焊外泄漏，更换进出口阀门，加固吊架。

中修：1～2年1次，用机械、高压水或化学除垢方法，清洗换热器，更换个别换热管，检查管板和管子的腐蚀情况，做到心中有数为大修提供依据。

大修：5～10年1次，清除换热器的内外垢层，更换部分有泄漏的换热管。

拓展阅读

螺旋折流板换热器

螺旋折流板换热器是一种新型列管式换热器，该换热器的壳程折流板为连续式的螺旋结构，使壳程流体呈连续的螺旋状流动，如图4－41所示，不仅提高换热性能，还可减少旁路漏流、壳程结垢和对流体诱导振动引起抑制作用等传统折流板换热器的缺点。

图 4 - 41　连续螺旋折流板示意图

　　螺旋折流板换热器理想的折流板布置应该为连续的螺旋曲面，如图 4 - 42 所示。 但实际生产过程中该换热器的螺旋曲面采用一系列的扇形平面板替代曲面相间连接，如图 4 - 43 所示，主要由于连续螺旋曲面加工困难，且换热管与折流板的无缝契合也难以实现。 螺旋折流板换热器壳程流体的螺旋状流动不仅有效提高了传热温差推动力，且使壳程流体存在流动半径方向的速度梯度破坏边界层、提高流体湍流程度从而大大提高了换热效率。

图 4 - 42　扇形平面折流板示意图

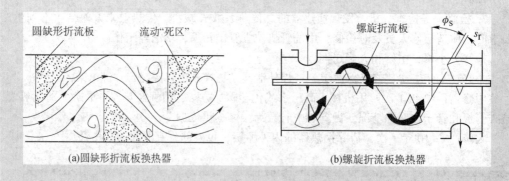

(a)圆缺形折流板换热器　　　　　(b)螺旋折流板换热器

图 4 - 43　两种换热器结构比较

　　传统的圆缺形折流板换热器容易出现流动"死区"，如图 4 - 43a 所示、旁路漏流等降低了传热系数、容易结垢导致热阻增加，换热效率降低，压力损失较大，能耗增加等缺点。 螺旋折流板换热器大幅改善了"死区"面积，有效提高了换热效率，阻断了三角区漏流现象，使得壳程内形成真正意义上的全封闭螺旋流道，单位压降的换热性能得到良好的改善。

重点小结

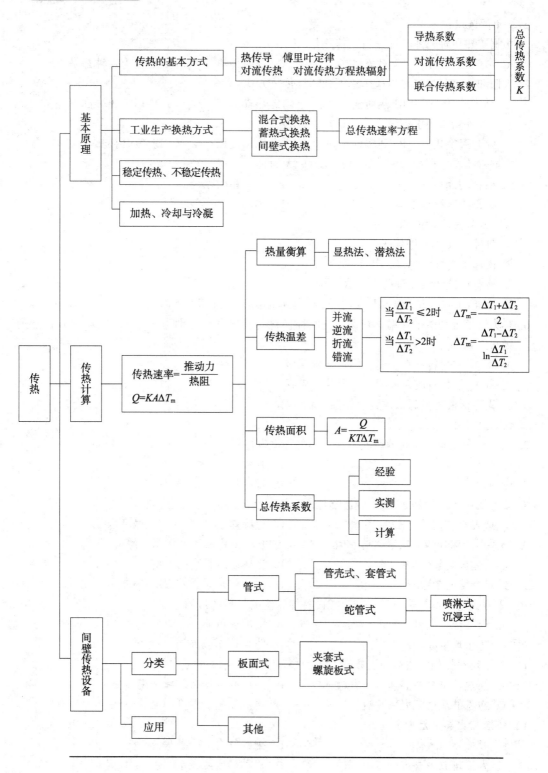

目标检测

一、单项选择题

1. 根据传热机理，能单独进行的传热是（　　　）。
　　A. 热传导　　　　　　B. 对流传热　　　　　C. 辐射传热　　　　　D. 以上3种都是

2. 太阳和地球间的热量传递属于下列哪种传热方式（　　　）。
　　A. 热传导　　　　　　B. 热对流　　　　　　C. 热辐射　　　　　　D. 以上3种都不是

3. 暖气片外壁与周围空气之间的换热过程为（　　　）。
　　A. 纯对流换热　　　　B. 纯辐射换热　　　　C. 传热过程　　　　　复合换热

4. 在同一冰箱储存相同的物质时，耗电量大的是（　　　）。
　　A. 结霜的冰箱　　　　　　　　　　　B. 未结霜的冰箱
　　C. 结霜的冰箱和未结霜的冰箱相同　　D. 不确定

5. 下面对导热系数的描述错误的是（　　　）。
　　A. 气体的 λ 小于固体 λ
　　B. 固体中含气体越多，其 λ 降低
　　C. 所有液体随温度升高 λ 增大
　　D. 金属的 λ 有的随温度升高而增加，也有的随温度升高而下降

6. 热力管道外用两层保温材料保温，两种材料的导热系数分别为 λ_1、λ_2，（$\lambda_1 > \lambda_2$）下列说法正确的是（　　　）。
　　A. 将 λ_2 的材料放在内侧，则保温效果好
　　B. 将 λ_1 的材料放在内侧，则保温效果好
　　C. 无论保温材料怎么放置。保温效果一样
　　D. 无法确定

7. 人受烫伤在面积相同的情况下，下述哪种危害性更大（　　　）。
　　A. 热水　　　　　　　　　　　　　B. 开水
　　C. 蒸汽　　　　　　　　　　　　　D. 都一样

8. 要使某流体冷却到273K，应选哪种冷却剂（　　　）。
　　A. 地表水　　　　　B. 地下水　　　　　C. 冷冻盐水　　　　　D. 循环水

9. 当采用加翅片的方法增强传热时，最有效的办法是将翅片加在哪一侧（　　　）。
　　A. 流体温度较低的一侧　　　　　　B. 流体温度较高的一侧
　　C. 对流传热系数较小的一侧　　　　D. 对流传热系数较大的一侧

10. 下列哪一点不是热力设备与冷冻设备加保温的材料的目的（　　　）。
　　A. 保持流体温度　　　　　　　　　B. 增加热负荷
　　C. 防止热量或冷量损失　　　　　　D. 防止烫伤或冻伤

11. 对于换热器的并流与逆流布置，下列哪种说法是错误的（　　　）。
　　A. 换热器最高壁温逆流≥并流　　　B. 逆流的平均温差≥并流
　　C. 逆流的流动阻力≥并流　　　　　D. 冷流体出口温度逆流＞并流

12. 安装疏水器，是为了（　　　）。
　　A. 排放不凝气体　　　　　　　　　B. 排放蒸汽和冷凝水
　　C. 人工排放冷凝水　　　　　　　　D. 自动排放冷凝水

13. 下列加热方法中，容易使设备局部过热，烧毁容器的是（　　　）。

    A. 热水加热   B. 蒸汽加热   C. 电加热器加热   D. 油加热

14. 工业上采用翅片状的暖气管代替圆钢管，其目的是（　　　　）。

    A. 增加热阻、减少热量损失   B. 节约钢材、增强美观

    C. 增强传热、提高对流传热系数   D. 增加传热面积、提高传热效果

15. 空气在圆形直管内处于强制湍流状态，对流传热系数为 $1000\,W/(m^2\cdot℃)$，若空气流量增大 1 倍，其他条件不变时，则对流传热系数变为（　　　　）。

    A. $2\times10^2\,W/(m^2\cdot℃)$ B. $1.74\times10^3\,W/(m^2\cdot℃)$

    C. $50\,W/(m^2\cdot℃)$ D. $87\,W/(m^2\cdot℃)$

16. 传热面不结垢的间壁式换热器的传热过程是由（　　　　）3 个过程串联组合而成。

    A. 对流 – 辐射 – 导热   B. 对流 – 导热 – 对流

    C. 导热 – 对流 – 导热   D. 辐射 – 导热 – 辐射

17. 既可进行生产，又能进行换热的设备是（　　　　）。

    A. 螺旋板式   B. 套管式   C. 管壳式   D. 夹套式

18. 夹套反应器用于反应过程加热时，采用水蒸气作为加热介质，蒸汽由（　　　　）接管进入夹套。

    A. 上部   B. 下部   C. 中部   D. 底部

二、多项选择题

1. 热传递的方式包括（　　　　）。

    A. 热传导   B. 热对流   C. 热辐射   D. 热位移

2. 影响对流传热系数的因素有（　　　　）。

    A. 流体的种类和物性参数   B. 固体壁面的结构   C. 产生对流传热的原因

    D. 流体有无相变   E. 流体的流动状态

3. 下列各参数中，属于物性参数的是（　　　　）。

    A. 总传热系数 K B. 对流传热系数 h C. 导热系数 λ D. 普兰特数 P_r

4. 某药物从 30℃用蒸汽加热，使之蒸发浓缩，其本身具备了（　　　　）。

    A. 显热   B. 潜热   C. 辐射热   D. 气化热

三、简答题

1. 简述导热系数在实际应用中有什么意义。

2. 换热器中的冷、热流体在变温条件下操作时，为什么多采用逆流传热？在什么情况下可以采用并流传热？

3. 现有一个制药厂建在地表水缺乏的地区，根据勘探资料，该地区的地下水资源比较充裕，试为该厂设计一套冷却水系统方案。

4. 一个大气压下，30℃的水经加热后变成120℃的蒸汽，发生了哪些热量交换？怎样计算传热量？

5. 你学了热阻以后，懂得了有哪些热阻？什么是关键热阻？

6. 在设计列管式换热器中，为了强化传热，最有效的措施是增大总传热系数 K，如何增大 K 值？

四、应用实例题

1. 红砖平壁墙的内壁温度为600℃，外壁温度为150℃，砖壁的导热系数 λ 为 $1.0\,W/(m\cdot K)$，即 $1.0\,W/(m\cdot℃)$，通过红砖壁的热流强度为 $1960\,W/m^2$，则该红砖壁的壁厚为多少米？

2. 某燃烧炉的平壁由 3 种材料构成，最内层为耐火砖，厚度 $\delta_1 = 200mm$，导热系数 $\lambda_1 = 1.07W/(m \cdot ℃)$；中间层为绝热砖，厚度 $\delta_2 = 100mm$，导热系数 $\lambda_2 = 0.14W/(m \cdot ℃)$；最外层为普通钢板，厚度 $\delta_3 = 6mm$，导热系数 $\lambda_3 = 45W/(m \cdot ℃)$。已知炉内壁表面温度 $T_1 = 1000℃$，钢板外表面温度 $T_4 = 30℃$，试计算：（1）通过燃烧炉平壁的热通量；（2）假设各层接触良好，耐火砖与绝热砖以及绝热砖与普通钢板之间的界面温度。

3. 蒸汽管道的内外直径分别为 68mm 和 100mm，导热系数 $\lambda_1 = 63W/(m \cdot ℃)$，内表面温度为 140℃，现采用玻璃棉垫料保温，$\lambda_2 = 0.053W/(m \cdot ℃)$，若要求保温层外表面的温度不超过 50℃，且蒸气管道允许的热损失为 50W/m，则玻璃棉垫料保温层的厚度至少为多少毫米？

4. 101.3kPa（绝对压强）下，空气在内径为 25mm 的管中流动，温度由 180℃升高到 220℃，平均流速为 15m/s，试求空气与管内壁之间的对流传热系数。

5. 有一板式传热器，热流体的进、出口温度分别为 80℃、50℃，冷流体进、出口温度分别为 10℃、30℃，求并流和逆流布置时的传热平均温度差分别为多少？由此得出什么结论？

6. 已知质量流量为 1kg/s，试计算：（1）常压下，空气由 20℃升温至 80℃时所吸收的热量；（2）120℃的饱和水蒸气冷凝为 120℃的水时所放出的热量；（3）120℃的饱和水蒸气冷凝为 60℃的水时所放出的热量。

7. 某制药厂有一台列管换热器的传热面积为 1.85m²，热水走管内，冷水走管间，逆流操作。已测出热水流量为 2000kg/h，水的定压比热 $C_p = 4.18kJ/(kg \cdot K)$，热水进、出口温度为 50℃、40℃。冷水进、出口温度为 10℃、23℃。已知设计时总传热系数 K 为（850~1700）$W/(m^2 \cdot K)$，试求该换热器的 K 值，并评价换热器的传热能力是否变差？

8. 某制药车间有一列管式换热器，其传热面积 A 为 100m²，要求用作锅炉给水和原油之间的换热。已知水的质量流量 550kg·min⁻¹，定压比热为 4.187kJ/(kg·K)，进出口温度分别为 35℃、75℃。原油的温度要求由 150℃降到 65℃，由计算得出水与油之间的传热系数 K 为 250W/(m·K)。如果采用逆流操作，此换热器是否适用。

9. 在逆流换热器中，用水将流量为 4500kg/h 的液体由 80℃冷却至 30℃。已知换热管由 φ25mm×2.5mm 的钢管组成，液体走管外，对流传热系数 $h_{外}$ 为 1700W/(m²·℃)，定压比热容为 1.9kJ/(kg·℃)；水走管内，流量为 3400kg/h，对流传热系数 $h_{内}$ 为 850W/(m²·℃)，定压比热容为 4.2kJ/(kg·℃)。若水的出口温度不超过 50℃，忽略热损失、管壁及污垢热阻，试计算该换热器的传热面积为多少？

📝 实训三　套管换热器传热性能参数测定

一、实验目的

实际生产中需要评估换热器的传热能力时，需通过结构类似的换热器，对总传热系数 K 值进行实测或估算，学会传热过程的调节方法，学会分析、独立解决传热过程的问题，并了解影响总传热系数的工程因素和强化传热操作的工程途径。

1. 学会确定换热器性能测定位点及流程。
2. 学会测定套管式换热器的总传热系数 K 及 K 的经验数据的查找及应用。
3. 学会测定空气在圆形直管中作强制对流的对流传热系数。

二、实验基本原理

1. 传热系数 K 的测定　根据传热基本方程式 $Q = KA\Delta T_m$，总传热系数可按 $K = Q/A\Delta T_m$ 计算

式中，Q 为传热速率，W；A 为传热面积（换热管内表面积），m^2；ΔT_m 为冷、热流体对数平均温差，K 或℃；K 为以内表面积为基准的传热系数，W/（$m^2 \cdot K$）。

当换热器的操作条件一定时，只要测出 Q、A 和 ΔT_m，则传热系数 K 即可求得。

（1）传热速率 Q　由空气的吸热速率求得

$$Q = W_s C_p \ (t_2 - t_1) \ = V_s \rho C_p \ (t_2 - t_1)$$

式中，V_s 为空气体积流量，m^3/s；t_1，t_2 为空气进、出口温度，℃；C_p 为空气比热，kJ/（kg·K），查定性温度 $(t_1 + t_2)$ /2 下的数值。

（2）传热面积 $A_{内}$　按内表面积计算，单位为 m^2。

$$A_{内} = \pi d_{内} L$$

（3）对数平均温差 ΔT_m

$$\Delta T_m = \frac{(T - t_1) \ - \ (T - t_2)}{\ln \left(\dfrac{T - t_1}{T - t_2} \right)}$$

式中，T 为热流体蒸汽温度，℃。

2. 对流传热系数 h 测量　根据空气在管内的对流传热速率 $Q = hA\Delta T_m$，对流传热系数 h 可按 $h = Q/A\Delta T_m$ 计算，如果测出 Q，A 和 ΔT_m，则对流传热系数即可求得。

（1）对流传热速率 Q

稳定传热过程中，对流传热速率与总传速率相等。

（2）对流传热面积 A

空气在管内流动，对流传热面积为内管的内表面积。

（3）对数传热平均温差 ΔT_m

$$\Delta T_m = \frac{(T_w - t_1) \ - \ (T_w - t_2)}{\ln \left(\dfrac{T_w - t_1}{T_w - t_2} \right)}$$

式中，T_w 为换热器内壁温度，℃。因金属管壁热阻很小，可认为内、外壁温度相等。

三、实验设备与流程

冷空气经风机流入进气管，进入套管换热器内管，在套管换热器中冷空气被加热，经温度测量后排出，热流体蒸汽进入换热器套管放出热量，部分蒸汽冷凝，冷凝液经排出口排出，流程如图4-44所示。本实验装置由两套套管换热器构成。一套内管是光滑管，另一套内管是螺旋槽管，两套的流程完全相同。光滑管和螺旋槽管均为黄铜管，换热管长1.224m，管内径17.8mm，管外径20mm，螺旋槽管的表面积因没有准确的计算方法，也按光滑管面积计算。

实验流程中所用仪器如下。

（1）温度测量　普通玻璃温度计、热电阻温度计和热电偶温度计。

（2）流量测量　孔板流量计、转子流量计、涡轮流量计等。

（3）压力测量　U形管压力计、斜管压力计、弹簧压力计等。

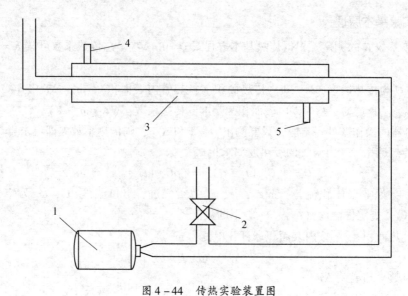

图4-44 传热实验装置图

1. 风机；2. 旁路；3. 套管换热器；4. 水蒸气；5. 冷凝液

根据实验原理和给定套管换热器，选择适合的测定仪器，确定实验测定位点，设计实验的流程、操作步骤，最后测定套管换热器的总传热系数，空气的对流传热系数。

四、实验操作步骤

1. 启动风机前，全开旁路调节阀门。
2. 打开蒸汽排气阀，开启蒸汽进气阀门，排除不凝性气体及冷凝水。
3. 每次测取数据必须在系统稳定后进行。
4. 实验做完后，先关闭蒸汽阀门，再关闭风机开关。
5. 两套套管换热器不能同时进行测定实验。
6. 注意水蒸气发生器的釜压不能过高，以免发生危险。

五、实验数据记录与实验结果

1. 实验数据记录

实验设备：　　　　　　　　实验介质：

管长：　　　　　（m）　　管径：　　　　　　　（mm）

表4-14 光滑管实验原始数据记录表

项目 ＼ 序号	1	2	3	4	5	6	7	8
孔板压差 ΔPP_a								
空气表压 P_1 kPa								
空气进口温度 t_1（℃）								
空气出口温度 t_2（℃）								
导热壁温度 T_w（℃）								
水蒸气温度 T（℃）								

表 4 – 15　螺纹管实验原始数据记录表

项目 ＼ 序号	1	2	3	4	5	6	7	8
孔板压差 ΔP（P_a）								
空气表压 P_1（kPa）								
空气进口温度 t_1（℃）								
空气出口温度 t_2（℃）								
导热壁温度 T_w（℃）								
水蒸气温度 T（℃）								

2. 结果整理　将测得实验数据进行整理，填在表 4 – 16 中。

表 4 – 16　实验数据整理结果

项目 ＼ 序号	光1 螺1	光2 螺2	光3 螺3	光4 螺4	光5 螺5	光6 螺6	光7 螺7	光8 螺8
平均温度差 ΔT_m								
对流平均温差 ΔT_m（℃ 或 K）								
空气密度 ρ（kg/m³）								
空气质量流量 W_s（kg/s）								
传热速率 Q（W）								
总传热系数 K [$W/$（$m^2 \cdot K$）]								
对流传热系数 h [$W/$（$m^2 \cdot K$）]								

六、思考题

1. 根据实验数据分析空气流速对对流传热系数 h 和总传热系数 K 的影响。

2. 比较本实验中对流传热系数 h 与传热系数 K 的大小，分析为什么？

3. 根据换热器制造厂家出厂时 K 值的设计数据，将实测的 K 值与之进行对照，可检查正在运行中的换热器的传热能力是否变坏，评价换热器的换热效果，估计器壁的结垢情况。

若 $K_{测定} > K_{设计}$ 不现实，说明实测有误或各流量没有达到设计要求，重新测量。

若 $K_{测定} \approx K_{设计}$ 正常，说明换热器能达到设计时的效果。

若 $K_{测定} < K_{设计}$ 说明，换热器效率太低，有待清除污垢或检修，或冷、热流体流量过小，没有达到设计时湍流的流速要求，或 ΔT_m 没有达到设计要求。

七、实验报告要求

1. 实验目的。
2. 主要设备名称。
3. 测定装置流程图。
4. 实验操作步骤。
5. 实验数据记录及处理（数据计算过程）。
6. 思考题。
7. 实验体会（查阅相关资料补充实验内容，实验中的体验和个人看法）。

第五章

蒸发与结晶

学习目标

知识要求　**1. 掌握**　蒸发、结晶的概念及单效蒸发计算。

　　　　　　2. 熟悉　蒸发器、常用结晶器的结构、特点、单效和多效蒸发操作的流程。

　　　　　　3. 了解　蒸发的特点、蒸发过程、结晶过程的工业应用与分类。

技能要求　1. 利用物料性质选择相应的蒸发器。

　　　　　　2. 能够对单效蒸发过程进行物料衡算。

　　　　　　3. 掌握蒸发器、结晶设备的使用，能对蒸发器、结晶器进行维护和保养。

案例导入

案例： 在做化学试验时，经常需要将溶液中的溶质与溶剂进行分离。应该将不饱和溶液变为过饱和溶液，溶质才能从溶液中析出结晶，实现溶质与溶剂的分离。

讨论： 1. 如何将不饱和溶液变为过饱和溶液？

　　　　2. 析出结晶的快慢与哪些因素有关？

　　　　3. 操作条件不同，析出晶粒的大小也会有所不同，为什么？

第一节　蒸发

一、蒸发概述

蒸发是将溶液加热至沸腾，使其中部分溶剂气化并被移出，从而提高溶液中溶质的浓度，即溶液浓缩的过程。进行蒸发操作的设备称为蒸发器。

蒸发操作在日常生活和其他行业中广泛应用，尤其是在制剂与中草药提取中更为常见。被蒸发的溶液是由不挥发的溶质与可挥发性的溶剂组成，所以蒸发亦是不挥发溶质与挥发性溶剂相分离的过程。蒸发的目的是使溶液浓缩或回收溶剂，以便得到有效成分的结晶或制成浸膏。在化学药物合成时，一般反应多在稀溶液中进行，其中间体及产品就溶解于该溶液中，为了使其结晶析出，所以也要进行蒸发。蒸发的方式有自然蒸发与沸腾蒸发两种，沸腾蒸发是在沸点下的蒸发，溶液的各个部分几乎都同时发生气化，效率较高，故制药生产中多采用沸腾蒸发。本章只讨论沸腾蒸发。

（一）蒸发操作必须具备的条件

1. 蒸发操作所处理的溶液是溶剂，具有挥发性，而溶质不具有挥发性。

2. 要不断地供给热能使溶液沸腾气化，由于溶质的存在，使蒸发过程中溶液的沸点温度高于纯溶剂的沸点。

3. 溶剂气化后要及时地排除，否则，溶液上方蒸气压力增大后，影响溶剂的气化。若蒸气与溶液达到平衡状态时，蒸发操作将无法进行。

（二）蒸发操作的分类

1. 按加热方式分 蒸发操作按加热方式一般可分为直接加热和间接加热，一般工业蒸发过程多采用的是饱和水蒸气间接加热操作。

2. 按操作压强分 分为常压蒸发、真空蒸发和加压蒸发，工业生产中一般用常压蒸发和真空蒸发。

3. 按蒸发器的效数分 蒸发操作按蒸发器效数分为单效蒸发和多效蒸发，工业生产中被蒸发的物料多为水溶液，且通常用饱和水蒸气为热源通过间壁加热。热源蒸汽习惯上称为生蒸汽或一次蒸汽，而从蒸发器气化生成的蒸汽称为二次蒸汽。蒸发的二次蒸汽不再被利用时，称为单效蒸发；若将二次蒸汽引入另一压力较低的蒸发器中作为加热蒸汽再利用，则称为多效蒸发。生产实际中，为了综合利用热能，常常利用二次蒸汽作为另一个蒸发器的热源使用。

4. 按操作方式分 蒸发操作按操作方式可分为间歇蒸发和连续蒸发。

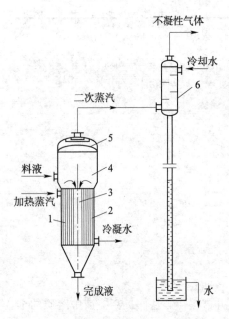

图 5-1 单效蒸发流程图
1. 加热室；2. 加热管；3. 中央循环管；
4. 蒸发室；5. 除沫器；6. 冷凝器

二、单效蒸发和真空蒸发

（一）单效蒸发流程

如图 5-1 所示，为单效蒸发流程示意图。蒸发装置包括蒸发器和冷凝器（如用真空蒸发，在冷凝后应接真空泵）。在蒸发器内用加热蒸汽（一般为饱和水蒸气）将水溶液加热，使水沸腾气化。蒸发室下部为加热室，相当于一个间壁式换热器（通常为列管式），应保证足够的传热面积和较高的传热系数。上部为蒸发室，沸腾的气液两相在蒸发室中分离，因此也称为分离室，应有足够的分离空间和横截面积。在蒸发室顶部设有除沫装置以除去二次蒸汽中夹带的液滴。二次蒸汽进入冷凝器用冷却水冷却，冷凝水由冷凝器下部经水封排出，不凝气体由冷凝器顶部排出。

（二）单效蒸发的计算

1. 水分蒸发量的计算 水分蒸发量是单位时间从溶液中蒸发出来的水量，以 W 表示，单位 kg/h。蒸发器的蒸发量亦是蒸发器的生产能力。设原料液中溶质的浓度（质量分数）为 w_1，完成液中溶质的浓度（质量分数）为 w_2，原料液量为 F，单位 kg/h，由物料衡算得

$$Fw_1 = (F - W) w_2 \qquad (5-1)$$

所以水分的蒸发量为

$$W = F \left(1 - \frac{w_1}{w_2} \right) \qquad (5-2)$$

2. 加热蒸汽消耗量 在蒸发器中加热蒸汽所放出的热量，主要是供给产生二次蒸汽所需要的潜热，还要供给使溶液加热到沸点及损失到外界的热量 $Q_损$，所以以加热蒸汽的消耗量是上述 3 者之和。即热平衡方程为

$$DR = W\gamma + Fc_均 \ (t_1 - t_0) \ + Q_损 \tag{5-3}$$

式中，D 为加热蒸汽消耗量，kg/h；W 为蒸发量，kg/h；γ 为蒸发压力下，水的气化热，kJ/kg；R 为加热蒸汽的气化热，kJ/kg；t_0 为原料液的平均温度，K；t_1 为蒸发器中溶液的沸点，K；$c_均$ 为原料液平均比热容，kJ/（kg·k）；F 为原料液处理量，kg/h。

由式（5-3）得

$$D = \frac{W\gamma + Fc_均 \ (t_1 - t_0) \ + Q_损}{R} \tag{5-4}$$

定义 $e = D/W$，称为单位蒸汽消耗量，即每气化1kg水需要消耗的加热蒸汽量，kg 蒸汽/kg 水。这是蒸发器的一项重要技术经济指标。

若原料液在沸点下加入，则 $t_1 = t_0$，若忽略热损失，则 $Q_损 = 0$，式（5-4）可简化为 $D = W\gamma/R$；在较窄的饱和温度范围内，水的气化热值变化不大，近似认为 $R \approx \gamma$，则 $D \approx W$，$e \approx 1$，也就是在上述各假设条件下，采用单效蒸发时，蒸发1kg水消耗1kg的加热蒸汽。实际上，由于溶液热效应的存在和热量损失不能忽略，通常情况下 $e \geqslant 1.1$。

3. 蒸发器的传热面积计算 根据传热基本方程，得出传热面积 A 为

$$A = \frac{Q}{K\Delta t_均} \tag{5-5}$$

式中，$\Delta t_均$ 为传热平均温差，℃。

若忽略热损失

$$A = \frac{W\gamma + Fc_均 \ (t_1 - t_0)}{K\Delta t_均} \tag{5-6}$$

为了计算传热面积 A，需求出 K 及 $\Delta t_均$，现分别讨论如下。

（1）K 值 可根据实验或查取经验数值确定。

（2）传热温度差 $\Delta t_均$ 蒸发可近似视为恒温传热，加热蒸汽的温度一般是恒定的，而溶液的沸点随溶液浓度变化，在蒸发过程中逐渐升高，因而传热温度差在蒸发过程中逐渐变小。

在计算传热面积时，应按最小温度差计算，即由溶液的沸点 t_1 来计算，这样求出的传热面积才能满足全部蒸发过程的需要。故有

$$\Delta t_均 = T - t_1 \tag{5-7}$$

实例分析 5-1 某药厂用真空蒸发器浓缩葡萄糖溶液，进料量为 9000kg/h，原料液质量分数为 20%，完成液质量分数 50%，操作压力为 66.7kPa（真空度），沸点为 70℃，加热蒸汽为 392kPa（绝压），冷凝水在其冷凝温度时排出。求沸点进料条件下每小时蒸发水分量及蒸汽消耗量。忽略损失于周围的热量。实验测定升膜蒸发器的传热系数 $K = 1750$W/（m²·K）。

分析：（1）求水分蒸发量

$$W = F\left(1 - \frac{w_1}{w_2}\right) = 9000 \times \left(1 - \frac{0.2}{0.5}\right) = 5400\text{kg/h}$$

（2）求加热蒸汽消耗量

从饱和水蒸气表查得：70℃水的气化热 $\gamma = 2331.2$kJ/kg。

392kPa 时 $R = 2139.9$kJ/kg

$$Q_损 = 0$$

$$D = \frac{W\gamma}{R} = \frac{5400 \times 2331.2}{2139.9} = 5882.7 \text{kg/h} = 1.63 \text{kg/s}$$

$$e = \frac{D}{W} = \frac{5882.7}{5400} = 1.09$$

即每蒸发 1kg 水需要 1.09kg 加热蒸汽。

（3）求蒸发器的传热面积

$t_0 = 70℃$，查相关手册可得 392kPa 的饱和蒸汽温度 $T = 143℃$。

$$A = \frac{Q}{K\Delta t_均} = \frac{1.63 \times 2139.5 \times 10^3}{1750 \times (143 - 70)} = 27.4 \text{m}^2$$

实例分析 5 – 2 今欲用一单效蒸发器将浓度为 65% 的硝酸铵水溶液浓缩至 95%，每小时的处理量为 10t。已知加热蒸汽的压强为 700kPa，假设在操作压力下溶液的沸点为 65℃，溶液沸点进料，蒸发器的传热系数为 1200W/m² · K，热损失按热负荷的 5% 考虑，该蒸发器所需要多大传热面积？

分析：已知 $F = 10000 \text{kg/h}$，$w_0 = 0.65$，$w_1 = 0.95$

（1）首先求出水分蒸发量

$$W = F\left(1 - \frac{w_0}{w_1}\right)$$

将以上各值代入上式，得

$$W = 10000 \times \left(1 - \frac{0.65}{0.95}\right) = 3158 \text{kg/h}$$

（2）求沸点进料下的蒸汽消耗量

$$D = \frac{W\gamma + Q_L}{R}$$

由题意 $Q_L = 0.05DR$

将其代入上式并整理得 $\quad D = \frac{W\gamma}{0.95R}$

从水蒸气表上查得加热蒸汽压强为 700kPa 时

$$R = 2071.5 \text{kJ/kg} \qquad T = 164.7℃$$

二次蒸汽温度为 60℃ 时

$$\gamma = 2355.1 \text{kJ/kg}$$

将以上各值代入上式，得

$$D = \frac{3158 \times 2355.1}{0.95 \times 2071.5} = 3780 \text{kg/h}$$

（3）计算蒸发器所需的传热面积

$$A = \frac{Q}{K\Delta t_m} = \frac{DR}{K(T - t_1)} = \frac{3780 \times 2071.5 \times \frac{10^3}{3600}}{1200 \times (164.7 - 65)} = 18.2 \text{m}^2$$

（三）真空蒸发

真空蒸发时溶液侧的操作压强低于大气压强，要依靠真空泵抽出不凝气体并维持系统的真空度，其目的是为了降低溶液的沸点和有效利用热源。与常压蒸发操作相比，真空蒸发具有下列优点。

1. 在加热蒸汽压力相同的情况下，真空蒸发时溶液沸点低，传热温度差增大，可相应减小蒸发器的传热面积。

2. 可以蒸发不耐高温的溶液。

3. 可以利用低压蒸汽或废蒸汽作加热剂。

4. 操作温度低,热损失较小。

真空蒸发的缺点是为保持蒸发器的真空度,需要增加额外的能量消耗,真空度越高,消耗的能量也越大。同时,溶液沸点下降随之黏度增大,使对流传热系数减少。应通过经济核算来选择合适的蒸发操作压力。

三、多效蒸发

(一)多效蒸发原理

蒸发的操作费用主要是气化溶剂(水)所消耗的蒸汽及动力费。在单效蒸发中,每蒸发1kg水通常都需要消耗多于1kg的加热蒸汽。在大型工业生产过程中,当蒸发大量水分时,势必要消耗大量的加热蒸汽。为减少加热蒸汽的消耗量,可采用多效蒸发,即将几个蒸发器彼此连接起来协同操作。其原理是利用减压的方法使后一效蒸发器的操作压力和溶液的沸点均较前一效蒸发器的低,使前一效蒸发器引出的二次蒸汽作为后一效蒸发器的加热蒸汽,且后一效蒸发器的加热室成为前一效蒸发器的冷却器。按此原则将几个蒸发器顺次连接起来协同操作以实现二次蒸汽的再利用,从而提高加热蒸汽利用率的操作称为多效蒸发,每一个蒸发器称为一效。

通入生蒸汽的蒸发器称为第一效,利用第一效的二次蒸汽作为加热蒸汽的蒸发器称为第二效,利用第二效的二次蒸汽作为加热蒸汽的蒸发器称为第三效,以此类推。由于多效蒸发可以节省加热蒸汽用量,所以在蒸发大量水分时,广泛采用多效蒸发。

(二)多效蒸发的流程

在多效蒸发中,根据物料与二次蒸汽的流向不同,多效蒸发操作的流程可分为3种,即顺流、逆流和平流。以三效为例介绍多效蒸发流程。

1. 顺流加料法(又称并流加料法) 料液与蒸汽的流向相同,如图5-2所示。料液和蒸汽都是由第一效依次流至末效。原料液和蒸汽都加入第一效,溶液顺次流过第一效,第二效和第三效,由第三效取出完成液。加热蒸汽在第一效加热室中冷凝后,经冷凝水排除器排出;由第一效溶液中蒸发出来的二次蒸汽送入第二效加热室供加热用;第二效的二次蒸汽送入第三效加热室;第三效的二次蒸汽送入冷凝器中冷凝后排出。

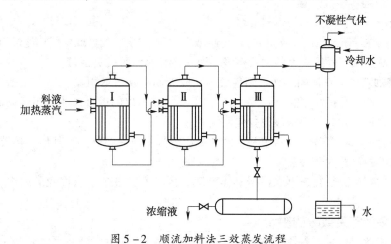

图5-2 顺流加料法三效蒸发流程

（1）顺流加料法的优点

①因各效压力依次降低，溶液的输送可以利用各效间的压力差，自动地从前一效进入后一效，无需用泵输送。

②前效的操作压力和温度高于后效，料液从前效进入后效时因过热而自动蒸发，在各效间不必设预热器。

（2）顺流加料法的缺点　随着溶液的逐效蒸浓，温度逐效降低，溶液的黏度则逐效提高，致使传热系数逐效减小，往往需要更多的传热面积。因此，黏度随浓度增加很快的料液不宜采用此法。

2. 逆流加料法　料液与蒸汽流向相反，如图5-3所示。料液从末效加入，必须用泵送入前一效，最后从第一效取出完成液；而蒸汽从第一效加入，依次至末效。

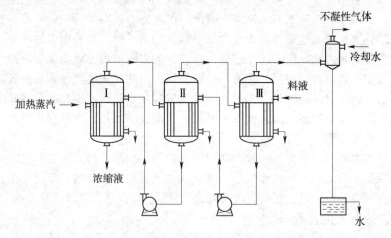

图5-3　逆流加料法三效蒸发流程

（1）逆流加料法的优点

①蒸发的温度随溶液浓度的增大而增高，这样各效的黏度相差很小，传热系数大致相同，有利于整个系统生产能力的提高。

②完成液排出温度较高，可以在减压下进一步闪蒸增浓。

③逆流加料时，末效的蒸发量比并流加料时少，因此减少了冷凝器的负荷。

（2）逆流加料法的缺点

①辅助设备多，各效间须设料液泵。

②各效均在低于沸点温度下进料，须设预热器（否则二次蒸汽量减少），故能量消耗增大。

因而此法适用于黏度较大的料液蒸发，可生产较高浓度的完成液。

3. 平流加料法　料液同时加入到各效，完成液同时从各效引出，蒸汽从第一效依次流至末效，如图5-4所示。此法用于蒸发过程中有结晶析出的场合，还可用于同时浓缩2种以上不同的料液，除此之外一般很少使用。

在此场合中，将多效蒸发器中某一效的二次蒸汽引出一部分作为其他换热器的加热剂，这部分引出的蒸汽称为额外蒸汽。

在实际生产中，往往还可以根据具体情况，将以上这些基本流程变形或组合，以适应生产需要。

（三）多效蒸发效数的限定

在工业生产中，采用多效蒸发可以节约能源，减少热源蒸汽（生蒸汽）的单位消耗量，提高其利用率。显然，当蒸发器的生产能力一定时，采用多效蒸发所需的生蒸汽消耗量远小于单效蒸发。理论上的单位蒸汽消耗量 e，对单效蒸发而言为 1，两效蒸发为 1/2，三效蒸发为 1/3，以此类推，n 效时为 $1/n$。但实际上由于存在温差损失和热损失，多效蒸发根本达不到上述的指标。表 5 - 1 列出了蒸发器各效 e 的经验值。

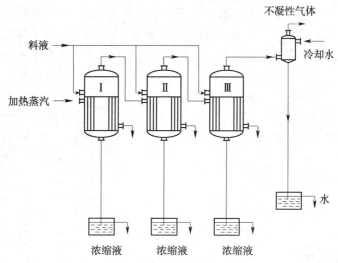

图 5 - 4　平流加料法三效蒸发流程

表 5 - 1　蒸发过程的单位蒸汽消耗量（kg/kg 水）

效数 n	单效	两效	三效	四效	五效
理想值	1	0.5	0.33	0.25	0.2
实际平均值	1.1	0.57	0.4	0.3	0.27

由上表可见，随着效数的增加，所节省的生蒸汽量越来越少，但设备费用则随效数增加而成正比增加。当增加一效的设备费用不能与所节省的加热蒸汽的收益相抵时，就没有必要再增加效数了，因此多效蒸发的效数是有一定限度的。

综上所述，工业上使用的多效蒸发装置，其效数并不是很多的。一般对于电解质溶液，如 NaOH 等水溶液的蒸发，由于其沸点升高较大，故采用 2 ~ 3 效；对于非电解质溶液，如葡萄糖的水溶液或其他有机溶液的蒸发，由于其沸点升高较小所用效数可取 4 ~ 6 效。

四、常用蒸发器

（一）蒸发器的结构

蒸发设备与一般的传热设备并无本质上的区别，但蒸发时需要不断的除去所产生的二次蒸汽。所以蒸发器除了需要间壁传热的加热室外，还需要进行汽液分离的蒸发室。这两部分构成了蒸发器的主体。

（二）蒸发器的类型

随着生产和科研的发展，蒸发设备不断改进，目前有多种结构形式。下面按照溶液在设备内的流动情况分类，简要介绍工业上常用的几种主要形式。

1. 自然循环型蒸发器　在这类蒸发器内，溶液因受热程度不同而产生密度的差异，因此形成自然循环。

（1）标准式蒸发器（又称中央循环管式蒸发器）　其结构如图 5 - 5 所示。加热室是由 $\phi 25 \sim 75mm$ 的竖式管束组成，管长 0.6 ~ 2mm。管束中间有一直径较大的中央循环管，此管截面积为加热管束总截面积的 40% ~ 100%。由于中央循环管与管束内的溶液受热情况不同，产生密度差异。于是溶液在中央循环管内下降，由管束沸腾上升而不断地做循环运动，提高了传热效果。

这类设备的优点在于结构紧凑，制造方便，操作可靠。但缺点是清洗维修不便，溶液循环速度不高。一般适用于结垢不严重，有少量结晶析出和腐蚀性小的溶液蒸发。

（2）盘管式蒸发器　其结构如图5-6所示。盘管式蒸发器亦称为列管式蒸发器，由蒸发室、除沫器组成。室体为长圆柱形，室内下部设置3～5组扁平椭圆加热蒸汽盘管，每组盘管均有单独蒸汽进口与冷凝水排出口，室体上设有快开式人孔、视镜、照明、取样、仪表接口等装置。

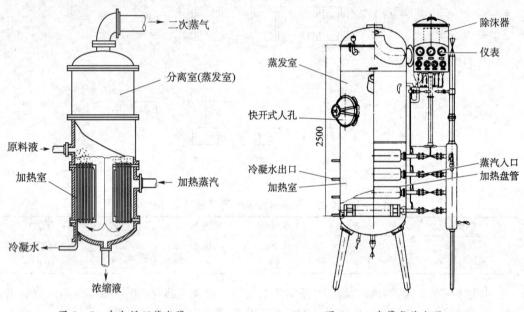

图5-5　中央循环蒸发器　　　　　图5-6　盘管式蒸发器

当料液浸没盘管后，利用盘管内蒸汽对周围空间料液进行加热，料液在盘管外沸腾蒸发并作无组织的自然对流，二次蒸汽由室顶进入除沫器分离液滴后，可由附设的真空系统抽至冷凝后排除。

这种设备的优点在于具有较大的传热面积与气液分离空间，并且盘管多层分设，可根据液面高低而调节加热组数，料液量不足以浸没所有盘管时，也能进行蒸发浓缩。但料液在蒸发室内循环速度慢，且清洗污垢比较困难。适用于蒸发不起泡沫、不析出固体和黏性较低的料液。

（3）外加热式蒸发器　将管束较长的加热室装在蒸发器的外面，使加热室与分离室分开的蒸发器，称为外加热式蒸发器，其结构如图5-7所示。由于循环管没有受到蒸汽加热，增大了循环管内与加热管内溶液的密度差，从而加快了溶液的自然循环速度。加热室有垂直的，也有倾斜的。因为加热室在蒸发器外，蒸发器的总高度减低，同时便于检修及更换。

2. 强制循环型蒸发器　强制循环型蒸发器结构，如图5-8所示。其特点是溶液靠泵强制循环，循环速度达2～5m/s。循环管是一垂直的空管子，它的截面积约为加热管总截面积的150%左右。管子上端通分离室，下端与泵的入口相连。泵的出口连接在加热室底部。溶液的循环过程是这样的，溶液由泵送入加热室，在室内受热沸腾，沸腾的气液混合物以高速进入分离室进行气液分离，蒸汽经捕沫器后排出，溶液沿循环管下降被泵再次送入加热室。由于溶液的流速大，因此适用于高黏度和易于结晶析出、易结垢或易于产生泡沫的溶液的蒸发。但动力消耗大，每平方米传热面积消耗功率为 0.4 ~ 0.8kW。

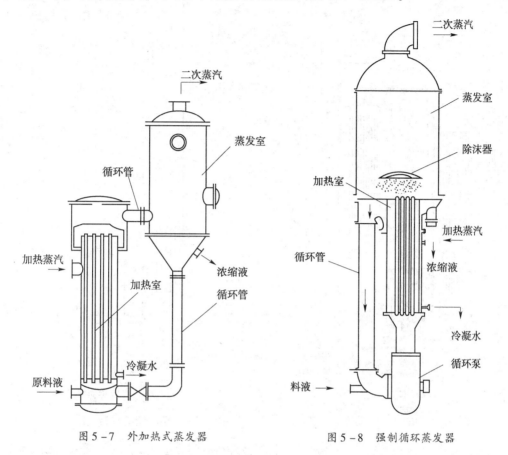

图 5 - 7 外加热式蒸发器　　　　图 5 - 8 强制循环蒸发器

3. 膜式蒸发器 上述几种蒸发器，溶液在器内停留时间都比较长，这对热敏性物料的蒸发极为不利，容易使物料分解变质。膜式蒸发器的特点是：溶液沿加热管壁呈膜状流动形式进行传热和蒸发，溶液只通过加热面一次即可达到浓缩的要求。由于蒸发速度快，溶液受热时间短，因此特别适合处理热敏性溶液的蒸发。具体可分为升膜和降膜两种方式。

（1）升膜式蒸发器　其结构如图 5 - 9 所示。结构与列管换热器类似，不同之处是它的加热管直径为 25 ~ 50mm，管长与管径比为 100 ~ 300。料液经预热后由加热室底部进入，受热后迅速沸腾气化，所产生的二次蒸汽在管内高速上升（高压下气速 20 ~ 30m/s，减压下达 80 ~ 200m/s）。料液在上升过程中逐渐被蒸浓。

升膜式蒸发器可采用常压蒸发，也可减压蒸发，其操作状态应以料液形成薄膜上爬为好，形成爬膜的条件有：一是靠足够的温度差；二是靠蒸发的蒸汽量及足以达到拉引溶液形成液膜的上升速度。

此种蒸发器一般为单程型（即料液一次性通过加热管而完成浓缩），一般适用于蒸发量大、稀溶液、热敏性及易产生气泡溶液的蒸发，而对高黏度（大于 50kPa·s）、易结晶、易结垢的溶液不适用。

（2）降膜式蒸发器　其结构如图 5 - 10 所示。料液由加热室顶部加入，经液体分布器后均匀分布在每根加热管的内壁上，在重力作用下呈膜状下降，在底部得到浓缩液。二次蒸汽使每根加热管上能形成均匀的液膜，又要能防止蒸汽上窜，必须在每根加热管入口处安装液体分布器。

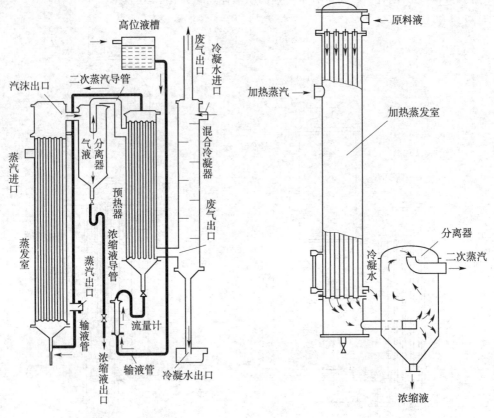

图 5-9　升膜式蒸发器　　　　　　图 5-10　降膜式蒸发器

　　降膜式蒸发器与升膜式蒸发器相比较，料液停留时间更短，受热影响更小，故特别适用于热敏性料液的蒸发，还可以蒸发黏度较大（50～450kPa·s）的溶液，但不易处理易结晶和易结垢的溶液。降膜式蒸发器的蒸发速度快，较升膜式蒸发器更易成膜，成膜均匀不易结垢。安装时要求列管有一定的垂直度，同时对于料液分布器加工及安装要求较高。

　　（3）刮板式薄膜蒸发器　其结构如图 5-11 所示。该类蒸发器是在壳体上配有加热夹套，壳体内中心设置转动轴，轴上安装有叶片，叶片与壳壁之间的缝隙约为 0.7～1.5mm。叶片的类型有多种，常有的为刮板式和甩盘式两种。

　　当料液由蒸发器的上部沿切线方向输入器内，刮板被传动装置带动旋转，料液受刮板的刮带而旋转，在离心力、重力及刮板的作用下，料液在蒸发器内壁形成了旋转下降的液膜，液膜在下降过程中，不断地被夹套内壁加热蒸发而浓缩，浓缩液由底部排出收集，二次蒸汽经分离器分离液沫后冷凝移除。

　　该蒸发器依靠叶片强制将料液刮拉成膜状流动，具有传热系数高、料液停留时间短的优点，但结构复杂，制造与安装要求高，动力消耗大，传热面积有限而致处理液量不能太大。该蒸发器适用于处理易结晶、高黏度或热敏性的料液。对于热敏性中药提取液，可先选用升膜式蒸发器作初步蒸发浓缩，再经刮板式薄膜蒸发器进一步处理，效果良好。

　　（4）离心式薄膜蒸发器　其结构如图 5-12 所示。蒸发器的核心部位是一组锥形盘，每个锥形盘都有夹层，内走加热蒸汽，外壁走料液。锥形盘固定于转鼓上并随空心轴高速旋转。

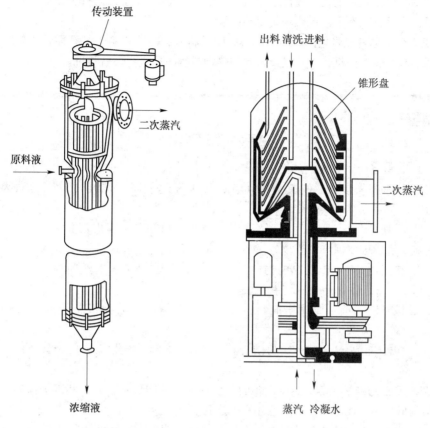

图 5 - 11　刮板式薄膜蒸发器　　　　　图 5 - 12　离心式薄膜蒸发器

　　当料液经过过滤后,用泵由蒸发器顶部输入,经分配管均匀送至锥形盘的内侧面,被高速旋转的锥形盘甩开,迅速铺撒在锥形盘加热面上,形成厚度小于 0.1mm 薄膜进行蒸发,在极短时间内完成蒸发浓缩,浓缩液在离心力的作用下流至外缘,然后汇集于蒸发器的外侧,由出料管流出。加热蒸汽由底部进入蒸发器,从边缘小孔进入锥形盘的空间,冷凝水由于离心力的作用在边缘的小孔流出。二次蒸汽与溶液分离后,通过外转鼓与外壳之间的缝隙,从二次蒸汽出口排出,经冷凝后移除。离心式薄膜蒸发器一般是真空蒸发,每当操作结束后,可通过蒸发器的清洗装置,用热水或冷水冲洗蒸发器各部位。

　　离心式薄膜蒸发器与刮板式薄膜蒸发器一样,是依靠机械作用强制形成极薄的液膜,具有传热系数高,浓缩比高 (15 ~ 20 倍),料液受热时间极短 (仅 1s),设备体积小的优点。特别适用于热敏性料液的处理,但对黏度大、有结晶、易结垢的料液不宜采用该设备。

(三) 蒸发器的操作与维护

　　1. 正常开车　蒸发器开车时首先将加热室残留的冷凝水排净,检查设备、仪表、阀门和控制系统是否正常。对需要抽真空的装置进行抽真空;设置有关仪表设定值,同时将其设为自动状态;按照规定的顺序开启加料阀、蒸气阀,并依次查看各效分离罐的液位显示。监测各效温度,检查其蒸发情况;通过有关仪表监测产品浓度,通过调整蒸汽流量或加料流量来调整产品浓度。

　　2. 操作运行　开车后,注意监测蒸发器各部分的运行情况及温度、压力、液位等指标,操作中控制蒸发装置的液位是关键，目的是使装置运行平稳，流量稳定，由于大多数泵输送的是沸腾液体，有效地控制液位也能避免泵的"气蚀"现象，运行中做好操作记录，当装置处于稳定运行状态下，不要轻易变动性能参数。

3. 正常停车 首先将蒸汽关闭，然后关闭进料阀，停止进料。打开靠近末效真空器的开关并将抽真空装置停机，将蒸发设备内的热物料排净后进行设备清洗。

拓展阅读

蒸发单元操作安全要点

1. 控制各效蒸发器的液面处于工艺要求的位置。

2. 经常调校仪表，使其灵敏可靠，如果发现仪表失灵要及时查找原因并处理。

3. 经常对设备、管路进行严格检查、探伤，特别是视镜玻璃要经常检查、适时更换，以防因腐蚀造成事故。

4. 在蒸发容易析出结晶的物料时，易发生管路、加热室、阀门等的结垢堵塞现象，因此需定期用水冲洗保持畅通。

5. 检修设备前，要泄压泄料，并用水冲洗降温，去除设备内残存腐蚀性液体。

6. 操作、检修人员应穿戴好防护衣物，避免热液、热蒸汽造成人身伤害。

---

4. 蒸发设备的维护保养 蒸发设备的类型不同，结构形式各异，其维护保养也因设备类型、结构形式不同而不同，一般应注意下述几点。

（1）压力表、真空表、温度计及安全阀门等应定期检验，每年至少1次。

（2）定期检查管路、焊缝、密封圈等连接件部位，以保持其密封完好。

（3）定期检查真空系统，若设备真空度达不到要求，应注意检查设备是否有泄漏点、真空系统是否正常工作。

（4）每次操作前，应检查设备的各种关键部件、仪表是否完整无损、灵敏可靠。检查各气路是否畅通。如管道接口处出现渗漏时，应卸下重新调整，密封件损坏应及时更换。

（5）所有阀门的启闭，均须缓慢进行，尤其是蒸汽阀门及真空阀门。

（6）定期对蒸发器进行清洗。可选用蒸汽、碱水或其他洗涤剂煮沸30min，再刷洗设备内部，并用水清洗干净，但不宜进行酸洗，以免腐蚀设备。清洗周期因设备类型不同则要求不同，应视具体情况而定。如多效蒸发器一般"一效"10天需清刷1次，"二效""三效"则可2、3个月洗刷1次，更换品种时，应进行彻底的清洗，以避免交叉污染。

（7）设备若闲置不用，应将管道及控制阀等卸下，干燥后涂上润滑油存放。

第二节　结晶分离技术

结晶是指物质从液态（溶液或熔融体）或蒸气形成晶体的过程，是获得纯净固态物质的重要方法之一。结晶可以实现溶质与溶剂的分离，也可以实现几种溶质之间的分离。结晶是对固体物料进行分离、纯化以及控制其特定物理形态的重要单元操作。

相对于其他化工分离操作，结晶过程有以下特点。

（1）纯度高　能从杂质含量相当多的溶液或多组分的熔融混合物中，分离出高纯或超纯的晶体。结晶产品在包装、运输、储存或使用上都较方便。

（2）选择性高　对于许多难分离的混合物系，例如同分异构体混合物，共沸物，热敏性物系等，使用其他分离方法难以奏效，而适用于结晶分离。

（3）能耗低、设备简单　结晶与精馏、吸收等分离方法相比，能耗低得多，因结晶热一般仅为蒸发潜热的1/3～1/10。又由于可在较低温度下进行，对设备材质要求较低，操作相对安全。一般无有毒或废气逸出，有利于环境保护。

（4）影响因素多　结晶是一个很复杂的分离操作，它是多相、多组分的传热－传质过程，也涉及表面反应过程，尚有晶体粒度及粒度分布问题，结晶过程和设备种类繁多。

一、结晶分离技术的基本原理

（一）溶解度及溶解度曲线

在一定条件下，物质溶解在某种溶剂中得到了溶液，在溶剂中所能溶解的最大浓度（平衡浓度）称为该溶质的溶解度。溶质的浓度达到溶解度的溶液称为饱和溶液。当溶液中溶质的组成超过了溶解度，称为过饱和溶液。溶液达到饱和，超过溶解度的过量溶质要从溶液中结晶析出，直到溶液达到饱和为止。溶解度常用的表示方法有：溶质在溶液中的质量分数，kg溶质/100kg溶剂等。

物质的溶解度与其种类、溶剂的种类、温度及某些条件（如pH值）有关。物质在一定溶剂中的溶解度主要随温度变化，而随压力的变化很小，常忽略不计，所以，温度是结晶过程有重要影响的因素。溶解度与温度的关系曲线称为溶解度曲线，如图5－13所示。每条曲线上的点表示该物质溶液的一种饱和状态，从图5－13看出大多数物质的溶解度随温度升高而升高，但有些物质的溶解度对温度不太敏感，如硫酸肼、磺胺等；有些物质的溶解度对温度变化有中等程度敏感性，如乳糖等；有些物质的溶解度对温度十分敏感，如葡萄糖等。还有一些物质［如$Ca(OH)_2$、$CaCrO_4$］的溶解度随温度的升高而减小，结晶操作应根据这些不同的特点，采用相应的操作方法。各种物质的溶解度数据可以由实验测定，或从有关手册中查得。

（二）过饱和度和过饱和曲线

在同一温度下，过饱和溶液和饱和溶液间的浓度差为过饱和度，它表示溶液呈饱和的程度，也是结晶过程不可缺少的推动力。过饱和浓度与温度的关系可用过饱和曲线表示，如图5－14所示，AB线为溶解度曲线（饱和溶液曲线）。图中AB线为溶解度曲线，CD线为过饱和曲线，与溶解度曲线大致平行。AB曲线以下的区域为稳定区，在此区域溶液尚未达到饱和，溶质不会结晶析出。AB曲线以上是过饱和区，此区又可分为两个部分：AB线和CD线之间的区域称为介稳区，在此区域内不会自发地产生晶核，但如果溶液中加入晶体，则能诱导结晶进行，这种加入的晶体称为晶种；CD线以上是不稳区，在此区域内能自发地产生晶核。

从图中可知，将初始状态为E的洁净溶液冷却至F点，溶液刚好达到饱和，但没有结晶析出；当由点F继续冷却至G点，溶液经过介稳区，虽已处于过饱和状态，但仍不能自发地产生晶核（不加晶种的情况下）；当冷却超过G点进入不稳区后，溶液才能自发地产生晶核。另外，也可以采用在恒温的条件下蒸发溶剂的方法，使溶液达到过饱和，如图中EF'G'线所示。或者采用冷却和蒸发溶剂相结合的方法使溶液达到过饱和，如图中曲线EF"G"所示。

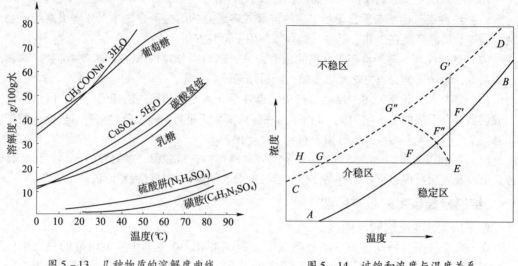

图 5 - 13   几种物质的溶解度曲线   图 5 - 14   过饱和浓度与温度关系

上述分析不难看出，只有溶液过饱和时，才有形成晶核及晶体成长的可能性，所以过饱和是结晶的必要条件，且过饱和的程度越高，成核越多或晶体成长越迅速。因此，过饱和的程度是结晶过程的推动力，它决定结晶过程的速率。

二、结晶过程及控制

结晶过程是一个热、质同时传递的过程。溶液冷却达到过饱和，或加热去除溶剂达到过饱和，都需要热量的移出或输入。在热量传递的同时，溶质由液相转入固相。

（一）结晶的生成过程

溶液的结晶过程通常要经历两个阶段，即晶核形成和晶体成长。

1. 晶核形成   在过饱和溶液中新生成的结晶微粒称为晶核，它是晶体成长过程中必不可少的核心。根据过程的机制不同，晶核形成可分为两大类：一种是在溶液过饱和之后，无晶体存在条件下自发地形成晶核，称为初级成核，按照饱和溶液中有无自生的或者外来微粒又分为均相初级成核与非均相初级成核两类。另一种是过饱和溶液在介稳区内受到搅拌、尘埃、电磁波辐射等外界因素诱发形成的晶核，称为二次成核。

2. 晶体成长   在过饱和溶液中已有晶核形成或加晶种后，以过饱和度为推动力，溶液中的溶质向晶核或加入的晶体运动并在其表面上进行有序排列，使晶体格子扩大的形成晶粒，这就是晶体成长过程。成长过程分以下 3 个步骤。

（1）溶质由溶液扩散到晶体表面附近的静止液层。

（2）溶质穿过静止液层后达到晶体表面，生长在晶体表面上，晶体增大，放出结晶热。

（3）释放出的结晶热再靠扩散传递到溶液主体中。

通常，最后一步较快，结晶过程受到前两个步骤控制。视具体情况，有时是扩散控制，有时是表面反应控制。

（二）结晶过程控制

介稳区对结晶操作具有很大的实际意义。在结晶过程中，若将溶液控制在靠近溶解度曲线的介稳区内，由于过饱和度较低，则在较长时间内只能有少量的晶核产生，溶质也只会在晶种的表面上沉积，而不会产生新的晶核，主要是原有晶种的成长，于是可得颗粒较大而整齐的结晶产品，如图 5 - 15a 所示，这往往是工业上所采用的操作方法。反之，若将溶液控制在介稳区，且在较高的过饱和程度内，或使之达到不稳区，则将有大量的晶核产生，于是所得产品中的晶体必定很小，如图 5-15b 所示。图中的 abc 线为溶液温度与浓度改变的路线。所以，适当控制溶液的过饱和度，可以很大程度上帮助控制结晶操作。

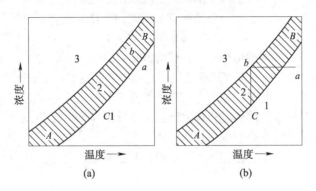

图 5-15　溶液冷却结晶的过程

实践表明：迅速的冷却、剧烈的搅拌、高的温度及溶质的分子量不大时，均有利于形成大量的晶核；而缓慢的冷却及温和的搅拌，则是晶体均匀成长的主要条件。

三、影响结晶操作的因素

1. 过饱和度的影响　过饱和度是结晶过程的推动力，是产生结晶产品的先决条件，也是影响结晶操作的最主要因素。因此，溶液的过饱和度是结晶操作中一个极其重要的参数。过饱和度增高，一般使晶体生长速率增大，但同时会引起溶液黏度增加，结晶速率受阻。因此，存在一个最优化的过饱和度的选择问题。适宜的过饱和度数值一般由实验测定。

2. 冷却（蒸发）速度的影响　在结晶操作，过饱和度是靠冷却和蒸发造成的。快速的冷却或蒸发将使溶液很快地达到过饱和状态，甚至直接穿过介稳区，能达到较高的过饱和度而得到大量的细小晶体；反之，缓慢冷却或蒸发，常得到很大的晶体。

3. 晶种的影响　结晶操作中一般都是在人为加入晶种的情况下进行的。晶种的作用主要是用来控制晶核的数量，以获得较大而均匀的结晶产品。加晶种时，必须掌握好时机，应在溶液进入介稳区内适当温度时加入晶种。如果溶液温度较高，加入的晶种有可能部分或全部被溶化而不能起到诱导成核的作用；如果温度较低，当溶液中已自发产生大量细小晶体时，再加入晶种已不能起作用。此外，在加晶种时，应当轻微地搅动，以使其均匀地散布在溶液中。

4. 搅拌的影响　在大多数结晶设备中都配有搅拌装置，搅拌能促进扩散和加速晶体生长。但在使用搅拌时应注意搅拌的形式和搅拌的速度。在一些靠搅拌推动溶液循环的结晶器中，适合配制旋桨式搅拌装置。而且搅拌装置的转速应适宜，否则转速太快，会导致对晶体的机械破损加剧，二次成核速率大大增加而影响产品的质量；若转速太慢，则可能起不到搅拌的作用。适宜的搅拌速度一般都是对特定的物系进行实验或参考经验数据决定。

5. 杂质的影响　溶液中杂质的存在一般对晶核的形成有抑制作用。溶液中的杂质对晶体的成长速率的影响较为复杂，有的杂质能抑制晶体的成长，有的能促进成长；有的杂质能在极低的浓度下产生影响，有的却需要在相当高的浓度下才起作用。杂质影响晶体成长速率的途径也各不相同。有的是通过改变溶液与晶体之间的界面上液层的特性而影响溶质长入晶面，有的是通过杂质本身在晶面上的吸附，发生阻挡作用。如果杂质和晶体的晶格有相似之处，杂质能长入晶体内而产生影响。在工业生产中，有时为了改变晶体的形状而有意识地加入某种物质，常用的有无机离子、表面活性剂和某些有机物等。

四、结晶的方法

工业上通常按溶液形成过饱和的方式区分结晶的方法。常用的结晶方法有以下几种。

1. 冷却结晶 通过冷却降低溶液的温度来实现溶液过饱和的方法。常用于温度对于溶解度影响较大的物质结晶，这是一个既经济又有效的方法。例如：硝酸钾、硝酸钠、硫酸镁等溶液。

2. 蒸发结晶 通过将溶剂部分气化，使溶液达到过饱和而结晶。适用于溶解度随温度变化不大的物质或温度升高溶解度降低的物质。例如：氯化钠、无水硫酸钠等。

3. 真空结晶 通过使热溶液在真空状态下绝热蒸发，除去一部分溶剂，这部分溶剂以气化热的形式带走部分热量而使溶液温度降低。实际上是同时用蒸发和冷却两种方法使溶液达到过饱和。这种方法适用于具有中等溶解度的物质。

4. 盐析结晶 通过将某种盐类加入溶液中，使原有溶质的溶解度减少而造成溶液过饱和的方法。

五、结晶设备

按照操作方式分为：间歇式、连续式。按照搅拌方式分为：有搅拌式、无搅拌式。按照操作压力分为：常压式、真空式。按照结晶方法结晶器分为：冷却结晶器、蒸发结晶器、真空结晶器及盐析结晶器。

（一）冷却结晶器

冷却结晶设备是采用降温来使溶液进入过饱和，并不断降温，以维持溶液一定的过饱和浓度进行育晶，常用于温度对溶解度影响比较大的物质结晶。结晶前先将溶液升温浓缩。

1. 结晶罐 如图 5 – 16 所示，是应用广泛的立式结晶罐，其结构简单，应用最早。如图 5 – 17 所示，是典型的内循环式，其实质

图 5 – 16 冷却结晶器

上就是一个普通的夹套式换热器，其中多数装有某种搅拌装置，以低速旋转，冷却结晶所需冷量由夹套内的冷却剂供给，换热面积小，换热量也不大。如图 5 – 18 所示，是外循环式釜式冷却结晶器，冷却结晶所需冷量有外部换热器的冷却剂供给，溶液用循环泵强制循环，所以传热系数较大，而且还可以根据需要加大换热面积，但必须选用合适的循环泵，以避免悬浮晶体磨损破碎。

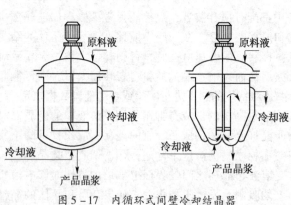

图 5 –17 内循环式间壁冷却结晶器

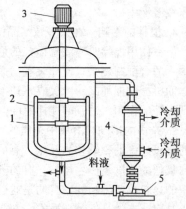

图 5 –18 外循环式间壁冷却结晶器
1. 夹套；2. 搅拌器；3. 电机；4. 换热器；5. 循环泵

结晶罐内设有锚式或框式搅拌器或导流筒。搅拌的作用不仅能加速传热，还能使结晶罐内的温度趋于一致，促进晶核的形成，并使晶体均匀地成长。因此，该类结晶器产生的晶粒小而均匀。

在操作中，注意清除结晶罐的蛇管及器壁上积结的晶体，防止影响传热效果，还应注意适时调整冷却速率，以避免进入不稳区。

2. 长槽搅拌连续式结晶器　如图5-19所示，该设备也叫带式结晶器。该结晶器以半圆形底的长槽为主体，槽外装有夹套冷却装置，可以通入水。槽内装有低速长螺距带式搅拌器。热而浓的溶液由结晶槽进入并沿槽沟流动，在与夹套中的冷却水逆向流动中实现过饱和并析出结晶，最后由槽的另一端排出。该结晶器的特点是机械传动部分和搅拌部分结构繁琐，冷却面积受到限制，溶液过饱和度不易控制，生产能力大，占地面积小，长槽搅拌连续式结晶器既可实现间歇操作，也可实现连续操作。它特别适于处理高黏度的液体。

3. 循环式冷却结晶器　如图5-20所示，是一种新型的循环式冷却结晶器。该种结晶器主要采用强制循环，冷却装置在结晶槽外，主要部件有结晶器和冷却器，它们通过循环管相连。料液由进料管进入结晶器，和结晶器内的饱和溶液一起进入循环管，用循环泵送入冷却器，冷却后的料液又一次达到轻度的过饱和，然后经中心管再进入结晶器，实现溶液循环。循环式冷却结晶器的细晶消灭器，通过加热或水溶液将过多的晶核消灭，保证晶体稳步长大。

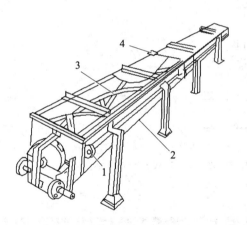

图5-19　长槽搅拌连续式结晶器

1. 冷却水进口；2. 水冷却夹套；3. 长螺距
螺旋搅拌器；4. 两端之间接头

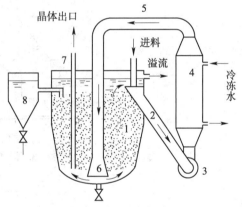

图5-20　循环式冷却结晶器

1. 结晶器；2. 循环管；3. 循环泵；4. 冷却器；
5. 中线管；6. 底阀；7. 晶体出口管；8. 细晶
灭器

（二）蒸发结晶器

蒸发设备中除膜式蒸发器外都可以作为蒸发结晶。它靠加热使溶液沸腾，溶剂在沸腾状态下迅速蒸发，使溶液迅速达到过饱和。由于溶剂蒸发得很快，尤其在加热器附近蒸发得更快，使溶液的过饱和度难以控制，因而难以控制晶体的大小。蒸发法结晶消耗的热能较多，加热面结垢问题也会使操作遇到困难。目前，工业上使用了由多个蒸发结晶器组成的多效蒸发，操作压力逐效降低，以便重复利用二次蒸汽的热能。自然循环及强制循环的蒸发结晶器的溶液循环推动力可借助于泵、搅拌器或蒸汽鼓泡热虹吸作用产生。蒸发结晶也常在减压下进行，目的在于降低操作温度，减小热能损耗。

（三）真空结晶器

如图5-21所示，是连续式真空结晶器，这种结晶器有间歇和连续式两种。它是利用溶液在真空条件下沸点低的特点，把热溶液送入密闭且绝热的结晶器中，让溶液在绝热的结晶器内蒸发，从而使溶液浓缩降温达到结晶所需的过饱和度。由于溶液在容器中是从蒸发后绝热降温到与器内真空度对应的平衡温度，所以，这类结晶器既有蒸发作用，又有冷却降温作用。料液由循环管底部送入，晶体与部分母液用泵连续排出，循环泵迫使溶液沿循环管均匀混合，并维持一定的过饱和度。蒸发后的溶剂自结晶器顶部抽出，在高位槽冷凝器中冷凝。双级蒸汽喷射泵的作用是使冷凝器和结晶器内处于真空状态。

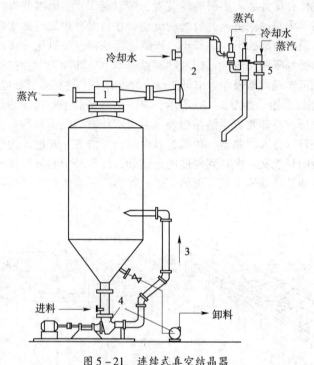

图 5 – 21　连续式真空结晶器

1. 蒸汽喷射泵　2. 冷凝器　3. 循环管　4. 进料泵　5. 双级蒸汽喷射泵

拓展阅读

结晶设备新动向

结晶设备的新动向就是实现结晶的连续化。要实现连续结晶就应满足如下要求：

1. 不形成结垢。
2. 设备内各部位溶液浓度均匀。
3. 避免促使晶核形成的刺激。
4. 连续结晶过程中具有各种大小粒子的晶体。
5. 及时清除影响结晶的杂质。
6. 设备内溶液的循环速度要适当。

📊 **重点小结**

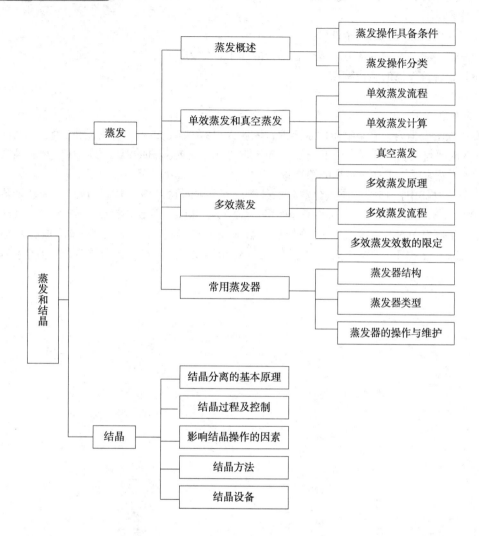

目标检测

一、单元选择题

1. 不适用于处理黏度较大溶液蒸发的三效蒸发流程是（　　　）。

  A. 顺流加料三效流程　　　　　　B. 逆流加料三效流程

  C. 平流加料三效流程　　　　　　D. 并流加料三效流程

2. 升膜式蒸发器料液从蒸发器（　　　）加料。

  A. 上部　　　　　B. 下部　　　　　C. 中间　　　　　D. 任意位置

3. 结晶分离的过程通常采用降温或者蒸发浓缩的方法，其目的是提高溶液的（　　　）。

  A. 过饱和度　　　B. 浓度差　　　　C. 黏度差　　　　D. 焓

4. 通过使热溶液在真空状态下绝热蒸发，除去部分溶剂，使溶剂以气化热的形式带走部分热量而使溶液温度降低的结晶方法是（　　）。

　　A. 冷却结晶　　　　B. 蒸发结晶　　　　C. 真空结晶　　　　D. 盐析结晶

二、简答题

1. 蒸发操作必须具备哪些条件？
2. 蒸发器由哪几个基本部分组成？各部分的作用是什么？
3. 试比较各蒸发器的结构特点。
4. 阐述结晶的生成过程。

三、应用实例题

1. 在单效蒸发器内，将某物质的水溶液自浓度为5%浓缩至25%（皆为质量分数）。每小时处理2吨原料液。溶液在常压下蒸发，沸点是373K。加热蒸汽的温度为403K，原料液在沸点时加入蒸发器，求加热蒸汽的消耗量。

2. 单效蒸发器中将15%（质量分数）的某溶液连续浓缩到25%（质量分数），原料液流量为2000kg/h，温度为75℃，加热操作的平均压强为49kPa，溶液的沸点为87.5℃，加热蒸汽绝对压强为196kPa，蒸发器的总传热系数$K = 1000$ W/（m^2·K），已知溶液比热容为4.184kJ/（kg·K），热损失为传热量的5%，试求蒸发器的传热面积和加热蒸汽消耗量。

第六章

蒸馏与精馏技术

学习目标

知识要求　1. **掌握**　精馏原理，能够运用精馏原理分析精馏工艺过程，掌握全塔物料衡算、精馏段和提精段的物料衡算、适宜回流比的选择及精馏过程最佳化的概念和塔板效率。

　　　　　2. **熟悉**　简单蒸馏的原理和流程，挥发度、相对挥发度的含义，理论塔板的概念，逐板计算法和图解法计算理论塔板数以及精馏塔的热量衡算，进料热状态对精馏过程的影响。

技能要求　1. 会进行精馏塔的操作和简单维护。

　　　　　2. 会进行精馏岗位正常操作和排除常见故障。

第一节　概述

案例导入

案例：生活中，人们会应用不同浓度的乙醇－水溶液，如供人饮用的浓度为 38% 低度白酒，医生为患者消毒使用的浓度为 75% 的医用酒精，用于工业生产浓度为 95% 的工业酒精，以及用于制药生产的符合药典质量标准的药用乙醇等。我们可以用高纯度的乙醇与水来配制低浓度的乙醇－水溶液。

讨论：1. 你知道不同品种的乙醇－水溶液是如何生产出来的吗？

　　　　　2. 如何纯化低浓度乙醇－水溶液，得到较高浓度的乙醇溶液？

一、蒸馏的基本概念及分类

蒸馏是分离液态均相混合物的一种常用单元操作，制药生产过程中所处理的原料、中间产物、粗产品等大多是由多种组分构成的液态混合物。如何能将液态均相混合物分开，应考虑组成混合物各组分在某种性质上的差异，如沸点不同或溶解度不同等，而蒸馏正是利用了液态均相混合物中各组分沸点不同这个特点，即组成混合物各组分挥发性上的差异而进行分离的。在制药生产中为获得所需产品或满足贮存、加工和使用的要求等需对混合物进行分离提纯，蒸馏是最常用方法之一。

在实际生产中蒸馏操作的种类有很多种，下面介绍几种常见的蒸馏过程。

（一）蒸馏过程分类

1. 按操作方式分

（1）间歇蒸馏　以某个生产任务或一小批物料为一个生产周期，时间很短，间歇蒸馏主要应用于小规模生产或某些有特殊要求的场合。

（2）连续蒸馏　生产过程连续不断，生产周期较长，因而实际生产中多以连续蒸馏为主。

2. 按分离程度分

（1）简单蒸馏　简单蒸馏一般多用于较易分离的物系或对分离要求不高的场合。

（2）平衡蒸馏（闪蒸）　平衡蒸馏是一种单级的蒸馏操作，将液态均相混合物在蒸馏釜中部分气化，并使气液两相分离的过程，这种操作既可以间歇又可以连续方式进行，连续操作的平衡蒸馏又称闪蒸。多用于原料液的粗分和多组分的初步分离。

（3）精馏　分离程度较高，能得到较纯的组分，生产中以精馏的应用最为广泛。

（4）特殊精馏　分离混合液中各组分的挥发度相差很小甚至形成共沸物，用普通蒸馏无法达到分离要求时，可采用特殊精馏。

3. 按操作压力分

（1）常压　在精馏过程中，设备内压力与大气压相同。

（2）加压　在精馏过程中，设备内压力高于大气压。

（2）减压　在精馏过程中，设备内压力低于大气压。

4. 按分离混合液中组分的数目分

（1）两（双）组分精馏

（2）多组分精馏

实际制药生产过程中以精馏为常见，它是利用液体混合物中各组分挥发性或沸点的差异，通过多次的部分气化和部分冷凝对液态均相混合物进行分离的单元操作。

二、蒸馏在化工制药工业中的应用

在化工制药等生产过程中常常会产生很多混合物，而且是均相混合物，要将混合物进行分离，以实现产品的提纯和回收，多数采用蒸馏操作。

蒸馏操作历史悠久，是分离过程最重要的单元操作之一，如在食品生产中从发酵的醪液提炼饮料酒；在大型的石油化工生产中石油的炼制分离汽油、煤油、柴油等；在工业生产中空气的液化分离制取氧气、氮气等。以及化学合成药品的提纯，溶剂回收和废液排放前的达标处理等等，都需要经蒸馏完成。

在化工制药生产中，蒸馏广泛地被用于液体产品提纯、精制、溶剂回收或从废水中回收有机溶剂等。如在中药制药生产中，常用蒸馏法回收提取液中的乙醇，回收后的乙醇可重新用于药材中有效成分的提取。当乙醇（A）和水（B）形成的二元混合液欲进行分离时，可将此溶液加热，使之部分气化呈平衡的气液两相。常压下乙醇沸点为78.3℃，水的沸点为100℃，乙醇的挥发性比水强，使得乙醇更多地进入到气相，所以在气相中乙醇的浓度要高于原来的溶液。而残留的液相中水的浓度增加了。这样原混合液中的两组分就实现了部分程度的分离，即为蒸馏分离。

第二节　二元溶液的气液相平衡

一、双组分理想溶液的气液相平衡

所谓理想溶液，就是指在溶液中不同分子之间的吸引力 f_{AB} 与同分子之间的吸引力 f_{AA} 和 f_{BB} 一样，溶液中一种物质对另一种物质只起稀释作用。在一定的温度下，气液两相达到平衡时，溶液上方气相中各组分的组成与该组分在溶液中的组成之间的关系称为气液相平衡关系，可用如下几种形式表示。

（一）以饱和蒸气压的形式表示

若气相组成以分压表示，则在一定的温度下，气液两相达到平衡时，溶液上方气相中各组分的分压与溶液中该组分摩尔分率之间的关系服从拉乌尔定律

$$p_A = p_A^0 x_A, \quad p_B = p_B^0 x_B \tag{6-1}$$

式中，p_A^0 为一定温度下 A 组分的饱和蒸气压，Pa；p_B^0 为一定温度下 B 组分的饱和蒸气压，Pa；x 为液相中组分的摩尔分数，下标 A 表示易挥发组分，下标 B 表示难挥发组分。

根据 $P = p_A + p_B = p_A^0 x_A + p_B^0 x_B$ 得出

$$x_A = \frac{P - p_B^0}{p_A^0 - p_B^0} \tag{6-2}$$

$$y_A = \frac{p_A}{P} = \frac{p_A^0 x_A}{P} \tag{6-3}$$

式中，P 为溶液上方总的蒸气压，Pa；p_A 为溶液上方 A 组分的平衡分压，Pa；p_B 为溶液上方 B 组分的平衡分压，Pa；y 为气相中组分的摩尔分数，下标 A 表示易挥发组分，下标 B 表示难挥发组分。

（二）以相图的形式表示

在压强一定的条件下，气、液两相的平衡关系可以用温度组成图（t–x–y 图）和气液平衡相图（x–y 图）表示，y 是轻组分（易挥发组分）在气相中的摩尔分率，x 是轻组分在液相中的摩尔分率。

1. 温度组成图（t–x–y 图）　以表 6–1 苯和甲苯的饱和蒸气压实验数据为例，根据式（6–2）、（6–3）计算出相应温度下的 x、y 值，如表 6–2 所示。

表 6–1　苯和甲苯的饱和蒸气压

t（℃）	80.1	85	90	95	100	102	105	110.6
p_A^0（kPa）	101.3	116.9	136.1	155.7	179.2	189.6	204.2	240.0
p_B^0（kPa）	39.0	46.0	54.2	63.3	74.3	78.8	86.0	101.3

表 6–2　苯和甲苯的气液平衡数据

t（℃）	80.1	82	85	90	95	100	102	105	110.6
x	1.000	0.907	0.780	0.581	0.412	0.258	0.203	0.130	0
y	1.000	0.962	0.897	0.773	0.663	0.456	0.380	0.262	0

在 101.33kPa 下，以温度 t 为纵坐标，液（气）相组成 x（y）为横坐标，绘制的 t–x–y 相图，如图 6–1 所示，图中实线为 t–x 线，称为饱和液体线（或称为泡点线），表示液相组成与泡点温度（加热溶液到产生第一个气泡时的温度）的关系。虚线为 t–y 线，称为饱和蒸气线（或称为露点线），表示气相组成与露点温度（冷却蒸气至产生第一个液滴时的温度）的关系。饱和液体线以下表示未达到泡点的液相区，饱和蒸气线以上为过热蒸

气区，两线之间为气液平衡共存区。

2. 气液平衡相图（y-x图） 在 $t-x-y$ 图中的两相区，一个温度 t 对应一组 x 和 y，如以 x 为横坐标，y 为纵坐标，可得如图6-2所示的气液相平衡图（$y-x$ 图）。图中曲线表示液相组成 x 和与之平衡的气相组成 y 之间的关系，对角线上 $x=y$。对于理想溶液，两相平衡时，易挥发组分的气相组成 y 总是大于其在液相中的组成 x，平衡线位于对角线上方，平衡线离对角线越远，表明该溶液用蒸馏方法越容易分离。

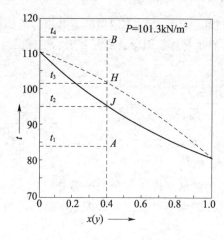 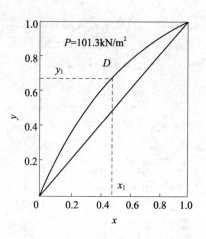

图6-1 苯-甲苯混合液的 $t-x-y$ 图   图6-2 苯-甲苯混合液的 $y-x$ 图

（三）以相对挥发度表示的气液相平衡方程

挥发度表示某种液体挥发难易的程度，对于纯液体，挥发度以在一定温度下的饱和蒸气压表示，即温度相同，饱和蒸气压越大的液体其挥发度越大。对于溶液中各组分的蒸气压因组分间的影响要比纯态时低，故溶液中各组分的挥发度 v 表示为在一定温度下气相中的分压 P 与平衡液相中的摩尔分率 x 之比。

$$v_A = \frac{p_A}{x_A}, \ v_B = \frac{p_B}{x_B} \tag{6-4}$$

对于理想溶液 $\qquad\qquad p_A = p_A^0 x_A, \ p_B = p_B^0 x_B$

所以 $\qquad\qquad v_A = \frac{p_A}{x_A} = \frac{p_A^0 x_A}{x_A} = p_A^0$

$$v_B = \frac{p_B}{x_B} = \frac{p_B^0 x_B}{x_B} = p_B^0$$

因此，对于理想溶液，可以用纯组分的饱和蒸气压来表示它在溶液中的挥发度，溶液中各组分挥发度的差别可以用其挥发度的比值表示，即相对挥发度 α。

相对挥发度 $\qquad\qquad \alpha = \frac{v_A}{v_B} = \frac{p_A/x_A}{p_B/x_B}$

理想溶液 $\qquad\qquad \alpha = \frac{p_A^0}{p_B^0}$

对于双组分溶液 $\qquad y_B = 1 - y_A, \ x_B = 1 - x_A$

可以得出用相对挥发度表示的气液相平衡方程式

$$y_A = \frac{\alpha x_A}{1 + (\alpha - 1) x_A}$$

略去下标

$$y = \frac{\alpha x}{1 + (\alpha - 1)x} \qquad (6-5)$$

若混合溶液接近于理想溶液，则 α 值的变化是很小的，可以把 α 取为定值，常取操作最高温度和最低温度下相对挥发度 α_1、α_2 的平均值。

$$\alpha_m = \frac{1}{2}(\alpha_1 + \alpha_2) \qquad (6-6)$$

从气液相平衡方程看出，若 $\alpha > 1$，则 $y > x$，α 值越大平衡线离对角线越远，越有利于分离，所以 α 值的大小可以用于判断混合液能否用蒸馏方法分离，以及分离的难易程度。

二、双组分非理想溶液的气液相平衡

对于非理想溶液而言，由于一种液体溶入另一种液体，其不同分子之间的吸引力 f_{AB} 与同分子之间的吸引力 f_{AA} 和 f_{BB} 不等，气液相平衡关系不再符合拉乌尔定律，气液平衡数据主要靠实验测试得到。主要由以下两种情况。

一是当 $f_{AB} < f_{AA}$ 和 f_{BB}，使气相中各组分的蒸气压较理想溶液大，形成与理想溶液有正偏差溶液。如乙醇 – 水物系，相图如图 6 – 3 所示，在 $t-x$（y）图上组成在 M 点时两组分的蒸气压之和出现最大值，该点溶液的泡点比两纯组分的沸点都低，泡点线和露点线在 M 点重合，M 点称为恒沸点，具有这一特征的溶液称为具有最低恒沸点的溶液。

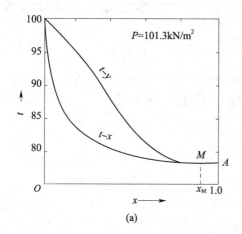
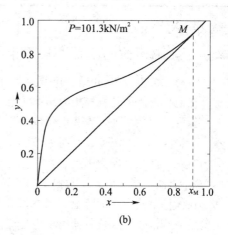

(a)   (b)

图 6 – 3 乙醇 – 水物系相图

常压下，乙醇 – 水物系恒沸组成摩尔分数为 0.894，相应温度为 78.15℃（纯乙醇为 78.3℃）。

第二种情况是当 $f_{AB} > f_{AA}$ 和 f_{BB}，使气相中各组分的蒸气压较理想溶液小，形成与理想溶液有负偏差溶液，如硝酸 – 水物系。如图 6 – 4 所示，$t-x-y$ 图上对应出现一最高恒沸点（M 点），该点比两纯组分的沸点都高，此时两组分的蒸气压之和最低，具有这一特征的溶液称为具有最高恒沸点的溶液。硝酸 – 水溶液为负偏差较大的溶液，在硝酸摩尔分数为 0.383 时，其沸点为 121.9℃。

具有恒沸点的溶液，在恒沸点组成下用普通的蒸馏方法不能实现混合溶液的分离，应采用特殊蒸馏。

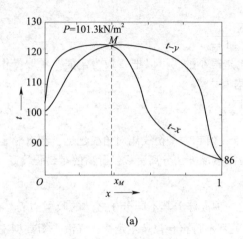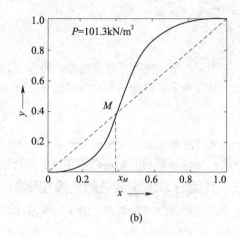

(a)   (b)

图 6 - 4　硝酸 - 水物系相图

第三节　简单蒸馏

案例导入

案例：乙醇稀溶液的蒸馏是基础化学中的经典的实验，实验过程如下。

将粗乙醇溶液 20ml 通过长颈漏斗倒入圆底烧瓶中，再加入 2～3 粒沸石，安好装置，接通冷凝水。开始加热时可大火加热，温度上升较快，开始沸腾后，蒸汽缓慢上升，温度计读数增加。当蒸汽包围水银球时，温度计读数急速上升，记录第一滴馏出液进入接收器时的温度。此时调节热源，使水银球上始终有液滴，并与周围蒸汽达到平衡，此时的温度即为沸点。在液体达到沸点时，控制加热，使流出液滴的速度为每秒钟 1～2 滴。当温度计读数稳定时，另换接收器，收集记录下各馏分的温度范围和体积。在保持加热程度的情况下，不再有馏分且温度突然下降时，应立即停止加热。记下最后一滴液体进入接收器时的温度。关冷凝水后计算产率。这个实验用到的方法就是简单蒸馏。

讨论：1. 实验过程中，在不同温度范围内为什么要接收不同的馏分？
　　　2. 实验过程中，在不同温度范围内接收了不同的馏分，这些馏分有怎样的不同呢？

一、简单蒸馏的原理

在蒸馏单元操作中双组分混合液中较易挥发的组分称为易挥发组分（或轻组分），较难挥发的组分称为难挥发组分（或重组分）。将待分离的混合液放在蒸馏釜中进行加热，当达到溶液的沸点时，溶液开始气化，随着加热的进行，高于溶液的泡点时出现平衡的气液两相，将气相引入冷凝器进行冷凝，按时间段收集起来，得到高于原来溶液易挥发组分组成的溶液，对蒸馏釜里的液相继续加热蒸馏，得到含难挥发组分较高的溶液，这就是简单蒸馏的原理。

二、简单蒸馏的流程

简单蒸馏的流程如图 6-5 所示。原料液直接加入蒸馏釜 1 中至一定量后停止，蒸馏釜内料液在恒压下以间接蒸气加热至沸腾气化，所产生的蒸气从釜顶引出至冷凝器 2 中全部冷凝，即得到一定温度的馏出液，可按不同组成范围导入贮罐 3 中。当釜中溶液浓度下降至规定要求时，即停止加热，将釜中残液排出后，再将新料液加入釜中重复上述蒸馏过程。

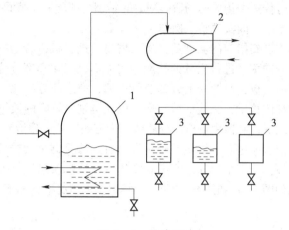

图 6-5　简单蒸馏
1. 蒸馏釜；2. 冷凝器；3. 馏出液贮罐

开始时产生的蒸气中易挥发组分含量最高，随着蒸馏过程的进行，釜内溶液中易挥发组分含量越来越低，产生的蒸气中易挥发组分含量也越来越低，生产中往往要求得到不同浓度范围的产品，可用不同的贮槽收集不同时间的产品。

简单蒸馏属于间歇操作，一次性加入物料，进行蒸馏，到规定指标后排放釜液，适于产量较小的间歇生产，主要用于粗分离和分离精度要求不高的场合，也可用于对混合液进行初步分离。简单蒸馏过程的流程、设备和操作控制都比较简单，只适用于分离相对挥发度较大，对分离程度要求不高的场合。要满足混合液的高纯度分离要求，需采用精馏操作分离。

第四节　精馏

案例导入

案例：通过上一节的学习我们知道了简单蒸馏的分离方法，但它也存在一定的缺陷。例如用简单蒸馏分离苯－甲苯混合物时无法通过一次蒸馏获得高纯度的组分。通过多次蒸馏可获得高纯度组分，但多次间歇操作不但人力成本、能源消耗很大，而且高纯组分产率极小，产量极低。

讨论：1. 如何才能弥补简单蒸馏的不足？
　　　　2. 有没有既能保证产品的较高纯度与较高产率又能保证操作方便与较低能耗的蒸馏方法呢？

一、精馏的原理与流程

精馏是根据溶液中各组分挥发度（或沸点）的差异，使各组分得以分离的单元操作。它通过气、液两相的直接接触，完成部分气化和部分冷凝，使易挥发组分由液相向气相传递，难挥发组分由气相向液相传递，经过多次部分气化和多次部分冷凝完成气、液两相之间传递过程，精馏操作通常是在装有若干层塔板或一定高度填料的塔设备中进行，塔板或填料表面是气、液进行传热和传质的场所。同时，精馏塔须配有塔底再沸器、塔顶冷凝器、原料预热器等附属设备，才能实现整个操作。

原料液经预热器加热到指定的温度后，送入塔内的进料板，与上一块塔板下降的液体汇合后与下一块板上升的蒸气进行充分的接触，完成部分气化和部分冷凝的相际间传质过程，液体继续流入下一块板，与此板上升的蒸气相遇，完成部分气化，气化上升的蒸气继续与上一块板下降的液体接触，完成部分冷凝，以此类推，下降的液体最后流入塔底再沸器中，操作时，连续地从再沸器中取出部分液体作为塔底产品（残液）。再沸器中液体部分气化产生上升蒸气，依次通过各层塔板，到达塔顶进入冷凝器中被全部冷凝，将部分冷凝液送回塔内作为回流液体，其余部分经冷却器冷却后作为塔顶产品（馏出液）送出。精馏流程和气液接触情况如图 6-6 和图 6-7 所示，精馏操作情况概括如下。

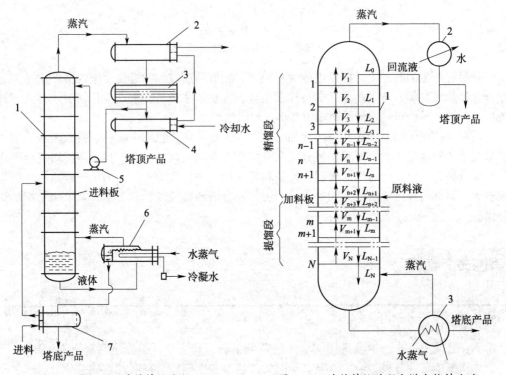

图 6-6　连续精馏流程
1. 精馏塔；2. 全凝器；3. 储槽；4. 冷却器
5. 回流液泵；6. 再沸器；7. 原料预热器

图 6-7　连续精馏过程和塔内物料流动
1. 精馏塔；2. 全凝器；3. 再沸器

塔体由加料板位置将塔体分为两部分，加料板以上为精馏段，加料板以下为提馏段。生产时，原料液不断地经预热器预热到指定温度后进入加料板，与精馏段的回流液汇合逐板下流，并与上升蒸气密切接触，不断地进行传质和传热过程，最后进入再沸器的液体几乎全为难挥发组分，引出一部分作为釜残液送预热器回收部分热能后送往贮槽。剩余的部分在再沸器中用间接蒸气加热气化，生成的蒸汽进入塔内逐板上升，每经一块塔板时，都使蒸汽中易挥发组分增加，难挥发组分减少，经过若干块塔板后进入塔顶冷凝器全部冷凝，所得冷凝液一部分作回流液，另一部分经冷却器降温后作为塔顶产品（也称馏出液）送往贮槽。

每层塔板上相接触的气、液组成应接近，这样才可能存在露点与沸点间的温度差，这些在精馏过程中系统会自动地调节和适应。最上一层塔板的蒸气必须与其组成接近的液体相接触，因而塔顶必须从外界供应与馏出液组成相近的液体。这可由塔顶引出的蒸汽全部冷凝后的部分冷凝液引回，称为回流。没有回流，塔内部分气化和部分冷凝就不能发生，精馏操作无从进行。从塔底应提供蒸气，而蒸气的组成应与塔底釜残液相近，这由在塔底安装的再沸器使釜残液部分气化来解决。

进料组成介于馏出液和釜残液之间，因而进料应在塔体中部的某一适宜的塔板上，该板称为进料板，在这层塔板上的液体的组成与进料相接近。

对精馏塔而言，自塔底向塔顶方向，蒸气中易挥发组分（轻组分）的含量越来越高，自塔顶向塔底方向，液体中难挥发组分（重组分）含量越来越高，而温度分布是塔顶的温度最低，依次向下逐渐升高，塔底温度最高。

精馏塔的主要传质构件是塔板，塔板的形式有多种，如泡罩塔版，浮阀塔板，最简单的一种是板上开有许多小孔的塔板，称筛板塔，每层板上都装有降液管、溢流堰、受液盘等。

二、双组分混合液的连续精馏计算

1. 全塔物料衡算 如图 6–8 所示，对连续精馏塔进行全塔物料衡算，得

$$总物料 \quad F = D + W \tag{6-7}$$

$$易挥发组分 \quad Fx_F = Dx_D + Wx_W \tag{6-8}$$

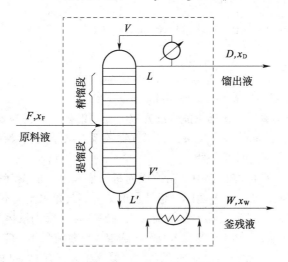

图 6–8 全塔物料衡算

式（6-7）和式（6-8）中有 6 个物理量的关系，实际应用时只要知道其中任意 4 个，就可求出另外 2 个未知量。但一般情况下，F、x_F、x_D、x_W 均已知，计算生产的产品量 D 和 W。可以得出 $D = \dfrac{F\,(x_F - x_w)}{x_D - x_W}$，$W = \dfrac{F\,(x_D - x_F)}{x_D - x_W}$。

精馏生产中还常用塔顶产品的易挥发组分的回收率来表示，即 $\eta = \dfrac{Dx_D}{Fx_F}$。

同理可得出塔底产品难挥发组分的回收率为

$$\frac{W(1-x_W)}{F(1-x_F)}$$

式中，F 为原料液流量，kmol/h；D 为塔顶产品（馏出液）流量，kmol/h；W 为塔底产品（残液）流量，kmol/h；x_F 为原料液中易挥发组分的物质的摩尔分率；x_D 为塔顶产品中易挥发组分的物质的摩尔分率；x_W 为塔底产品中易挥发组分的物质的摩尔分率。

全塔物料衡算方程虽然简单，但对指导精馏生产有重要的意义，实际生产中，精馏塔的进料是由生产工艺任务确定的，因此进料组成 x_F 为定值。由衡算方程（6-8）得知，此时塔的产品产量和组成是相互制约的。①在精馏操作中规定出工艺指标如馏出液与釜残液组成 x_D、x_W 一定。则 D/F、W/F 为定值，即该塔塔顶、塔底产品的产率已经确定，不能任意选择；②如果规定馏出液组成 x_D 和塔顶采出率 D/F 一定，此时塔底产品的采出率 W/F 和组成 x_W 也已经确定；③如果规定某组分在馏出液中的组成 x_D 和易挥发组分的回收率 $\eta = \dfrac{Dx_D}{Fx_F}$ 一定，由于易挥发组分回收率≤100%，即 $Dx_D \leqslant Fx_F$，或 $\dfrac{D}{F} \leqslant \dfrac{x_F}{x_D}$，说明采出率 D/F 是有限制的。因此当 D/F 取得过大时，即使此精馏塔分离能力有足够高时，从塔顶也无法获得高纯度的产品。

实例分析 6-1　每小时将 15000kg 含苯 44% 和甲苯的溶液，在连续精馏塔中进行分离，要求釜底残液中含苯不高于 2.5%（以上均为摩尔百分率），塔顶馏出液的回收率为 97.1%。操作压力为 101.3kPa。试求馏出液和釜残液的流量及馏出液的组成。

分析：原料液平均摩尔质量为 $M_F = 0.44 \times 78 + 0.56 \times 92 = 85.8$kg/kmol

$F = 15000/85.8 = 175$ kmol/h

$\dfrac{Dx_D}{Fx_F} = 0.971$　　得出 $Dx_D = 0.971 \times 175 \times 0.44 = 60.91$

由全塔物料衡算式得　　$D + W = 175$

$$Dx_D + 0.025W = 175 \times 0.44$$

解得 $W = 89.32$kmol/h；$D = 85.68$kmol/h；$x_D = 0.87$。

2. 精馏段的物料衡算——精馏段操作线方程　在精馏操作时，需要掌握塔内相邻两层塔板间的气、液相组成之间的数量关系，表达这种关系的数学式叫操作线方程。为简化计算，需引入气、液恒摩尔流的基本假定。

（1）恒摩尔气流　在精馏过程中，精馏段内每层塔板上升的蒸气摩尔流量是相等的，以 V 表示。提馏段内也如此，以 V' 表示。但两段的上升蒸气摩尔流量不一定相等。

（2）恒摩尔液流　在精馏过程中，精馏段内每层塔板下降的液体摩尔流量是相等的，以 L 表示。提馏段内也如此，以 L' 表示。但两段的液体摩尔流量不一定相等。

若塔板上气液两相接触时，有 1kmol 的蒸气冷凝，相应就有 1kmol 的液体气化，恒摩尔流的假定即成立。必须满足以下几项条件。

①各组分的摩尔气化潜热相等。

②气液两相接触时，因温度不同而交换的显热可以忽略。

③精馏塔保温良好，热损失可以忽略。

在精馏操作时，恒摩尔流虽是一项假设，但很多物系，尤其是化学性质相近组分的系统，上述条件基本符合，因此通常可视为恒摩尔流动，从而简化精馏的计算。由精馏段进行物料衡算可得出精馏段的操作线方程，对提馏段物料衡算可得出提馏段的操作线方程。

精馏段操作线方程可由图6-9所示的虚线范围（包括精馏段第$i+1$层板以上塔段及冷凝器）作物料衡算。

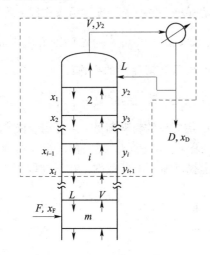 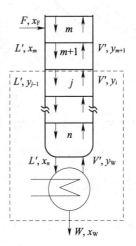

图6-9 精馏段的操作线方程　　　　　图6-10 提馏段的操作线方程

为了方便，规定精馏塔的塔板最上面的一块塔板为第一块板，依次为第二块板、第三块板，以此类推，如图6-9所示，对浓度下标的规定如下，浓度皆以摩尔分率表示，离开某一块塔板的气液组成就用该塔板的编号作下标。

总物料平衡　　　　　　　　　　$V = L + D$　　　　　　　　　　（6-9）

易挥发组分　　　　　　　　　$Vy_{i+1} = Lx_i + Dx_D$　　　　　　（6-10）

联立二式得　　　　　　$y_{y+1} = \dfrac{L}{L+D}x_i + \dfrac{D}{L+D}x_D$　　　　（6-11）

在式（6-11）中引入$R = \dfrac{L}{D}$，R称为回流比，是塔顶回流液量与塔顶产品量的比值，它是精馏操作中很重要的操作参数。代入上式得

$$y_{i+1} = \dfrac{\dfrac{L}{D}}{\dfrac{L}{D}+1}x_i + \dfrac{1}{\dfrac{L}{D}+1}x_D$$

即得

$$y_{i+1} = \dfrac{R}{R+1}x_i + \dfrac{1}{R+1}x_D \qquad (6-12)$$

式（6-12）中，由于第i块板是任选的，只要是在精馏段部分即能满足，因此可去掉下标，得

$$y = \dfrac{R}{R+1}x + \dfrac{x_D}{R+1} \qquad (6-13)$$

式（6-11）、（6-12）、（6-13）皆称为精馏段的操作线方程，其工程意义表示在一定操作条件下，从下一块塔板上升蒸气组成与其相邻的上一块塔板下降的液体组成之间的关系。

由式（6-13）可以看出，由于回流比R和x_D都是工艺指标，操作稳定后，应属于定值，精馏段操作线在气液平衡相图上是一条直线，如图6-11所示，直线ab，其作法如下。

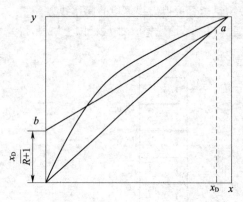

图 6-11 精馏段操作线的做法

在式（6-13）中，令 $x = x_D$，则可算得 $y = x_D$，因此表明点 a（x_D，x_D）是精馏段操作线上的一个点，该点可在 $y-x$ 图的对角线上由 $x = x_D$ 方便地标出。另一个特殊点由操作线方程的截距求得，即点 b（0，$\frac{x_D}{R+1}$）。可以看出过 a、b 两点作连线即是精馏段的操作线。直线 ab 的斜率是 $\frac{R}{R+1}$，在 y 轴上的截距是 $\frac{x_D}{R+1}$。

3. 提馏段的物料衡算——提馏段操作线方程

对图 6-10 所示的提馏段进行物料衡算，所选的虚线范围为衡算范围，在提馏段第 j 层板以下，包括再沸器作物料衡算。

总物料平衡 $$L' = V' + W \tag{6-14}$$

易挥发组分平衡 $$L'x_j = V'y_{j+1} + Wx_W \tag{6-15}$$

联立二式得 $$y_{j+1} = \frac{L'}{L'-W} x_j - \frac{W}{L'-W} x_W \tag{6-16}$$

因第 j 块板是任意选取的，故可去掉下标，则

$$y = \frac{L'}{L'-W} x - \frac{W}{L'-W} x_W \tag{6-17}$$

式（6-16）和式（6-17）称为提馏段操作线方程。其意义表明在一定操作条件下，在提馏段内任意一层塔板上升气相组成 y_{j+1} 与其相邻的上一层塔板下降的液相组成 x_j 之间的关系。

由恒摩尔流的假定可知，提馏段中各板的下降液体流量 L' 为定值，当稳态操作时釜残液流量 W 和组成 x_W 也为定值，所以，式（6-17）在气液平衡相图 $y-x$ 图上的图形也是一条直线，并且当 $x = x_W$ 时，由式（6-17）算得 $y = x_W$，说明该直线经过对角线上的（x_W，x_W）点。

应该注意的是，提馏段液体流量 L' 除了与精馏段的回流液量 L 有关外，还受进料流量及进料热状况的影响。当考虑进料热状况后，提馏段操作线方程式会有变化。

三、进料热状况分析

精馏段与提馏段的摩尔流量 V 与 V'，L 与 L' 的关系与进料热状况有关，综合起来进料有以下 5 种热状况，如图 6-12 所示。

（1）过冷液体　低于沸点温度以下，如含易挥发组成为 x 的溶液在 A 点所处状态。

（2）饱和液体　处于沸点温度，如含易挥发组成为 x 的溶液在 B 点所处状态。

（3）气液混合物　处于沸点温度和露点温度之间，组成为 x 的溶液在 C 点所处

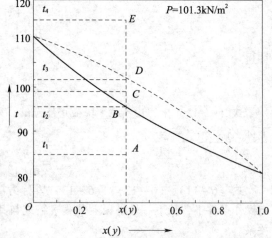

图 6-12 进料热状况分析

状态。

(4) 饱和蒸气　在露点温度，组成为 x 的溶液在 D 点所处状态。

(5) 过热蒸气　低于露点温度，组成为 x 的溶液在 E 点所处状态。

用 q 表示进料中的液相分率，则进料中气相占有的摩尔分率应该是 $(1-q)$。根据对加料板进行物料和热量衡算可确定 $q = \dfrac{I_V - I_F}{I_V - I_L}$（$I_F$、$I_L$、$I_V$ 分别表示原料液、饱和液体、饱和蒸气的焓）表示 1kmol 原料液变为饱和蒸气所需的热量与原料液的千摩尔气化潜热之比，亦可以称为进料的热状况参数。

引入进料热状况参数 q，L 与 L' 和 V 与 V' 间的关系为

$$L' = L + qF \tag{6-18}$$

$$V = V' + (1-q)F \tag{6-19}$$

可见 q 值大小直接影响到 L' 与 L，V' 与 V 之间的关系。

可简单地把进料划分为两部分，一部分是 qF，表示由于进料而增加提馏段饱和液体流量之值；另一部分是 $(1-q)F$，表示因进料而增加精馏段饱和蒸气流量之值。这两部分对流量的影响表示，如图 6-13 所示。

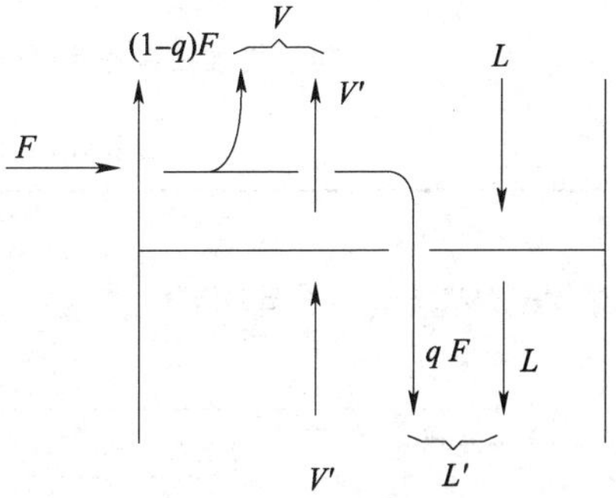

从以上分析可以看出，加料的热状况对提馏段下降的液体流量有影响，即提馏段的操作线方程 $y = \dfrac{L'}{L'-W}x - \dfrac{W}{L'-W}x_W$，变为 $y = \dfrac{L+qF}{l+qF-W}x -$

$\dfrac{Wx_W}{L+qF-W}$，所以提馏段操作线在气液平衡相图 $y-x$ 图上的位置与进料热状况参数有直接关系。

图 6-13　进料板的物流关系

由于精馏段与提馏段相交于加料板，由两操作线易挥发组分物料衡算式联立，即

$$Vy = Lx + Dx_D$$

$$V'y = L'x - Wx_W$$

结合以上两式得
$$y = \frac{q}{q-1}x - \frac{x_F}{q-1} \tag{6-20}$$

此方程称为 q 线方程（或进料线方程），表示两操作线交点的轨迹，即加料板的位置取决于进料的热状况参数 q 和料液组成 x_F。

由式（6-20）可知，当进料热状况一定时，此式在 $y-x$ 图上为一直线，该直线称为 q 线（或进料线），过点 (x_F, x_F)，斜率为 $q/(q-1)$。

由于 q 线是两操作线交点的轨迹，因此说明进料位置随 q 值不同而变化，而 q 线和精馏段操作线的交点必然也在提馏段操作线上。前面所述的提馏段操作线可由 q 线作出。如图 6-14，方法是将 q 线与精馏段操作线的交点 d 和 (x_W, x_W) 点相连。

加料热状况不同将影响加料板的位置，此位置可由两操作线的交点与 q 线方程确定，各种进料状态下的 q 值与相应的操作线，如图 6-15 所示，详细说明见表 6-3。

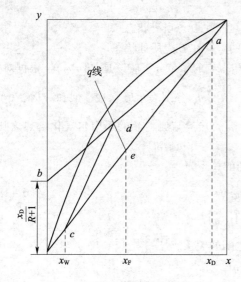

图 6 – 14　提馏段操作线的做法

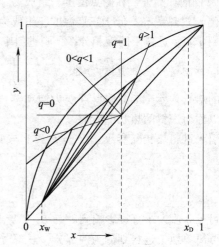

图 6 – 15　进料热状况对操作线的影响

表 6 – 3　进料热状况对 q 值及 q 线的影响

进料热状况	进料的焓 I_F	q 值 $q = \dfrac{I_V - I_F}{I_V - I_L}$	q 线的斜率 $\dfrac{q}{q-1}$	q 线在 $x-y$ 图上的位置
过冷液体	$I_F < I_L$	> 1	+	向上偏右
饱和液体	$I_F = I_L$	1	∞	垂直向上
气液混合物	$I_L < I_F < I_V$	$0 < q < 1$	–	向上偏左
饱和蒸气	$I_F = I_V$	0	0	水平线
过热蒸气	$I_F > I_V$	< 0	+	向下偏左

实例分析 6 – 2　在常压下将 100kmol/h 含苯 45% 的苯 – 甲苯混合液连续精馏。要求馏出液中含苯 90%，釜残液中含苯不超过 8.5%（以上组成皆为摩尔百分数）。选用回流比为 4，进料为饱和液体，塔顶为全凝器，泡点回流。试分别确定精馏段和提馏段的操作线方程。

分析：由已知条件得

$$F = D + W = 100 \tag{1}$$

$$Fx_F = Dx_D + Wx_W$$

$$100 \times 0.45 = 0.90D + 0.085\,(100 - D) \tag{2}$$

联立（1）和（2）式，得

$$D = 44.8\,\text{mol/h}$$

$$W = 55.2\ \text{kmol/h}$$

所以有精馏段操作线方程　$y = \dfrac{R}{R+1}x + \dfrac{x_D}{R+1} = \dfrac{4}{4+1}x + \dfrac{0.90}{4+1} = 0.8x + 0.18$

由于进料为饱和液体，$q = 1$，则

$$L' = L + F = RD + F = 4 \times 44.8 + 100 = 279.2\,\text{kmol/h}$$

所以有提馏段操作线方程

$$y = \frac{L'}{L' - W}x - \frac{W}{L' - W}x_W$$

$$= \frac{279.2}{279.2 - 55.2}x - \frac{55.2 \times 0.085}{279.2 - 55.2}$$

$$= 1.25x - 0.0209$$

四、理论板数的确定

所谓理论板是指离开该塔板的蒸气组成与液相组成互成平衡，精馏操作必须在精馏塔内完成，而精馏塔内需安装一定数量的塔板来满足分离要求，尽管实际操作中理论板是不存在的，但它可作为衡量实际板分离效率高低的标准。在工艺设计中，常先确定完成给定分离任务所需的理论板数，根据塔效率即可确定实际塔板数。

1. 逐板计算法 如图 6-16 所示，对给定的生产任务和分离要求，若塔顶采用全凝器，则 $y_1 = x_D$，而 x_D 是工艺要求的指标，利用气液平衡关系 $y_1 = \frac{\alpha x_1}{1 + (\alpha - 1) x_1}$，由 y_1 求得 x_1。由于 x_1 与从下一层（第 2 层）板的上升蒸气组成 y_2 符合精馏段操作线关系，故可由 x_1 求得 y_2，即

$$y_2 = \frac{R}{R+1}x_1 + \frac{1}{R+1}x_D$$

利用平衡线方程由 y_2 求得 x_2，再利用操作线方程由 x_2 求得 y_3，如此重复计算，一直计算到 $x_n \leqslant x_F$ 时，说明第 n 层理论板是加料板，且精馏段的理论板数为 $(n-1)$。此后，从加料板开始改用提馏段操作线方程，继续用上述方法求提馏段

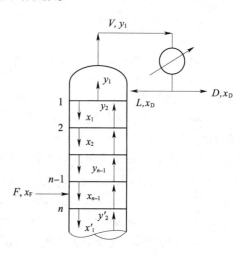

图 6-16 逐板计算法示意图

的理论板数，一直计算到 $x_m \leqslant x_W$ 为止。由于再沸器相当于一层理论板，故提馏段所需的理论板数为 $(m-1)$。在计算过程中，每使用一次平衡关系，表示需要一层理论板。

逐板计算法是计算理论板数的基本方法，计算量虽较大，但计算结果较准确，且可同时得到各层板上的气液相组成，随着计算机技术在工程上的应用，逐板计算法已经越来越普遍采用。

2. 图解法 用图解法求理论板数的基本原理与逐板计算法的完全相同，只不过是用平衡曲线和操作线分别代替平衡方程和操作线方程，用图解代替计算而已。图解法的准确性比较差，但因其简便，对非理想溶液也可使用，所以广泛地用于双组分精馏塔的设计计算中。图解法具体步骤如下，如图 6-17 所示。

（1）在 $y-x$ 图上绘制平衡线和对角线。

（2）绘制精馏段操作线，取 $x = x_D$ 作垂线，与对角线交于点 a。取 $x = 0$ 由精馏段操作线在 y 轴上的截距 $x_D/(R+1)$ 值，在 y 轴上确定点 b，连接 ab，即为精馏段操作线 $y = \frac{R}{R+1}x + \frac{1}{R+1}x_D$。

（3）绘制进料线（q 线），取 $x = x_F$ 作垂线，与对角线交于点 e，根据进料状态，过 e 点作斜率为 $\frac{q}{q-1}$ 的直线 ef，即为 q 线，该线与精馏段操作线 ab 交于点 d。

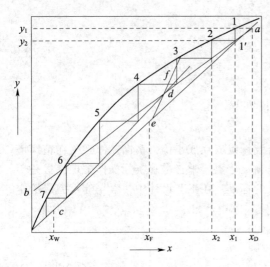

图 6-17 图解法求理论板数示意图

（4）绘制提馏段操作线取 $x = x_W$ 作垂线，与对角线交于 c 点，连接 cd，即为提馏段操作线。

（5）绘制直角三角形，确定理论板数，由 a 点开始，在精馏段操作线和平衡线之间绘制直角三角形，直至某直角三角形的水平线达到或跨过 d 点时，改在提馏段操作线和平衡线之间绘制直角三角形，直到越过 c 点为止，直角三角形总数即为理论板总数（包括塔釜）。跨过 d 点的直角三角形代表适宜的加料板。

实例分析 6-3 需用一常压连续精馏塔分离含苯44%的苯-甲苯混合液，要求塔顶产品含苯97.4%以上。塔底产品含苯2.4%以下（以上均为摩尔%）。采用的回流比 $R = 3.5$。进料为饱和液体。用图解法求所需的理论塔板数。

分析：应用图解法。由于 $x_F = 0.44$，$x_D = 0.974$，$x_W = 0.024$。现按 $x_D = 0.974$，$x_W = 0.024$ 进行图解。

（1）在 $x \sim y$ 图上作出苯-甲苯的平衡线和对角线，如图 6-18 所示。

（2）在对角线上定点 a（x_D，x_D），点 e（x_F，x_F）和点 c（x_W，x_W）3 点。

（3）绘精馏段操作线依精馏段操作线截距 $x_D / (R + 1) = 0.216$，在 y 轴上定出点 b，连 a、b 两点间的直线即得。

（4）绘进料线（q 线）对于饱和液体进料 $q = 1$，所以 q 线是一条通过 e 点的垂直线 $x = x_F$。即是 ef，而 q 线与精馏段操作线的交点 d 也是提馏段操作线上的一点。

（5）绘提馏段操作线，由于 c 点是在提馏段操作线上的点，所以连接 c、d 两点即得提馏段的操作线。

（6）绘直角三角形线从图 6-18 中点 a 开始在平衡线与精馏段操作线之间绘直角三角形，跨过点 d 后改在平衡线与提馏段操作线之间绘直角三角形，直到跨过 c 点为止。

由图中的直角三角形数得知，全塔理论板层数共12层，减去相当于一层理论板的再沸器，共需11层，其中精馏段理论层数为6，提馏段理论板层数为5，自塔顶往下数第7层理论板为加料板。

3. 实际板数与塔效率 为某个精馏单元操作选择精馏塔，需选择实际塔板数，这也是精馏塔设计的计算内容之一。由于实际的气液两相在塔板上接触时难以达到平衡，故每层板并不能起到一层理论板的作用，实际塔板数比理论塔板数要多。通常引入"塔板效率"来表示实际塔板与理论塔板的差异。

塔板效率一般可用单板效率和全塔效率表示。单板效率，又称默弗里效率，是以气相（或液相）经过实际板的易挥发组分组成变化值与经过理论板的组成变化值之比来表示该塔板的分离能力，它的大小主要反映了单独一层塔板上传质的效果，可为选择塔板的类型提供依据。而全塔效率反映了整座塔的平均传质效果，便于从理论板数求得实际板数，为精馏塔的设计提供依据。

全塔效率又称总板效率，可由式（6-21）计算得到。

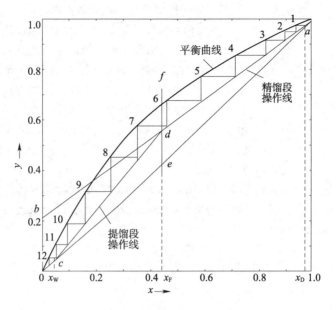

图 6 – 18　实例 6 – 3 附图

$$E_T = \frac{N_T}{N_P} \times 100\% \tag{6-21}$$

式中，N_T 为理论板数；N_P 为实际板数。

对一定结构的板式塔，若已知在某种操作条件下的全塔效率，便可由式（6-21）求得实际板数。

影响板效率的因素很多，如气液传质情况、塔板类型、系统的物性、操作条件等，目前从理论上计算塔板效率较困难。设计时，一般从生产条件相近的生产装置或中试装置取得经验数据或实验数据，当缺乏这些数据时也可根据某些经验关系式进行估算。例如，奥康奈尔经验公式

$$E_T = 0.49(\alpha \mu_L)^{-0.245} \tag{6-22}$$

式中，α 为塔顶及塔底平均温度下的相对挥发度；μ_L 为塔顶及塔底平均温度下的混合液平均黏度，$mPa \cdot s$。

五、操作回流比的确定

1. 操作回流比对精馏操作的影响　回流比是塔顶回流液流量与塔顶产品流量的比值 $R = \dfrac{L}{D}$，回流是精馏过程的基本条件之一，也是精馏区别于普通蒸馏的标志，它的大小会直接影响到精馏全过程，它的取值有两个极限值，下面讨论回流比的大小对精馏操作的影响。

（1）全回流与最少理论塔板数　从精馏塔第一块板上升的至塔顶出来的蒸气经全凝器全部冷凝后，全部流回塔内，不采出产品，这种情况称为全回流，此时 $D = 0$，$R = L/D = \infty$，精馏段操作线的斜率为1，精馏段操作线和对角线重合，提馏段操作线也必和对角线重合，精馏塔无精馏段和提馏段之分。此时平衡线和操作线之间的跨度最大，全回流时所需的理论塔板数最少，精馏塔的高度会降低，从设备投资的角度看，一次性的投资费用应该是降低的，但是全回流加大了冷凝器和再沸器的负担，致使经常性的操作费用加大。全回流时既不加料，也无产品出料，对正常生产无意义，但在精馏塔开工阶段或操作紊乱未能

进入稳定状态时往往都需进行一段时间的全回流操作，然后逐渐调节到正常操作状态。

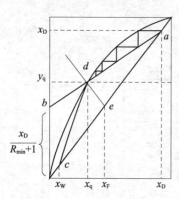

（2）最小回流比回流比 R 从全回流逐渐减小时，精馏段操作线的位置沿着 a 点逐渐向平衡线方向移动，即精馏段操作线和提馏段操作线的交点 d 逐渐向平衡线靠近，当回流比减小到使 d 点落在平衡线上时，说明液相和气相处于平衡状态，气液分离已达极限，传质推动力为零，不论画多少直角三角形都不能越过交点 d，即所需理论塔板数为无穷多块，如图 6-19 所示。此时的回流比称为最小回流比，以 R_{min} 表示。

图 6-19　最小回流比的求算

根据图 6-19 所示的精馏段操作线的位置，可以很方便地求出精馏段的操作线的斜率，进而求出最小回流比 R_{min} 即

$$\frac{R_{min}}{R_{min}+1}=\frac{x_D-y_q}{x_D-x_q}$$

式中，x_q，y_q 为 q 线与平衡线的交点的横坐标和纵坐标。

因此得出

$$R_{min}=\frac{x_D-y_q}{y_q-x_q} \tag{6-23}$$

2. 适宜操作回流比的确定　从 R 的两个极限值可知，全回流和最小回流比都是无法正常生产的，全回流时设备费用投资虽然少，但操作费用增加，当回流比取最小值时，塔板数为无穷多，设备投资费用无限大，实际操作的回流比 R 必须大于 R_{min} 而小于全回流时的回流比 R 值，设计时应根据经济核算确定适宜 R 值。

从精馏单元操作来看，精馏过程的操作费主要是再沸器中加热蒸气的消耗量和冷凝器中冷却水的用量以及动力消耗。全回流时，虽然理论板数最少，但塔顶没有产品，在加料量和产量一定的条件下，随着回流比 R 的增加，V 与 V' 均增大，因此，加热蒸气、冷却水消耗量均增加，使操作费用增加，由图 6-20 中曲线 2 表示。

精馏装置的设备包括精馏塔、再沸器和冷凝器。当回流比由最小回流比略增加时，所需的理论板数便急剧下降，设备费用便由无限变为有限，甚至达到最低值，随着 R 的进一步增大，V 和 V' 加大，要求塔径增大，再沸器和冷凝器的传热面积都需要增加，即设备投资费用又有所增加，其关系曲线由图 6-20 中曲线 1 表示。综合两个方面，既考虑到一次性的设备投资费用，又考虑到经常性的操作动力消耗费用，两者结合起来的总费用为最小时对应的回流比即是适宜的回流比，由图 6-20 中曲线 3 表示。

由于影响适宜回流比的因素很多，无精确的计算公式，根据长期的生产实践经验，适宜的回流比 $R=(1.1\sim2)R_{min}$ 是比较理想的。在实际生产时还要综合考虑生产情况，如果设备都已经安装好，不可能再更换设备了，所以维持生产正常进行和产品的质量，要经常通过调节回流比的大小来控制产品的产量和质量，回流比的正确控制与调节，是优质、高产、低消耗的重要因素之一。

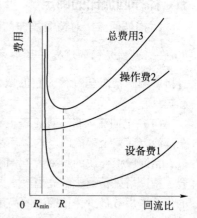

图 6-20　适宜回流比的确定

实例分析 6-4　根据实例 6-3 的数据求饱和液体进料时的最小回流比。若取实际回流比为最小回流比的 1.5 倍，求实际回流比。

分析：依式（6-23）求算，即 $R_{min} = \dfrac{x_D - y_q}{y_q - x_q}$

饱和液体进料时，由实例6-3中图6-18中查出 q 线与平衡线的交点坐标为

$$x_q = x_F = 0.44，y_q = 0.66，x_D = 0.974$$

所以 $R_{min} = \dfrac{0.974 - 0.66}{0.66 - 0.44} = 1.43$

得 $R = 1.5 R_{min} = 1.5 \times 1.43 = 2.145$

六、精馏塔的热量衡算

在精馏操作过程中，涉及再沸器的加热蒸气消耗和冷凝器的冷凝水用量问题，直接涉及热量的合理利用和节能问题，进行能量衡算是确保精馏单元操作经济性的关键。精馏是化工、制药等行业的生产过程中广泛使用的单元操作，所以有效利用能量，减少碳排放，不但对生产会降低成本，而且对环境保护也是十分有利的。

精馏装置的能耗主要由塔底再沸器中加热蒸气和塔顶冷凝器中冷却介质的消耗所决定，两者消耗量可以通过对精馏塔进行热量衡算得出。

（一）塔底再沸器加热蒸气的消耗量计算

如图6-21所示的虚线范围内以单位时间为基准，作全塔热量衡算。

1. 进入精馏塔的热量有以下3项

（1）加热蒸气带入的热量 Q_h，kJ/h。

$$Q_h = W_h (H - h) \tag{6-24}$$

式中，W_h 为加热蒸汽消耗量，kg/h；H 为加热蒸气的焓，kJ/h；h 为冷凝水的焓，kJ/h。

（2）原料带入的热量 Q_F，kJ/h，此项热量须依进料热状况而定。设原料为液体（$q \geq 1$），则

$$Q_F = F c_F t_F \tag{6-25}$$

式中，F 为原料液的质量流量，kg/h；c_F 为原料液的比热容，kJ/（kg·℃）；t_F 为原料液的温度，℃。

（3）回流液带入的热量 Q_R，kJ/h

$$Q_R = D R c_R t_R$$

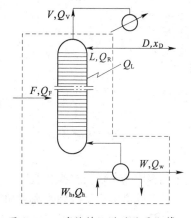

图6-21　连续精馏塔的热量衡算

式中，D 为馏出液的质量流量，kg/h；R 为回流比；c_R 为回流液的比热容，kJ/（kg·℃）；t_R 为回流液的温度，℃。

2. 离开精馏塔的热量有3项

（1）塔顶蒸气带出的热量 Q_V，kJ/h。

$$Q_V = D (R + 1) H_V \tag{6-26}$$

式中，H_V 为塔顶上升蒸气的焓，kJ/kg。

（2）再沸器内残液带出的热量 Q_W，kJ/h。

$$Q_W = W c_W t_W \tag{6-27}$$

式中，W 为釜残液的质量流量，kg/h；c_W 为釜残液的比热，kJ/（kg·℃）；t_W 为釜残液的温度，℃。

（3）损失于周围的热量 Q_L，kJ/h。

3. 全塔热量衡算式　根据以上热量列出全塔热量衡算式

$$Q_h + Q_F + Q_R = Q_V + Q_W + Q_L$$

将上式改写为

$$Q_h = Q_V + Q_W + Q_L - Q_F - Q_R$$

由于 $Q_h = W_h (H - h)$ 所以再沸器内加热蒸汽消耗量为

$$W_h = \frac{Q_V + Q_W + Q_L - Q_F - Q_R}{H - h} \tag{6-28}$$

若加热蒸气在饱和温度下排出，则

$$W_h = \frac{Q_V + Q_W + Q_L - Q_F - Q_R}{H - h} = \frac{Q}{r} \tag{6-29}$$

由式（6-29）可见，若原料液经过预热后使其带入的热量增加，则再沸器内加热剂的消耗量将减少。

（二）塔顶全凝器中冷却介质的用量计算

对图 6-22 的全凝器进行热量衡算得出

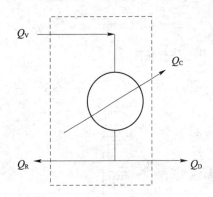

$$Q_C = Q_V - (Q_R + Q_D) = (R+1)D(H_V - H_L) = (R+1)Dr \tag{6-30}$$

式中，Q_C 为全凝器的热负荷，kJ/h；H_L 为塔顶馏出液的焓，kJ/kg；r 为塔顶蒸气的冷凝潜热，kJ/kmol。

冷却介质消耗量为

$$W_C = \frac{Q_C}{C_{pe} (t_2 - t_1)} \tag{6-31}$$

式中，W_C 为冷却介质消耗量，kg/h；C_{pe} 为冷却介质的比热容，kJ/（kg·℃）；t_1，t_2 为冷却介质在冷凝器进、出口处的温度，℃。

图 6-22　精馏塔塔顶冷凝器的热量衡算

在精馏过程中，还必须注意整个精馏系统的热量平衡，因为由塔器与换热器等组成的精馏系统是一个有机结合的整体，因此，塔内某个参数的变化必然会反映到再沸器和冷凝器中。

实例分析 6-5　用常压连续精馏塔分离苯-甲苯混合液，如每小时可得苯含量为 97.5%（摩尔分数，以下同）的馏出液 51kmol，操作回流比为 3.5，泡点回流，泡点进料，进料组成为 44%，釜残液组成为 2.5%，塔釜用绝对压强为 200kPa 的饱和水蒸气间接加热，塔顶为全凝器用冷却水冷却，冷却水进出口温度分别为 25℃和 35℃，求冷却水消耗量和加热蒸气的消耗量，热损失为 1.5×10^6 kJ/h。已知数据如下：操作条件下苯的气化热为 389kJ/kg；甲苯的气化热为 360kJ/kg。苯-甲苯混合液的气液平衡数据及 $t - x - y$ 图见表 6-1、表 6-2 和图 6-1。

分析：根据热量衡算，求出精馏段和提馏段上升的蒸气量，由于泡点回流

$$V = V' = (R+1)D = (3.5+1) \times 51.0 = 230 \text{kmol/h}$$

1. 加热蒸气的消耗量计算　由于塔釜易挥发组分含量较低，x_W，其焓可以近似按甲苯的焓值计算。

甲苯的气化潜热为 $r_W = 360$ kJ/kg

甲苯摩尔质量为 $M_W = 92$ kg/kmol

$$H_{V'} - H_W \approx M_W r_W = 360 \times 92 = 33120 \text{kJ/kmol}$$

塔底再沸器的热负荷

$$Q = V'\left(H_{V'} - H_W\right) + Q_L = 230 \times 33120 + 1.5 \times 10^6 = 9.12 \times 10^6 \text{kJ/h}$$

由附录（九）查得 $P = 200\text{kPa}$（绝压）时水蒸气的气化潜热为 $r = 2204.6\text{kJ/kg}$。

加热蒸气的消耗量为

$$W_h = \frac{Q_V + Q_W + Q_L - Q_F - Q_R}{H - h} = \frac{Q}{r} = \frac{9.12 \times 10^6}{2204.6} = 4.14 \times 10^3 \text{kg/h}$$

2. 冷却水消耗量的计算 由于塔顶馏出液中易挥发组分含量较高，$x_D = 0.975$，可以近似按纯苯的焓计算

苯的气化潜热为 $r_c = 389\text{kJ/kg}$

苯的摩尔质量为 $M_c = 78\text{kg/kmol}$

$$H_{V'} - H_L = M_C r_C = 389 \times 78 = 30342\text{kJ/kmol}$$

$$Q_C = (R+1)D(H_V - H_L) = V(H_V - H_L) = 230 \times 30342 = 6.98 \times 10^6 \text{kJ/h}$$

所以，冷却水的消耗量为 $W_C = \dfrac{Q_C}{C_{pc}\left(t_2 - t_1\right)} = \dfrac{6.98 \times 10^6}{4.187 \times \left(35 - 10\right)} = 1.67 \times 10^5 \text{kg/h}$

从计算结果看冷却水的消耗量较大，可以通过降低冷却水的进口温度减少消耗量。

第五节　特殊蒸馏

案例导入

案例：生活中，我们会注意到身边爱美的女士经常使用一些化妆品，香水就是其中之一。香水的主要成分是精油和乙醇。精油可以用蒸馏的方法从植物中分离出来，例如玫瑰精油。玫瑰精油是世界上最昂贵的精油，被称为"精油之后"。3.3吨玫瑰花瓣才能提炼1kg玫瑰精油，即1ml玫瑰精油聚集了3.3kg玫瑰精华。所以玫瑰精油价值堪比黄金，因此，也被称为"液体黄金"。

讨论：用哪种蒸馏方法能将玫瑰花中的芳香物质分离出来呢？

在制药生产中，还有一些混合物用普通的精馏方法达不到分离的要求，如某些有机液体的沸点较高，即使采用减压蒸馏，操作温度仍较高，工业加热很难达到要求，还有些热敏性物料，不能采用过高的操作温度等，下面介绍几种有别于普通精馏的特殊蒸馏方法。

一、水蒸气蒸馏

水蒸气蒸馏法系指将含有挥发性成分的药材与水共蒸馏，使挥发性成分随水蒸气一并馏出，经冷凝后分取挥发性成分的浸提方法。水蒸气蒸馏是基于不互溶液体的独立蒸气压原理，根据道尔顿定律，相互不溶也不起化学作用的液体混合物的蒸气总压，等于该温度下各组分饱和蒸气压（即分压）之和，因此尽管各组分本身的沸点高于混合液的沸点，但当分压总和等于大气压时，液体混合物即开始沸腾并被蒸馏出来。即在相同外压下，不互溶物质的混合物的沸点要比其中沸点最低组分的沸腾温度还要低。

当水与比其沸点高的有机液体体系混合时，混合的液相上方会有一个共同的气相，当混合液的上方的蒸气压之和等于外压时，两液相均处于沸腾状态，此时的沸腾温度显然低于每个纯组分的沸点，也就是说沸点远高于水的沸点的有机液体也可以与水同时沸腾气化，使气化的蒸气全部冷凝，两种液体又会分层，分掉水层就可以得到较纯的有机液体。

水蒸气蒸馏常用于分离在常压下沸点较高或在沸点时易分解的物质以及高沸点物质与不挥发性杂质的分离，或者说水蒸气蒸馏法只适用于具有挥发性的，能随水蒸气蒸馏而不被破坏，与水不发生反应，且难溶或不溶于水的成分的提取。此类成分的沸点多在100℃以上，与水不相混溶或仅微溶，并在100℃左右有一定的蒸气压。操作时，在待分离的混合物中直接通入水蒸气，当与水在一起加热时，其蒸气压和水的蒸气压总和为一个大气压时，液体就开始沸腾，水蒸气将挥发性物质一并带出。例如中草药中的挥发油，某些小分子生物碱如麻黄碱、槟榔碱、牡丹酚等，都可应用本法提取。

水蒸气蒸馏主要有两种加热方式，一是可以直接通入水蒸气作为加热剂，水蒸气部分冷凝放出冷凝潜热而供给蒸馏所需要的热量，由于有水蒸气的冷凝，在蒸馏釜中必有水层存在；二是直接通入过热的水蒸气作为加热剂，或者在通入直接水蒸气的同时，再通过间壁在蒸馏釜外进行加热，这样混合物中的水蒸气就不致冷凝，在蒸馏釜中只有一层被蒸馏的混合液而无水层存在。

水蒸气蒸馏的优点是能够降低蒸馏温度，对高温下易分解的热敏性物料比较适宜，水蒸气蒸馏是中药制药生产中提取和纯化挥发油的主要方法，《中国药典》中也规定水蒸气蒸馏是测定中药材中挥发油含量的方法。

二、恒沸精馏

如前文所述，普通精馏过程是利用均相混合液中各组分的挥发度差异加以分离的，组分间的挥发度差别越大越容易分离。但欲分离组分间的相对挥发度接近于1或形成恒沸物时，例如含乙醇89.4%（摩尔分率）的乙醇 – 水混合液，常压下恒沸点为78.15℃，普通精馏方法不适宜进一步提纯，则可采用恒沸精馏加以分离。

恒沸精馏是在分离操作时，在混合物中加入第三组分，称为挟带剂，该组分能与原料液中的一个或两个组分形成沸点更低的新恒沸液，从而使组分间的相对挥发度增大，可用精馏法进行分离。恒沸精馏可以分离具有最低恒沸点、最高恒沸点或沸点相近的物系，制药生产中以苯为挟带剂，用工业乙醇来制取无水乙醇，就是恒沸精馏的典型例子。在乙醇和水的恒沸物原料液中，加入苯后，可形成苯、乙醇及水的三元最低恒沸物，常压下其沸点为64.6℃，恒沸精馏流程如图6 – 23所示，原料液与苯进入恒沸精馏塔1中，塔底得到无水乙醇产品，塔顶蒸出苯 – 乙醇 – 水三元恒沸物（恒沸摩尔组成为含苯0.554、乙醇0.230、水0.226），进入冷凝器中冷凝后，部分液相回流到塔内，其余的进入分层器5中，上层为富苯层，返回恒沸精馏塔1作为补充回流，下层为含少量苯的富水层，富水层进入苯回收塔2顶部，塔2顶部引出的蒸气也进入冷凝器4中，底部的稀乙醇溶液进入乙醇回收塔3中，塔3中的塔顶产品为乙醇 – 水恒沸液，送回塔1作为原料，塔底则为水引出，在精馏过程中，苯是循环使用的，要及时补充。

恒沸精馏的关键是选择合适的挟带剂，基本的要求如下。

（1）挟带剂应能与被分离组分形成新的恒沸物，与被分离组分的沸点差要大，一般两者沸点差在10℃以上。

（2）新恒沸物中所含挟带剂百分数越少越好，可减少用量及气化量、热量消耗少。

（3）形成的新恒沸物应容易分离，宜为非均相混合物，可用分层法分离挟带剂，有利于回收和循环使用。

（4）挟带剂的化学稳定性好，使用安全，且价格便宜，容易得到。

选择的挟带剂要同时满足上述要求比较困难，应根据具体情况综合考虑，抓主要矛盾。在选择时，可先从恒沸物数据手册中查出能与被分离组分形成恒沸物的各种物质，再对照上述要求进行选择。

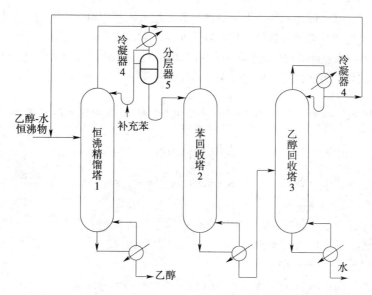

图 6-23 制备无水乙醇的恒沸精馏

恒沸精馏分为形成非均相恒沸物和形成均相恒沸物两大类，前者如以苯为挟带剂分离乙醇-水恒沸物，加入挟带剂形成的最低恒沸物与原溶液易挥发组分冷凝后液相分层且各液相均为最低恒沸物的精馏，后者如以甲醇为挟带剂分离正庚烷-甲苯恒沸物，塔顶液相产品不分层，形成均相恒沸物的精馏，生产中常用的是形成非均相恒沸物的恒沸精馏。

三、萃取精馏

与恒沸精馏相似，萃取精馏常用来分离沸点相差很小的溶液。操作时，也是向原料液中加入第三组分，称为萃取剂，以改变原组分间的相对挥发度而得到分离，与恒沸精馏不同的是萃取剂并不与原料液中的任何组分形成共沸液，萃取剂具有较高的沸点，但能与原料液中某个组分有较强的吸引力，降低该组分的蒸气压，从而加大了原料液中原有组分的相对挥发度，使原料液中的各组分易于分离。

萃取精馏常用于分离相对挥发度近于1的物系，例如用糠醛（沸点为161.7℃）做萃取剂来分离苯（80.1℃）与环己烷（80.73℃）混合物，由于糠醛分子与苯分子的结合力较强，从而使环己烷和苯间的相对挥发度增大。萃取剂沸点高且不与原料液中的任一组分形成恒沸物，故在萃取精馏过程中，从塔顶可以得到一个纯组分，萃取剂与另一组分从塔底排出，再回收萃取剂。分离苯-环己烷物系的萃取精馏流程，如图6-24所示。

萃取剂糠醛在近塔顶的某块板加入，以便在每层板上都能与苯接触。环己烷从塔顶蒸出，而苯与糠醛从塔釜排出，并送入溶剂回收塔回收萃取剂糠醛，由于糠醛和苯的沸点相差较大，两者容易分离，回收塔塔顶蒸出去的是苯，塔底排出的糠醛以供循环使用。

萃取精馏中萃取剂的选择主要考虑的主要因素有如下几点。

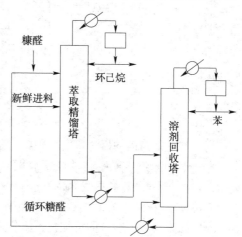

图 6-24 苯-环己烷的萃取精馏操作流程

（1）选择性要好，即加入的萃取剂应使原料液组分间的相对挥发度有显著提高。

（2）萃取剂与被分离混合物的互溶性好，避免塔内液流分层。

（3）萃取剂的沸点应与被分离的组分的沸点差较大，易于回收，不与原组分形成恒沸物。

（4）物性或化学稳定性好，使用安全、价格低廉等。

拓展阅读

分子蒸馏简介

分子蒸馏技术突破了常规蒸馏依靠沸点差异分离物质的原理，是在高真空度下进行的非平衡蒸馏技术（真空度可达 0.01Pa），是以气体扩散为主要形式，利用液体分子受热后变为气体分子的平均自由程不同而实现分离的。所谓的分子自由程是指分子在两次连续碰撞间所走路程的平均值，轻组分分子的平均自由程大，而重组分分子的平均自由程小。

分子蒸馏的原理可通过图 6-25 所示说明，将待分离的混合液在加热板上形成均匀液膜，受热的液体分子由液膜表面自由逸出，在与加热板平行处设一冷凝板，冷凝板与加热板之间的距离小于轻组分分子的平均自由程但大于重组分分子的平均自由程。这样轻组分分子能够到达冷凝板面并不断在冷凝板上冷凝为液体，最后进入轻组分接收器；而重组分分子不能到达冷凝板面，返回原来的液膜中，最后顺加热板流入重组分接收器，如此实现混合液中轻、重组分的分离。由于加热面和冷凝面的间距小于或等于被分离物料的蒸气分子的平均自由程，所以也称短程蒸馏。

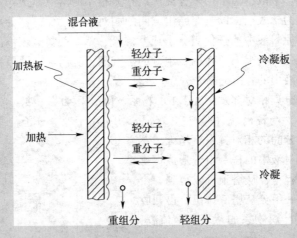

图 6-25　分子蒸馏原理示意图

和常规精馏的相对挥发度相比，分子蒸馏处理的物料常是大分子质量物料，分子蒸馏的分离程度比常规蒸馏高，同种混合液，分子蒸馏较常规蒸馏更易分离。由于分子蒸馏真空度高，操作温度低和受热时间短，能极好地保证物料的天然品质。在制药领域，主要用于浓缩和纯化高沸点、高黏度及热不稳定的药物成分，如天然维生素 E 的提纯，天然色素的提取和天然抗氧化剂的制取，从鱼油中提取分离 DHA 和 EPA，脱除中药制剂中的有害重金属和残留农药，卵磷脂、酶、蛋白质的浓缩等。

第六节　板式塔

一、板式塔简介

精馏单元操作是气、液两相间的传质过程，操作中需由塔设备提供气、液两相间充分接触的机会，并能迅速有效地实现两相的分离。根据塔内气、液接触部件的结构形式不同，精馏塔主要分为板式塔和填料塔两大类，本节重点介绍板式塔。

板式塔是由圆形壳体以及装在其内部按一定间距放置的若干块塔板（或称塔盘）构成的。操作时，气、液两相在塔上逐级接触而进行传质过程，两相的组成沿塔高呈阶梯式变化。

（一）板式塔的结构

板式塔主要由塔体、塔板、溢流装置、裙座及其附属设备等组成，结构简图如图6-26所示。

1. 塔体　通常为高径比较大的圆柱形筒体及封头组成，常用钢板卷制焊接而成，为了安装方便有时也将塔分成若干个塔节，塔节间用法兰连接。

2. 塔板　塔板是塔的核心构件，为气液两相提供足够大的传质面积，使气液两相在塔内进行充分接触，完成传质和传热过程，是影响精馏操作的重要因素，塔板上安装有溢流装置和气体通道，气体通道是指塔板上供气体自下而上流动的空间，其形式对塔板性能影响极大，各种塔板的主要区别就是气体通道的不同。工业生产使用的塔板有泡罩塔板、浮阀塔板和筛板塔板。

3. 溢流装置　溢流装置主要由降液管、溢流堰、受液盘等部件组成。

（1）溢流堰　在每块塔板的出口处常设有溢流堰，其作用是保证板上液层具有一定的厚度。一般情况下，堰高为30~50mm。

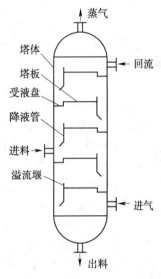

图6-26　板式塔的结构简图

（2）降液管　降液管是液体在相邻塔板之间自上而下流动的通道。也是溢流液体中所夹带气体分离的场所。正常工作时，液体从上层塔板的降液管流出，横向流过塔板，翻越溢流堰，进入该层塔板的降液管，流向下层塔板。降液管有圆形和弓形两种，弓形降液管气液分离效果好，降液能力大，因此生产上广泛采用。

（3）受液盘　降液管下方部分的塔板通常又称为受液盘，有凹型及平型两种，一般较大的塔采用凹型受液盘，平型则就是塔板的板面本身。

（4）进口堰　在塔径较大的塔中，为了减少液体自降液管下方流出的水平冲击，常设置进口堰。可用扁钢或$\phi 8 \sim 10 \text{mm}$的圆钢直接点焊在降液管附近的塔板上而成。

（二）板式塔的类型与性能

板式塔的种类很多，按塔板的不同可分为泡罩塔、浮阀塔、筛板塔、舌形式塔板、网孔式塔板。

1. 泡罩塔　泡罩塔是生产上应用最早的一种板式塔。如图6-27所示，在塔板的升气短管上方罩以泡罩，泡罩下沿侧面开有齿缝，称为气缝，作为上升气体的通道。操作时，液体通过降液管流下，并依靠溢流堰保证塔板上存有一定厚度的液层。从升气管上升的气体进入泡罩通过齿缝被分散成细小的气泡进入液层，形成鼓泡层，使两相具有很大的接触传质面积。

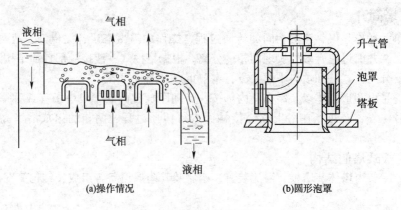

(a)操作情况   (b)圆形泡罩

图6-27 泡罩塔

泡罩塔在气速较低时，仍能维持一定的板效率，具有不易发生漏液，操作弹性大，适应性强，不易堵塞等优点。例如，青霉素萃取时用泡罩塔回收萃余液醋酸丁酯废水中的醋酸丁酯。

由于泡罩塔的构造复杂，塔体造价高，气体阻力比较大，生产能力和板效率都较低，逐渐被其他类型塔板代替，应用范围逐渐缩小。

2. 浮阀塔　浮阀塔是在泡罩塔的基础上发展起来的，自20世纪50年代前后开发和应用的一种新型气液传质设备。塔板上安装随气量可以浮动的盖板——浮阀，浮阀可自由升降，根据气体的流量自行调节开度，可使气体在缝隙中的速度稳定在某一数值。这样，在气量小时可避免过多的漏液，而气量大时又不致压降太大，使浮阀塔板具有优良的操作性能。浮阀是浮阀塔的气液传质元件，浮阀的形式很多，国内最常用的是F1型（相当于国外的V-1型），浮阀本身有3条腿，插入阀孔后将各腿底脚扳转90°角，用以限制操作时阀片在板上升起最大高度（8.5mm），在阀片周边又冲出3块略向下弯的定距片，使阀片在静止时仍与塔板之间保持一定间隙（最小开度2.5mm），可以防止阀片与塔板的黏着和腐蚀。常用浮阀结构简图如图6-28所示。

(a)F1型浮阀   (b)V-4型浮阀   (c)T型浮阀

图6-28 浮阀形式
1. 阀片；2. 凸缘；3. 阀腿；4. 塔板孔

浮阀塔主要具有处理能力较大，操作弹性大，干板压降比较小，塔板效率高等优点，气体为水平方向吹出，气液接触良好，雾沫夹带量小，另外结构简单、安装方便，制造费用低，国内使用结果证明，对于黏度稍大及有一般聚合现象的系统，浮阀塔板也能正常操作。

3. 筛板塔　筛板塔是工业上最早（1932年）应用的塔板形式之一。当时，由于对筛板塔的流体力学研究很少，认为其易漏液、弹性小、操作不易掌握，而没有被广泛应用。但是，筛板结构简单，造价低廉，又使它具有很大的吸引力。筛板是在塔板上开有许多均匀分布的筛孔，直径一般为 3～8mm，孔心距为孔径的 2.5～4.0 倍。正常操作时，上升蒸气流依靠压强差通过筛孔被分散成细小的液流，穿过塔板上的液层鼓泡，与液体密切接触，而液体通过降液管横向流过塔板逐板下降。塔板上设有溢流堰，以维持塔板上一定厚度的液层，筛板塔的气液接触情况如图 6－29 所示。

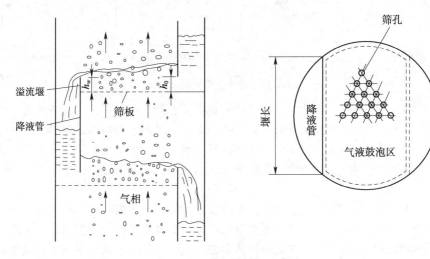

图 6－29　筛板塔塔板示意图

设计良好的筛板塔板是一种效率高、生产能力大的塔板。筛板塔能充分利用鼓泡区增加气液接触面积，由于塔板上液层厚度较薄，筛孔对气流阻力也较小，正常操作时，生产能力和板效率均高于泡罩塔。所以气体通过塔板的压降比泡罩塔低很多。塔板上液层阻力很小，所以液面落差小，有利于气体的均匀分布。

筛板塔在气体流量降低时，液体会由筛孔漏下，破坏了正常操作，所以不适合气体流量波动大的场合。另外，因筛孔易被堵塞，筛板塔也不适合处理含有固体或易聚合、黏度大的物料。

（三）板式塔的流体力学性能

1. 塔板上气液接触状况　在精馏操作中，上升的蒸气与下降的液体在塔板上相遇接触时会因上升的蒸气流速变化形成不同的状态，当蒸气速度较低时，气体在液层中鼓泡的形式是自由浮升，塔板上存在大量的返混液，气液比较小，气液相接触面积不大，形成鼓泡状态，如图 6－30（a）所示；当气速增加，气泡的形成速度大于气泡上升速度，会形成一种类似蜂窝状泡结构，如图 6－30（b）所示，在这种接触状态下，板上清液会基本消失，由于气泡不易破裂，从而形成以气体为主的气液混合物，这种状态气泡表面得不到更新，对于传质、传热都不利。随着气速连续增加，气泡数量也急剧增加，气泡不断发生碰撞和破裂，板上液体大部分均形成膜的形式存在于气泡之间，形成一些直径较小，搅动十分剧烈的动态泡沫，是一种较好的塔板工作状态，即泡沫状接触状态，如图 6－30（c）所示。当气速连续增加，由于气体动能很大，气体上升呈喷射状态，如图 6－30（d）所示，把板上的液体向上喷成大小不等的液滴，也是一种较好的工作状态。

泡沫接触状态与喷射状态均为优良的气液接触状态，但喷射状态是操作的极限，液沫夹带较多，所以多数塔操作均控制在泡沫接触状态。

2. 塔板上的不正常现象

（1）漏液　当上升气速较低时，气体的动能不足以阻止液体向下流动时，液体从塔板上的开孔处下落，这种现象称为漏液。漏液会使液体在板上的停留时间缩短，严重漏液会使塔板上建立不起液层，导致分离效率的严重下降，所以在操作时要控制好气体的下限流速。

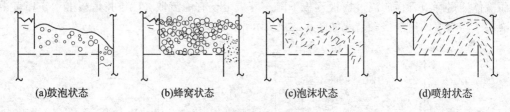

(a)鼓泡状态　　　　(b)蜂窝状态　　　　(c)泡沫状态　　　　(d)喷射状态

图6-30　塔板上气液接触状态

（2）雾沫夹带　当气速增大时，下降的液滴会被上升气流带到上一层塔板的现象称为雾沫夹带，雾沫夹带量过大会使塔板效率严重下降，因为会造成液相在塔板间的返混。

（3）气泡夹带　气泡夹带是指在一定结构的塔板上，因液体流量过大使溢流管内的液体的流速过快，使溢流管中液体所夹带的气泡来不及脱离而被夹带到下一层塔板的现象。

（4）液泛现象　精馏操作时，液体是由压强较小的上层塔板向压强较大的下层塔板流动，降液管内要有足够的液体高度才能克服这种静压差和流动阻力，若当塔板上液体流量很大或上升气体的速度很高时，液体被气体夹带到上一层塔板上的流量增大，使塔板间充满气液混合物，或因其他原因使降液管中的液体不能顺利的通过降液管下流，使液体在塔板上积累而充满整个塔板间，以致漫上上层塔板，这些现象都称为液泛。液泛使整个塔内的液体不能正常下流，物料大量返混，与液体主流方向相背，分离效率严重下降，影响塔的正常操作，在操作中需要特别注意和防止。

二、板式精馏塔的操作与维护

（一）精馏塔的操作

1. 开车准备工作　精馏塔安装（检修）施工完成后开车前需要做以下准备工作

（1）试压　对所有新配管、新焊缝须经强度试压合格。

（2）清扫　对新配管及新配件进行吹扫等清洁工作，以免焊渣等杂物对设备、管道、管件、仪表造成堵塞。

（3）拆除　盲板动火作业完成后，可以按需要拆除盲板，并按盲板台账逐块核实销账，防止遗漏。

（4）气密性试验　试验连接件的密封性，在操作压力下进行气密性试验，方法是充填常温惰性气体（或压缩空气），用肥皂水喷涂到密封面外测缝处，观察有无鼓泡现象，有泡处即漏处，小漏可以紧螺栓，再喷涂一次肥皂水检查，直到不漏为止。

（5）置换　用氮气将系统内的空气置换出去，使系统内氧含量达安全规定（0.2%以下），对氧含量有更高要求的装置按工艺要求控制。

（6）干燥　对于低温操作的精馏塔，还要对塔进行干燥，控制塔内水含量，以防降温后冻堵。

（7）仪器仪表检查　相关的电气仪表，新安装（或检修后）电机试车完成均符合要求，对仪表调校每台、每件、每个参数都重要，其中特别要注意调节阀阀位核对工作，塔压力、塔釜温、回流、塔釜液面等调节阀阀位核对尤为重要。

（8）公用工程　准备好必要的原材料和水电气供应，配备好人员编制。

2. 投料开车

（1）置换氮气　进料前先用实物料将塔内存留的氮气置换干净，置换排气放到火炬烧掉。

（2）化学处理　有些精馏塔进料前需化学处理，一是金属表面钝化，按不同的要求有相应的配方，目的是除去金属表面上有催化活性的金属离子的活性，减少结垢。二是脱脂，脱除塔及内件上的防锈油脂，以免它污染产品或在低温下凝结于塔内件上影响塔板效率和正常操作。

（3）工艺调整　①打开原料液泵和原料预热器进出口阀门向塔内加料，使塔釜内料液液位达 1/2 ~ 2/3。②打开塔顶冷凝器冷却水阀，通冷却水。③打开塔底再沸器蒸气出口阀，并用压力自调阀控制蒸气压力，控制釜温。④当塔顶冷凝器出现冷凝液，当液面达到 1/3 时启动回流泵及回流管线阀门，建立回流，先要采取全回流操作，逐渐调整回流量。⑤回流量满足要求后，塔顶温度逐步接近工艺规定值，塔顶产品合格后，采出塔顶产品，采出液相一般在回流罐的液面控制下进行，采出气相产品在塔顶压力控制下进行。⑥釜温正常后在液面控制下采出塔底产品。⑦稳定塔系统的操作，使各项指标都在控制范围内。⑧系统正常后，全面检查一遍，是否有异常情况。

由于精馏塔处理的物系性质，操作条件和在整个生产装置中所起的作用等千差万别，具体的操作步骤很可能有差异，要根据具体的生产情况对塔设备的操作制定相应的操作规程。

3. 精馏塔的停车　精馏塔停车也是生产中十分重要的环节，当生产任务完成，或当装置运转一定周期后，需停车进行检修，要实现装置完全停车，必须做好停车准备工作，制定合理的停车步骤，预防各种可能出现的问题。

（1）逐步降低塔的负荷，相应地减小加热器和冷却剂用量，直至完全停止。

（2）停止加料。

（3）排放塔中积存料液。

（4）实施塔的降压或升压，降温或升温，用惰性气体置换、清扫或冲洗等，使塔接近常温或常压，准备打开人孔通大气，为检修作好准备。

另外停车时具体需作那些准备工作，必须由塔的具体情况而定，因地制宜。

（二）精馏塔日常维护

精馏操作的工作介质中常会有些杂质、结晶析出和沉淀、水垢等，都会对塔设备造成一定的危害，因此塔的日常维护显得非常重要。为了保证塔安全稳定运行，做好日常检测或检查记录是非常必要的，以作为定期停车检修的历史资料。日常检测或检查的项目如下。

1. 检查各种仪器仪表　压力表、安全阀、温度计等仪表是否灵敏可靠、堵塞、损坏。

2. 检查各项工艺指标　进料、产品、回流液等的流量，温度、纯度及公用工程流体（如水蒸气、冷却水、压缩空气等）的流量、温度和压力等。

3. 检查塔的压力和温度　塔顶、塔底等处压力及塔的压力降，塔底温度，如果塔底温度低，应及时排水，并彻底排净。升、降温及升、降压速率应严格按规定执行。

4. 检查塔体及各部件　塔系统的连接部件是否因振动而松弛，紧固件有无泄漏，必要时重新紧固，注意高压的塔设备生产期间不得带压紧固螺栓，不得调整安全阀，检查塔附属管道的阀门填料、管道法兰有无泄漏，塔的机座和管线在开工初期受热膨胀后，不得出现错位。

5. 检查塔的保温情况　保温保冷材料是否完整，并根据实际情况进行修复，检查塔及附属管道阀门的保温是否损坏。在寒冷地区运行的塔器，其管线最低点排冷凝液的结构不得造成积液和冻结破坏。

如果在运行中发现有异常振动，或发生其他安全规则中不允许继续运行的情况，应停车检查，要查明其原因。对于间歇操作的塔设备，每个生产周期完成后，都要进行彻底的清理和检修。而连续操作的塔设备，通常每年要定期停车检修1～2次。

表6-4　精馏操作不正常情况分析及处理

不正常现象	原　因	处理方法
塔顶产品浓度偏低	1. 回流比偏小，或回流液温度高。 2. 再沸器加热电压过高。 3. 进料中浓度偏低	1. 适当增大回流比，降低回流液温度。 2. 控制好再沸器的加热电压。 3. 向原料液中补充易挥发组分
釜残液中浓度偏高	1. 塔顶采出量小。 2. 再沸器加热电压低。 3. 塔底液面偏高	1. 在塔平衡的基础上，加大采出量。 2. 适当提高塔釜加热电压。 3. 降低并控制好塔底液面
精馏塔液泛	1. 塔负荷过大。 2. 回流比过大。 3. 塔釜加热过猛	1. 调整负荷。 2. 调节加料量，降低釜温。 3. 减少回流，加大采出
塔内压力超标	1. 再沸器加热电压大。 2. 塔顶冷却效果差，放空阀不畅。 3. 回流比小，塔顶温度高	1. 控制好再沸器加热电压。 2. 检查放空阀。 3. 增大回流比，减小采出，甚至进行全回流操作，降低塔顶温度
塔内温度波动较大	1. 回流槽液位低，造成回流泵排量不稳，或泵不上量出现故障。 2. 进料量大幅度波动。 3. 再沸器加热电压波动较大。 4. 塔底液位大幅度波动	1. 停止采出，停回流泵，维持操作，待回流槽液位稳定正常后，再重新启泵，恢复操作。 2. 稳定进料量。 3. 稳定加热电压。 4. 通过手动控制塔底液位调节阀，稳定塔底液位

拓展阅读

蒸馏工的工种定义及任务

1. 工种定义　按照工艺操作规程，操作蒸馏塔（釜）及辅助设备和仪表，控制一个或多个连续（或间歇）蒸馏过程，将液体混合物中挥发度不同的组分分离，使物质得到精制，达到标准要求的产品或半成品。

2. 蒸馏工从事的工作主要包括以下几点。

(1)操作机泵、加热等设备，将液体混合物加热加压输送进蒸馏塔。

(2)调控蒸馏塔的温度、压力、真空度、回流比等工艺参数，使物料进行传质过程。

(3)对塔顶液和塔釜液取样分析组分含量。

(4)发现并处理蒸馏过程中的异常现象和事故。

(5)填写生产记录报表。

重点小结

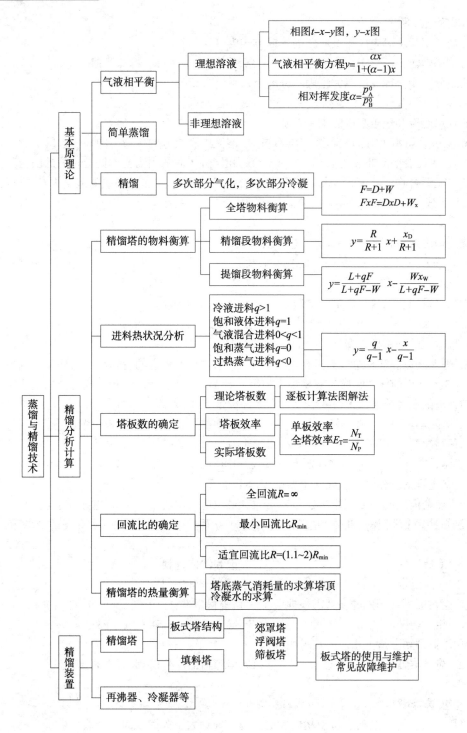

蒸馏与精馏技术
- 基本原理
  - 气液相平衡
    - 理想溶液
      - 相图 t–x–y图，y–x图
      - 气液相平衡方程 $y=\dfrac{\alpha x}{1+(\alpha-1)x}$
      - 相对挥发度 $\alpha=\dfrac{p_A^0}{p_B^0}$
    - 非理想溶液
  - 简单蒸馏
  - 精馏 —— 多次部分气化，多次部分冷凝
- 精馏分析计算
  - 精馏塔的物料衡算
    - 全塔物料衡算
      - $F=D+W$
      - $Fx_F=Dx_D+Wx_W$
    - 精馏段物料衡算
      - $y=\dfrac{R}{R+1}x+\dfrac{x_D}{R+1}$
    - 提馏段物料衡算
      - $y=\dfrac{L+qF}{L+qF-W}x-\dfrac{Wx_W}{L+qF-W}$
  - 进料热状况分析
    - 冷液进料 $q>1$
    - 饱和液体进料 $q=1$
    - 气液混合进料 $0<q<1$
    - 饱和蒸气进料 $q=0$
    - 过热蒸气进料 $q<0$
    - $y=\dfrac{q}{q-1}x-\dfrac{x}{q-1}$
  - 塔板数的确定
    - 理论塔板数 —— 逐板计算法图解法
    - 塔板效率 —— 单板效率 / 全塔效率 $E_T=\dfrac{N_T}{N_P}$
    - 实际塔板数
  - 回流比的确定
    - 全回流 $R=\infty$
    - 最小回流比 R_{min}
    - 适宜回流比 $R=(1.1\sim2)R_{min}$
  - 精馏塔的热量衡算 —— 塔底蒸气消耗量的求算 塔顶冷凝水的求算
- 精馏装置
  - 精馏塔
    - 板式塔结构 —— 郊罩塔 浮阀塔 筛板塔
      - 板式塔的使用与维护 常见故障维护
    - 填料塔
  - 再沸器、冷凝器等

目标检测

一、单项选择题

1. 在制药化工生产中应用最广泛的蒸馏方式为（　　）。

　A. 简单蒸馏　　　　B. 平衡蒸馏　　　C. 精馏　　　　　　D. 特殊蒸馏

2. 两组分的相对挥发度越大，表示分离该物系（　　）。

　A. 越容易　　　　　B. 越困难　　　　C. 无法判断　　　　D. 挥发度大小与分离难易无关

3. 非理想溶液和理想溶液的主要差别是（　　）。

　A. 组分在溶液上方的饱和蒸气压不同　B. 溶液中各组分的数量不同而引起的

　C. 表达气液平衡的方式不同　　　　　　D. 相同分子间的引力与不同分子间的引力不同

4. 某二元混合物，其中 A 为易挥发组分，当液相组成 $x_A = 0.5$，相应的泡点为 t_1，与之平衡的气相组成为 $y_A = 0.7$，相应的露点为 t_2，则 t_1 与 t_2 的关系为（　　）。

　A. $t_1 = t_2$　　　　　B. $t_1 < t_2$　　　　　C. $t_1 > t_2$　　　　D. 不一定

5. 描述理想溶液相平衡关系的拉乌尔定律是（　　）。

　A. $P_A = P_A^0 x_A$、$P_B = P_B^0 (1 - x_A)$　　　　B. $P_A^0 = P_A x_A$、$P_B^0 = P_B (1 - x_A)$

　C. $P_A^0 = P_A x_A$、$P_B^0 = P_B x_B$　　　　　　D. $P = P_A^0 x_A + P_B^0 x_B$

6. 在精馏塔中，加料板以下的塔段（包括加料板）称为（　　）。

　A. 进料段　　　　　B. 精馏段　　　　C. 提馏段　　　　　D. 混合段

7. 精馏过程的理论板是指（　　）。

　A. 进入该板的气相组成与液相组成平衡　　　B. 离开该板的气相组成与液相组成平衡

　C. 进入该板的气相组成与液相组成相等　　　D. 离开该板的气相组成与液相组成相等

8. 精馏塔的温度分布情况——温度最高的部位是（　　）。

　A. 塔顶　　　　　　B. 塔底　　　　　C. 塔中部　　　　　D. 进料板位置

9. 一般情况下，实际回流比应为最小回流比的（　　）倍。

　A. 1～2　　　　　　B. 1.5～2.2　　　　C. 1.1～2　　　　　D. 2～5

10. 精馏过程的操作线是直线，主要基于以下原因（　　）。

　A. 理论板假定　　　B. 理想物系　　　　C. 塔顶泡点回流　　　D. 恒摩尔流假设

11. 已知某精馏塔操作时的进料线（q 线）方程为：$x = 0.6$，则该塔的进料热状况为（　　）。

　A. 冷液进料　　　　　　　　　　　　B. 饱和液体进料

　C. 气液混合进料　　　　　　　　　　D. 饱和蒸气进料

12. 确定精馏塔各部位的温度需根据（　　）查得。

　A. 相平衡图　　　　B. $y - x$ 图　　　C. 操作线　　　　　D. $t - x - y$ 图

13. 用工业酒精制造无水乙醇宜采用（　　）。

　A. 简单蒸馏　　　　B. 精馏　　　　　C. 恒沸精馏　　　　D. 水蒸气蒸馏

二、多项选择题

1. 采用（　　）进料时，可使精馏段的上升蒸气量大于提馏段的上升蒸气量。

　A. 冷液　　　　B. 饱和液体　　　C. 气液混合　　　D. 饱和蒸气　　　E. 过热蒸气

2. 二元溶液连续精馏计算中，进料热状态的变化将引起以下线的变化（　　）。

　A. 平衡线　　　B. 对角线　　　　C. 精馏段操作线　　　D. 提馏段操作线　　　E. 进料线

3. 精馏操作中，精馏塔从最上一块塔板到最下一块塔板，浓度分布式是（　　）。

    A. 易挥发组分含量逐渐增加　　　　B. 难挥发组分含量逐渐增加

    C. 易挥发组分含量逐渐降低　　　　D. 难挥发组分含量逐渐降低

    E. 难易挥发组分变化相同

4. 在精馏塔设计中，回流比 R 与理论板数 N 之间的关系是（　　）。

    A. R 越大，N 越大　　　　　　　B. R 越小，N 越大

    C. 全回流时，R 为无穷大，N 最小　D. 全回流时，$R=1$，N 最大

    E. R 与 N 无关

5. 在精馏塔设计中，关于压力选取叙述正确的是（　　）。

    A. 压力越大，塔釜加热量越大　　　B. 压力越大，塔顶冷凝所需冷量越大

    C. 压力越大，塔板数越少　　　　　D. 压力与塔高无关

    E. 压力选取要综合设备费用和操作费用

6. 根据塔内气、液接触部件的结构形式不同，精馏塔主要分为（　　）。

    A. 填料塔　　　B. 板式塔　　　C. 浮阀塔　　　D. 泡罩塔　　　E. 萃取塔

7. 板式精馏塔按塔板结构的形式主要分为（　　）几种。

    A. 填料塔　　　B. 筛板塔　　　C. 浮阀塔　　　D. 泡罩塔　　　E. 萃取塔

三、简答题

1. 简要说明精馏原理？

2. 说明理论板概念及回流的作用。为什么说回流是精馏区别于简单蒸馏的标志？

3. 用图解法求理论板时，为什么一个直角三角形代表一层理论板？

4. 适宜回流比的选择涉及哪些因素？

5. 简要叙述水蒸气蒸馏、恒沸精馏、萃取精馏与普通精馏的区别，说明这 3 种特殊精馏的应用情况。

四、应用实例题

1. 苯 – 甲苯混合液在压强为 101.3 kPa 下的 t—x—y 图，如图 6 – 1 所示，如该混合液的初始组成为 0.45（摩尔分数），试求：

    （1）该溶液的泡点温度及其瞬间平衡蒸气组成。

    （2）将该溶液加热到 100℃时，试问溶液处于什么状态？气液两相组成各为多少？

    （3）将该溶液加热到什么温度，才能使其全部气化为饱和蒸气？此时的蒸气组成各为多少？

2. 某两组分理想溶液在总压为 26.7kPa 下的泡点温度为 45℃，试求该体系的气液平衡组成和物系的相对挥发度。已知 45℃下组分的饱和蒸气压为：$p_A^0 = 29.8\text{kPa}$，$p_B^0 = 9.88\text{kPa}$。

3. 正庚烷（A）和正辛烷（B）在 110℃时的饱和蒸气压分别为 140kPa 和 64.5kPa。计算 40%（摩尔百分率）正庚烷和正辛烷组成的混合物在 110℃时各组分的平衡分压，系统总压及平衡蒸气组成。

4. 在连续精馏塔中分离苯 – 甲苯混合液。原料液量为 5000kg/h，组成 0.45，要求馏出液中含苯 0.95。釜液中含苯不超过 0.06（均为质量分率）。试求：馏出液量及塔釜产品量各为多少？

5. 某连续精馏塔，泡点加料，已知操作线方程如下。

    精馏段　　　　　　　　　$y = 0.8x + 0.172$

提馏段 $\qquad y = 1.3x - 0.018$

试求原料液、馏出液、釜液组成及回流比。

6. 在连续精馏塔中分离两组分理想溶液，原料液流量为 100kmol/h，泡点进料，已知精馏段操作线方程和提馏段操作线方程分别为：$y = 0.623x + 0.263$ 和 $y = 1.25x - 0.018$。试求：（1）精馏段和提馏段下降液体流量，kmol/h；（2）精馏段和提馏段上升蒸汽流量，kmol/h；

7. 在连续精馏塔中分离两组分理想溶液，原料液流量为 100 kmol/h，组成为 0.4（摩尔分数，以下同），泡点进料，馏出液组成为 0.90，釜残液组成为 0.05，操作回流比为 2.5，试写出精馏段操作线方程和提馏段操作线方程。

8. 在常压连续精馏塔中分离苯 – 甲苯混合液，原料液组成为 0.4（摩尔分数，以下同），馏出液组成为 0.95，釜残液组成为 0.05，操作条件下物系的平均相对挥发度为 2.47，是分别求两种进料状况下的最小回流比：（1）饱和液体进料；（2）饱和蒸气进料。

9. 在常压下欲用连续操作精馏塔将含甲醇 45%、含水 55% 的混合液分离，以得到含甲醇 95% 的馏出液与含甲醇 4% 的残液（以上均为摩尔分率），操作回流比为 1.6，饱和液体进料。试用图解法求理论板层数。若精馏塔的总板效率为 65%，试确定其实际塔板数。（常压下甲醇 – 水的相平衡数据见附录二十一）

10. 用一常压操作的连续精馏塔，分离含苯为 0.44（摩尔分率，以下同）的苯 – 甲苯混合液，要求塔顶产品中含苯不低于 0.975，塔底产品中含苯不高于 0.0235。操作回流比为 3.5。试用图解法求以下两种进料情况时的理论板层数及加料板位置。

（1）原料液为 20℃ 的冷液体；（2）原料为液化率等于 1/3 的气液混合物。已知数据如下：操作条件下苯的气化热为 389kJ/kg；甲苯的气化热为 360kJ/kg。苯 – 甲苯混合液的气液平衡数据及 $t – x – y$ 图见表 6 – 1、表 6 – 2 和图 6 – 1。

实训四　精馏实验

一、实验目的

1. 认识连续精馏塔的结构和附属设备及各种仪表。
2. 掌握精馏装置的基本流程及运行操作技能。
3. 精馏操作数据记录及分析，理解回流比、温度、蒸气速度等对精馏塔性能的影响。
4. 学会精馏塔全塔效率的测定方法。
5. 精馏装置常见故障分析及排除。

二、实验基本原理

精馏是将混合液加热至沸腾，所产生的蒸气（气相）与塔顶回流液在塔内逆流接触，经过在塔板上多次进行的易挥发组分部分气化和难挥发组分部分冷凝，进行热量与质量的传递过程，从而达到使混合液分离的目的，在塔顶得到较纯的易挥发组分（轻组分），塔釜得到较纯的难挥发组分（重组分）。

1. 全塔效率 E_T 在实际操作中，由于气液接触时间有限、流体阻力以及热量的散失和其他一些因素的影响，气液两相在塔板上不可能达到理想分离状态，即一块实际塔板的分离作用达不到一块理论塔板的理想分离效果，实际所需的塔板数总数要比理论塔板数多，这种差别可用塔板效率来衡量，全塔效率的定义如下。

$$E_T = \frac{理论板数}{实际板数} = \frac{N_{理}}{N_{实际}} \times 100\%$$

式中，E_T 为塔效率；$N_理$ 为理论塔板数；$N_{实际}$ 为实际塔板数。

全塔效率即全塔中用所有塔板计算的总效率，其数值有实用意义，为提高实际塔板的分离能力指明了方向。

当塔板结构和所处理的物系确定后，塔效率只和操作条件有关。但注意，全塔效率与塔的结构、操作条件、物料性质及浓度变化范围等有关。

所以在实验时，只要确定出理论板数就可以计算出全塔效率。

2. 全回流理论板的确定 为安全，本实验采用的是乙醇 – 水非理想溶液，采用图解法求算理论板。

全回流的回流比 $R = \dfrac{L}{D} = \dfrac{L}{0} = \infty$，则

$$y_{n+1} = \frac{R}{R+1}x_n + \frac{x_n}{R+1} = x_n$$

即 $y_{n+1} = x_n$，与对角线重合。而提馏段操作线同样也与对角线重合，所以只要测出 x_D、x_w 即可在平衡线与对角线间画阶梯，求得全回流理论板数。

3. 部分回流理论塔板数的确定 图解法确定理论板数，其步骤如下，参见图 6 – 17 图解法求理论板数示意图。

（1）根据乙醇 – 水的饱和蒸气压数据（见附录二十一），在直角坐标上作出气液相平衡图（$x – y$ 图）及对角线 $y = x$。

（2）根据操作线方程作精馏段操作线

$$y_{n+1} = \frac{R}{R+1}x_n + \frac{x_D}{R+1}$$

式中，y_{n+1} 为精馏段内第 $n+1$ 块塔板上升蒸气的组成（摩尔分率，以下同）；x_n 为精馏段内第 n 块塔板下降液体组成（摩尔分率），可由实验测得；x_D 塔顶馏出液组成（摩尔分率），可由实验测得；R 为回流比，精馏段内液体回流量 Lkmol/s 与馏出液量 Dkmol/s 之比，即 $R = \dfrac{L}{D}$。当产品和回流液的温度和浓度都相同时，回流比也就是回流液和产品体积流量之比，可从流量计读数直接求取，这样就可以在已知平衡曲线图上作操作线。

通过常压下对乙醇 – 水溶液的精馏，由于乙醇与水形成恒沸物，故在一般方法下，乙醇的最高浓度只能达到97%左右（以体积计），沸点为78.15℃。

（3）根据 q 线方程作 q 线

$$y = \frac{q}{q-1}x - \frac{x_F}{q-1}$$

式中，x_F 为料液组成（摩尔分率）。

由实验测量得已知 $q = \dfrac{每摩尔进料变成饱和蒸气所需热量}{进料的摩尔气化潜热}$

当 $x = x_F$，$y = y_F$ 时，在对角线上得一点 e（x_F，x_F），再从 e 点作斜率 $q/q-1$ 的直线，即为 q 线。

（4）作提馏段操作线 利用 q 线与精馏段操作线交点 d 和塔釜组成点 b（x_w，x_w），d 点与 b 点相连，即得提馏段操作线。

（5）在平衡线和操作线之间做直角三角形即可求出理论板数。

由于蒸馏釜一般相当于一块理论板，因此用图解法求出理论塔板数还要减去 1 后才能代入公式作为理论板。

三、实验设备与流程

本实验采用筛板式精馏塔，组成由精馏塔（包括塔体、塔釜和塔顶冷凝器）、回流系统、进料系统、产品储罐以及控制柜等组成，精馏实验装置流程如图 6－31 所示。

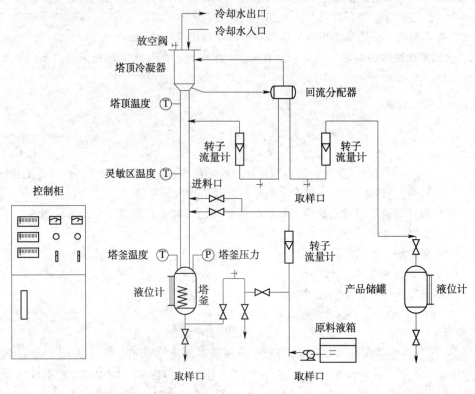

图 6－31　精馏实验装置流程图

塔身采用 $\phi 57\text{mm} \times 3.5\text{mm}$ 不锈钢管制成。设有两个加料口供选择，共 15 段塔节。

筛板塔身参数如下。

1. 塔径　$\phi 50\text{mm}$。

2. 塔板全塔共有 15 块塔板，板厚 $\delta = 1\text{mm}$，不锈钢，筛孔径 $d_0 = 2\text{mm}$，孔数 $n = 21$ 个，排列三角形。

3. 板间距　$H_T = 100\text{mm}$

4. 溢流管　管径 $\phi 14\text{mm} \times 2\text{mm}$，不锈钢，堰高 $h_0 = 10\text{mm}$。

塔釜以 2 支 1kW 的电热棒加热，其中一支常加热，而另一支通过自耦变压器，可在 $0 \sim 1\text{kW}$ 范围内调节。塔顶为盘管式冷凝器，蒸气在管外冷凝后流至分配器，一部分回流至塔内，一部分为产品。料液由原料槽输液泵送到塔内，经转子流量计计量后入塔。

四、实验操作要点

1. 熟悉整个实验装置的结构和流程，了解控制柜的操作规程，并检查塔釜中的料液量是否适当（釜中液面必须浸没电加热器，在液位计上有一标线指示）。塔釜中料液的乙醇浓度为 5% 左右（已由实验室预先配好。浓度为体积百分比浓度，下同）。

2. 通电启动加热器加热釜液（按控制柜的操作规程进行）。开始时可快些，用两支电加热器一起加热，并将其电压调到略低于最大值处。通电后必须检查塔釜是否有漏电现象。

如果电压表示值很小，而电流表示值很大，请立即报告实验指导教师。塔釜加热量是通过调节电加热器的电压进行的，每次调节时改变量不要太大，采用微调、多次、渐变的方法，使塔内的浓度梯度和温度梯度平稳变化。

3. 塔釜加热开始后，打开冷凝器的冷却水阀门，开度调至需要流量，使蒸气全部冷凝实现全回流。

4. 有回流后，先作全回流（不出产品、不进料、不排釜液、馏出物全部返回塔内）30min，检查各相关阀门的开闭状态是否适当。建立稳定气液两相接触状况，这时灵敏板温度在80℃左右。从原料液箱中取样150ml左右，倒入量筒中测定其温度、浓度（15%~20%，已由实验室预先配好），并将所测得的浓度换算到20℃时的浓度。

5. 取样分析后，部分回流操作。开泵加料，先选好加料口，控制一定进料量，待发现塔釜液面有上升趋势时，即开启塔釜排液阀调节塔釜液面恒定于红色液位标记处，必须使进出塔的物料基本平衡，维持釜内液面恒定。

6. 随时注意釜内压强，灵敏板的温度，塔顶温度等参数的变化，随时加以调节，塔釜压力不要超过 2.0×10^2 Pa，控制灵敏区温度不要超过80℃。

7. 取样必须在稳定操作 20~30min 以后进行，取样量要保证酒精计的浮起。取样时，打开旋塞要慢，以免烫伤。

8. 调节转子流量计时手要轻要慢。

9. 实验完毕后，即停止加热，运转 1 个周期后，才能停止向冷凝器供水，不得过早停水，以免酒精损失和着火危险。

10. 注意事项如下。

（1）塔顶放空阀一定要打开。

（2）料液一定要加到设定液位 2/3 处方可打开加热管电源，否则塔釜液位过低会使电加热丝露出干烧致坏。

（3）部分回流时，进料泵电源开启前务必先打开进料阀，否则会损害进料泵。

11. 本实验使用酒精计测乙醇的体积百分数，测定时，样品要冷却到室温，读数要作温度校正，有条件的也可以用气相色谱法测定。

五、实验结果与要求

1. 原始数据记录（表6-5）

实验设备： 　实际板数： 　塔径：

加料位置： 　板间距： 　实验介质：

表6-5　实验数据记录表

	全回流	部分回流
回流比 R		
塔顶温度		
灵敏板温度		
进料温度		
塔釜温度		
塔釜压力		

续表

	全回流	部分回流
进料流量 F		
进料浓度 x_F	酒精计（　　）温度（　　）	酒精计（　　）温度（　　）
产品浓度 x_p	酒精计（　　）温度（　　）	酒精计（　　）温度（　　）
残料浓度 x_w	酒精计（　　）温度（　　）	酒精计（　　）温度（　　）

2. 写出本实验的物料衡算的计算过程。包括塔顶、塔釜的流量，精馏段的操作线方程和提馏段的操作线方程，写出将体积百分比浓度转换成摩尔分率的计算过程。

3. 用图解法求出回流比 $R=2$ 时的理论塔板数，并计算全塔效率（乙醇－水物系气液平衡数据见附录二十一）。

表 6-6　参照下面表格列出实验结果

操作状态	产品浓度	残料浓度	进料浓度	R_{min}	R	塔效	灵敏板温度
全回流							
部分回流							

六、思考题

1. 精馏塔操作中，塔釜压力为什么是一个重要操作参数？塔釜压力与哪些因数有关？

2. 在精馏操作中，如果回流比等于或者小于最小回流比，是否表示精馏操作无法进行？

3. 如果增加本塔的塔板数，在相同的操作条件下是否可以得到纯乙醇？为什么？

4. 为什么一般可以把塔釜当成一块理论板处理？

七、实验报告要求

1. 实验目的。

2. 主要设备名称、名称及型号。

3. 精馏装置总流程图。

4. 实验操作步骤。

5. 实验数据记录及处理（数据计算过程、图解法求理论板数）。

6. 思考题。

7. 实验体会（查阅相关资料补充实验内容，实验中的体验和个人看法）。

第七章

气体吸收

学习目标

知识要求　**1. 掌握**　低浓度单组分等温物理吸收操作计算：包括全塔物料衡算、吸收剂用量确定、塔径及填料层高度的计算。
　　　　　2. 熟悉　吸收装置的结构和特点。吸收单元操作基本概念、吸收传质机制、相平衡与吸收的关系。
　　　　　3. 了解　吸收的有关概念、分类、特点及应用。
技能要求　1. 会通过吸收塔的物料衡算，确定产品流量及组成。
　　　　　2. 会根据生产任务确定吸收剂用量。
　　　　　3. 会根据生产任务正确选择吸收操作的条件，分析吸收操作的影响因素。
　　　　　4. 能正确对吸收过程进行正确的调节控制。
　　　　　5. 会进行吸收装置的正常开停车操作和事故处理。

第一节　概述

案例导入

案例：随着社会的发展，污染问题越来越引起人们广泛的关注，尤其是近几年的大气污染更是引起了局部地区人们的恐慌，围绕大气治理的研究也得到了国家的大力支持，其中有害气体的治理更是人们关注的重点。

讨论：1. 减少煤及石油燃烧过程中温室气体、酸性气体等有害气体排放的有效方法有哪些？
　　　2. 如何避免酸雨的形成？

一、吸收的基本概念、应用、分类及流程介绍

（一）吸收的定义

化工医药生产过程中的原料预处理，产品合成及物料回收等工段中所处理的物料绝大多数是混合物，其中经常会涉及气体混合物的分离问题。为了分离混合气体中的各组分，通常将混合气体与适当的液体接触，气体中的一种或几种组分溶解于液体内而形成溶液，不能溶解的组分则保留在气相中，从而使得原混合气体得以分离。这种利用各组分溶解度不同而分离气体混合物的操作称为吸收。在吸收操作中，通常我们将能够溶解的组分称为吸收质或溶质，以 A 表示；不被溶解的组分称为惰性组分或载体，以 B 表示；吸收操作所采用的溶剂称为吸收剂，以 S 表示；吸收操作终了时所得到的溶液称为吸收液，其成分为溶剂 S 和溶质 A；排出的气体称为吸收尾气，其主要成分除惰性气体 B 外，还含有未完全

溶解的溶质 A。

吸收过程往往在吸收塔中进行，根据气、液两相的流动方式的不同可分为逆流操作和并流操作两类，工业生产中以逆流操作为主。如图 7-1 所示，为逆流操作的吸收塔示意图。

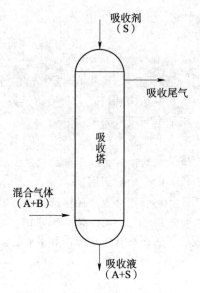

图 7-1　吸收操作示意图

（二）吸收操作在化工生产中的应用

案例导入

案例：NH_3 很容易溶于水，且能形成喷泉现象。

讨论：如果现在有少量的 NH_3 散失到空气中，又应该如何将其回收呢?

吸收作为分离气体混合物的重要单元操作，其原理及操作广泛应用于制药生产中的中间体、产品制备及尾气净化处理。

（1）分离气体混合物以获得其中的某一组分。例如，用洗油处理焦炉气以回收其中的芳烃等。

（2）除去有害组分以净化气体。例如：用水和碱液脱除合成氨原料气中的二氧化碳。

（3）制备液态产品。例如，用水吸收二氧化氮以制造硝酸，用水吸收甲醛以制备福尔马林溶液等。

（4）工业废气治理。例如，电厂的锅炉尾气含二氧化硫，硝酸生产尾气含一氧化氮等有害气体，均须用吸收方法除去。

（三）吸收过程的分类

1. 物理吸收与化学吸收　吸收按是否发生化学反应分为物理吸收和化学吸收。物理吸收可看作是气体中可溶组分单纯溶解于液相的过程。例如，用水吸收二氧化碳，用液态烃处理裂解气以回收其中的乙烯、丙烯等过程都属于物理吸收。化学吸收是在吸收过程中溶质与吸收剂之间发生显著的化学反应。例如，用硫酸吸收氨，用碱液吸收二氧化碳等过程都属于化学吸收。

2. 单组分吸收与多组分吸收 吸收过程按被吸收组分数目的多少，可分为单组分吸收和多组分吸收。如果混合气体中只有一个组分溶解于吸收剂中，其余组分不溶解，称为单组分吸收。例如，合成氨原料气中含有 N_2、H_2、CO、CO_2 等组分，而只有 CO_2 一个组分在高压水中有较为明显的溶解，这种吸收过程属于单组分吸收过程。如果混合气体中有两个或更多个组分能在吸收剂中溶解，称为多组分吸收。例如，用洗油处理焦炉气时，气相中的苯、甲苯、二甲苯等几个组分都可明显的溶解于洗油中。

3. 等温吸收与非等温吸收 气体溶解过程中，常常会伴随着热效应，当发生化学反应时还会有反应热，其结果导致吸收液温度逐渐升高，这种吸收称为非等温吸收。如果被吸收组分在气相中浓度很低而吸收剂的用量又很大，或吸收过程的热效应很小，或虽然吸收过程热效应很大，但吸收设备的散热性能良好，能及时将产生的热量转移出去等，此时在吸收过程中吸收液的温度几乎不发生变化，这种吸收则可看作等温吸收。

4. 低浓度吸收与高浓度吸收 吸收操作中，如果溶质在气液两相中的含量均较低（≤0.1 物质的量分数），这种吸收称为低浓度吸收。否则称为高浓度吸收。对于低浓度吸收，由于气相中溶质浓度较低，传递到液相中的溶质量相对于气、液相流率也较小，因此流经吸收塔的气、液相流率均可视为常数。

工业生产中的吸收过程多以低浓度吸收为主。本章重点学习低浓度单组分等温物理吸收过程，对于其他条件下的吸收过程，可参考有关书籍。

（四）吸收流程

在化工制药等生产过程中的吸收操作，多采用塔设备，塔设备提供了气、液两相接触的场所，有利于两相间传质过程的发生。但在实际生产中除了考虑塔设备自身的性能外，还要考虑流程的设置，在化工制药生产中的吸收流程主要有以下 3 种。

1. 部分吸收剂循环流程 当吸收剂喷淋量较小，无法保证填料表面被完全润湿，导致气液两相接触面积减小，或者塔中需排除的热量很大时，可采用部分吸收剂循环的吸收流程。

如图 7 - 2 所示，为部分吸收剂循环的吸收流程，自塔底部流出的吸收液，一部分作为产品取出，另一部分经冷却器冷却降温后与新鲜的吸收剂混合后进入吸收塔，以实现部分吸收液的循环使用，补充的新鲜吸收剂量应与取出的产品量相等，以保持物流的平衡。

这种流程可以在不增加吸收剂用量的情况下增大喷淋量，且可由循环的吸收剂将塔内的热量带入冷却器，以减少塔内温升。

2. 吸收塔串联流程 当所需塔的尺寸过高，或从塔底流出的溶液温度过高，不能保证塔在适宜的温度下操作时，可将一个大塔分成几个小塔串联起来使用，组成串联流程。

如图 7 - 3 所示，为串联逆流吸收流程。操作时，气体从一个吸收塔流至后一个吸收塔，而吸收剂则用泵从最后的吸收塔逐塔向前流动，气液两相呈逆流流动。

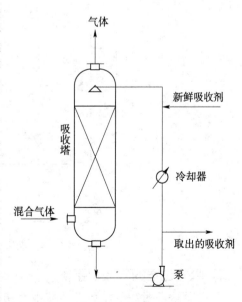

图 7 - 2 部分吸收剂循环的吸收流程

在吸收塔串联流程中，可根据操作的需要，在塔与塔之间的液体管路上安装冷却器，或使吸收塔系的全部或部分采用吸收剂部分循环的操作。

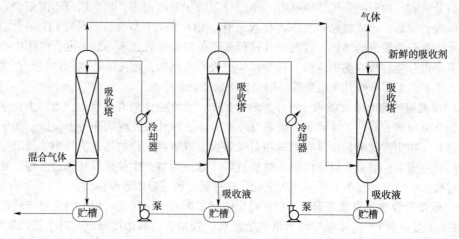

图 7-3　串联逆流吸收流程

3. 吸收解吸联合操作　吸收过程中，出塔的物料为溶质溶解于吸收剂中而得到的溶液，并没有得到纯净的气体溶质。如果产品要求为净化的气体，则在工业生产中还要将吸收液进行解吸操作。解吸是吸收过程的逆过程，是使溶质从吸收液中释放出来的过程，也称为脱吸。因此要采用吸收解吸联合操作。

如图 7-4 所示，是吸收解吸联合操作流程示意图，在这种流程中需设置吸收塔和解吸塔，从吸收塔底部流出的吸收液经加热或减压后送入解吸塔，在解吸塔内释放出所溶解的气体溶质，从而实现气体的分离与纯化。经解吸后的解吸液从解吸塔出来，经降温后再次进入吸收塔重复使用。

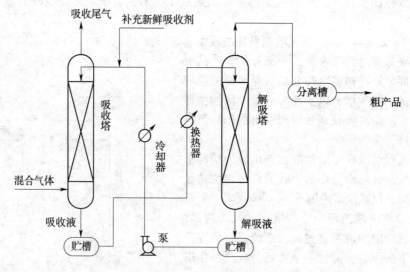

图 7-4　吸收解吸联合操作流程示意图

二、吸收过程的气液相平衡

气体吸收过程的实质是溶质由气相转移到液相的过程，判断溶质传递的方向和极限，进行吸收过程和设备的计算，都是以相平衡关系为基础，故先介绍吸收操作中的相平衡。

（一）气体在液体中的溶解度

在系统温度和压强一定的条件下，将混合气体与一定量的吸收剂相接触，溶质便不断地向液相转移，直至达到饱和，这种状态称为相平衡或平衡。液相中溶质的浓度称为平衡浓度，也就是气体在液体中的溶解度。溶解度表明一定条件下吸收过程可能达到的极限程度，通常用单位质量（或体积）的液体中所含溶质的质量来表示。

一般来说，气体在液体中的溶解度与系统的温度、压强及气相中的组成密切相关。若吸收为单组分的物理吸收，则在一定的压力条件下，可以认为气体在液体中的溶解度只取决于温度和该组分气体的分压。

气体的溶解度由实验测定得到。图7-5、图7-6及图7-7分别为常压下氨、二氧化硫和氧在水中的溶解度与其在气相的分压之间的关系，图中的关系曲线称为溶解度曲线。由图比较可看出以下几项。

（1）在同一溶剂中，不同气体的溶解度差异很大。例如，当温度为20℃、气相中溶质分压为20kPa时，每1000g水中所能溶解的氨、二氧化硫和氧的质量分别为170g、22g和0.009g。

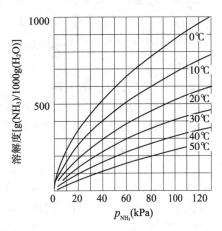

图7-5 NH_3 在水中的溶解度

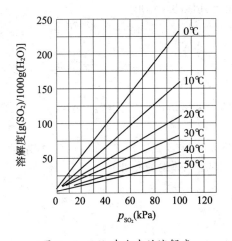

图7-6 SO_2 在水中的溶解度

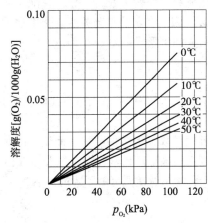

图7-7 O_2 在水中的溶解度

（2）同一溶质在相同的温度下，随着气体分压的提高，在液相中的溶解度逐渐增多。例如，在10℃时，当氨在气相中的分压分别为40kPa和100kPa时，每1000g水中溶解氨的质量分别为395g和680g。

（3）同一溶质在相同的气相分压下，溶解度随温度降低而增大。例如，当氨的分压为60kPa时，温度从40℃降至10℃，每1000g水中溶解的氨从220g增加至515g。

由溶解度曲线所显示的共同规律可知：加压和降温可以提高气体的溶解度，对吸收操作有利；反之，升温和减压对脱吸操作有利。

（二）气液相平衡关系

对于低浓度吸收过程而言，溶液中溶质的浓度较小，在一定的浓度范围内，溶液的气液平衡关系可用亨利定律来表示：当总压不太高时，在恒定温度下，稀溶液上方气体溶质的平衡分压与其在液相中的摩尔分率成正比，即

$$p_i^* = Ex_i \qquad (7-1)$$

式中，p_i^* 为溶质在气相中的平衡分压，kPa；x_i 为溶质在液相中摩尔分率；E 为亨利系数，单位与压强单位一致，其数值随物系特性及温度而变。亨利系数可由实验测定，亦可从有关手册中查得。

亨利定律适用于溶解度曲线为直线的部分，即溶液为理想溶液或稀溶液，同时溶质在气相和液相中的分子状态必须相同。

因组成有多种表达方式，所以亨利定律也有其他的表达形式。

1. 以 p 及 c 表示的平衡关系　若用物质的量浓度 c 表示溶质在液相中的组成，则亨利定律可写成如下形式，即

$$p_i^* = \frac{c_i}{H} \qquad (7-2)$$

式中，c_i 为单位体积溶液中溶质的物质的量，$kmol/m^3$；H 为溶解度系数，$kmol/(m^3 \cdot kPa)$。

溶解度系数 H 的数值随物系而变，同时也是温度的函数。对一定的溶质和溶剂，H 值随温度升高而减小。易溶气体有很大的 H 值，难溶气体的 H 值很小。

对于稀溶液，H 值可由下式近似估算，即

$$H = \frac{\rho}{EM_S} \qquad (7-3)$$

式中，ρ 为溶液的密度，kg/m^3；M_S 为溶剂的摩尔质量。

2. 以 y 与 x 表示平衡关系　若溶质在气相与液相中的组成分别用物质的量的分数 y 与 x 表示，亨利定律又可写成如下形式

$$y_i^* = mx_i \qquad (7-4)$$

式中，y_i^* 为与液相成平衡的气相中溶质摩尔分率；x_i 为液相中溶质的摩尔分率；m 为相平衡常数，又称为分配系数，无因次。

$$m = \frac{E}{P} \qquad (7-5)$$

对于一定的物系，相平衡常数 m 是温度和压力的函数，其数值可由实验测得。

3. 以 Y 及 X 表示平衡关系　在吸收计算中，为方便起见，常采用物质的量之比 Y 与 X

分别表示气、液两相的组成。

物质的量之比定义为

$$X_i = \frac{液相中溶质的摩尔分率}{液相中溶剂的摩尔分率} = \frac{x_i}{1-x_i} \qquad (7-6)$$

$$Y_i = \frac{气相中溶质的摩尔分率}{气相中惰性组分的摩尔分率} = \frac{y_i}{1-y_i} \qquad (7-7)$$

当溶液很稀时，式（7-4）又可近似表示为

$$Y_i^* = mX_i \qquad (7-8)$$

式（7-8）表明，当液相中溶质含量足够低时，平衡关系在 $X-Y$ 坐标图中也可近似的表示成一条通过原点的直线，其斜率为 m。

实例分析 7-1　在温度为 40 ℃、压力为 101.3 kPa 的条件下，测得溶液上方氨的平衡分压为 15.0 kPa 时，氨在水中的溶解度为 76.6 g（NH_3）/1 000 g（H_2O）。试求在此温度和压力下的亨利系数 E、相平衡常数 m 及溶解度系数 H。

分析：

水溶液中氨的摩尔分数为

$$x = \frac{76.6/17}{76.6/17 + 1000/18} = 0.075$$

由　　　　　　　　　　　$p^* = Ex$

亨利系数为

$$E = \frac{p^*}{x} = \frac{15.0}{0.075} \text{kPa} = 200.0 \text{kPa}$$

相平衡常数为

$$m = \frac{E}{P} = \frac{200.0}{101.3} = 1.974$$

由于氨水的浓度较低，溶液的密度可按纯水的密度计算。40 ℃时水的密度为

$$\rho = 992.2 \text{kg/m}^3$$

溶解度系数为

$$H = \frac{\rho}{EM_s} = \frac{992.2}{200.0 \times 18} = 0.276 \text{kmol/}（\text{m}^3 \cdot \text{kPa}）$$

（三）相平衡关系在吸收操作中的应用

相平衡关系描述的是气、液两相接触传质的极限状态。根据气、液两相的实际组成与相应条件下平衡组成的比较，可以判断传质进行的方向，确定传质推动力的大小，并可指明传质过程所能达到的极限。

1. 判断过程进行方向　根据气、液两相的实际组成与相应条件下平衡组成的比较，可判断过程进行的方向。若气相的实际组成 Y_i 大于与液相呈平衡的气相组成 Y_i^*（$= mX_i$），说明溶液还没有达到饱和状态，此时气相中的溶质必然要向液相转移，也就是会发生吸收过程；反之，若 $Y_i^* > Y_i$，则为脱吸过程；若 $Y_i = Y_i^*$，系统处于相际平衡状态。

由上述分析可知：只要系统偏离平衡状态则系统必然处于不稳定状态，此时溶质就会发生由一相向另一相传递，使气、液两相逐渐趋于平衡，溶质的传质总是单方向趋于平衡。

2. 计算过程推动力　对于吸收过程而言，传质过程的推动力通常用一相的实际组成与其平衡时的平衡组成的差值来表示。推动力可用气相推动力或液相推动力来表示，气相推动力表示为塔内任一截面上气相实际浓度 Y 和与该截面上液相实际浓度 X 成平衡的 Y^* 之

差，即 $Y_i - Y_i^*$（其中 $Y_i^* = mX_i$），液相推动力即以液相物质的量分数之差 $X_i^* - X_i$ 表示吸收

推动力，其中 $X_i^* = \dfrac{Y_i}{m}$。

3. 确定过程进行的极限 平衡状态即为过程进行的极限。对于逆流操作的吸收塔，无论吸收塔有多高，吸收剂用量有多大，吸收尾气中溶质组成 Y_2 的最低极限是与入塔吸收剂组成呈平衡，即 mX_2；吸收液的最大组成 X_1 不可能高于入塔气相组成 Y_1 呈平衡的液相组成，即不高于 Y_1/m。总之，相平衡状态限定了被净化气体离开吸收塔的最低组成和吸收液离开塔时的最高组成。

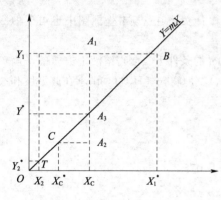

图 7-8 相平衡关系的应用

相平衡关系在吸收操作中的应用在 $Y-X$ 坐标图上表达更为清晰，如图 7-8 所示。气相组成在平衡线上方（点 A_1），进行吸收过程；气相组成在平衡线下方（点 A_2），则为脱吸操作。吸收过程的推动力为 $Y_1 - Y^*$ 或 $X_1^* - X_c$，脱吸的推动力为 $Y^* - Y$ 或 $X_c - X_c^*$。吸收液的最高组成为 X_1^*；尾气的最低组成为 Y_2^*。

实例分析 7-2 在温度为 25 ℃ 及总压为 101.3kPa 的条件下，使含二氧化碳为 3.0%（体积分数）的混合空气与含二氧化碳为 350g/m³ 的水溶液接触。试判断二氧化碳的传递方向，并计算以二氧化碳的分压表示的总传质推动力。已知操作条件下，亨利系数 $E = 1.66 \times 10^5 \text{kPa}$，水溶液的密度为 997.8kg/m³。

分析：

水溶液中 CO_2 的浓度为

$$c = \frac{350/1000}{44} = 0.008 \text{kmol/m}^3$$

对于稀水溶液，总浓度为

$$c_t = \frac{997.8}{18} = 55.43 \text{kmol/m}^3$$

水溶液中 CO_2 的摩尔分数为

$$x = \frac{c}{c_t} = \frac{0.008}{55.43} = 1.443 \times 10^{-4}$$

由 $p^* = Ex = 1.66 \times 10^5 \times 1.443 \times 10^{-4} = 23.954 \text{kPa}$

气相中 CO_2 的分压为

$$p = p_t y = 101.3 \times 0.03 \text{kPa} = 3.039 \text{kPa} < p^*$$

故 CO_2 必由液相传递到气相，进行解吸。

以 CO_2 的分压表示的总传质推动力为

$$\Delta p = p^* - p = (23.954 - 3.039) \text{ kPa} = 20.915 \text{kPa}$$

实例 7-2 在判断传质方向及求取传质推动力时均是以气相浓度差表示，但也可以液相浓度差表示传质进行方向以及传质过程推动力。

吸收操作是溶质从气相向液相转移的过程，包括溶质由气相向气、液界面的传递以及由相界面向液相主体的传递。本节研究物质在单一相中以及从一相向另一相传递的规律和影响传质速度的因素。

一、传质的基本方式

物质在单一相中的传递靠扩散作用。所谓扩散指的是单一相中由于溶质在不同部位浓度的差异而引起的定向传递过程，发生在流体中的扩散有分子扩散与涡流扩散两种。

1. 分子扩散　发生在静止或滞流流体中的扩散是分子扩散，它是流体分子无规则的热运动而引起的物质传递现象。由于流体分子热运动分子扩散速率主要决定于扩散物质和静止流体的温度和某些物理性质，其扩散速率主要与其扩散方向上的浓度差及扩散系数 D 有关。

分子扩散系数 D 是物质的性质之一，扩散系数大，表示分子扩散速率快。扩散系数随温度的升高和压力的降低而增加，且受介质的影响。

2. 涡流扩散　涡流扩散是凭借流体质点的湍动和漩涡而传递物质的，发生在湍流流体中的扩散主要是涡流扩散。涡流扩散比分子扩散快得多，其扩散系数难以测定和估算。

在实际生产中分子的扩散通常是分子扩散和涡流扩散共同作用的结果，称为对流扩散。对流扩散速率主要决定于流体的湍流程度。

二、吸收机制

吸收机制就是讨论溶质从气相传递到液相全过程的途径和规律的。由于吸收过程中有分子扩散，又有涡流扩散，因此影响吸收过程的因素极为复杂。许多学者对吸收过程的机制提出了不同的物理模型，其中应用较广泛的是"双膜理论"。

（一）双膜理论的基本论点

（1）相互接触的气、液两流体间存在着一个稳定的相界面，在界面两侧分别存在着一层虚拟的气膜和液膜，膜内流体做滞流流动，称为有效滞流膜层，溶质以分子扩散方式通过此两膜层，同时膜的厚度随流体的流速而变，流速越大膜层越薄。

（2）在相界面处，气、液两相中溶质的浓度处于相平衡状态。

（3）在膜层以外的气、液两相主体中，由于流体剧烈湍动，溶质浓度趋于均匀，即气、液两相主体内浓度梯度皆为零，全部组成变化集中在两个膜层中。

通过以上假设，就把整个相际传质过程简化为经由气、液两膜的分子扩散过程。图7-9所示即为双膜理论的示意图。

双膜理论认为溶质在气液界面上始终处于平衡状态，即图7-9中的 p_i 与 c_i 符合平衡关系，这样整个相际传质过程的阻力便全部集中到两个有效膜内。在两相主体浓度一定的情况下，两膜的阻力便决定了传质速率的大小。

（二）双膜理论的意义及其局限性

双膜理论的意义在于，它将复杂的相际传质过程简化为溶质通过两个有效膜的分子扩散过程。

双膜理论对于具有固定相界面的系统（如湿壁塔）及速度不高的两流体间的传质，与实际情况是相当吻合的。根据这一理论所建立的相际传质速率关系，至今仍是传质设备设

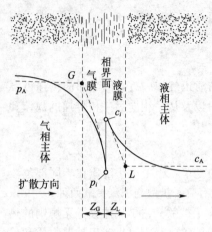

图 7-9　双膜理论的示意图

计的主要依据。但是对于具有自由相界面的系统（如填料塔中的两相界面），尤其是高度湍动的两流体间的传质，双膜理论表现出它的局限性。针对双膜理论的局限性，后来相继提出了一些新的理论或模型，如溶质渗透理论、表面更新理论、膜渗透理论等，这些新的理论由于其数学模型太复杂，目前仍不能作为传质设备设计的依据。后面关于吸收速率的讨论，仍以双膜理论为基础。

三、吸收速率和吸收速率方程

根据生产任务进行吸收设备的设计计算，或核算混合气体通过指定设备所能达到的吸收程度，则需知道吸收速率。吸收速率是指单位时间内单位相际传质面积上吸收的溶质量。

用来表示吸收速率与吸收推动力之间关系的数学式称为吸收速率方程式，其一般形式可表示为

$$吸收速率 = 吸收系数 \times 推动力$$

由于吸收系数及其对应的推动力的表达方式及范围的不同，出现了多种不同形式的吸收速率方程，见表 7-1。

表 7-1　吸收速率方程式的各种不同形式

方程式及吸收系数	以压差或浓度差表示	以物质的量的分数表示	
气膜吸收速率方程式	$N_A = k_G (p - p_i)$	$N_A = k_y (y - y_i)$	$k_y = p k_G$
液膜吸收速率方程式	$N_A = k_L (c_i - c)$	$N_A = k_x (x_i - x)$	$k_x = c k_L$
总吸收速率方程式	$N_A = K_G (p - p^*)$	$N_A = K_Y (Y - Y^*)$	$K_Y = p K_G$
	$N_A = K_L (c^* - c)$	$N_A = K_X (X^* - X)$	$K_X = c K_L$
总吸收系数与膜吸收系数的关系	$\dfrac{1}{K_G} = \dfrac{1}{H k_L} + \dfrac{1}{k_G}$	$\dfrac{1}{K_Y} = \dfrac{m}{k_x} + \dfrac{1}{k_y}$	
	$\dfrac{1}{K_L} = \dfrac{1}{k_L} + \dfrac{H}{k_G}$	$\dfrac{1}{K_X} = \dfrac{1}{k_y m} + \dfrac{1}{k_x}$	

表中各符号的物理意义列举如下。

N_A 为吸收速率，$kmol/(m^2 \cdot s)$；

p 为气相主体中溶质 A 的分压；

p_i 为相界面处溶质 A 的分压；

k_G 为以 Δp 为推动力的气膜吸收系数，$kmol/(m^2 \cdot s \cdot kPa)$；

y 为气相主体中溶质 A 物质的量分数；

y_i 为相界面处溶质 A 物质的量分数；

k_y 为以 Δy 为推动力的气膜吸收系数，$kmol/(m^2 \cdot s)$；

c 为液相主体中溶质 A 物质的量浓度；

c_i 为相界面处溶质 A 物质的量浓度；

k_L 为以 Δc 为推动力的液膜吸收系数，$kmol/[(m^2 \cdot s) \cdot kmol/m^3]$；

x 为液相主体中溶质 A 物质的量分数；

x_i 为相界面处溶质 A 物质的量的分数；

k_x 为以 Δx 为推动力的液膜吸收系数，$kmol/(m^2 \cdot s)$；

K_G 为气相总吸收系数，$kmol/(m^2 \cdot s \cdot kPa)$；

Y 为气相主体中溶质 A 物质的量的比；

Y^* 为与液相组成 X 成平衡的气相物质的量的比；

K_Y 为气相总吸收系数，$kmol/(m^2 \cdot s)$；

K_L 为液相总吸收系数，$kmol/(m^2 \cdot s \cdot kmol \cdot m^{-3})$，即 m/s；

K_X 为以 ΔX 为推动力的液相总吸收系数，$kmol/(m^2 \cdot s)$。

（一）气膜控制

对于易溶气体，H 值很大，在 k_G 与 k_L 数量级相同或相近的情况下存在如下关系。

此时传质阻力的绝大部分存在于气膜阻力之中，液膜阻力可以忽略，因而式 $\dfrac{1}{K_G} = \dfrac{1}{Hk_L} + \dfrac{1}{k_G}$ 可简化为，$\dfrac{1}{K_G} \approx \dfrac{1}{k_G}$ 或 $K_G \approx k_G$。

上式表示气膜阻力控制着整个吸收过程的速率，吸收总推动力的绝大部分用于克服气膜阻力，如图 7 – 10a 所示，可以看出，$p_i - p^* \approx p_G - p_i$。

这种情况称为气膜控制。用水吸收氨或氯化氢，用浓硫酸吸收气相中的水蒸气等过程，都可视为气膜控制的吸收例子。

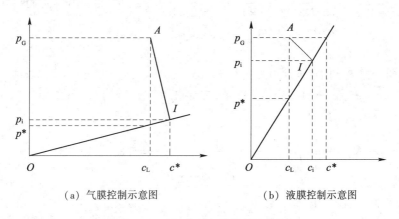

（a）气膜控制示意图　　　　　　（b）液膜控制示意图

图 7 – 10　气膜、液膜控制示意图

（二）液膜控制

对于难溶气体，总推动力的绝大部分用于克服液膜阻力，由图 7 – 10b 所示，可看出，$c^* - c_L \approx c_i - c_L$。

这种情况是由于液膜阻力控制着吸收过程的速率，故称为"液膜控制"过程，例如用水吸收氧、氢或二氧化碳的过程，都是液膜控制的吸收过程。

需要指出，一般情况下，对于具有中等溶解度的气体吸收过程，气膜阻力与液膜阻力均不可忽略，要提高过程速率，必须同时降低气、液两膜阻力方能得到满意的效果。

（三）应用吸收速率方程式的注意事项

（1）必须注意各速率方程式中吸收系数与推动力的正确搭配及其单位的一致性。吸收系数的倒数即表示吸收阻力，阻力的表达形式也应与推动力的表达形式相对应。

（2）前面所介绍的所有吸收速率方程式，都只适用于描述稳态操作的吸收塔内任一横截面上的速率关系，不能直接用来描述全塔的吸收速率。在塔内不同横截面上，气、液两相的组成各不相同，吸收速率也不同。

（3）若采用以总系数表达的吸收速率方程式时，在整个吸收过程所涉及的组成范围内，平衡关系须为直线，符合亨利定律，否则，即使 k_Y、k_X 为常数，总系数仍会随组成而变化，这将不便于用来进行吸收塔的计算。

（4）对于具有中等溶解度的气体而平衡关系不为直线时，不宜采用总系数表示的速率方程式。

实例分析 7-3 在总压为 110.5 kPa 的条件下，采用填料塔用清水逆流吸收混于空气中的氨气。测得在塔的某一截面上，氨的气、液相组成分别为 $y=0.032$、$c=1.06\ \text{koml/m}^3$。气膜吸收系数 $k_G=5.2\times10^{-6}\ \text{kmol/(m}^2\cdot\text{s}\cdot\text{kPa)}$，液膜吸收系数 $k_L=1.55\times10^{-4}\ \text{m/s}$。假设操作条件下平衡关系服从亨利定律，溶解度系数 $H=0.725\ \text{kmol/(m}^3\cdot\text{kPa)}$。（1）试计算以 Δp、Δc 表示的总推动力和相应的总吸收系数；（2）试分析该过程的控制因素。

分析：

（1）以气相分压差表示的总推动力为

$$\Delta p = p - p^* = p_t y - \frac{c}{H} = 110.5\times0.032 - \frac{1.06}{0.725} = 2.074\ \text{kPa}$$

其对应的总吸收系数为

$$\frac{1}{K_G} = \frac{1}{Hk_L} + \frac{1}{k_G} = \left(\frac{1}{0.725\times1.55\times10^{-4}} + \frac{1}{5.2\times10^{-6}}\right) = (8.899\times10^3 + 1.923\times10^5)$$
$$= 2.012\times10^5\ (\text{m}^2\cdot\text{s}\cdot\text{Pa})/\text{kmol}$$

$K_G = 4.97\times10^{-6}\ \text{kmol/(m}^2\cdot\text{s}\cdot\text{kPa)}$

以液相组成差表示的总推动力为

$$\Delta c = c^* - c = pH - c = (110.5\times0.032\times0.725 - 1.06) = 1.504\ \text{kmol/m}^3$$

其对应的总吸收系数为

$$K_L = \frac{1}{\frac{1}{k_L} + \frac{H}{k_G}} = \frac{1}{\frac{1}{1.55\times10^{-4}} + \frac{0.725}{5.2\times10^{-6}}} = 6.855\times10^{-6}\ \text{m/s}$$

（2）吸收过程的控制因素

气膜阻力占总阻力的百分数为

$$\frac{1/k_G}{1/K_G} = \frac{K_G}{k_G} = \frac{4.97\times10^{-6}}{5.2\times10^{-6}}\times100\% = 95.58\%$$

气膜阻力占总阻力的绝大部分，故该吸收过程为气膜控制。

第三节 吸收过程计算

实际化工制药生产过程中，吸收过程是在吸收设备中进行的，常用的吸收设备是吸收塔。吸收过程既可以在板式塔进行，也可以在填料塔内进行，在板式塔中气液逐级接触，而在填料塔中气、液则呈连续接触，本章主要结合连续接触方式对吸收操作进行分析和计算。

对于低浓度吸收的计算，因吸收过程中流经全塔的混合气体、液体流量变化不大，热效率也可以忽略，故计算相对简单，以下就以低浓度吸收过程为例来讨论填料吸收塔的计算。

通常填料塔的工艺计算包括如下项目：在选定吸收剂的基础上确定吸收剂的用量；计算塔的主要工艺尺寸，包括塔径和塔的有效高度，对填料塔的有效高度是指填料层的高度。

计算的基本依据是物料衡算，气、液平衡关系及速率关系。

下面的讨论限于如下假设条件。

（1）吸收为单组分低浓度等温物理吸收，总吸收系数为常数。

（2）惰性组分 B 在溶剂中完全不溶解，溶剂在操作条件下完全不挥发，惰性气体和吸收剂在整个吸收塔中均为常量。

（3）吸收塔中气、液两相逆流流动。

一、吸收剂的选择

吸收是气体溶质在吸收剂中溶解的过程。因此，吸收剂性能的优劣往往是决定吸收效果的关键。选择吸收剂应注意以下几点。

1. 溶解度 溶剂应对被分离组分应有较大的溶解度，这样可以保证吸收过程有较大的传质推动力和较快的吸收速率，从而减少吸收剂用量，降低回收溶剂的能量消耗。

2. 选择性 吸收剂应有较高的选择性，即对于溶质 A 能选择性溶解，而对其余组分则基本不吸收或吸收很少，否则不能实现有效的分离。

3. 挥发度 在吸收过程中，吸收尾气往往为吸收剂蒸气所饱和。故在操作温度下，吸收剂的蒸气压要低，即挥发度要小，以减少吸收剂的损失量。

4. 黏度 吸收剂在操作温度下的黏度越低，其在塔内的流动阻力越小，扩散系数越大，这有助于传质速率的提高。

5. 再生 吸收后的溶剂应易于再生，溶质在吸收剂中的溶解度应对温度的变化比较敏感，即不仅低温下溶解度要大，而且随着温度的升高，溶解度应迅速下降，这样才能容易利用解吸操作使吸收剂再生，同时可以减少解吸过程的设备和操作费用。

6. 其他 所选用的吸收剂应尽可能无毒性、无腐蚀性、不易燃易爆、不发泡、冰点低、价廉易得，且化学性质稳定。

二、填料吸收塔的物料衡算与操作线方程

（一）全塔物料衡算

在单组分吸收过程中，溶质在气、液两相中的浓度沿着塔高变化，导致气液两相的总量也沿着塔高不断变化。但吸收过程中通过吸收塔中的惰性气体与吸收剂的量是不变的，因此，在进行吸收过程物料衡算时，用气、液两相组成的摩尔比来计算，相对比较容易。如图 7-11 所示，是一个定态操作逆流接触的吸收塔，图中各符号的意义如下。

V，为惰性气体的流量，kmol（B）/s；

L，为纯吸收剂的流量，kmol（S）/s；

Y_1、Y_2，为分别为进出吸收塔气体中溶质物质量的比，kmol（A）/kmol（B）；

X_1、X_2，为分别为出塔及进塔液体中溶质物质量的比，kmol（A）/kmol（S）。

注意，本章中塔底截面一律以下标"1"表示，塔顶截面一律以下标"2"表示。

在全塔范围内作溶质的物料衡算，得

$$VY_1 + LX_2 = VY_2 + LX_1$$
$$或 V(Y_1 - Y_2) = L(X_1 - X_2) \tag{7-9}$$

一般情况下，进塔混合气体的流量和组成是由上一工段提供的物料所决定的，若吸收

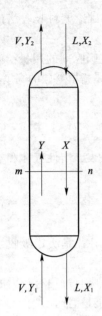

图 7 – 11　逆流吸收塔
的物料衡算

剂的流量与组成已被确定，即 V、Y、L 及 X_2 为已知，再又根据吸收操作的吸收率 φ_A，可以计算得出气体出塔时应有的浓度 Y_2，即

$$Y_2 = Y_1 (1 - \varphi_A) \qquad (7-10)$$

式中，φ_A 为混合气体中溶质 A 被吸收的百分率，称为吸收率或回收率。

$$\varphi_A = \frac{\text{被吸收的溶质量}}{\text{入塔气体的溶质量}} = \frac{V(Y_1 - Y_2)}{VY_1} = 1 - \frac{Y_2}{Y_1} \qquad (7-11)$$

通过全塔物料衡算式（7-11），可以求得吸收液组成 X_1。于是，在吸收塔的底部与顶部两个截面上，气、液两相的组成 Y_1、X_1 与 Y_2、X_2 均成为已知量。

（二）操作线方程与操作线

在定态逆流操作的吸收塔内，气体自下而上，其组成由 Y_1 逐渐降低至 Y_2；液相自上而下，其组成由 X_2 逐渐增浓至 X_1。而在塔内任意截面上的气、液组成 Y 与 X 之间的对应关系，可由塔内某一截面与塔的一个端面之间作溶质 A 的物料衡算而得。

例如，在图 7-11 中的 $m-n$ 截面与塔底端面之间作组分 A 的衡算

$$VY + LX_1 = VY_1 + LX$$

或

$$Y = \frac{L}{V}X + \left(Y_1 - \frac{L}{V}X_1\right) \qquad (7-12)$$

式（7-12）称为逆流吸收塔的操作线方程式，它表明塔内任一横截面上的气相组成 Y 与液相组成 X 之间成直线关系。直线的斜率为 L/V，且此直线应通过 B (X_1, Y_1) 及 T (X_2, Y_2) 两点，如图 7-12 所示，图中的直线 BT 即为逆流吸收塔的操作线。

（1）上端点 B 代表吸收塔底的情况，此处具有最大的气、液组成，故称为"浓端"；下端点 T 代表吸收塔顶的情况，此处具有最小的气、液组成，故称之为"稀端"；操作线上任一点 A，代表着塔内相应截面上的液、气组成 X、Y。

（2）当进行吸收操作时，在塔内任一截面

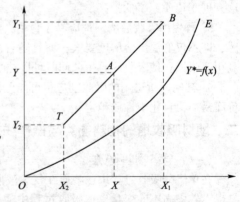

图 7 – 12　逆流吸收塔的操作线

上，溶质在气相中的实际组成总是高于与其接触的液相平衡组成，所以吸收操作线必位于平衡线上方。反之，若操作线位于平衡线下方，则进行脱吸过程。

（3）操作线上任一点坐标代表塔内某一截面处气、液两相的组成，吸收塔内任一截面处的气液传质推动力是由操作线与吸收平衡线的相对位置决定的。操作线上任意一点与平衡线之间的垂直距离 $(Y_A - Y_A^*)$ 及水平距离 $(X_A^* - X_A)$ 为该塔内该截面处的吸收推动力。在吸收操作过程中，由图中操作线与平衡线之间垂直（或水平）距离的变化情况就可以看出整个过程中吸收推动力的变化情况，距离越远，传质推动力就越大。

需要指出，操作线方程式及操作线都是由物料衡算得来的，与系统的平衡关系、操作温度和压强以及塔的结构类型都无任何牵连。

三、吸收剂用量的确定

（一）液气比

在吸收塔的计算中，所处理的气体量、气体的初始和最终浓度和吸收剂的初始浓度一般都由生产要求所固定，即 V、Y_1、Y_2、X_2 均为已知。对照图 7-12 可知，图中点 T 已经固定，而所需的吸收剂用量则有待选择，导致图 7-12 中直线的斜率 L/V 也无法确定，导致点 B 不固定，但 Y_1 已知，因此点 B 只能在水平直线 $Y = Y_1$ 上移动，横坐标取决于操作线的斜率 L/V。

操作线的斜率 L/V 称为"液气比"，是吸收剂与惰性气体物质的量的比值。它反映单位气体处理量的吸收剂用量大小。若减少吸收剂用量 L，操作线的斜率就要变小，点 B 便沿水平线 $Y = Y_1$ 向右移动，如图 7-13（a）所示，其结果是使出塔吸收液的组成加大，吸收推动力相应减小。若吸收剂用量减小到恰使点 B 移至水平线 $Y = Y_1$ 与平衡线的交点 B^* 时，$X_1 = X_1^*$，即塔底流出的吸收液与刚进塔的混合气达到平衡，这是理论上吸收液所能达到的最高含量，但此时过程的推动力已变为零，因而需要无限大的相际传质面积。这在实际上是办不到的，只能用来表示一种极限状况。此种状况下吸收操作线（B^*T）的斜率称为最小液气比，以 $(L/V)_{min}$ 表示，相应的吸收剂用量即为最小吸收剂用量，以 L_{min} 表示。

反之，若增大吸收剂用量，则点 B 将沿水平线向左移动，使操作线远离平衡线，过程推动力增大；但超过一定限度后，效果便不明显，而溶剂的消耗、输送及回收等项操作费用急剧增大。

（二）最小液气比的计算

最小液气比可用图解法求出。如果平衡曲线符合图 7-13（a）所示的一般情况，则要找到水平线 $Y = Y_1$ 与平衡线的交点 B^*，从而读出 X_1^* 的数值，然后用下式计算最小液气比，即

$$\left(\frac{L}{V}\right)_{min} = \frac{Y_1 - Y_2}{X_1^* - X_2} \tag{7-13}$$

或

$$L_{min} = V\frac{Y_1 - Y_2}{X_1^* - X_2} \tag{7-13a}$$

如果平衡曲线呈现，如图 7-13（b）所示，中所示的形状，则应过点 T 作平衡线的切线，找到水平线 $Y = Y_1$ 与此切线的交点 B'，从而读出点 B' 的横坐标 X_1' 的数值，用 X_1' 代替式 7-13 或式 7-13（a）中的 X_1^*，便可求得最小液气比 $(L/V)_{min}$ 或最小吸收剂用量 L_{min}。

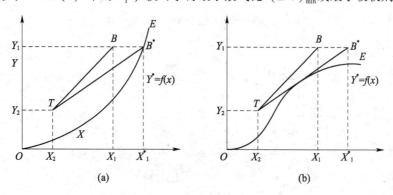

图 7-13　吸收塔的最小液气比

若平衡关系符合亨利定律，可用 $X^* = Y/m$ 表示，则可直接用下式算出最小液气比，即

$$\left(\frac{L}{V}\right)_{\min} = \frac{Y_1 - Y_2}{\dfrac{Y_1}{m} - X_2} \tag{7-14}$$

或

$$L_{\min} = V\frac{Y_1 - Y_2}{\dfrac{Y_1}{m} - X_2} \tag{7-14a}$$

（三）操作液气比的确定

由以上分析可见，吸收剂用量的大小，将直接影响到设备费与操作费，进而影响到生产过程的经济效果，应权衡利弊，选择适宜的液气比，使两种费用之和最小。根据生产实践经验，一般情况下取吸收剂用量为最小用量的 1.1 ~ 2.0 倍是比较适宜的，即

$$L = (1.1 \sim 2.0) L_{\min} \tag{7-15}$$

必须指出，为了保证填料表面能被液体充分润湿，还应考虑到单位塔截面积上单位时间内流下的液体量不得小于某一最低允许值。如果按式 7-15 算出的吸收剂用量不能满足充分润湿填料的起码要求，则应采用更大的液气比。

实例分析 7-4 在 101.3 kPa 及 25 ℃的条件下，用清水在填料塔中逆流吸收某混合气中的二氧化硫。已知混合气进塔和出塔的组成分别为 $y_1 = 0.04$、$y_2 = 0.002$。假设操作条件下平衡关系服从亨利定律，亨利系数为 4.13×10^3 kPa，吸收剂用量为最小用量的 1.45 倍。（1）试计算吸收液的组成；（2）若操作压力提高到 1013kPa 而其他条件不变，再求吸收液的组成。

分析：

（1）$Y_1 = \dfrac{y_1}{1 - y_1} = \dfrac{0.04}{1 - 0.04} = 0.0417$

$Y_2 = \dfrac{y_2}{1 - y_2} = \dfrac{0.002}{1 - 0.002} \approx 0.002$

$m = \dfrac{E}{p_t} = \dfrac{4.13 \times 10^3}{101.3} = 40.77$

吸收剂为清水，所以 $X_2 = 0$

$$\left(\frac{L}{V}\right)_{\min} = \frac{Y_1 - Y_2}{Y_1/m - X_2} = \frac{0.0417 - 0.002}{0.0417/40.77 - 0} = 38.81$$

所以操作时的液气比为

$$\frac{L}{V} = 1.45\left(\frac{L}{V}\right)_{\min} = 1.45 \times 38.81 = 56.27$$

吸收液的组成为

$$x_1 = \frac{L}{V}(Y_1 - Y_2) + X_2 = \frac{1}{56.27} \times (0.0417 - 0.002) + 0 = 7.054 \times 10^{-4}$$

（2）$m' = \dfrac{E}{p'_t} = \dfrac{4.13 \times 10^3}{1013} = 4.077$

$$\left(\frac{L}{V}\right)'_{\min} = \frac{Y_1 - Y_2}{Y_1/m' - X_2} = \frac{0.0417 - 0.002}{\dfrac{0.0417}{4.077} - 0} = 3.881$$

$$\left(\frac{L}{V}\right)' = 1.45\left(\frac{L}{V}\right)'_{\min} = 1.45 \times 3.881 = 5.627$$

$$X'_1 = \left(\frac{L}{V}\right)' (Y_1 - Y_2) + X_2 = \frac{1}{5.627} \times (0.0417 - 0.002) + 0 = 7.055 \times 10^{-3}$$

四、填料塔塔径的计算

与精馏塔直径的计算原则相同，吸收塔的直径也可根据圆形管道内的流量公式计算，即

$$D = \sqrt{\frac{4V_S}{\pi u}} \qquad (7-16)$$

式中，D 为塔径，m；V_S 为操作条件下混合气体的体积流量，m^3/s；u 为空塔气速，即按空塔截面积计算的混合气体线速度，m/s。

在吸收过程中，由于吸收质不断进入液相，故混合气体量由塔底至塔顶逐渐减小。在计算塔径时，一般应以塔底的气量为依据。

计算塔径的关键在于确定适宜的空塔气速 u，如何确定适宜的空塔气速，将在后续内容中讨论。塔径算出后，应按压力容器公称直径标准进行圆整。

五、填料层高度的计算

在填料塔内，吸收过程是在被润湿的填料表面上进行的，因此，填料所提供的传质面积的大小将直接影响到传质任务的完成情况，由此可知：要完成指定的吸收任务需要有足够的填料层高度。

填料层高度计算的基本思路是：根据吸收塔的传质负荷（单位时间内的传质量，kmol/s）与塔内的传质速率来计算完成规定任务所需的总传质面积；然后再由单位体积填料层所提供的气、液接触面积（有效比表面积）求得所需填料层的体积，该体积除以塔的横截面积便得到所需填料层的高度。

填料层高度的计算要用到物料衡算关系、传质速率关系与相平衡关系。

（一）填料层高度的基本计算式

在逆流操作的填料塔内，气、液相组成沿塔高不断变化，塔内各截面上的吸收速率各不相同。前面内容中介绍的吸收速率方程式，只适用于吸收塔的任一横截面而不能直接用于全塔。因此，为解决填料层高度的计算问题，需从分析填料吸收塔中某一微元填料层高度 dz 的传质情况入手，如图 7-14 所示。

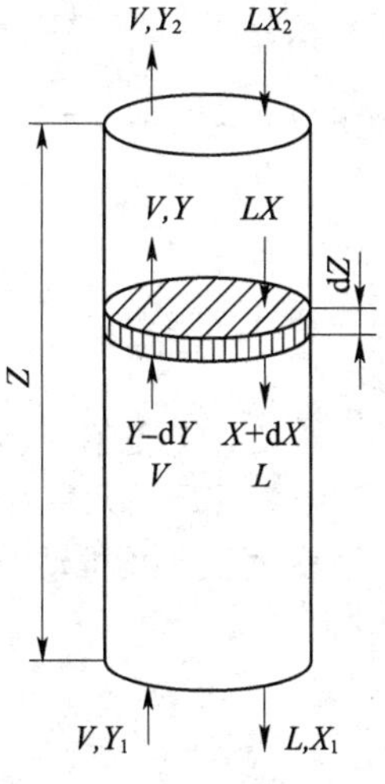

在微元填料层中，单位时间内从气相转入液相的溶质 A 的物质量为

$$dG_A = VdY = LdX \qquad (7-17)$$

在微元填料层中，因气、液组成变化很小，故可认为吸收速率 N_A 为定值，则

$$dG_A = N_A dA = N_A (a\Omega dZ) \qquad (7-18)$$

图 7-14　微元填料层的物料衡算

式中，dA 为微元填料层内的传质面积，m^2。

微元填料层中的吸收速率方程式可写为

$$N_A = K_Y (Y - Y^*)$$

将上式分别代入式（7-18），得到

$$dG_A = K_Y (Y - Y^*) (a\Omega dZ)$$

再将上式（7-18）与式（7-17）联立，可得

$$VdY = K_Y (Y - Y^*)(a\Omega dZ)$$

整理上式，得到

$$\frac{dY}{Y - Y^*} = \frac{K_Y a\Omega}{V}dZ \qquad (7-19)$$

对于定态操作吸收塔，L、V、a 及 Ω 皆不随时间而变，且不随塔截面位置而变。对于低浓度吸收，K_Y 通常也可视作常数。于是，在全塔范围内积分式（7-19）并整理，可得到低浓度气体吸收的计算填料塔高度的基本关系式，即

$$Z = \int_{Y_2}^{Y_1} \frac{VdY}{K_Y a\Omega(Y - Y^*)} = \frac{V}{K_Y a\Omega}\int_{Y_2}^{Y_1} \frac{dY}{Y - Y^*} \qquad (7-20)$$

这里需要注意，式（7-20）中单位体积填料层内的气、液有效接触面积 α 总是小于单位体积填料层中的固体表面积（比表面积）。这是由于堆积填料表面的覆盖和润湿的不均匀性，使一部分固体表面积不能成为气、液接触的有效面积。所以，a 值不仅与填料本身的尺寸、形状及充填状况有关，而且还受流体物性及流动状况所影响，使得 a 的数值难以直接测定。工程上，将有效比表面积 a 与吸收系数的乘积作为一个完整的物理量来看待，并将式（7-20）中的 $K_Y a$ 称为"气相总体积吸收系数"，其单位均为 kmol/（$m^3 \cdot s$）。

为了使填料层高度的计算更方便，通常将式（7-20）的右端分解为两个部分分别处理。

该式右端的数群 $V/(K_Y a\Omega)$ 是过程条件所决定的数组，具有高度的单位，称为"气相总传质单元高度"，以 H_{OG} 表示，即

$$H_{OG} = \frac{V}{K_Y a\Omega} \qquad (7-21)$$

传质单元高度一般由实验测定得到，也可以采用结构相似的塔的传质单元高度的数值进行近似计算。

积分项 $\int_{Y_2}^{Y_1} \frac{dY}{Y - Y^*}$ 反映取得一定吸收效果的难易情况，积分号内的分子与分母具有相同的单位，积分值必然是一个无因次的纯数，称为"气相总传质单元数"，以 N_{OG} 表示，即

$$N_{OG} = \int_{Y_2}^{Y_1} \frac{dY}{Y - Y^*} \qquad (7-22)$$

于是式（7-20）可写成如下形式

$$Z = H_{OG} \cdot N_{OG} \qquad (7-20a)$$

（二）传质单元数的计算

求算传质单元数有多种方法，可根据平衡关系的不同情况选择使用。

1. 对数平均推动力法 在吸收操作所涉及的组成范围内，若平衡线和操作线均为直线时

$$N_{OG} = \int_{Y_2}^{Y_1} \frac{dY}{Y - Y^*} = \frac{Y_1 - Y_2}{\Delta Y_m} \qquad (7-23)$$

ΔY_m 称为对数平均推动力，可根据吸收塔进口和出口处的推动力来计算全塔的平均推动力，即

$$\Delta Y_m = \frac{\Delta Y_1 - \Delta Y_2}{\ln \frac{\Delta Y_1}{\Delta Y_2}} \qquad (7-24)$$

其中，$\Delta Y_1 = Y_1 - Y_1^*$，$\Delta Y_2 = Y_2 - Y_2^*$

式中，Y_1^* 为与 X_1 相平衡的气相组成；Y_2^* 为与 X_2 相平衡的气相组成；ΔY_m 为塔顶与塔

底两截面上吸收推动力的对数平均值。

实例分析 7 − 5 在一直径为 0.8m 的填料塔内，用清水吸收某工业废气中所含的二氧化硫气体。已知混合气的流量为 45kmol/h，二氧化硫的体积分数为 0.032。操作条件下气液平衡关系为 $Y = 34.5X$，气相总体积吸收系数为 0.0562kmol/（$m^3 \cdot s$）。若吸收液中二氧化硫的摩尔比为饱和摩尔比的 76%，要求回收率为 98%。求水的用量（kg/h）及所需的填料层高度。

分析：由已知量可得

$$Y_1 = \frac{Y_1}{1 - Y_1} = \frac{0.032}{1 - 0.032} = 0.0331$$

$$Y_2 = Y_1(1 - \varphi_A) = 0.0331 \times (1 - 0.98) = 0.000662$$

$$X_1^* = \frac{Y_1}{m} = \frac{0.0331}{34.5} = 9.594 \times 10^{-4}$$

$$X_1 = 0.76 X_1^* = 0.76 \times 9.594 \times 10^{-4} = 7.291 \times 10^{-4}$$

惰性气体的流量为

$$L = 45 \times (1 - 0.032) = 43.56 \text{kmol/h}$$

水的用量为

$$L = \frac{V(Y_1 - Y_2)}{X_1 - X_2} = \frac{43.56 \times (0.0331 - 0.000662)}{7.291 \times 10^{-4} - 0} = 1.938 \times 10^3 \text{kmol/h}$$

$$L_m = 1.938 \times 10^3 \times 18 = 3.488 \times 10^4 \text{kg/h}$$

填料层高度

$$H_{OG} = \frac{V}{K_Y a \Omega} = \frac{43.56/3600}{0.0562 \times 0.785 \times 0.8^2} = 0.429 \text{m}$$

$$\Delta Y_1 = Y_1 - Y_1^* = 0.0331 - 34.5 \times 7.291 \times 10^{-4} = 0.00795$$

$$\Delta Y_2 = Y_2 - Y_2^* = 0.000662 - 34.5 \times 0 = 0.000662$$

$$\Delta Y_m = \frac{\Delta Y_1 - \Delta Y_2}{\ln \dfrac{\Delta Y_1}{\Delta Y_2}} = \frac{0.00795 - 0.000662}{\ln \dfrac{0.00795}{0.000662}} = 0.00293$$

$$N_{OG} = \frac{Y_1 - Y_2}{\Delta Y_m} = \frac{0.0331 - 0.000662}{0.00293} = 11.07$$

$$Z = N_{OG} H_{OG} = 11.07 \times 0.429 \text{m} = 4.749 \text{m}$$

2. 吸脱因数法 若气液两相的平衡关系成直线，且可以用 $Y^* = mX + b$ 表示，则将平衡关系代入气相总传质单元数的定义式（7 − 22）可得

$$N_{OG} = \int_{Y_2}^{Y_1} \frac{dY}{Y - Y^*} = \int_{Y_2}^{Y_1} \frac{dY}{Y - (mX + b)} \qquad (7-25)$$

为统一变量，把操作线方程 $X = \frac{V}{L}(Y - Y_2) + X_2$ 代入上式，并整理可得

$$N_{OG} = \frac{1}{1 - \dfrac{mV}{L}} \ln \left[\left(1 - \frac{mV}{L}\right) \frac{Y_1 - mX_2}{Y_2 - mX_2} + \frac{mV}{L} \right] \qquad (7-26)$$

令 $S = \dfrac{mV}{L}$，称为脱吸因数，是平衡线斜率与操作线斜率的比值。则式（7 − 26）变为

$$N_{OG} = \frac{1}{1 - S} \ln \left[(1 - S) \frac{Y_1 - Y_2^*}{Y_2 - Y_2^*} + S \right] \qquad (7-27)$$

S 值反映吸收推动力的大小。在气、液进口组成及溶质吸收率恒定的条件下，增大 S 值就意味着减小液气比，这将导致溶液出口组成提高而吸收推动力变小，所以 N_{OG} 增大；反之，S 值减小，则 N_{OG} 变小。一般吸收操作多着眼于提高溶质吸收率，故 S 值应小于 1，通常认为取 $S=0.7\sim0.8$ 是经济适宜的。由于 S 增大不利于吸收而有利于脱吸，故 S 称为脱吸因数。

实例分析 7-6 某蒸馏塔顶出来的气体中含有 3.90%（体积分数）的 H_2S，其余为碳氢化合物，可视为惰性组分。用三乙醇胺水溶液吸收 H_2S，要求吸收率为 95%。操作温度为 300K，压力为 101.3kPa，平衡关系为 $Y^*=2X$。进塔吸收剂中不含 H_2S，吸收剂用量为最小用量的 1.4 倍。已知单位塔截面上流过的惰性气体量为 0.015kmol/（$m^2 \cdot s$），气体体积吸收系数 $K_Y a$ 为 0.040kmol/（$m^3 \cdot s$），求所需的填料层高度。

分析：已知 $y_1=0.039$，$Y_1=\dfrac{y_1}{1-y_1}=\dfrac{0.039}{1-0.039}=0.0406$，$X_2=0$

$Y_2=Y_1(1-\eta)=0.0406\times(1-0.95)=2.03\times10^{-3}$，$\dfrac{V}{\Omega}=0.015\text{kmol/}(m^2\cdot s)$

最小液气比 $\left(\dfrac{L}{V}\right)_{min}=\dfrac{Y_1-Y_2}{\dfrac{Y_1}{m}-X_2}=m\eta=2\times0.95=1.9$

液气比 $\dfrac{L}{V}=1.4\times\left(\dfrac{L}{V}\right)_{min}=1.4\times1.9=2.66$

吸收剂量 $\dfrac{L}{\Omega}=2.66\times\dfrac{V}{\Omega}=2.66\times0.015=0.0399\text{kmol/}(m^2\cdot s)$

气相总传质单元高度 $H_{OG}=\dfrac{V}{K_Y a\Omega}=\dfrac{0.015}{0.040}=0.375m$

脱吸因数 $S=\dfrac{mV}{L}=\dfrac{2}{2.66}=0.752$

$\dfrac{Y_1-mX_2}{Y_2-mX_2}=\dfrac{0.0460}{2.03\times10^{-3}}=20$

气相总传质单元数

$N_{OG}=\dfrac{1}{1-S}\ln\left[(1-S)\dfrac{Y_1-mX_2}{Y_2-mX_2}=S\right]=\dfrac{1}{1-0.752}\ln\left[(1-0.752)\times20+0.752\right]=7.03$

$$Z=H_{OG}N_{OG}=0.375\times7.03=2.64m$$

拓展阅读

图解积分法求传质单元数

图解积分法是适用于各种平衡关系的求算传质单元数的最普通的方法。以气相总传质单元数 N_{OG} 为例，只要有平衡线和操作线图，便可确定 $\displaystyle\int_{Y_2}^{Y_1}\dfrac{dY}{Y-Y^*}$ 的数值，其步骤如下。（图 7-15）

1. 根据已知条件在 $X-Y$ 坐标系上作出平衡线与操作线，如图 7-15（a）所示。

2. 在 Y_1 与 Y_2 范围内任选若干个 Y 值，从图上读出相应的 $Y-Y^*$ 值（如图中的线段 AA^* 所示），并计算 $\dfrac{1}{Y-Y^*}$ 值；

3. 在 $\dfrac{1}{Y-Y^*}$ 与 Y 的坐标系中标绘 Y 和相应的 $\dfrac{1}{Y-Y^*}$ 值，如图7-15（b）所示。

4. 算出 $Y=Y_1$、$Y=Y_2$ 及 $\dfrac{1}{Y-Y^*}$ =0，这3条直线与函数曲线间所包围的面积，如图7-15（b）所示中的阴影面积便是所求的气相总传质单元数 N_{OG}。

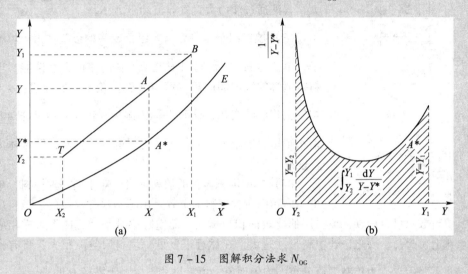

图7-15　图解积分法求 N_{OG}

第四节　填料塔

一、填料塔的结构

（一）填料塔的总体结构

填料塔由塔体、填料、液体分布装置、填料压紧装置、填料支承装置、液体再分布装置等构成。如图7-16所示。

填料塔操作时，液体自塔上部进入，通过液体分布器均匀喷洒在塔截面上并沿填料表面呈膜状下流。当塔较高时，由于液体有向塔壁面偏流的倾向，使液体分布逐渐变得不均匀，因此经过一定高度的填料层以后，需要液体再分布装置，将液体重新均匀分布到下段填料层的截面上，最后从塔底排出。

气体自塔下部经气体分布装置送入，通过填料支承装置在填料缝隙中的自由空间上升并与下降的液体接触，最后从塔顶排出。为了除去排出气体中夹带的少量雾状液滴，在气体出口处常装有除沫器。

（二）填料

填料是填料塔的核心部分，它提供了气液两相接触传质的界面，填料塔的生产能力和

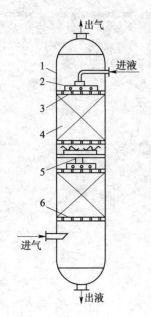

图 7−16　填料塔结构示意图
1. 塔体；2. 液体分布器；3. 填料压紧装置；4. 填料层；5. 液体再分布器；6. 支承装置图

传质速率等操作性能的优劣与所选择的填料密切相关。因此，根据填料特性，合理选择填料显得非常重要。

1. 填料的主要性能

（1）比表面积　单位体积填料层所具有的表面积称为填料的比表面积，以 a 表示，其单位为 m^2/m^3。显然，填料应具有较大的比表面积，以增大塔内传质面积。同一种类的填料，尺寸越小，则其比表面积越大。

（2）空隙率　单位体积填料层所具有的空隙体积，称为填料的空隙率，以 ε 表示，其单位为 m^3/m^3。填料的空隙率大，气液通过能力大且气体流动阻力小。

（3）填料因子　将 a 与 ε 组合成 $\dfrac{\alpha}{\varepsilon^3}$ 的形式称为干填料因子，单位为 m^{-1}。填料因子表示填料的流体力学性能。当填料被喷淋的液体润湿后，填料表面覆盖了一层液膜，α 与 ε 均发生相应的变化，此时 $\dfrac{\alpha}{\varepsilon^3}$ 称为湿填料因子，以 ϕ 表示。ϕ 值小则填料层阻力小，发生液泛时的气速提高，即流体力学性能好。

（4）单位堆积体积的填料数目　对于同一种填料，单位堆积体积内所含填料的个数是由填料尺寸决定的。填料尺寸减小，填料数目可以增加，填料层的比表面积也增大，而空隙率减小，气体阻力亦相应增加，填料造价提高。反之，若填料尺寸过大，在靠近塔壁处，填料层空隙很大，将有大量气体由此短路流过。为控制气流分布不均匀现象，填料尺寸不应大于塔径 D 的 $\dfrac{1}{10} \sim \dfrac{1}{8}$。

（5）堆积密度　堆积密度用 ρ_p 表示，指单位体积填料的质量，单位为 kg/m^3。它的数值大小影响到填料支撑板的强度设计。此外，填料的壁厚越薄，单位体积填料的质量就越小，即 ρ_p 就小，材料消耗量也低。但应保证填料个体有足够的机械强度，不致压碎或变形。

此外，从经济、实用及可靠的角度考虑，填料还应具有质量轻、造价低、坚固耐用、不易堵塞、耐腐蚀并具有一定的机械强度等特点。

2. 填料的种类　填料的种类很多，现代工业用填料大致分为实体和网体两大类。实体填料有拉西环、鲍尔环、矩鞍填料、单螺旋环、十字格环、阶梯环、波纹填料等；网体填料有鞍形网、θ 网、波纹网等。

填料的装填方式可采用乱堆和整砌两种。乱堆方式指将填料分散随机堆放至塔内。整砌方式指将填料在塔中成整齐的有规则排列，各种新型组合填料如波纹板、波纹网等的装填方法，多采用整砌方式。工业中常用填料的结构、特点及应用见表 7−2。

用于制造填料的材料可以用金属，也可以用陶瓷、塑料等非金属填料。金属填料强度高，壁薄，空隙率和比表面积均较大，多用于无腐蚀性物料的分离。陶瓷填料应用最早，其润湿性好，但因壁厚，空隙小，阻力大，气液分布不均匀，传质效率低且易破碎等缺点，仅用于高温，腐蚀性强的场合。塑料填料近年来发展很快，因其价格低廉，质轻耐腐，加工方便，在工业上应用日趋广泛，但其润湿性能差。在选择填料时，不仅要注意单个填料的性能指标，更要注意填料的堆积性能，即填料层的综合性能，它与填料的结构和形状密切相关。

表 7 – 2　工业中常见填料的结构、特点及应用

类型	形式	结构	特点及应用
拉西环		外径与高度相等的圆环	拉西环形状简单，制造容易，操作时有严重的沟流和壁流现象，气液分布较差，传质效率低。填料层持液量大，气体通过填料层的阻力大，通量较低。拉西环是使用最早的一种填料，曾得到极为广泛的应用，目前拉西环工业应用日趋减少
鲍尔环		在拉西环的侧壁上开出两排长方形的窗孔，被切开的环壁一侧仍与壁面相连，另一侧向环内弯曲，形成内伸的舌叶，舌叶的侧边在环中心相搭	鲍尔环填料的比表面积和空隙率与拉西环基本相当，气体流动阻力降低，液体分布比较均匀。同一材质、同种规格的拉西环与鲍尔环填料相比，鲍尔环的气体通量比拉西环增大 50% 以上，传质效率增加 30% 左右。鲍尔环填料以其优良的性能得到了广泛的工业应用
阶梯环		对鲍尔环填料改进，阶梯环圆筒部分的高度仅为直径的一半，圆筒一端有向外翻卷的锥形边，其高度为全高的 1/5	是目前环形填料中性能最为良好的一种。填料的空隙率大，填料个体之间呈点接触，使液膜不断更新，压力降小，传质效率高
鞍形填料		是敞开型填料，包括弧鞍与矩鞍	弧鞍形填料是两面对称结构，有时在填料层中形成局部叠合或架空现象，且强度较差，容易破碎影响传质效率。矩鞍形填料在塔内不会相互叠合而是处于相互勾连的状态，有较好的稳定性，填充密度及液体分布都较均匀，空隙率也有所提高，阻力较低，不易堵塞，制造比较简单，性能较好。是取代拉西环的理想填料

类型	形式	结构	特点及应用
金属鞍环		采用极薄的金属板轧制，既有类似开孔环形填料的圆环、开孔和内伸的叶片，也有类似矩鞍形填料的侧面	综合了环形填料通量大及鞍形填料的液体再分布性能好的优点而研制和发展起来的一种新型填料，敞开的侧壁有利于气体和液体通过，在填料层内极少产生滞留的死角，阻力减小，通量增大，传质效率提高，有良好的机械强度。金属鞍环填料性能优于目前常用的鲍尔环和矩鞍形填料
球形填料	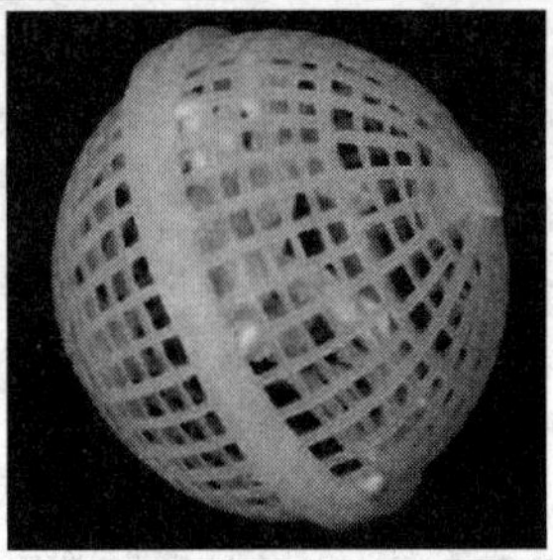	一般采用塑料材质注塑而成，其结构有许多种	球体为空心，可以允许气体、液体从内部通过。填料装填密度均匀，不易产生空穴和架桥，气液分散性能好。球形填料一般适用于某些特定场合，工程上应用较少
波纹填料	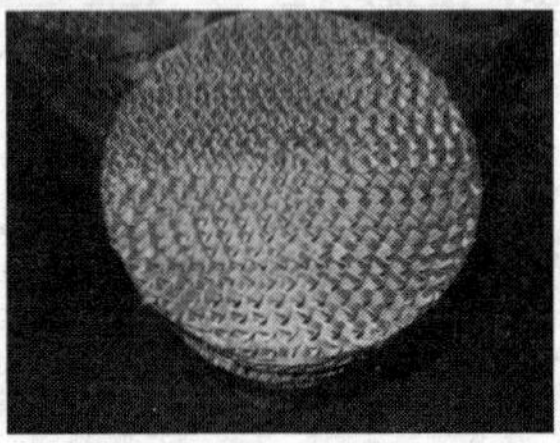	由许多波纹薄板组成的圆盘状填料，波纹与水平方向成45°倾角，相邻两波纹板反向靠叠，使波纹倾斜方向相互垂直。各盘填料垂直叠放于塔内，相邻的两盘填料间交错90°排列	优点是结构紧凑，比表面积大，传质效率高。填料阻力小，处理能力提高。其缺点是不适于处理黏度大、易聚合或有悬浮物的物料，填料装卸、清理较困难，造价也较高。金属丝网波纹填料特别适用于精密精馏及真空精馏装置，为难分离物系、热敏性物系的精馏提供了有效的手段。金属孔板波纹填料特别适用于大直径蒸馏塔。金属压延孔板波纹填料主要用于分离要求高，物料不易堵塞的场合

（三）填料塔的附件

1. 填料支撑装置　填料支撑装置是用来支撑塔内调料及其所持有的液体质量，因此，支撑装置要有足够的机械强度，支撑装置的自由截面积应大于填料的空隙率，否则在气速增大时，支撑装置处将首先发生液泛，常见的支撑装置，如图 7－17 所示。

2. 液体分布装置

（1）液体分布器　液体分布器是用来把液体均匀地分布在填料表面上。由于填料塔的气液接触是在润湿的填料表面上进行的，故液体在填料塔内的均匀分布是非常重要的，它直接影响到填料表面的有效利用率。如果液体分布不均匀，填料表面不能充分润湿，就降低了塔内填料层中气液接触面积，致使塔的效率降低。为此，要求填料层上方的液体分布器能为填料层提供良好的液体初始分布。对喷淋点的要求为，每 30～60cm² 塔面上有一个喷淋点，大直径塔的喷淋点可以少些。喷淋装置不易被堵塞，不至于产生过细的雾滴，以免被上升气流带走。常用的液体分布装置有：莲蓬头式喷洒器、盘式分布器等。

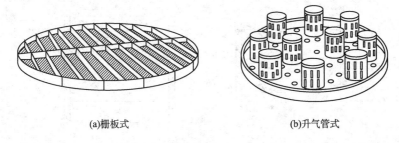

(a)栅板式   (b)升气管式

图 7 - 17　填料支承装置

（2）液体再分布器　液体再分布器是用来改善液体在填料层内的壁流效应的，所以，每隔一定高度的填料层就设置一个液体再分布器，将沿塔壁流下的液体导向填料层内。常用的为截锥式液体再分布器，适用于直径 0.8m 以下的塔。每段填料高度 H 因填料种类和塔径 D 的不同而不同。如拉西环填料壁流效应较为严重，每段填料层高度宜取小值，$H =$ （2.5 ~ 3）D；而鲍尔环和鞍形填料，则取值较大，$H =$ （5 ~ 10）D。

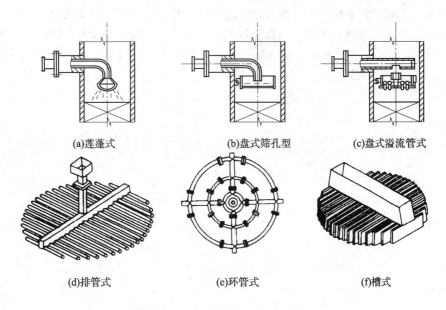

(a)莲蓬式   (b)盘式筛孔型   (c)盘式溢流管式

(d)排管式   (e)环管式   (f)槽式

图 7 - 18　液体分布装置

3. 除沫装置与气体进口　除沫装置安装在液体分布器的气体出口处，用以除去出口气体中夹带的液滴。常用的除沫器有折流板除沫器、旋流板除沫器及丝网除沫器等。

　　填料塔的气体进口的构形，除考虑防止液体倒罐外，更重要的是要有利于气体均匀地进入填料层。对于小塔，常见的方式是进气管伸至塔截面的中心位置，管端做成 45° 向下倾斜的切口或向下弯的喇叭口；对于大塔，应采取其他更为有效的措施。

二、填料塔的流体力学性能

　　在逆流操作的填料塔内，液体从塔顶喷淋下来，依靠重力在填料表面作膜状流动，液膜与填料表面的摩擦及上升气体对液膜的曳力作用构成了液膜流动的阻力。因此，液膜的膜厚取决于液体喷淋量和气体的流速。液体喷淋量越大，液膜越厚。当液体喷淋量一定时，上升气体的流速越大，对液膜的曳力作用越明显，导致液膜也越厚。而液膜的厚度将直接影响到气体通过填料层的压力降、液泛气速及塔内持液量等流体力学性能。

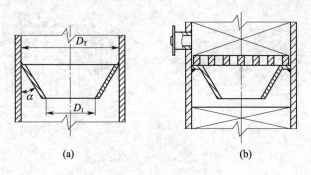

图 7 - 19　液体再分布装置

（一）气体通过填料层的压降

压降是塔设计中的重要参数，气体通过填料层压降的大小决定了塔的动力消耗。如图 7 - 20所示，在双对数坐标系中给出了在不同液体喷淋量下单位填料层高度的压降 $\Delta p/z$ 与空塔气速 u 之间的定性关系。图中最右边的直线为无液体喷淋时的干填料，即喷淋密度 $L = 0$ 时的情形，其斜率为 1.8～2.0。当有一定的喷淋量时，$\Delta p/z$ 与 u 的关系变为折线，随着喷淋密度的增大，折线逐渐左移，由图中可见 $L_3 > L_2 > L_1$。折线存在两个转折点，上转折点称为"泛点"，下转折点称为"载点"。"泛点"与"载点"将折线分为 3 个区域，即恒持液区、载液区与液泛区。

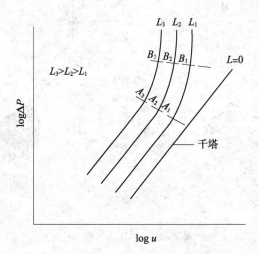

图 7 - 20　压降与空塔气速关系

1. 恒持液量区　这个区域位于图中 A_1 点以下，当气速较低时，填料层内液体流动几乎与气速无关。填料表面的持液量不随气速而变。

2. 载液区　这个区域位于图中 A_1 与 B_1 点之间，当气速增加到某一数值时，由于上升气流与下降液体间的曳力开始阻碍液体顺畅下流，使填料层中的持液量开始随气速的增加而增加，此种现象称为"拦液"。开始发生拦液现象时的空塔气速称为"载点气速"。

3. 液泛区　当气速增大到 B_1 点后，随着填料层内持液量的增加，液体将被上升气流托住而不易向下流动，塔内液体迅速积累而达到泛滥，即发生了液泛。此时对应的空塔气速称为泛点气速或液泛气速，用 u_f 表示。一般情况下，泛点是填料塔的操作极限，过此点则无法正常操作。

（二）压强降与液泛气速

影响泛点气速的因素很多，目前广泛采用埃克特通用关联图，计算泛点气速和气体压降，如图 7 – 21 所示。

图 7 – 21 中，横坐标为 $\dfrac{W_L}{W_V}\left(\dfrac{\rho_V}{\rho_L}\right)^{0.5}$

纵坐标为 $\dfrac{u^2 \phi \psi}{g}\left(\dfrac{\rho_V}{\rho_L}\right)\mu_L^{0.2}$

式中，u 为气体的空塔速度，用液泛线时，即为液泛速度，m/s；ρ_L、ρ_V 为液体和气体的密度，kg/m^3；W_L、W_V 为液体和气体的质量流量，kg/s；ϕ 为填料因子，m^{-1}；ψ 为水的密度和液体密度之比；μ 为液体的黏度，$mPa \cdot s$；g 为重力加速度，$9.81m/s^2$。

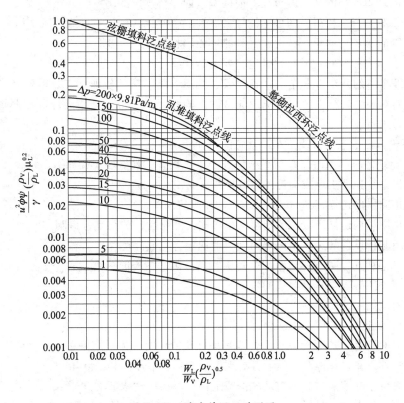

图 7 – 21　埃克特通用关联图

应用通用关联图 7 – 21，可以计算气体的液泛速度、气体通过每米填料层的压强降及填料塔中的操作气速。

1. 泛点气速计算　由已知的气液质量流量及密度算出 $\left[\dfrac{W_L}{W_V}\left(\dfrac{\rho_V}{\rho_L}\right)^{0.5}\right]$ 值，如果使用乱堆填料，则在乱堆填料泛点线上读取与 $\left[\dfrac{W_L}{W_V}\left(\dfrac{\rho_V}{\rho_L}\right)^{0.5}\right]$ 值相对应的纵坐标值 $\left[\dfrac{u^2 \phi \psi}{g}\left(\dfrac{\rho_V}{\rho_L}\right)\mu_L^{0.2}\right]$，再由已知的 ϕ、ψ、ρ_V、ρ_L 及 μ_L 值求出泛点空塔速度 u_f。操作气速 u 可将泛点气速乘以泛点百分数求得。

2. 由已知气速计算气体压降　由已知的空塔气速 u 计算纵坐标数值与横坐标数值相结合，再从图 7 – 21 上读得相应曲线的 Δp，即为气流通过每米填料层的压强降。

3. 操作气速　由给定气流通过每米填料层的压降 $\triangle p$ 和横坐标数值，从图 7 – 21 上读得纵坐标值，求出操作气速。

三、填料吸收塔的操作与维护

（一）开停车操作

1. 开车　开车分为短期停车后的开车和长期停车后的开车，现以短期停车后的开车为例来介绍。

短期停车后的开车，可分为充压、启动运转设备和导气3个步骤。其具体操作如下。

（1）开动风机，用原料气向填料塔内充压至操作压力。

（2）启动吸收剂循环泵，使循环液按生产流程运转。

（3）调节塔顶各喷头的喷淋量至生产要求。

（4）启动填料塔的液面调节器，使塔釜液面保持规定的高度。

（5）系统运行平稳后，即可连续导入原料混合气，并用放空阀调节系统压力。

（6）随时关注塔的运行状况，并检测塔内原料气的成分变化。

（7）当塔内的原料气成分符合生产要求时，即可投入正常生产。

长期停车后的开车，首先检查各设备、管道、阀门、分析取样点、电气及仪表等是否正常，然后对系统进行吹净、清洗、气密性试验和置换，检验合格后即可按照短期停车后的开车步骤进行。

2. 停车　停车包括短期停车、紧急停车和长期停车3种情况。

（1）短期停车　临时停车后系统仍处于正压状态，其操作步骤如下。

①通告系统先后工序或岗位，做好停车准备。

②停止向塔内送气，同时关闭系统的出口阀。

③停止向塔内送循环液，关闭泵的出口阀，停泵后，关闭其进口阀。

④关闭其他设备的进、出口阀门，清理现场，完成停车操作。

（2）紧急停车　如遇停电或发生重大设备故障等情况时，需紧急停车，其步骤如下。

①迅速关闭导入原料混合气的阀门。

②迅速关闭系统的出口阀。

③后续步骤按短期停车方法处理。

（3）长期停车　当系统需要检修或长期停止使用时，需长期停车，其操作步骤如下。

①按短期停车操作停车，然后开启系统放空阀，泄压到和外界压力相等。

②将系统中的溶液排放到溶液贮槽或地沟，然后用清水清洗。

③若原料气中含有易燃、易爆物，则应用惰性气体对系统进行吹扫置换，当置换气中易燃物含量小于5%，含氧量小于0.5%时为合格。

④用鼓风机向系统送入空气，进行空气置换，当置换气中含氧量大于20%时为合格。

（二）填料吸收塔的日常维护要点

塔设备运行期间的点检，巡检内容及方法见表7-3。吸收操作不正常情况分析及处理见表7-4。

表 7-3　填料吸收塔的日常检查内容

检查内容	检查方法	问题的判断和说明
操作条件	1. 查看压力表、温度计和流量计。 2. 检查设备操作记录	1. 压力突然下降，塔节法兰或垫片泄漏。 2. 压力上升，填料阻力增加或设备管道堵塞

检查内容	检查方法	问题的判断和说明
物料变化	1. 目测观察。 2. 物料组分分析	1. 内漏或操作条件破坏。 2. 混入杂物、杂质
防腐层 保温层	目测观察	对室外保温设备，检查雨水浸入处及腐蚀瘤体侵蚀处
附属设备	目测观察	1. 进入管阀站连接螺栓是否松动变形。 2. 管支架是否变形松动。 3. 手孔、人孔是否腐蚀、变形，启用是否良好
基础	目测、水平仪	基础如出现下沉或裂纹，会使塔体倾斜
塔体	1. 目测观察。 2. 发泡剂检查。 3. 气体检测器检查。 4. 测厚仪检查	塔体、法兰、接管处、支架处容易出现裂纹或泄漏

表 7-4　吸收操作不正常情况分析及处理

故障现象	产生原因	处理方法
工作表面结垢	1. 被处理物料中含有杂质。 2. 被处理物料中有晶体析出沉淀。 3. 硬水产生垢。 4. 设备被腐蚀产生腐蚀物	1. 提高过滤质量。 2. 清除结晶物、水垢物。 3. 清除水垢。 4. 采取防腐措施
连接处失去密封能力	1. 法兰连接螺栓松动。 2. 螺栓局部过紧，产生变形。 3. 设备振动而引起螺栓松动。 4. 密封垫圈疲劳破坏。 5. 垫圈受介质腐蚀而损坏。 6. 法兰面上的衬里不平。 7. 焊接法兰翘曲	1. 紧固螺栓。 2. 更换变形螺栓。 3. 消除振动，紧固螺栓。 4. 更换变质的垫圈。 5. 更换耐腐蚀垫圈。 6. 加工不平的法兰。 7. 更换新法兰
塔体厚度减薄	设备在操作中，受介质的腐蚀、冲蚀和摩擦	减压使用或修理腐蚀部分或报废更新
塔局部变形	1. 塔局部腐蚀或过热使材料降低而引起设备变形。 2. 开孔无补强，焊缝应力集中使材料产生塑性变形。 3. 受外压设备工作压力超过临界压力，设备失稳变形	1. 防止局部腐蚀或过热。 2. 矫正变形或割下变形处，焊上补板。 3. 稳定正常操作

续表

故障现象	产生原因	处理方法
塔体出现裂缝	1. 局部变形加剧。 2. 焊接时有内应力。 3. 封头过渡圆弧弯曲半径太小。 4. 水力冲击作用。 5. 结构材料缺陷。 6. 振动和温差的影响。 7. 应力腐蚀	裂缝修理
冷凝器内有填料 进料慢	1. 填料压板翻动。 2. 进料过滤器堵塞	1. 固定好压板。 2. 拆卸、清洗
塔体腐蚀	1. 塔体材料选择不当。 2. 原始开车时钝化效果不理想。 3. 溶液中缓蚀剂浓度与吸收剂浓度不对应。 4. 溶液偏流，塔壁四周气液分布不均匀	1. 对所有被腐蚀部位先补焊、堆焊后再衬以耐腐蚀钢带（如不锈钢）。 2. 在日常操作过程中应严格控制工艺条件，确保良好的钝化效果。 3. 要适当增加对吸收溶液的分析次数，及时、准确、有效地监控溶液组分的变化。 4. 及时清理溶液中的污物，保持溶液的洁净，减少系统污染
液体分布器、再分布器损坏	1. 设计不合理，受到液体高流速冲刷造成腐蚀。 2. 填料的摩擦作用使其保护层被破坏产生腐蚀。 3. 经过多次开车、停车，钝化控制不好	1. 降低液体流速。 2. 压紧填料，使其在操作过程中处于稳定状态。 3. 非紧急状态，不要轻易停车，保持钝化

拓展阅读

填料吸收塔的正常操作要点

1. 进塔气体的压力和流速不宜过大，否则会影响气、液两相的接触效率，甚至发生液泛等使操作不稳定。

2. 进塔吸收剂不能含有杂物，避免杂物堵塞填料缝隙。在保证吸收率的前提下，尽量减少吸收剂用量。

3. 控制进气温度，将吸收温度控制在规定的范围。

4. 控制塔底与塔顶压力，防止塔内压差过大。压差过大，说明塔内阻力大，气、液接触不良，致使吸收操作过程恶化。

5. 经常调节排放阀，保持吸收塔液面稳定。

6. 经常检查风机、水泵的运转情况，以保持原料气和吸收剂的流量稳定。

7. 按时巡回检查各控制点的变化情况，及系统设备与管道的泄漏情况，并作好记录。

📊 重点小结

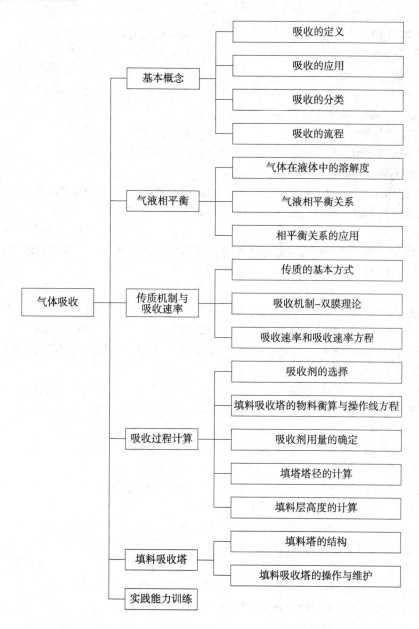

目标检测

一、单项选择题

1. 利用气体混合物各组分在液体中溶解度的差异而使气体中不同组分分离的操作称为(   )。

A. 蒸馏　　　　　B. 蒸发　　　　　C. 吸收　　　　　D. 解吸

2. 溶解度较小时，气体在液相中的溶解度遵守（　　　）定律。

    A. 拉乌尔　　　　　　　B. 亨利　　　　　　　C. 开尔文　　　　　　　D. 依数性

3. 吸收操作的目的是分离（　　　）。

    A. 气体混合物　　　　　　　　　　　　B. 液体均相混合物

    C. 气液混合物　　　　　　　　　　　　D. 部分互溶的均相混合物

4. 吸收过程能够进行的条件是（　　　）。

    A. $p = p*$　　　　　　　B. $p > p*$　　　　　　　C. $p < p*$　　　　　　　D. 不需条件

5. 吸收过程中一般多采用逆流流程，主要是因为（　　　）。

    A. 流体阻力最小　　　　　　　　　　　B. 流程最简单

    C. 传质推动力最大　　　　　　　　　　D. 操作最方便

6. 吸收塔内不同截面处吸收速率（　　　）。

    A. 基本相同　　　　　　B. 均为 0　　　　　　C. 完全相同　　　　　　D. 各不相同

7. 在进行吸收操作时，吸收操作线总是位于平衡线的（　　　）。

    A. 下方　　　　　　　　B. 上方　　　　　　　C. 重合　　　　　　　D. 不一定

8. 在填料塔中，低浓度难溶气体逆流吸收时，若其他条件不变，但入口气量增加，则出口气体吸收质组成将（　　　）。

    A. 增加　　　　　　　　B. 减少　　　　　　　C. 不变　　　　　　　D. 不确定

9. 在吸收操作中，操作温度升高，其他条件不变，相平衡常数 m（　　　）。

    A. 减小　　　　　　　　B. 不变　　　　　　　C. 增加　　　　　　　D. 不确定

10. 在逆流吸收的填料塔中，当其他条件不变，只增大吸收剂的用量（不引起液泛），平衡线在 $X - Y$ 图上的位置将（　　　）。

    A. 降低　　　　　　　　B. 不变　　　　　　　C. 升高　　　　　　　D. 不能判断

二、多项选择题

1. 难溶气体的吸收属于（　　　）过程。

    A. 液膜控制　　　　　　　　　　　　B. 气膜控制

    C. 内部迁移控制　　　　　　　　　　D. 表面气化控制

2. 影响吸收操作的主要因素有（　　　）。

    A. 密度　　　　　　　　B. 温度　　　　　　　C. 压力　　　　　　　D. 黏度

3. 填料吸收塔中的填料的性质有（　　　）。

    A. 比表面积　　　　　　　　　　　　B. 填料润湿因子

    C. 填充密度　　　　　　　　　　　　D. 堆积密度

4. 在吸收操作过程中，下列物质属于液膜控制的是（　　　）。

    A. NH_3　　　　　　　B. O_2　　　　　　　C. HCl　　　　　　　D. SO_2

5. 在用填料塔进行吸收操作时，影响填料塔压降的因素包括（　　　）。

    A. 液体的喷淋量　　　　　　　　　　B. 操作的温度

    C. 操作气速　　　　　　　　　　　　D. 填料表面的润湿性能

三、简答题

1. 试述亨利定律的内容和它的适用范围。

2. 什么是物理吸收和化学吸收？两者各有何特点？

3. 双膜理论的主要论点有哪些？并指出它的优点和不足之处。

4. 欲提高填料吸收塔的回收率，你认为应从哪些方面着手？

四、应用实例题

1. 利用水吸收气体混合物（$A + B$）中的 NH_3 气体（A），已知气体混合物中 NH_3 的含量为 0.03（体积分数），水中 NH_3 的含量为 0.005（物质的量比），已知系统的相平衡关系为 $Y_A^* = 0.23X$，试判断该过程的传质方向并计算过程的传质推动力。

2. 用清水吸收含低浓度溶质 A 的混合气体，平衡关系服从亨利定律。现已测得吸收塔某横截面上气相主体溶质 A 的分压为 5.1kPa，液相溶质 A 的物质的量的分数为 0.01，相平衡常数 m 为 0.84，气膜吸收系数 $k_Y = 2.776 \times 10^{-5}$ kmol/（$m^2 \cdot s$），液膜吸收系数 $k_X = 3.86 \times 10^{-3}$ kmol/（$m^2 \cdot s$）。塔的操作总压为 101.33kPa。试求：（1）气相总吸收系数 K_Y，并分析该吸收过程的控制因素；（2）该塔横截面上的吸收速率 N_A。

3. 在某填料塔中用清水逆流吸收混于空气中的甲醇蒸气。操作压力为 105.0 kPa，操作温度为 25 ℃。在操作条件下平衡关系符合亨利定律，甲醇在水中的溶解度系数为 2.126kmol/（$m^3 \cdot kPa$）。测得塔某截面处甲醇的气相分压为 7.5 kPa，液相组成为 2.85 kmol/m^3，液膜吸收系数 $k_L = 2.12 \times 10^{-5}$ m/s，气相总吸收系数 $K_G = 1.206 \times 10^{-5}$ kmol/（$m^2 \cdot s \cdot kPa$）。求该截面处：（1）膜吸收系数 k_G、k_x 及 k_y；（2）总吸收系数 K_L、K_X 及 K_Y；（3）吸收速率。

4. 用清水吸收混合气体中的可溶组分 A。吸收塔内的操作压强为 105.7 kPa，温度为 27℃，混合气体的处理量为 1280m^3/h，其中 A 物质的量的分数为 0.03，要求 A 的回收率为 95%。操作条件下的平衡关系可表示为：$Y = 0.65X$。若取溶剂用量为最小用量的 1.4 倍，求每小时送入吸收塔顶的清水量 L 及吸收液组成 X_1。

5. 在一直径为 0.8m 的填料塔内，用清水吸收某工业废气中所含的二氧化硫气体。已知混合气的流量为 45 kmol/h，二氧化硫的体积分数为 0.032。操作条件下气液平衡关系为 $Y = 34.5X$，气相总体积吸收系数为 0.056 2 kmol/（$m^3 \cdot s$）。若吸收液中二氧化硫的摩尔比为饱和摩尔比的 76%，要求回收率为 98%。求水的用量（kg/h）及所需的填料层高度。

6. 某填料吸收塔内装有 5m 高，比表面积为 221m^2/m^3 的金属阶梯环填料，在该填料塔中，用清水逆流吸收某混合气体中的溶质组分。已知混合气的流量为 50 kmol/h，溶质的含量为 5%（体积分数%）；进塔清水流量为 200 kmol/h，其用量为最小用量的 1.6 倍；操作条件下的气液平衡关系为 $Y = 2.75X$；气相总吸收系数为 3×10^{-4} kmol/（$m^2 \cdot s$）；填料的有效比表面积近似取为填料比表面积的 90%。试计算：（1）填料塔的吸收率；（2）填料塔的直径。

7. 某制药厂现有一直径为 0.6m，填料层高度为 6m 的吸收塔，用纯溶剂吸收某混合气体中的有害组分。现场测得的数据如下：$V = 500m^3$/h，$Y_1 = 0.02$，$Y_2 = 0.004$，$X_1 = 0.004$。已知操作条件下的气液平衡关系为 $Y = 1.5X$。现因环保要求的提高，要求出塔气体组成低于 0.002（摩尔比）。该制药厂拟采用以下改造方案，维持液气比不变，在原塔的基础上将填料塔加高。试计算填料层增加的高度。

✍ 实训五　气体吸收实验

一、实验目的

1. 了解填料吸收塔的结构特点、填料特性及吸收装置的基本流程；测定干填料及不同液体喷淋密度下填料的阻力降 ΔP 与空塔气速 u 的关系曲线，并确定液泛气速。

2. 掌握总传质系数 $K_Y a$ 测定方法和气相总传质单元高度 H_{OG} 的测定方法；测量固定液

体喷淋量下，不同气体流量时，用水吸收空气－氨混合气体中氨的体积吸收系数 $K_Y a$。

二、实验基本原理

(一) 填料塔流体力学特性

填料塔的流体力学特性是吸收设备的主要参数，它包括压强降和液泛规律。了解填料塔的流体力学特性是为了计算填料塔所需动力消耗，确定填料塔适宜操作范围以及选择适宜的气液负荷。填料塔的流体力学特性的测定主要是确定适宜操作气速。

在填料塔中，当气体自下而上通过干填料（$L=0$）时，气压降 ΔP 与空塔气速 u 的关系可用式 $\Delta P = u^{1.8 \sim 2.0}$ 表示。在双对数坐标系中为一条直线，斜率为 $1.8 \sim 2.0$。在有液体喷淋（$L \neq 0$）时，气体通过床层的压降除与气速和填料有关外，还取决于喷淋密度等因素。在一定的喷淋密度下，当气速小时，阻力与空塔速度仍然遵守 $\Delta P \propto u^{1.8 \sim 2.0}$ 这一关系。但在同样的空塔速度下，由于填料表面液膜的存在，填料的空隙率降低，气体的实际速度增大，因此床层压强降 ΔP 比无喷淋时的值高。当气速增加到某一值时，开始阻碍液体的顺利流下，以致于填料层内的气液量随气速的增加而增加，到达载点。进入载液区后，当空塔气速再进一步增大，则填料层内拦液量不断增高，到达某一气速时，气、液间的摩擦力完全阻止液体向下流动，填料层的压力将急剧升高，在 $\Delta P \propto u^n$ 关系式中，n 的数值可达 10 左右，此点称为泛点。

本实验以水和空气为工作介质，在一定喷淋密度下，逐步增大气速，记录填料层的压降与塔顶表压的大小，直到发生液泛为止。

(二) 体积吸收系数 $K_Y a$ 的测定

在吸收操作中，反映吸收性能的主要参数是吸收系数，影响吸收系数的因素很多，其中有气体的流速、液体的喷淋密度、温度、填料的孔隙体积、比表面积以及气液两相的物理化学性质等。

本实验用水吸收空气－氨混合气体中的氨气。在其他条件不变的情况下，随着空塔气速增加，吸收系数相应增大。当空塔气速达到某一值时，将会出现液泛现象，此时塔的正常操作被破坏，所以适宜的空塔气速应控制在液泛速度之下。

本实验所用的混合气中氨气的浓度很低（$< 5\%$），吸收所得溶液浓度也不高，气液两相的平关系可以被认为服从亨利定律，相应的吸收速率方程式为

$$G_A = K_Y a \cdot V_p \cdot \Delta Y_m$$

式中，G_A 为单位时间在塔内吸收的组分量，kmol 吸收质/h；$K_Y a$ 为气相总体积吸收系数，kmol 吸收质/（m^3 填料 $\cdot$ h）；V_p 为填料层体积，m^3；ΔY_m 为塔顶、塔底气相浓度差（$Y - Y^*$）的对数平均值，kmol 吸收质/kmol 惰性气体。

实验用到的其他公式如下。

1. 标准状态下空气的体积流量 $V_{0,空}$

$$V_{0,空} = V_空 \cdot \frac{T_0}{p_0} \cdot \sqrt{\frac{p_1 p_2}{T_1 T_2}}$$

式中，$V_{0空}$ 为标准状态下空气的体积流量，m^3/h；$V_空$ 为转子流量计的指示值，m^3/h；T_0、P_0 为标准状态下空气的温度和压强，273K、101.33kPa；T_1、P_1 为标定状态下空气的温度和压强，293K、101.33kPa；T_2、P_2 为操作状态下温度和压强，K、kPa。

2. 标准状态下氨气的体积流量 V_{0,NH_3}

$$V_{0,NH_3} = V_{NH_3} \cdot \frac{T_0}{p_0} \cdot \sqrt{\frac{\rho_{0,空}}{\rho_{0,NH_3}} \cdot \frac{p_2 \cdot p_1}{T_2 \cdot T_1}}$$

式中，V_{0,NH_3} 为转子流量计的指示值，m^3/h；$\rho_{0,空}$ 为标准状态下空气的密度，1.293kg/ m^3；ρ_{0,NH_3} 为标准状态下氨气的密度，0.771kg/m^3。

3. 平衡关系

$$Y^* = \frac{mX}{1 + (1-m)\ X}$$

式中，m 为相平衡常数；X 为溶液浓度，kmol 吸收质/kmol 水。

需要查找的氨水的亨利系数可参考表 7－5 所列。

表 7－5 低浓度（5%以下）氨水的亨利系数与温度关系数据

温度（℃）	0	10	20	25	30	40
亨利系数 $E \times 10^{-5}$（Pa）	0.297	0.509	0.788	0.959	1.266	1.963

三、实验装置与流程

（一）实验流程

吸收装置流程如图 7－22 所示。实验装置由填料塔、气泵、气体缓冲罐、转子流量计、压差计（U 型管压差计）及气体分析系统构成。空气由气泵送出，由放空阀及空气流量调节阀配合调节流量后，经过转子流量计记录流量的大小，并与氨气混合，由塔底自下而上通过填料层。混合气在塔中经水吸收其中的氨后，尾气从塔顶排出。出口处装有尾气调节阀，用以维持塔顶具有一定的表压，以此作为尾气通过尾气分析装置的推动力。

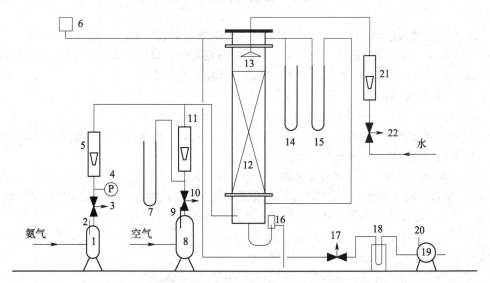

图 7－22 吸收实验装置流程示意图

1. 氨气缓冲罐；2. 氨气温度计；3. 流量调节阀；4. 氨表压计；5. 转子流量计；6. 尾气稳压阀；7. 空气表压计
8. 空气缓冲罐；9. 空气温度计；10. 流量调节阀；11. 转子流量计；12. 吸收塔；13. 液体分布器
14. 塔顶表压计；15. 压差计；16. 排液管；17. 尾气三通阀；18. 吸收器；19. 湿式气体流量计
20. 尾气温度计；21. 转子流量计；22. 水量调节阀

氨气由液氨钢瓶供给，经氨气缓冲罐、流量调节阀后，经氨转子流量计记录流量的大小，之后进入空气管道，与空气混合形成混合气体从塔底入塔。水由泵房进入系统，由流量调节阀调节流量，由流量计记录后，在塔顶由液体分布器喷出，在吸收塔中与混合气体逆流接触，吸收其中的溶质，吸收液由塔底排出流入地沟。为了测量塔内压力和填料层压强降，装有塔顶表压计和填料层压差计。

（二）主要设备及尺寸

1. 填料塔　有机玻璃塔内径，$D = 120mm$；填料层高度，$Z = 800 \sim 900mm$；填料，陶瓷拉西环，规格：$\phi 8$、10、$15mm$。

2. 气泵一台。

3. LZB40 气体流量计，流量范围 $0 \sim 60m^3/h$，数量 1 个；LZB15 气体流量计，流量范围 $0 \sim 2.5m^3/h$，数量 1 个；LZB15 液体流量计，流量范围 $0 \sim 160L/h$，数量 1 个。

4. LML－2 型湿式气体流量计，容量5L，数量 1 台。

5. 水银温度计，规格 $0 \sim 100℃$，数量 3 只。

四、实验操作步骤

（一）流体力学特性实验

1. 熟悉实验装置及流程，弄清各部分的作用，并记录各压差计的零位读数。

2. 检查气路系统。开风机之前必须全开放空阀，以免风机烧坏。检查转子流量计阀门是否关闭，以免风机开动转子突然上升将流量计管打破。

3. 启动风机，首先测定干填料阻力降与空塔气速的大小。注意不要开水泵，以免淋湿干填料。由气泵送气，经放空阀、流量调节阀配合调节流量从小到大变化，测量 5 组数据，记录每次流量下的塔顶表压、填料层压降、流量大小、计前表压、温度等参数。

4. 开动供水系统，慢慢调节流量接近液泛，使填料完全润湿后再降到预定气速进行实验。

5. 测定湿填料压降，固定两个不同的液体喷淋量分别进行测定。每固定一个喷淋量，调节空气流量，从小到大测量 5 组数据。并随时观察塔内的操作现象，记下发生液泛时的气体流量。发生液泛之后，再继续增加空气量，测取两组数据。

（二）体积吸收系数 $K_y a$ 的测定

1. 在流体力学特性测试实验的基础上，维持一个液体喷淋量。

2. 确定操作条件，包括空气流量、氨气流量，准备好气体浓度分析装置及其所用试剂，一切准备就绪后开动氨气系统。

3. 启动氨气系统。首先将液氨钢瓶上的自动减压阀的顶针松开（左旋为松开，右旋为拧紧），使自动减压阀处于关闭状态。然后打开氨气瓶阀，此时减压阀压力表显示瓶内压力的大小。然后略旋紧减压阀的顶针，用转子流量计调节氨流量至预定值。

4. 当空气、氨、水的流量计读数稳定后（$2 \sim 3min$），记录各流量计的读数、温度及各压差计的读数，并分析进塔和出塔气体浓度。

5. 气体浓度分析方法，用硫酸吸收气体中的氨，反应方程如下。

$$2NH_3 + H_2SO_4 + 2H_2O = (NH_4)_2SO_4 + 2H_2O$$

酸碱中和到达等当点时加有甲基橙指示剂的溶液变黄。

（1）进气浓度

①迅速打开进气管路中的阀门，让混合气通过吸收盒，再立即关闭此阀门，以使待测气体的管路全部充满此气体。

②取高浓度硫酸液 $2 \sim 3ml$ 放入分析瓶，用适当的蒸馏水冲洗瓶壁，再加入 $1 \sim 2$ 滴甲基橙指示剂。

③打开进气管路中的阀门，让气体流经分析瓶，吸收后的空气由湿式气体流量计来计

量，待颜色刚刚变黄，关闭分析系统，记录气体体积量。注意阀门的开度要适中，太大气流夹带吸收液，太小拖延分析时间，只要气体在吸收盒中连续不断地以气泡形式溢出就可以。

（2）尾气浓度 取 1 ~ 2ml 的低浓度硫酸溶液放入分析瓶中，重复上述步骤，每一步浓度重复分析两次。

6. 固定另一液体喷淋量，改变空气流量，保证气体吸收为低浓度气体吸收，重复上述操作，测定实验数据。

7. 实验完毕，首先关闭氨气系统，其次为水系统，最后停风机。

8. 整理好物品，作好清洁卫生工作。

五、实验结果与要求

1. 绘制原始数据表和数据整理表。

2. 计算不同空塔气速下填料层阻力，在双对数坐标中绘制塔内压强 $\Delta P/Z$ 与空塔气速 u 的关系图。

3. 计算一定喷淋量下不同气速下的体积传质系数 $K_Y a$ 值。

4. 写出典型数据的计算过程，分析和讨论实验现象。

六、思考题

1. 综合实验结果，你认为以水吸收空气中的氨气过程，是气膜控制还是液膜控制？为什么？

2. 要提高氨水浓度，在不改变进气浓度的情况下有什么办法？这时会带来什么问题？

3. 气体流速与压强降关系中有无明显的折点，折点意味着什么？

4. 填料吸收塔，塔底为什么必须有液封装置，液封装置是如何设计的？

第八章

干　燥

学习目标

知识要求　**1. 掌握**　湿空气的性质；物料中水分的性质、干燥速率、干燥过程的物料衡算；常用干燥设备的原理、结构。
　　　　　2. 熟悉　干燥过程的物料衡算。
　　　　　3. 了解　干燥在制药生产中的应用、干燥器的选型、维护。
技能要求　**1.** 会利用物料所含水分性质选择相应的干燥设备，会使用干燥器，会对干燥器进行选型和维护。
　　　　　2. 能够对干燥过程进行物料衡算。

干燥在制药生产中应用非常广泛，几乎所有的原料药、片剂、丸剂、颗粒剂、胶囊剂、浸膏剂以及生物制品等制备过程，都需要利用干燥的方法除掉其中的水分或溶剂。干燥所用的介质是热的空气。本章主要介绍干燥方法的分类、湿空气的性质、干燥器的物料衡算和热量衡算、干燥速率以及常用的干燥设备等。

第一节　概述

一、去湿方法及干燥在制药生产中的应用

在制药生产过程中，固体原料、中间体和成品中所含有的水分或其他溶剂，称为湿分。将固体物料中所含湿分去除的操作，称为去湿。含较多湿分（规定含量以上）的固体物料称为湿物料，而去湿后含少量湿分（规定含量以下）的固体物料称为干物料，完全不含湿分的固体物料称为绝干物料。

去湿的方法很多，常用的有机械去湿法、化学去湿法和热能去湿法。

1. 机械去湿法　机械去湿法是利用固体和湿分之间的密度差，借助于重力、离心力或压力等外力的作用，使固体与液体（湿分）之间产生相对运动，从而达到固液分离的目的。沉降、过滤或离心分离等都是常用的机械去湿法。

机械去湿的特点是设备简单，能量消耗较少，但去湿后的物料的含湿量往往达不到规定的标准。因此该法常用于湿物料的初步去湿或溶剂不需要完全除尽的场合。

2. 化学去湿法　化学去湿法是利用吸湿性很强的物料，干燥剂如生石灰、浓硫酸、无水氯化钙、硅胶、分子筛等，吸去物料中的湿分而达到去湿的目的。

这种方法的特点是去湿后，物料中的湿含量一般可达到规定的要求，但干燥剂相对价格高、使用量大、再生比较困难，因此操作费用高、操作复杂，适用于小批量固体物料的去湿，或除去气体中水分的情况。

3. 热能去湿法　对湿物料加热或冷冻，使其所含的湿分蒸发或升华而除去。凡是借助热能使物料中的湿分蒸发或用冷冻使物料中的湿分升华而被移除的单元操作称为干燥。

干燥在制药生产中应用非常广泛，几乎所有的原料药、片剂、丸剂、颗粒剂、胶囊剂、浸膏剂以及生物制品等制备过程均直接应用。干燥方法的特点是去湿后物料中的湿含量可达到规定的要求，但热能消耗较多。一般情况下其操作费用比机械去湿法高，但比化学去湿法低。在生产过程中，常采用机械去湿和干燥相结合的操作，即先采用机械去湿法（如压榨、过滤、离心分离、沉降等）最大限度的去除物料中的湿分，然后再用干燥法除去剩余的湿分，达到产品的湿分标准，最后得到合格的固体产品。干燥在制药生产中其主要作用有以下 3 个方面。

（1）便于物料的加工、包装　在片剂生产中，含水量偏高的固体物料，压片时易黏模。在胶囊剂生产中，含水量偏高的固体物料在料仓中的流动性差，填入胶囊时会引起剂量的显著差异。

（2）保证物料的质量及稳定性　固体物料含水量较高时，易发生水解、氧化、霉变等变质反应，由此引起的物料中有效成分含量降低、杂质含量增加以及外观变化。因此，《中国药典》及世界药典中均规定了一些药品的含水量标准。合格的药品其含水量必须低于标准含水量。

（3）便于物料的贮存、运输和计量

二、干燥方法分类

根据湿物料的加热方式不同，干燥可分为以下几种。

1. 传导干燥　将热能以传导的方式通过金属壁面传给湿物料，使其中的湿分气化。这类方法热效率较高，为 70% ~ 80%。传导干燥物料温度不易控制，物料与金属壁面接触处，常因过热而焦化造成变质。

2. 对流干燥　利用热空气、烟道气等作干燥介质将热量以对流方式传给湿物料，又将气化的水分带走的干燥方法。在干燥过程中，干燥介质与湿物料直接接触，干燥介质供给湿物料气化所需的热量，并带走气化后的湿分蒸汽。因此，干燥介质在干燥过程中既是载热体又是载湿体。在对流干燥中，干燥介质的温度容易调控，被干燥的物料不易过热，干燥生产能力大。但干燥介质离开干燥设备时，会带走相当一部分热能，故这类方法热效率较低，为 30% ~ 70%。

3. 辐射干燥　热能以电磁波的形式由辐射器发射至湿物料的表面，并被湿物料吸收后转化为热能，使物料中湿分气化。用作辐射的电磁波一般是红外线。辐射干燥生产强度大，产品洁净，干燥均匀但能耗高。因此，这种方法适用于以表面蒸发为主的膜状物质。

4. 介电干燥　介电干燥又称高频干燥。将湿物料置于高频电场内，在高频电场的作用下物料内部分子因振动而发热，从而达到干燥的目的。电场频率在 300MHz 以下的介电加热称为高频加热，频率在 300MHz ~ 300GHz 之间的介电加热称为超高频加热，又称微波加热。

5. 冷冻干燥　将湿物料在低温下冻结成固态，然后在真空下对湿物料加热，使冰升华为水汽，水汽用真空泵排除。干燥后物料的物理结构和分子结构变化极小，产品残存水分也很少。

在上述 5 种干燥方法中，以对流干燥在制药生产中应用最为广泛，最常用的干燥介质是空气，湿物料中的湿分大多是水。因此，本章主要讨论以热空气为干燥介质，以含水的湿物料为干燥对象的对流干燥。

此外，干燥按操作压力可分为常压干燥和真空干燥；按操作方式可分为连续干燥和间歇干燥。其中真空干燥主要用于处理热敏性、易氧化物料；间歇干燥用于处理小批量、多品种或干燥时间要求长的物料。

三、对流干燥的原理和流程

（一）对流干燥的原理

1. 传热过程 当热空气从湿物料表面平行流过时，由于热空气主体的温度大于湿物料表面的温度，因此，热空气便以对流传热方式通过湿物料表面的边界层，将热量传递至湿物料表面，再由湿物料表面传递至湿物料内部。

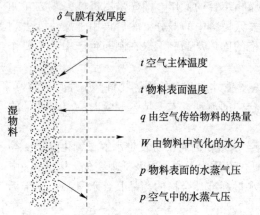

图8-1 热空气与湿物料之间的传热与传质

2. 传质过程 物料表面的水分吸收热量后发生气化，所产生的蒸汽被热气流带走，从而使物料内部的含水量高于其表面的含水量，因而物料内部的水分将以液态或气态的形式向表面扩散，其中液态水在物料表面气化，气化产生的蒸汽与扩散至物料表面的水汽一起透过物料表面的气膜扩散至热空气主体中。

3. 对流干燥进行的条件 由以上分析可知，对流干燥过程是一个传热与传质同时进行的过程，过程进行的速率由传热速率和传质速率共同决定。为保证传热过程的进行，热空气主体的温度必须大于湿物料表面的温度。为保证传质过程的进行，湿物料表面水分所产生的水蒸气分压必须大于干燥介质中水蒸气的分压，而两者的压差越大，传质动力越大，干燥过程进行得越快。

干燥介质中水蒸气的分压越低，干燥后物料的含水量就越低。当物料表面水分产生的水蒸气分压与干燥介质中水蒸气分压相等时，干燥过程达到动态平衡，干燥过程也就停止了，这是干燥过程进行的限度。因此，干燥介质中水蒸气分压直接关系到干燥过程进行的限度和速率，通过干燥介质及时将水蒸气移走，一方面可保持一定的气化推动力，另一方面可维持较低的水蒸气分压。

当物料表面水分所产生的水蒸气分压低于干燥介质中的水汽分压时，物料将吸湿，即通常所说的"返潮"。

（二）对流干燥的流程

图8-2所示为对流干燥流程示意图，空气由预热器加热至一定温度后进入干燥器，与进入干燥器的湿物料相接触，空气将热量以对流的方式传给湿物料，使湿物料表面水分被加热气化成蒸汽，然后扩散到空气中，最后由干燥器的另一端排出。空气与湿物料在干燥器内的接触可以是并流、逆流或其他方式。

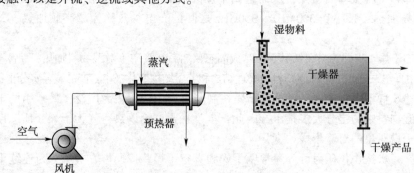

图8-2 对流干燥流程示意图

第二节　湿空气的性质

　　空气由绝干空气与水蒸气所组成，在干燥中称为湿空气，是最常用的干燥介质。在干燥过程中，湿空气被预热至一定温度进入干燥器，与其中的湿物料进行热量和质量的交换，其结果是湿空气中的水蒸气含量、温度和所含热量等都将发生改变，因此，可通过湿空气在干燥前后有关性质的变化来分析和研究干燥过程。

　　在干燥过程中，热空气中的水蒸气量不断改变，但其中的绝干空气仅作为湿和热的载体，其质量流量保持不变。因此，为了计算上的方便，湿空气的各项参数都以单位质量的绝干空气为基准。

一、压力

　　常压下湿空气可视为理想气体，湿空气的总压等于绝干空气的分压与水蒸气的分压之和，即

$$p = p_空 + p_水 \tag{8-1}$$

　　式中，p 为湿空气中的总压，Pa；$p_空$ 为湿空气中绝干空气的分压，Pa；$p_水$ 为湿空气中水蒸气的分压，Pa。

　　当总压一定时，湿空气中水蒸气的分压越大，水蒸气的含量就越大，即

$$\frac{n_水}{n_空} = \frac{p_水}{p_空} = \frac{p_水}{p - p_水} \tag{8-2}$$

　　式中，$n_水$ 为湿空气中水蒸气的物质的量，mol 或 kmol；$n_空$ 为湿空气中绝干空气的物质的量，mol 或 kmol。

二、湿度

　　湿空气中所含的水蒸气的质量与绝干空气的质量之比，称为湿空气的湿度，用 H 表示。即

$$H = \frac{湿空气中水蒸气的质量}{湿空气中绝干空气的质量} = \frac{n_水 M_水}{n_空 M_空} = \frac{18 n_水}{29 n_空} \tag{8-3}$$

　　式中，H 为空气的湿度，kg 水蒸气/kg 干空气；$M_水$ 为湿空气中水蒸气的摩尔质量，kg/kmol；$M_空$ 为湿空气中绝干空气的摩尔质量，kg/kmol。

　　由道尔顿分压定律可知，理想气体混合物中各组分的摩尔比等于分压比，则式（8-3）可表示为

$$H = \frac{18 p_水}{29 p_空} = 0.622 \frac{p_水}{p - p_水} \tag{8-4}$$

　　由式（8-4）可知，湿空气的湿度是总压 p 和水蒸气分压 $p_水$ 的函数，当总压一定时，湿度 H 仅由水蒸气分压 $p_水$ 决定。

　　当湿空气中的水蒸气达到饱和，其湿度称为饱和湿度，以 $H_饱$ 表示，此时湿空气中的水蒸气分压即为该空气温度下的饱和蒸气压，则式（8-4）变为

$$H_饱 = 0.622 \frac{p_饱}{p - p_饱} \tag{8-5}$$

　　式中，$H_饱$ 为湿空气的饱和湿度，kg 水蒸气/kg 干空气；$p_饱$ 为湿空气温度下水的饱和蒸气压，Pa 或 kPa。

由于水的饱和蒸气压仅与温度有关，当总压一定时，饱和湿度 $H_饱$ 仅由温度 t 决定。

当空气达到饱和时，其吸湿能力已达极限。可见，饱和湿度实际上反映了湿空气吸湿能力的限度。在干燥操作中，为确定湿空气所具有的吸湿能力，可将其湿度 H 与该湿空气温度下饱和湿度 $H_饱$ 进行比较，以确定湿空气所处的状态，进而可确定湿空气所具有的吸湿能力。

当 $H < H_饱$ 时，湿空气呈不饱和状态，具有吸湿能力。

当 $H = H_饱$ 时，湿空气呈饱和状态，不具有吸湿能力。

当 $H > H_饱$ 时，湿空气呈过饱和状态，此时湿空气不仅不具有吸湿能力，而且会使物料返潮。

案例导入

案例：我国北方的冬季，在同一地区的两个相同房间内，一个房间有取暖设施，房间温度较高，衣物干得很快，人感觉很干燥；另一个房间没有取暖设施，房间衣物干得很慢，人感觉潮湿阴冷。

讨论：1. 两个房间内湿度是否一样？
　　　　2. 为什么温度高的房间人感觉很干燥，衣物干燥得也快？

三、相对湿度

在一定总压下，湿空气中水蒸气的分压 $p_水$ 与同温度下水的饱和蒸气压 $p_饱$ 之比称为湿空气的相对湿度，用 φ 表示。其计算式为

$$\varphi = \frac{p_水}{p_饱} \times 100\% \tag{8-6}$$

相对湿度可以用来衡量空气的不饱和程度。

当 $p_水 = p_饱$ 时，$\varphi = 100\%$，空气为饱和湿空气，没有吸湿能力，不能用作干燥介质。

当 $p_水 < p_饱$ 时，$\varphi < 100\%$，空气为不饱和湿空气，有吸湿能力。可以用作干燥介质。其相对湿度越小，吸收水蒸气的能力就越强，干燥能力越强。

由此可见，湿度只能表示湿空气中水蒸气含量的多少，不能直接反映这种情况下湿空气还有多大的吸湿潜力，而相对湿度则是用来表示这种潜力的。

水的饱和蒸气压 $p_饱$ 随温度的升高而增大，对于具有一定水汽分压 $p_水$ 的湿空气，温度升高，相对湿度 φ 必然下降。因此，在干燥操作中，为提高湿空气的吸湿能力和传热的推动力，通常将湿空气先进行预热，再送入干燥器。

实例分析 8-1　当总压为 100kPa 时，湿空气的温度为 30℃，水蒸气分压为 4kPa。试求该湿空气的湿度、相对湿度和饱和湿度。如将该热空气加热至 80℃，再求其相对湿度。

分析：空气的湿度

$$H = 0.622 \frac{p_水}{p - p_水} = 0.622 \frac{4}{100 - 4} = 0.0259 \text{kg 水蒸气/kg 干空气}$$

查附录（八）　30℃水的饱和蒸气压为 4.247kPa，则相对湿度为

$$\varphi = \frac{p_水}{p_饱} \times 100\% = \frac{4}{4.247} \times 100\% = 94.18\%$$

饱和湿度为 $H = 0.622 \dfrac{p_饱}{p - p_饱} = 0.622 \times \dfrac{4.247}{100 - 4.247} = 0.0276 \text{kg 水蒸气/kg 干空气}$

通过计算可知，此时湿空气吸湿能力不高。

又查得80℃水的饱和蒸气压为47.379kPa，则该温度下的相对湿度为

$$\varphi = \frac{p_水}{p_饱} \times 100\% = \frac{4}{47.379} \times 100\% = 8.44\%$$

由此可看出，加热至80℃后，湿空气的相对湿度显著下降，其吸湿能力大大增强。

拓展阅读

在制药生产中，我们国家的《药品生产质量管理规范》（简称 GMP）对制剂车间的温度和相对湿度都有要求。要求温度在18 ~26℃之间，相对湿度为45% ~65%之间。车间里温度和相对湿度通过温湿度计来测量，如图8-3所示。

图8-3　温湿度计

四、湿空气的比容

在湿空气中，1kg 绝干空气连同其所带有的水蒸气体积之和称为湿空气的比容，也称作湿空气的比体积，用 ν_H 表示。其定义式为

$$\nu_H = \frac{湿空气的体积}{湿空气中干空气的质量} \qquad (8-7)$$

在标准状态下，气体的标准摩尔体积为 22.4m³/kmol。因此，在总压力为 p、温度为 t、湿度为 H 的湿空气的比容为

$$\nu_H = 22.4 \left(\frac{1}{M_空} + \frac{H}{M_水} \right) \times \frac{273+t}{273} \times \frac{101.3}{p} \qquad (8-8)$$

式中，ν_H 为湿空气的比体积，m³/kg 干空气；t 为温度，℃；p 为湿空气总压，kPa。

将 $M_空 = 29$kg/kmol，$M_水 = 18$kg/kmol 代入式（8-8），得

$$\nu_H = (0.772 + 1.244H) \times \frac{273+t}{273} \times \frac{101.3}{p} \qquad (8-9)$$

由式（8-9）可知，常压下，湿空气的比容与湿空气的温度和湿度有关，温度越高，比容越大。

实例分析8-2　试求常压（101.3kPa）、50℃下相对湿度为60%的500kg湿空气所具有的体积。

分析：查附录（八）得　50℃水的饱和蒸气压为12.34kPa，则空气的湿度为

$$H = 0.622 \frac{\varphi p_饱}{p - \varphi p_饱} = 0.622 \frac{0.6 \times 12.34}{101.3 - 0.6 \times 12.34} = 0.0497 \text{kg 水蒸气/kg 干空气}$$

该湿空气的比容为

$$\nu_H = (0.772 + 1.244H) \times \frac{273+t}{273} \times \frac{101.3}{p}$$

$$= (0.772 + 1.244 \times 0.0497) \times \frac{273+50}{273} \times \frac{101.3}{101.3} = 0.99 \text{m}^3/\text{kg 干空气}$$

500kg 湿空气中干空气的质量 L 与湿度具有下列关系式

$$L(1+H) = 500\text{kg}$$

则 $L = \dfrac{500}{1+H} = \dfrac{500}{1+0.0497} = 476.33\text{kg}$

所以，500kg 湿空气的体积为

$$V = L\nu_H = 476.33 \times 0.99 = 471.57\text{m}^3$$

五、湿空气的比热

在常压下，将 1kg 绝干空气和所含的 Hkg 水蒸气的温度升高（或降低）1℃所吸收（或放出）的热量，称为湿空气的比热。用符号 c_H 表示，单位为 kJ/（kg 干空气·℃）。

若以 $c_空$、$c_水$ 分别表示干空气和水蒸气的比热，根据湿空气比热的定义，其计算式为

$$c_H = c_空 + c_水 H \qquad (8-10)$$

在通常的干燥条件下，干空气的比热和水蒸气的比热随温度的变化很小，在工程计算中通常取常数 $c_空 = 1.01\text{kJ}/$（kg 干空气·℃），$c_水 = 1.88\text{kJ}/$（kg 水蒸气·℃）。将这些数值代入式（8-10），得

$$c_H = 1.01 + 1.88H \qquad (8-11)$$

即湿空气的比热容只随空气的湿度变化

六、湿空气的焓

湿空气中 1kg 干空气的焓与其所带有的 Hkg 水蒸气的焓之和称为湿空气的焓，用 I 表示，单位 kJ/kg 干空气

$$I = I_空 + HI_水 \qquad (8-12)$$

式中，I 为湿空气的焓，kJ/kg 干空气；$I_{空气}$ 为干空气的焓，kJ/kg 干空气；$I_水$ 为水蒸气的焓，kJ/kg 水蒸气。

通常以 273K 的绝干空气及液态水的焓值等于零为基准，273K 液态水的气化潜热为 $r_0 = 2490\text{kJ/kg}$，则有

$$I_{空气} = c_{空气}t = 1.01t$$

$$I_水 = r_0 + c_水 t = 2490 + 1.88t$$

因此，湿空气的焓可由下式计算

$$I = (c_{空气} + c_水 H) \, t + r_0 H = (1.01 + 1.88H) \, t + 2490H \qquad (8-13)$$

七、干球温度

在湿空气中，用普通温度计测得温度称为湿空气的干球温度，为湿空气的真实温度。通常简称为空气的温度。常用 t 表示，单位为℃或 K。

八、湿球温度

用湿纱布包裹温度计的感温部分，并且湿纱布的下部浸于水中，使之始终保持湿润，即成为湿球温度计，如图 8-4 所示，湿球温度计在空气中达到稳定时的温度称为湿球温度。以 $t_湿$ 表示，单位为℃或 K。

湿球温度为空气与湿纱布之间的传热、传质过程达到动态平衡条件下的稳定温度。当不饱和空气流过湿球表面时，由于湿纱布表面的饱和蒸气压大于空气中的水蒸气分压，在湿纱布表面和空气之间存在着湿度差，这一湿度差使湿纱布表面的水分气化并被空气带走，水分气化所需潜热，只能取自于水，因此水的温度下降，水温一旦下降，与空气之间便产生温差，热量即由空气向水中传递。只有当空气传入的热量等于气化消耗的潜热时，湿纱布表面才达到一个稳定温度，即湿球温度。

当空气是不饱和的湿空气时，$t > t_湿$；当空气是饱和湿空气时，$t = t_湿$。

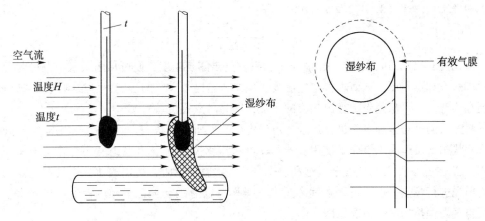

图 8-4　湿球温度计

九、绝热饱和温度

在绝热的条件下，使湿空气绝热增湿降温达到饱和时的温度称为绝热饱和温度，用符号 $t_绝$ 表示，单位为℃或 K。

如图 8-5 所示，为空气绝热饱和器。温度为 t、湿度为 H 的不饱和的湿空气由器底进入，与塔顶循环喷淋水逆流接触，使部分水蒸气气化进入空气，湿空气从器顶排出。由于饱和器是绝热的，因此水蒸气气化所需的热量只能来自于空气的显热，故空气的温度下降，同时湿度增加，但饱和器体系内热量不变。当空气绝热增湿降温达到饱和时，湿空气的温度不再变化，与循环水温度相等，该温度即为湿空气的绝热饱和温度。绝热饱和温度取决于湿空气的干球温度和湿度，是湿空气的性质或状态参数之一。研究表明，对于空气-水蒸气体系，温度为 t、湿度为 H 的湿空气，其绝热饱和温度与湿球温度近似相等。在工程计算中，常取 $t_湿 = t_绝$。

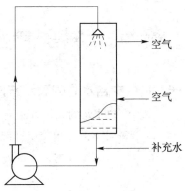

图 8-5　空气绝热饱和器

案例导入

案例：每年 9 月 8 日左右是二十四节气中的白露。白露就是白色的露水，意思是夜间气温较低，空气中的水汽往往会在草木上凝结成露水。如果前几天雨水较多，秋天昼夜温差大，早上发现露水会比较多。

讨论：1. 露水是怎么形成的？什么季节容易产生露水？
　　　2. 形成露水的多少与哪些因素有关？

十、露点温度

不饱和湿空气在总压 p 和湿度 H 一定的情况下降温，直至湿空气达到饱和，此时的温度称为湿空气露点温度，用 $t_露$ 表示，单位为℃或 K。

将不饱和湿空气等湿冷却至饱和状态时，空气的湿度变为饱和湿度，但数值仍等于原湿空气的湿度。而水蒸气分压变为露点温度下水的饱和蒸气压，但数值仍等于原湿空气中

水汽的分压。由式（8-4）及 $\varphi=100\%$ 得

$$p_{饱} = \frac{pH}{0.622 + H} \tag{8-14}$$

由式（8-14）可知，在一定总压下，只要测出露点温度，便可从附录八中查得此温度下对应的饱和蒸气压，从而求得空气湿度。反之，若已知空气的湿度，可根据式(8-14)求得饱和蒸气压，再从附录中查出相应的温度，即为露点温度。

将露点温度与干球温度进行比较，可确定湿空气所处的状态。若 $t > t_{露}$，则湿空气处于不饱和状态，可作为干燥介质使用；若 $t = t_{露}$，则湿空气处于饱和状态，不能作为干燥介质使用；若 $t < t_{露}$，则湿空气处于过饱和状态，与湿物料接触时会析出露水。空气在进入干燥器之前先进行预热，可使过程在远离露点下操作，以免湿空气在干燥过程中析出露水，这是湿空气需预热的又一主要原因。

由以上讨论可知，对于空气-水汽体系，干球温度 t、湿球温度 $t_{湿}$、绝热饱和温度 $t_{绝}$ 以及露点温度 $t_{露}$ 之间的关系为

不饱和空气： $\quad\quad\quad\quad\quad\quad t > t_{湿} = t_{绝} > t_{露}$

饱和空气： $\quad\quad\quad\quad\quad\quad\quad t = t_{湿} = t_{绝} = t_{露}$

第三节 干燥过程的物料衡算和热量衡算

一、物料中含水量的表示方法

物料中含水量的表示方法通常有两种：湿基含水量和干基含水量。

1. 湿基含水量 单位质量湿物料所含水分的质量，即湿物料中水分的质量分数，称为湿基含水量，以 w 表示，单位为 kg 水/kg 湿物料。即

$$w = \frac{湿物料中水分的质量}{湿物料的总质量} \tag{8-15}$$

2. 干基含水量 湿物料在干燥过程中，水分不断被气化移走，湿物料的总质量在不断变化，用湿基含水量计算有时很不方便，由于湿物料中的绝干物料量在干燥过程中始终不变（不计漏损），以绝干物料量为基准的干基含水量，使用起来较为方便。所谓干基含水量，是指湿物料中所含水分量与绝干物料质量之比，以 X 表示，单位为 kg 水/kg 干料。即

$$X = \frac{湿物料中的水分量}{湿物料中绝干物料量} \tag{8-16}$$

在工业生产中，通常用湿基含水量表示物料中水分的含量多少。但在干燥计算中，由于湿物料中的绝干物料的质量在干燥过程中是不变的，故用干基含水量计算比较方便。两种含水量之间的换算关系为

$$X = \frac{w}{1-w} 及 w = \frac{X}{1+X} \tag{8-17}$$

二、干燥器的物料衡算

物料衡算要解决两个问题，一是将湿物料干燥到指定的含水量所需蒸发的水分量；二是干燥过程需要消耗的空气量。这为进一步进行热量衡算、选用通风机和确定干燥器的尺寸提供了有关数据。如图 8-6 所示。

1. 水分蒸发量 W

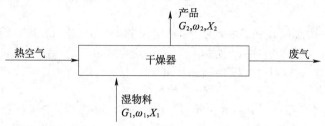

图 8-6 连续干燥器的物料衡算

图 8-6 中，L 为进、出干燥器的干空气的质量流量，kg/s；G_1、G_2 为进、出干燥器的物料质量流量，kg/s；G_c 为绝干物料量，kg/s；X_1、X_2 为干燥前后物料的干基含水量，kg 水/kg 绝干物料；ω_1、ω_2 为干燥前后物料的湿基含水量，kg 水/kg 湿物料；H_1、H_2 为进、出干燥器的湿空气的湿度，kg/kg 绝干空气。

若不计干燥过程的物料损失，干燥前后物料中绝干物料的质量不变，即

$$G_c = G_1 \ (1 - \omega_1) \ = G_2 \ (1 - \omega_2) \tag{8-18}$$

由式 (8-18) 可得

$$G_1 = G_2 \frac{1 - \omega_2}{1 - \omega_1} \ 或者 \ G_2 = G_1 \frac{1 - \omega_1}{1 - \omega_2} \tag{8-19}$$

干燥器的总物料衡算为 $W = G_1 - G_2$

则水分气化量为

$$W = G_1 - G_2 = G_1 \frac{\omega_1 - \omega_2}{1 - \omega_2} = G_2 \frac{\omega_1 - \omega_2}{1 - \omega_1} \tag{8-20}$$

若以干基含水量表示，则

$$W = G_c \ (X_1 - X_2) \tag{8-21}$$

2. 干燥产品量 G_2

$$G_2 = G_1 \frac{1 - \omega_1}{1 - \omega_2} \ 或 \ G_2 = G_1 - W \tag{8-22}$$

3. 干空气消耗量 L 干燥过程中，湿物料中水分的减少量等于空气中水蒸气的增加量，用公式表示为

$$W = L \ (H_2 - H_1) \ 或 \ L = \frac{W}{H_2 - H_1} \tag{8-23}$$

$$l = \frac{L}{W} = \frac{1}{H_2 - H_1} \tag{8-24}$$

式中，l 为气化湿物料中 1kg 水分所消耗的干空气量，称为单位空气消耗量，单位为 kg 干空气/kg 水。

如果以 H_0 表示空气预热前的湿度，而空气经预热器后，其湿度不变，故 $H_0 = H_1$，则有

$$l = \frac{1}{H_2 - H_0} \tag{8-25}$$

由上可见，单位空气消耗量仅与 H_2、H_0 有关，与路径无关。湿度 H_0 与气候条件有关，夏季湿度大，消耗的空气量最多。因此在选择输送空气的通风机时，应以全年中最大空气消耗量为依据，通风机的通风量 V 计算如下

$$V = L \times \nu_H = L \times (0.733 + 1.244H) \times \frac{t + 273}{273} \tag{8-26}$$

式中，L 为单位时间内消耗的绝干空气量，kg/s；ν_H 为湿空气的比容，m^3/kg 绝干空气。

式 (8-26) 中湿度 H 和温度 t 为通风机所在安装位置的空气湿度和温度。

对流干燥中，若湿物料的处理量、物料的初始含水量、最终含水量、新鲜空气的状态等均为已知，通过物料衡算可以确定干燥后的产品量、湿物料干燥到规定的含水量需蒸发的水分量以及带走这些水分所需要的空气量。

实例分析 8-3 今有一干燥器，处理湿物料量为 800kg/h。要求物料干燥后含水量由40% 减至 5%（均为湿基含水量）。干燥介质为空气，初温 20℃，相对湿度为 50%，经预热器加热至 120℃ 进入干燥器，出干燥器时降温至 40℃，相对湿度为 80%。试求：（1）水分蒸发量 W；（2）空气消耗量 L、单位空气消耗量 l；（3）如鼓风机装在进口处，求鼓风机的风量；（4）干燥产品量。

分析：（1）水分蒸发量 W 已知 $G_1 = 800$kg/h，$w_1 = 0.4$，$w_2 = 0.05$，则

$$W = G_1 \frac{w_1 - w_2}{1 - w_2} = 800 \times \frac{0.4 - 0.05}{1 - 0.05} = 294.74 \text{kg/h}$$

（2）空气消耗量 L、单位空气消耗量 l

已知 $t_0 = 20℃$，$\varphi_0 = 50\%$；$t_2 = 40℃$，$\varphi_2 = 80\%$。查附录八得：20℃ 时，$p_{饱0} = 2.335$kPa；40℃ 时，$p_{饱2} = 7.377$kPa，则

$$H_0 = 0.622 \frac{\varphi p_{饱0}}{p - \varphi p_{饱0}} = 0.622 \times \frac{0.50 \times 2.335}{101.3 - 0.50 \times 2.335} = 0.007 \text{kg 水/kg 干空气}$$

$$H_2 = 0.622 \frac{\varphi p_{饱2}}{p - \varphi p_{饱2}} = 0.622 \times \frac{0.80 \times 7.377}{101.3 - 0.80 \times 7.377} = 0.038 \text{kg 水/kg 干空气}$$

$$L = \frac{W}{H_2 - H_0} = \frac{294.74}{0.038 - 0.007} = 9507.74 \text{kg 干空气/h}$$

$$l = \frac{1}{H_2 - H_0} = \frac{1}{0.038 - 0.007} = 32.26 \text{kg 干空气/kg 水}$$

（3）鼓风机风量 因风机装在预热器出口处，输送的是新鲜空气，其温度 t_0 湿度 $H_0 = 0.007$kg 水/kg 干空气，则湿空气的体积流量是

$$V = L\nu_H = L (0.772 + 1.244H_0) \frac{273 + t}{273} = 9507.74 \times (0.772 + 1.244 \times 0.007) \times \frac{273 + 20}{273}$$

$$= 7966.56 \text{m}^3/\text{kg 干空气}$$

（4）干燥产品量

$$G_2 = G_1 \frac{1 - w_1}{1 - w_2} = 800 \times \frac{1 - 0.4}{1 - 0.05} = 505.26 \text{kg/h} \quad 或 \quad G_2 = G_1 - W$$

$$= 800 - 294.74 = 505.26 \text{kg/h}$$

三、干燥过程的热量衡算

干燥过程通常包括空气预热和湿物料干燥两部分。对湿物料进行干燥时，往往先把 0 状态的新鲜空气经预热器预热至 1 状态，然后再送入干燥器，离开干燥器时变成 2 状态的湿空气。假设热空气与湿物料在干燥器中进行逆流干燥，其干燥过程如图 8-7 所示。

图 8-7 中，Q_0 为预热器的传热量，kW；Q_1 为将 W 水分气化所需热量，kW；Q_2 为升温物料所需热量，kW；Q_3 为干燥器的热损失，kW；Q_4 为废空气带走的废热，kW；θ_1、θ_2 为湿物料干燥前后的温度，℃。

根据能量守恒，对恒定干燥系统有

$$\sum 加入热量 = \sum 消耗热量 \tag{8-27}$$

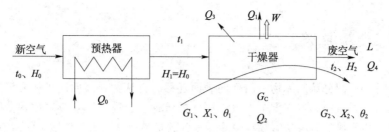

图 8-7　干燥系统热衡算分析

（一）加入热量的计算

若忽略预热器损失于周围的热量，预热器的热损耗可由下式计算

$$Q_0 = Lc_{H_0}(t_1 - t_0) \tag{8-28}$$

或

$$Q_0 = L(1.01 + 1.88H_0)(t_1 - t_0) \tag{8-29}$$

（二）消耗热量的计算

1. 气化水分所需热 Q_1　Q_1 为将 W 从 θ_1 的初态水气化为 t_2 的终态水蒸气所需的热量。

即

$$Q_1 = W(I_2 - I_1) \tag{8-30}$$

式中，I_1、I_2 为 W 水分的初、终态焓值，kJ/kg。

而

$$I_2 = 1.88t_2 + 2940 \tag{8-31}$$

$$I_1 = 4.18\theta_1 \tag{8-32}$$

式中，2490 为 0℃ 水的气化潜热，kJ/kg；1.88 和 4.18 分别为水蒸气和水的平均比热，kJ/（kg·K）。

即

$$Q_1 = W(1.88t_2 + 2940 - 4.18\theta_1) \tag{8-33}$$

2. 升温物料所需热 Q_2　Q_2 为将湿物料 G_2 从干燥前的 θ_1 加热至干燥后的 θ_2 所需的热量，即

$$Q_2 = G_c c_m(\theta_2 - \theta_1) \tag{8-34}$$

而

$$c_m = c_s + 4.18X_2 \tag{8-35}$$

式中，c_m 为含水量 X_2 时的物料平均比热；c_s 为绝对干燥物料的比热，kJ/（kg·K）。

3. 干燥器的热损失 Q_3　Q_3 为热损失，需根据干燥器的具体情况计算，一般取 10% 估算。

4. 废空气带走的废热 Q_4　Q_4 为没起到气化水分作用而被废空气带走的热量

$$Q_4 = L(1.01 + 1.88H_0)(t_2 - t_0) \tag{8-36}$$

（三）系统热量衡算

将各热量代入式（8-27）有

$$Q_0 = Q_1 + Q_2 + Q_3 + Q_4 \tag{8-37}$$

整理得

$$\frac{t_1 - t_2}{H_2 - H_1} = \frac{Q_1 + Q_2 + Q_3}{W(1.01 + 1.88H_0)} \tag{8-38}$$

式（8-38）表示出恒定干燥条件下，湿空气温、湿度的相互变化关系。

上式分析过程表明，干燥系统加入的热量被用于加热空气、加热物料和气化水分，以及补充干燥系统的热损失等。通过干燥器的热量衡算可以确定物料干燥操作所需要的热量以及各项热量的分配。确定各项热量的分配可为将来计算预热器的面积、加热介质的消耗量、干燥器尺寸以及干燥热效率等提供理论依据。

第四节　干燥速率

干燥过程中，湿分从固体物料内部向表面迁移，再从物料表面向干燥介质气化。湿分与物料的结合方式直接影响着湿分在气、固间的传递，也就是影响物料中水分除去的难易程度。因此，用干燥的方法从湿物料中除去水分的难易程度因水分性质不同而不同。

一、物料中所含水分的性质

（一）平衡水分和自由水分

根据物料在一定的干燥条件下，其中所含水分能否用干燥的方法除去可分为平衡水分与自由水分。

1. 平衡水分　当湿物料与一定温度和湿度的湿空气接触，物料将释放水分或吸收水分，直至物料表面水分所产生的水蒸气压与空气中水蒸气分压相等，此时，物料中水分含量不再因与空气接触时间的延长而减少，含水量恒定在某一数值，此即该物料的平衡含水量，用 X^* 表示。物料的平衡含水量 X^* 随相对湿度 φ 减少而减少，当 $\varphi=0$ 时，$X^*=0$，即只有在绝干空气中才有可能获得绝干物料。平衡水分还随物料种类的不同而有很大的差别。如图8-8所示，表示空气温度在25℃时某些物料的平衡含水量曲线。

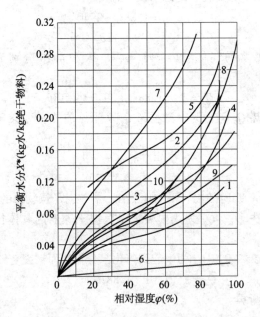

图 8-8　某些物料的平衡水分

1. 新闻纸；2. 羊毛、毛织物；3. 硝化纤维；4. 丝；5. 皮革；
6. 陶土；7. 烟叶；8. 肥皂；9. 牛皮胶；10. 木材

在一定的空气温度和湿度条件下，物料的干燥极限为 X^*。要想进一步干燥，应减小空气湿度或增大温度。平衡含水量曲线上方为干燥区，下方为吸湿区。

2. 自由水分　物料中所含的大于平衡水分的那部分水分，即干燥中能够除去的水分，称为自由水分。

（二）结合水分和非结合水分

按照物料与水分的结合方式，据在一定条件下与纯水相比除去的难易程度分，将水分分为结合水分和非结合水分。

1. 结合水分　通过化学力或物理化学力与固体物料相结合的水分称为结合水分。如：结晶水、毛细管中的水及细胞中溶胀的水分。结合水与物料结合力较强，其蒸气压低于同温度下的纯水饱和蒸气压。因此，将图8-7中给定的湿物料平衡水分曲线延伸到与$\varphi = 100\%$的相对湿度线相交，交点所对应含水量即为结合水分。

2. 非结合水分　物料中所含的大于结合水分的那部分水分，称为非结合水分。非结合水分通过机械的方法附着在固体物料上。如：固体表面和内部较大空隙中的水分。非结合水分的蒸气压等于同温度下的纯水的饱和蒸气压，易于除去。

一定温度下，自由水分、平衡水分、结合水分、非结合水分及物料总水分之间的关系如图8-9所示。

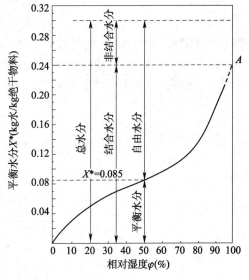

图8-9　固体物料中水分的区分

二、干燥速率和干燥速率曲线

（一）干燥速率

干燥速率为单位时间在单位干燥面积上气化的水分量，用U表示，单位为$kg/(m^2 \cdot s)$，考虑到干燥速率是变量，故其定义式用微分式表示

$$U = \frac{dW}{Ad\tau} \tag{8-39}$$

式中，U为干燥速率，$kg/(m^2 \cdot s)$；A为干燥面积，m^2；W为气化的水分量，kg；τ为干燥时间，s。

因$dW = -GdX$，则上式可写成

$$U = \frac{GdX}{Ad\tau} \tag{8-40}$$

式中，G为湿物料中绝干物料的质量，kg；X为湿物料干基含水量，kg水/kg干料。

式（8-40）中的负号表示物料含水量随时间增加而减少。

（二）干燥速率曲线

要确定干燥时间和干燥器的尺寸，应知道干燥速率。湿分由湿物料内部向干燥介质传递的过程是一个复杂的物理过程，干燥速率的快慢，不仅取决于湿物料的性质（物料结构、与水分结合方式、料层的厚薄等）而且也取决于干燥介质的性质（温度、湿度、流速等）。通常干燥速率由实验测得的干燥曲线求取。

为了简化影响因素，干燥实验大多在恒定干燥条件下进行。所谓恒定干燥条件即干燥介质的温度、湿度、流速及与物料接触方式在整个干燥过程中均不变。大量不饱和空气对少量湿物料进行干燥时，可认为是恒定干燥。

实验过程简述如下。在恒定干燥条件下干燥某物料，记录下不同时间τ下湿物料的质

量 G'，进行到物料质量不再变化为止，此时物料中所含水分为平衡水分 X^*。然后，取出物料，测量物料与空气接触表面积 A，再将物料放入烘箱内烘干到恒重为止，此即绝干物料质量 G。根据实验数据可计算出不同时刻的干基含水量

$$X = \frac{G' - G}{G} \tag{8-41}$$

将计算得到的干基含水量 X 与干燥时间 τ 标绘在坐标纸上，即得干燥曲线，如图 8-10 所示。将图 8-10 中 $X-\tau$ 曲线斜率 $-dX/d\tau$ 及实测的绝干物料质量 G、物料与空气接触表面积 A 代入式（8-40），即可求得干燥速率 U。将计算得到的干燥速率 U 与物料含水量 X 标绘在坐标纸上，即得干燥速率曲线，如图 8-11 所示。

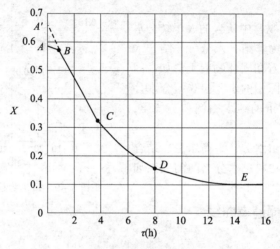

图 8-10　恒定干燥条件下某物料的干燥曲线

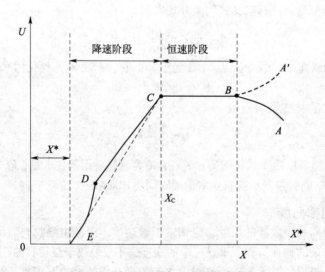

图 8-11　恒定干燥条件下干燥速率曲线

在图 8-10 和图 8-11 中，A 点代表时间为零时的情况，AB（或 $A'B$）段为物料的预热阶段，这时物料从空气中接受的热主要用于物料的预热，湿含量变化较小，时间也很短，在分析干燥过程时常可忽略。从 B 点开始至 C 点，干燥曲线 BC 段斜率不变，干燥速率保持恒定，称为恒速干燥阶段。C 点以后，干燥曲线的斜率变小，干燥速率下降，所以 CDE

段称为降速干燥阶段。C 点称为临界点，该点对应的含水量称为临界含水量，以 X_c 表示。E 点对应的 X^* 即为操作条件下的平衡含水量。

（1）恒速干燥阶段　如图 8-11 所示中 BC 段。在这一阶段，干燥速率保持恒定值，且为最大值，干燥速率不随物料含水量的减少而变化。

若物料最初含水量较高，其表面必有一层水分，这层水分可以认为是非结合水。当物料在这一阶段干燥时，物料表面与空气间的传质和传热情况与测定湿球温度时相同。

在恒速干燥阶段，由于物料内部水分的扩散速率大于表面水分的气化速率，物料表面始终被水分所润湿，因此，表面水分的蒸气压与空气中水蒸气的气压之差不变，即表面气化推动力保持不变。空气传给物料的热量等于水分气化所需热量。此时，干燥速率主要决定于表面气化速率，决定于湿空气的性质，而与湿物料的性质关系很小，因此恒速干燥阶段又称表面气化控制阶段或干燥第一阶段。

在恒速干燥阶段，物料表面温度基本保持为空气的湿球温度。

（2）临界含水量 X_c　由恒速阶段转为降速阶段时，物料的含水量为临界含水量。由临界点开始，水分由内部向表面迁移的速率开始小于表面气化速率，湿物料表面的水分不足以保持表面的湿润，表面上开始出现干点。如果物料最初的含水量小于临界含水量，则干燥过程不存在恒速阶段。临界含水量与湿物料的性质和干燥条件有关，其值一般由实验测定。

（3）降速干燥阶段 CDE　如图 8-11 所示，降速干燥通常可分为两个阶段。当物料含水量降到临界含水量后，物料表面开始出现不润湿点（干点），实际气化面积减小，从而使得以物料全部外表面积计算的干燥速率逐渐减小。在这一阶段，物料表面气化的水分有部分结合水，空气传递至物料的显热大于水分气化所需的潜热，多余的热量则用于加热，故表面温度上升。

当物料外表面完全不润湿时，降速干燥就从第一降速阶段（CD 段）进入到第二降速阶段（DE 段）。在第二降速阶段，气化表面逐渐从物料表面向内部转移，从而使传热、传质的路径逐渐加长，阻力变大，因此水分的气化速率较低，干燥速率下降得更快。降速阶段的干燥速率主要决定于水分和水汽在物料内部的传递速率。此阶段由于水分气化量逐渐减小，空气传给物料的热量，除部分用于水分气化外，主要用于给物料加热，因而物料的表面温度升高较快，当物料含水量达到平衡含水量 X^* 时，物料温度将等于空气的温度 t，此时干燥速率等于零。在工业生产中，物料不会被干燥到 X^*，而是在 X_c 和 X^* 之间，视生产要求和经济核算而定。

三、影响干燥速率的因素

影响干燥速率的因素主要有 3 个方面：湿物料、干燥介质和干燥设备。这三者之间又是相互关联的。现就其中较为重要的方面讨论如下。

1. 物料的性质和形状　湿物料的化学性质、物理结构、形状、料层的厚薄及物料中水分存在的状态等，都会影响干燥速率。一般结晶性物料比粉末干燥快，因为粉末之间的空隙多而小，内部水分扩散慢，故干燥速率小。因固体内水分扩散速率与物料的厚度的平方成反比，因此，物料堆积越厚，暴露面积越小，干燥也越慢，反之则较快。物料中的水分可分为非结合水和结合水两类，非结合水存在于物料的表面或物料间隙，此类水分与物料的结合力为机械力，结合较弱，易除去；结合水存在于细胞及毛细管中，此类水分与物料的结合为物理化学的结合力，由于结合力较强，较难除去。不过物料本身的性质，通常是不能改变的因素。

2. 物料温度　物料的温度越高，干燥速率越大。但在干燥过程中，物料的温度是与干燥介质的温度和湿度有关。

3. 物料的含水量　物料的最初、最终和临界含水量决定干燥各段所需时间的长短。

4. 干燥介质条件　干燥介质条件是指热空气的状态（t、H 等）及流动速度。提高空气温度 t、降低湿度 H，可增大传热及传质推动力。提高空气流速，可增大对流传热系数与对流传质系数。所以，提高空气温度，降低空气湿度，增大空气流速能提高恒速干燥阶段的干燥速率。

5. 气体与物料接触方式　一定大小的物料与气体接触方式不同，其传质距离和传质面积不同。物料颗粒与空气一般有 3 种不同的接触方式：气体掠过物料层表面、气体穿过物料和物料悬浮于气流中，如图 8 - 12 所示。物料分散悬浮于气流中接触方式干燥效果最好，不仅对流传热系数与对流传质系数大，而且空气与物料接触面积也大，其次是气流穿过物料层的接触方式，而气流掠过物料层的接触方式与物料接触不良，干燥速率最低。

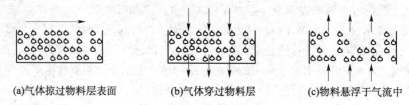

(a)气体掠过物料层表面　　　(b)气体穿过物料层　　　(c)物料悬浮于气流中

图 8 - 12　物料与空气的接触方式

6. 压力　蒸发量与压力成反比，故减压是改善蒸发、加快干燥的有效手段。

此外，恒速干燥阶段干燥速率不能过快，这是由于：①恒速阶段的干燥速度越快，临界含水量越高，可使降速阶段较早地开始；②干燥过程中，首先表面水分很快被蒸发除去，然后内部水分扩散至表面继续蒸发。如干燥速度过快，开始时物体表面水分很快蒸发，使粉粒彼此紧密黏结而在表面结成一层坚硬的外壳，内部水分难以通过硬壳，使干燥难以继续进行，造成"外干内湿"的现象。故干燥应控制在一定速度范围内缓缓进行。

第五节　干燥设备

一、干燥设备的分类

在制药生产中，由于被干燥物料的性质、形状、干燥程度的要求、生产能力的大小等各不相同，因此，所选用的干燥器的形式多种多样。干燥器的种类很多，干燥器通常按加热的方式来分类。

1. 对流干燥器　干燥介质以对流方式将热量直接传给湿物料，并将湿物料中的湿分带出。如：厢式干燥器、洞道干燥器、气流干燥器、喷雾干燥器等。

2. 传导干燥器　干燥介质以热传导方式将热量传给湿物料，使湿物料中的水分气化得到干燥。如滚筒干燥器、真空耙式干燥器和冷冻干燥器。

3. 辐射或介电加热干燥器　利用热辐射或电磁波将湿物料加热而干燥。如红外线干燥器、微波干燥器。

二、常用干燥设备

（一）厢式干燥器

厢式干燥器是一种间歇式的多功能干燥器，可以同时干燥不同的物料。厢式干燥器一般为间歇操作，小型的称为烘箱，大型的称为烘房。常压间歇单级厢式干燥器基本结构如图8-13所示，其外壁包以绝热材料，厢内支架上可放多层干燥料盘，待干燥物料置于盘中。

厢式干燥器主要以蒸气或电能为热源，产生的热风通过物料带走湿分而达到干燥的目的。若热风沿着物料的表面通过，称为平行流式干燥器。如将料盘改为金属筛网或多孔板，则热风可均匀地穿流通过料层，称为穿流式干燥器。穿流式干燥器的干燥效率较高，但耗能亦大。

厢式干燥器的特点是结构简单，设备投资少，操作方便，适应性强，同一设备可干燥多种物料，每1批物料的干燥温度可根据需要适当改变，适合制药工业生产批量少、品种多，且干燥后物料破损少、粉尘少。缺点是干燥时间长、物料干燥不够均匀、热利用率低、劳动强度大。

多级加热厢式干燥器基本结构与单级厢式干燥器相似，如图8-14所示，不同的是热空气每流经1层物料后，中间再加热1次，如此流经每层的热风温度可趋于相同，各层物料的干燥也趋于均匀，从而克服了单级厢式干燥器物料干燥不均匀、热利用率低的缺点。新型厢式干燥器中，在设计上将关键部位装上风扇、加热管等，有利于气流的运动和温度的均匀。

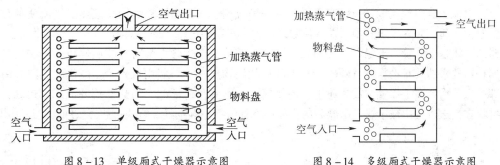

图8-13　单级厢式干燥器示意图　　　图8-14　多级厢式干燥器示意图

厢式干燥器的一般操作过程为，将铺有湿物料的料盘置于干燥器内，关闭器门。开启蒸气阀门，通入加热蒸气，同时根据被干燥物料的具体要求设定、调节干燥温度，并打开风机，使器内热风均匀流通，待干燥至规定时间或取样检查含水量合格后，关闭风机、蒸气阀门、取出干燥物料即完成干燥过程。新型厢式干燥器多采用自控箱进行干燥操作与控制，通常具有测量、显示厢内温度，并设有恒温控制、报警温度设定等功能。不同厂家制造的厢式干燥器，其自控箱不完全相同，其操作方法可参阅产品使用说明书。

（二）洞道式干燥器

洞道式干燥器是由厢式干燥器发展而来，以适应大量生产的要求。将厢式干燥器的间歇操作发展为连续或半连续的操作。如图8-15所示。干燥器为一较长的通道，其中铺设铁轨，盛有物料的小车在铁轨上运行，空气连续的在洞道内被加热并强制地流过物料，小车可连续或半连续（隔一段时间运动一段距离）地移动，在洞道内物料和热空气接触而被干燥。洞道干燥器适用于处理量大，干燥时间长的物料。

（三）滚筒式干燥器

滚筒干燥器是一种间接加热的连续干燥器，属于热传导干燥器。图8-16所示，为一双滚筒干燥器，两滚筒的旋转方向相反，部分表面浸在料槽中，从料槽中转出的滚筒表面黏上了一薄层料浆，加热蒸气通入筒内，经筒壁的热传导，使物料中的水分蒸发。水汽和夹带的粉尘由上方的排气罩排出，被干燥的物料在滚筒的外侧用刮刀刮下，经螺旋输送器推出而收集。滚筒干燥器适用于悬浮液、溶液和稀糊状等流动性物料的干燥，不适用于含水量过低的热敏性物料。滚筒式干燥器的优点是干燥过程连续化，劳动强度低，设备紧凑，投资小，清洗方便。缺点是物料与金属壁面接触处常因过热而焦化，造成变质，筒体外壁的加工要求较高，操作过程中由于粉尘飞扬而使操作环境恶化。

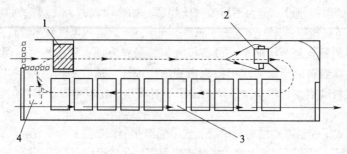

图 8-15　洞道式干燥器示意图
1. 加热器；2. 风扇；3. 排气口；4. 装料车

（四）气流式干燥器

气流干燥是气流输送技术在干燥中的一种应用。气流干燥器利用高速热空气流使散粒状湿料被吹起，并悬浮于其中，在气流输送过程中对物料进行干燥，如图 8-17 所示。气流干燥器的主体是干燥管，干燥管一般为直立等径的长管，干燥管下部有笼式破碎机，其作用是对加料器送来的块状物料进行破碎。对于散粒状湿物料，不必使用破碎机。高速的热空气由底部进入，物料在干燥管中被高速上升的热气流分散并呈悬浮状，与热气流并流向上运动，湿物料在输送过程中被干燥。干燥后的产品由下部收集，湿空气经袋式过滤器收回粉尘后排出。

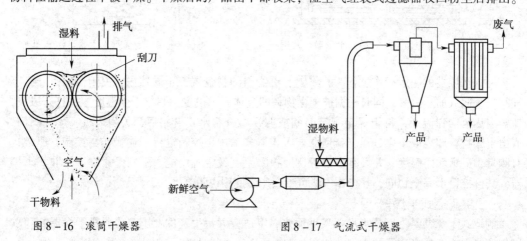

图 8-16　滚筒干燥器　　　　图 8-17　气流式干燥器

气流干燥器适于处理含非结合水及结块不严重又不怕磨损的粒状物料，对于黏性和膏状物料，采用干料返混的方法和适宜的加料装置，也可正常操作。气流干燥器在国内制药工业中应用较早。

气流干燥器的主要优点是干燥速率快，干燥时间短，从湿物料投入到产品排出，只需 $1 \sim 2s$。由于热风和湿物料并流操作，即使热空气温度高达 $700 \sim 800℃$，而产品温度不超过 $70 \sim 90℃$，所以适宜干燥热敏性和低熔点的物料。干燥器结构简单，占地面积小。缺点是由于流速大，压力损失大，物料颗粒有一定的磨损，对晶体有一定要求的物料不适用。

（五）喷雾式干燥器

1. 喷雾干燥的原理　喷雾干燥是流化技术用于液体物料干燥的良好方法，以热空气作为干燥介质，其干燥的原理是使液体物料以流体形式通过喷嘴喷成细小雾滴，使干燥总面积增大，当与热气流相遇时进行热交换，水分迅速蒸发，物料被干燥成为粉末状或颗粒状。

2. 喷雾干燥设备　喷雾干燥器的结构如图 8 – 18 所示，由干燥塔、喷嘴、加热空气和输送热空气进入干燥塔的设备以及细粉与废气分离装置等部分构成。

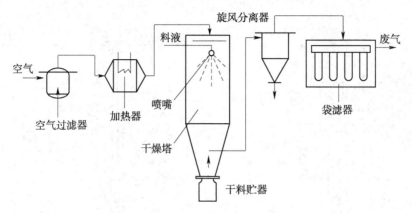

图 8 – 18　喷雾干燥器结构示意图

喷嘴是喷雾干燥器的关键部位，它关系到干燥产品的质量和技术经济指标。常用的喷嘴有如下 3 种类型。

（1）压力式喷嘴　也称机械式喷嘴，如图 8 – 19 所示。料液被高压泵送入喷嘴中雾化成细小液滴，与热空气接触而被干燥。这类喷嘴动力消耗较低。可用于浓溶液的干燥，但不适用于处理高黏度及含固体颗粒的料液。

（2）离心式喷嘴　离心式喷嘴如图 8 – 20 所示，其主要部位是高速旋转的转盘，当料液注入转盘上，借助离心力的作用而被喷成雾滴，与热空气接触而被干燥。此类喷嘴适用性较强，具有处理高黏度、含颗粒料液的能力，可用于混悬液、黏稠料液的干燥。此类喷嘴较为常用。

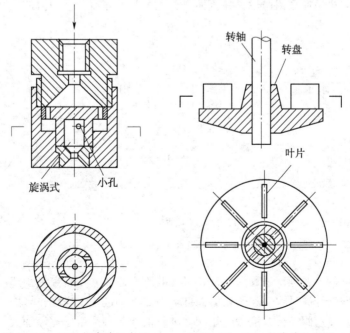

图 8 – 19　压力式喷嘴示意图　　　图 8 – 20　离心式喷嘴示意图

（3）气流式喷嘴　气流式喷嘴如图 8 - 21 所示，是利用压缩空气于喷嘴中把料液喷成雾滴，热空气与物料并流接触而被干燥，此类喷嘴适用于黏度较大与含少量固体微粒的料液。

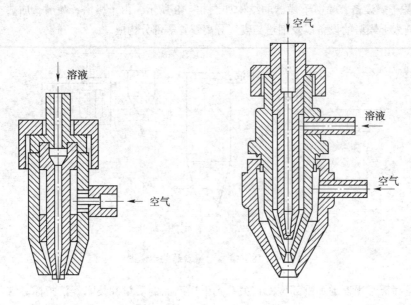

图 8 - 21　气流式喷嘴示意图

3. 喷雾干燥的工艺操作　喷雾干燥器由于结构形式不同，热空气与料液接触的工艺过程有 3 种，如图 8 - 22 所示，①并流型，液滴与热风同向流动，通常是物料进口和热风进口都在塔顶，沿塔向下并流。这种类型可采用较高温度的热空气，适用于热敏性的物料。②逆流型，液滴与热风沿相反方向流动，物料在器内悬浮时间稍长，适用于含水量较高的物料。③混合型，液滴与热风在干燥器内混合交错流动，喷嘴安装于塔的中间，向上喷雾，与顶部喷下的热风呈逆流相遇后再并流而下，这种类型兼有并、逆流的优点，适用于不易干燥的物料。

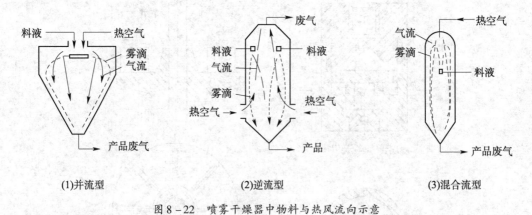

图 8 - 22　喷雾干燥器中物料与热风流向示意

喷雾干燥器的一般操作过程为，首先打开鼓风机，然后开启空气预热器，并按需要设定进气温度，空气经滤过除尘和预热后，自干燥器上部进入干燥塔，待塔内达到规定温度数分钟后，开启输送阀门将料液送到喷嘴，进料量调节必须由小逐渐加大，使料液雾化成液滴与热空气流接触而被干燥成细粉落入收集器。喷雾正常后 5 ~ 10min，可以从收集器内取出干燥物料进行含水量测定，如发现成品含水率高，可适当减小进料量或增加进风温度，反之则增加进料量或降低进风温度。料液喷完后，关闭加热器，打开干燥室门，清扫干燥室壁以及喷嘴附近的积粉，最后关闭风机。

喷雾干燥器操作时，应注意控制进出口风温和进料速度，使干燥过程能平稳进行。此类设备在使用中存在最麻烦的问题是干燥黏壁，即干燥的物料黏附于干燥室内壁，发生黏壁的原因及防止办法有：①半湿物料黏壁，在干燥恒速阶段尚未结束，液滴处于半干状态时如与干燥室壁面相接触，就有可能发生半湿物料黏壁。由于喷雾干燥采用的喷嘴、干燥室的几何形状及尺寸大小不同，半湿物料黏壁的发生部位也有所不同。防止这种黏壁的主要方法就是避免物料在基本干燥前与干燥室壁面接触。②低熔点物料的热熔性黏壁，某些物料性质属于低熔点，当干燥室热风分配不均匀，在局部温度过高，则引起物料熔融黏壁。防止的措施应从根本上控制好干燥室各部位的温度，避免局部过热。此外可采用壁面冷却的方法。③干粉的表面黏附，是由于干燥室内壁粗糙，以及产品与干燥室之间产生静电吸附作用而造成，这种现象往往是不可避免的。但将干燥室内壁经抛光处理可大大减少表面黏附。在操作时如用空气吹扫或轻微振动干粉即可脱落。

拓展阅读
喷雾干燥的特点及应用

喷雾干燥时液料经雾化成液滴，具有很大的表面积，与热空气接触时，水分迅速蒸发而干燥，因此具有瞬间干燥的特点。物料干燥温度低，避免物料受热变质，特别适用于热敏性物料的干燥，且产品粒度分布，形状容易控制，疏松性，分散性和速溶性均好。由料液直接得到干燥产品，省去蒸发，结晶，分离及粉碎等单元操作，操作方便，易自动控制，减轻劳动强度。但喷雾干燥设备体积庞大而复杂，一次性投资较大，耗热量大，在干燥时物料易发生黏壁。

喷雾干燥器在药物制剂生产中应用广泛，特别适用于热敏性物料以及易氧化物料的干燥，适用于颗粒剂、片剂与胶囊剂中湿粒的干燥，也可用于颗粒的包衣等。

（六）沸腾床干燥器

1. 沸腾干燥的原理　沸腾干燥又称流化干燥，是流化技术在干燥中的应用。沸腾干燥器的干燥原理为，将待干燥的湿颗粒置于空气分布板上，干热空气以较快的速度流经空气分布板进入干燥室，由于风速较大，所以能使颗粒随气流向上浮动，当颗粒浮动至干燥室的上部时，由于该处风速降低，颗粒又下沉，到了下部又因气流较快而上浮，如此反复使颗粒处于沸腾状态，气流与颗粒间的接触面积很大，气固间的传热效果良好，使颗粒快速、均匀地被干燥。

2. 沸腾干燥设备　沸腾干燥器的种类很多，但其基本结构均由原料输送系统、热空气供给系统、空气分布板、干燥室、气-固分离器和产品回收系统组成。

沸腾干燥器由于流化床结构不同，有以下几种类型。

（1）单层沸腾干燥器　如图8-23所示，其结构简单，操作方便，生产能力大，但由于床层中的颗粒的不规则运动，引起返混和短路现象，使得每个颗粒的停留时间是不相同的，这会使产品质量不均匀。适用于较易干燥或对成品含水量要求不太严格的物料。

（2）多层沸腾干燥器　如图8-24所示，为了克服单层沸腾干燥器产品含水不均匀的缺点，设计了多层沸腾干燥器。该干燥器热空气由底层送入，逐层逆流而动，而颗粒性物料则由最上层加入，经溢流管自上而下流动被干燥，故热利用率较高，产品干燥程度高且均匀。

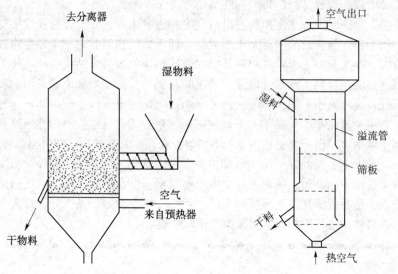

图 8-23 连续单层沸腾干燥器示意图   图 8-24 多层沸腾干燥器示意图

（3）强化沸腾干燥器 如图 8-25 所示，为具有锥形底的圆筒，在下部锥形部位安装有若干组钢制的动牙和静牙组成的强化器，通过动牙旋转而与静牙之间产生剪切将物料粉碎，粉化的物料被由锥底通入的热空气流化干燥。适用于糊状和膏状物料的干燥。

（4）卧式多室沸腾干燥器 如图 8-26 所示，其横截面为长方形，底部为多孔筛板，筛板上方有可调上下的竖向挡板，挡板下端距多孔分布板有一定距离，物料可以逐室流动，不致完全混合。这样，颗粒的停留时间分布较均匀，以防止未干颗粒排出。挡板将干燥床分成四至八个小室，每个小室的筛板下部均有一进气支管，支管上有可调节气流量的阀门。

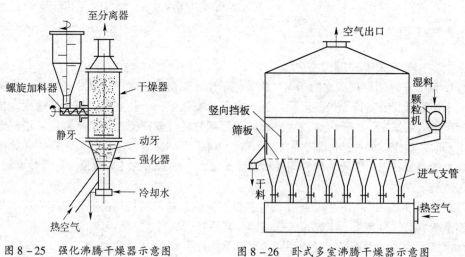

图 8-25 强化沸腾干燥器示意图   图 8-26 卧式多室沸腾干燥器示意图

卧式多室沸腾干燥器在片剂湿粒、颗粒剂的干燥中得到广泛应用，得到的干颗粒含水量均匀，易于控制，并且颗粒粉料少。

3. 沸腾干燥的工艺操作 沸腾干燥器的类型不同，其工艺操作方法各异。由于卧式多室沸腾干燥器应用较多，现将其工艺操作介绍如下。当采用卧式多室沸腾干燥器进行干燥时，先开启进风阀门，空气经滤过与预热分别通入各室，根据需要设定进风温度，待风速、风温正常后，物料在第1室连续加料，物料由第1室逐渐向第8室移动，干燥产品则由第8室卸料口卸出。干燥成品刚由第8室卸料时，可取样进行判断，如含水量不在规定的范围内，可通过调节进风温度或湿料的流量而获得合格的干燥产品。当干燥结束时，关闭热源，风机需运转数分钟后再停机。

4. 沸腾干燥的特点　沸腾干燥具有如下特点。传热系数大，传热良好，干燥速率较大。干燥床内温度均一，并能根据需要调节，所得到的干燥产品较均匀。物料在干燥床内停留时间长短可在几分钟至数小时范围内调节，产品含水量低。可在同一干燥器内进行连续或间歇操作；沸腾干燥器物料处理量大，结构简单，占地面积小，投资费用低，操作维护方便。沸腾干燥器对被处理物料含水量、形状和粒径有一定限制，易黏结成团及易黏壁的物料处理困难，干燥过程易发生摩擦，使物料产生过多细粉。

沸腾干燥适宜于处理粒度范围在 $30\mu m \sim 6mm$，含水量在 $10\% \sim 15\%$ 的湿颗粒，也用于处理含水量在 $2\% \sim 5\%$ 的粉料。特别适用于处理湿性粒状而不易结块的物料，如片剂湿颗粒及颗粒剂的干燥。

（七）冷冻真空干燥器

1. 冷冻干燥的原理　冷冻干燥是一种特殊的真空干燥方法。其干燥原理是将被干燥的水溶液置于干燥室内预冻至该溶液的最低共熔点以下，使制品冻结完全，然后抽真空，利用冰的升华性能，使冰直接升华成气体而被除去，从而达到干燥的目的。因冷冻升华所需的热量是通过传导方式供给的，所以冷冻干燥属传导加热的真空干燥。

2. 冷冻干燥的特点　在冷冻、真空条件下进行干燥，可避免产品因高热而分解变质，挥发性成分的损失极少，并且在缺氧状态下干燥，避免药物被氧化，因此干燥所得的产品稳定、质地疏松，加水后迅速溶解恢复药液原有特性，同时产品重量轻、体积小、含水量低，可长期保存而不变质。冷冻真空干燥的另一优点是其热能的消耗比其他干燥方法少，这是因为在真空下冰的升华温度很低，所以室温或稍高温度的液体或气体就可作为载热体，且具有足够的传热推动力。冷冻真空干燥器的外壁一般不需要绝热保温。但冷冻干燥设备投资和操作费用均很大，产品成本高，价格贵。冷冻干燥器可用于酶、抗生素、维生素、生物制剂等制剂的干燥，也可用于中药粉针剂的干燥。

拓展阅读

过热蒸汽干燥

过热蒸汽干燥技术是一种新兴的节能干燥方法。它是利用过热蒸汽直接与湿物料接触而去除水分的一种干燥方式。与传统热风干燥相比，过热蒸汽干燥是以水蒸气作为干燥介质，干燥机排出的废气也全部是水蒸气，所以干燥过程中只有一种气态成分存在，因此传质阻力非常小。同时排出的废气温度保持在 $100℃$ 以上，所以回收比较容易，可利用冷凝、压缩等方法回收蒸汽的潜热再加以利用，因而热效率高。过热干燥技术传热系数大、传质阻力小、蒸汽用量少、无爆炸和失火的危险、有利于保护环境、灭菌消毒的作用等等。

三、干燥设备的选型

（一）干燥设备的基本要求

在药剂生产过程中，根据剂型和生产工艺不同，干燥设备的形式各不相同，一般对干燥设备的基本要求如下。

（1）必须满足干燥产品的质量要求，如达到工艺要求的干燥程度，不影响外观性状及使用价值等。

（2）干燥设备热能利用效率高，干燥速率快，用时短，设备的生产能力高。结构简单、体积小，便于制造且制造设备的材料能耐腐蚀，造价低，设备投入费用低。

（3）操作控制方便，环境污染小，劳动条件好。

（二）干燥设备的选型

干燥设备的类型很多，必须在熟悉干燥器的具体结构形式、操作方式及操作条件的基础上，根据被干燥物料的具体要求进行选择。选用时应全面考虑如下几个方面。

1. 物料的特性　①物料的物理、化学特性：首先要考虑的是物料对热的敏感性。干燥过程中物料所能耐受的最高温度，这是选择干燥器及热源温度的先决条件。此外，还应考虑物料的密度、爆炸性、毒性等。②被干燥物料的状态：不同的干燥设备，其结构的设计往往为被干燥物料的状态所确定。物料的含水量、形状、大小、黏附性都可能影响干燥器的选择。如黏附性强的药物，当采用连续式干燥器时，必须了解物料能否连续不断地供料、移动及产品顺利卸料，这是干燥器能否正常运转的关键之一。③物料的干燥特性：在进行干燥设备的选型时，必须考虑物料的干燥特性，如物料干燥所需的湿度、温度、气体压力与分压等操作条件，干燥所需时间，物料所含水分性质如表面水、结合水等等。

2. 对干燥产品提出的要求　①产品干燥的均匀性：如果干燥后含湿分不均匀，可能会影响产品的质量或贮存。②产品的形态：药典标准对某些药物制剂的形态及外观提出具体的规定，故形态及外观往往涉及产品质量，因此，选用干燥器时，应注意干燥过程是否会导致产品破碎、粉化。③产品的污染：对于药物制剂而言，产品的污染问题十分重要。选用干燥设备时，应考虑干燥器本身的灭菌、消毒操作，防止污染。

3. 生产方式　①选用间歇式干燥器：如干燥器前后的工艺不能连续操作时，干燥器宜选间歇式。对于数量少、品种多的生产车间，最好选用间歇式。对产品含水量要求误差小，或物料加料、卸料，在设备内输送等有困难的，亦应选用间歇式干燥器。②选用连续式干燥器：如干燥器前后工艺均为连续操作时，应选用连续式干燥器，如此配套连续操作，可提高生产效率。

4. 其他因素　包括环境保护、节约能源、降低操作成本等。

另外，根据干燥过程的特点和要求，还可采用组合式的干燥器。例如，对于最终含水量要求较高的可采用气流－沸腾干燥器；对于膏状物料，可采用沸腾－气流干燥器。

干燥设备的选型，是干燥技术领域最复杂的问题之一，必须全面衡量，综合考察，慎重选用。

四、干燥设备的维护

干燥设备的类型繁多，不同类型干燥设备的结构、原理、特点与操作方法各异，其维护保养也因类型的不同而不同，但通常应注意下述几点。

（1）真空表、温度计及安全阀应定期检验，每年至少1次。

（2）定期维护真空泵及其他运转设备。

（3）定期检查电器设备，系统接地电阻≤10Ω。

（4）干燥设备所用的橡胶密封圈应注意用布擦尽污垢。严禁用香蕉水、汽油等擦洗，并经常涂抹滑石粉以保养。

（5）对干燥设备的关键部位，应严格按设备说明书要求进行维护保养。

（6）定期对干燥设备进行清洗。当更换品种或设备已停产24h以上时，应作1次全面彻底清洗。

重点小结

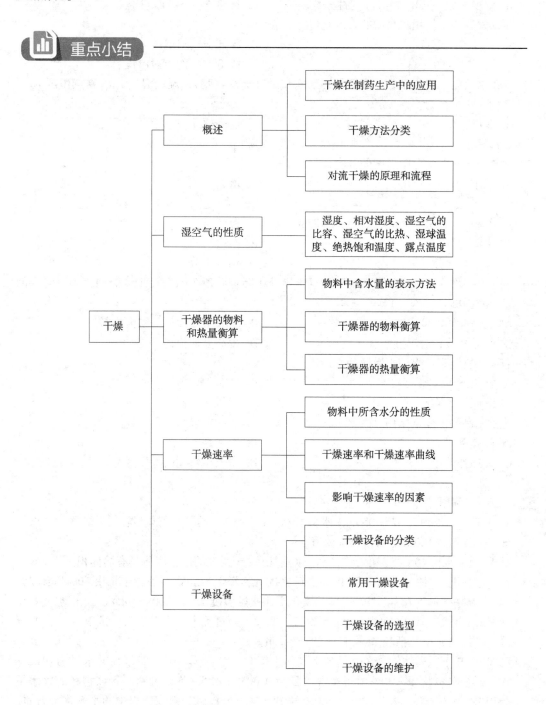

目标检测

一、单项选择题

1. 湿空气的下列哪一个性质反应空气干燥能力的强弱（　　）。

    A. 湿度　　　　　　 B. 相对湿度百分数　　　　C. 比热　　　　D. 比容

2. 干燥过程中，使用预热器的目的是（　　）。

    A. 提高空气露点　　　　　　　　　　 B. 降低空气的湿度

    C. 增大空气的比热容　　　　　　　　 D. 降低空气的相对湿度

3. 对于水蒸气 – 空气系统，当空气达到饱和时，干球温度 t，湿球温度 $t_{湿}$、露点温度 $t_{露}$ 三者的大小关系为（　　）。

    A. $t > t_{湿} > t_{露}$

    B. $t > t_{露} > t_{湿}$

    C. $t_{露} = t_{湿} = t$

    D. $t_{湿} > t_{露} > t$

4. 物料中的平衡水分随温度的升高而（　　）。

    A. 减小　　　　　　　　　　　　　　 B. 增大

    C. 不变　　　　　　　　　　　　　　 D. 不一定，还与其他因素有关

5. 用对流干燥方法干燥湿物料时，不能除去的水分为（　　）。

    A. 平衡水分　　　　　　　　　　　　 B. 自由水分

    C. 非结合水分　　　　　　　　　　　 D. 结合水分

6. 利用空气作介质干燥热敏性物料，且干燥处于降速阶段，欲缩短干燥时间，则可采取的最有效措施是（　　）。

    A. 提高介质温度　　　　　　　　　　 B. 增大干燥面积，减薄物料厚度

    C. 降低介质相对湿度　　　　　　　　 D. 提高介质流速

7. 若需从料液直接得到干燥制品，选用（　　）。

    A. 沸腾床干燥器　　　　　　　　　　 B. 气流干燥器

    C. 滚筒干燥器　　　　　　　　　　　 D. 喷雾干燥器

8. 生物制品的干燥常选用（　　）。

    A. 喷雾干燥　　　　　　　　　　　　 B. 冷冻真空干燥

    C. 远红外干燥　　　　　　　　　　　 D. 微波干燥

二、应用实例题

1. 湿空气（$t_0 = 20℃$，$H_0 = 0.02 kg$ 水蒸气/kg 干空气）经预热后送入常压干燥器。试求将该空气预热到120℃时的相对湿度值。

2. 试求 600k 常压40℃下湿度为 0.05kg 水蒸气/kg 干空气的湿空气所具有的体积。

3. 在一连续干燥器中，每小时处理湿物料1000kg，经干燥后物料的含水量由10%降到2%（均为湿基含水量）。以热空气为干燥介质，初始湿度 $H_1 = 0.008kg$ 水汽/kg 干空气，离开干燥器时 $H_2 = 0.05kg$ 水汽/kg 干空气。假设干燥过程中无物料损失，试求：（1）水分蒸发量；（2）空气消耗量；（3）干燥产品量。

4. 已知 303K 下一固体物料含水量与空气的平衡关系是：$\varphi = 100\%$ 时平衡含水量为 0.02kg 水/kg 绝干物料，$\varphi = 40\%$ 时平衡含水量为 0.005kg 水/kg 绝干物料。若该物料的含水量为 0.3kg 水/kg 绝干物料，与 $\varphi = 40\%$ 的湿空气充分接触，则该物料中的平衡水分含量、自由水分含量、结合水分含量、非结合水分含量各为多少？

实训六　干燥曲线和干燥速率曲线的测定

一、实验目的

1. 了解洞道式循环干燥器的基本流程。
2. 熟悉洞道式循环干燥器的工作原理和操作方法。
3. 掌握物料临界含水量 X_c 的概念及其影响因素。
4. 学会干燥曲线和干燥速率曲线的测定方法。

二、实验基本原理

干燥是利用热量去湿的一种方法，它不仅涉及气、固两相间的传热与传质，而且涉及湿分自物料内部向表面传质。由于受到物料及其含水性质、干燥介质的性质、干燥介质与湿物料接触方式等各种因素的影响，目前还无法用理论方法来计算干燥速率。因此，测定干燥速率大多采用实验的方法。

为了简化影响因素，干燥实验大多在恒定干燥条件下进行。所谓恒定干燥即干燥介质的温度、湿度、流速以及与物料接触方式在整个干燥过程中均不变。大量不饱和空气对少量湿物料进行干燥时，可认为是恒定干燥。

1. 干燥曲线　干燥曲线即物料的含水量 X 与干燥时间 τ 的关系曲线，它反映了物料在干燥过程中含水量随干燥时间的变化关系。物料干燥曲线的具体形状因物料性质及干燥条件而有所不同，其基本变化趋势如图 8 - 27 所示。干燥曲线中 BC 段为直线，随后的 CD 段为曲线，直线和曲线的交叉点为临界点 C，临界点时物料的含水量称为临界含水量，用 X_c 表示。

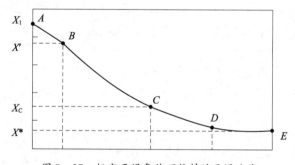

图 8 - 27　恒定干燥条件下物料的干燥曲线

2. 干燥速率曲线　干燥速率曲线是干燥速率 U 与物料的含水量 X 的关系曲线，如图 8 - 28所示。物料在恒定干燥条件下的干燥过程分为 3 个阶段。Ⅰ物料预热阶段；Ⅱ恒速干燥阶段；Ⅲ降速阶段。图中 AB 段处于预热阶段，空气中部分热量用来加热物料。在随后的第Ⅱ阶段 BC，由于物料表面存在自由水分，物料表面温度等于空气的湿球温度 $t_{湿}$，传入的热量只用来蒸发物料表面的水分，物料含水量随时间成比例减少，干燥速率恒定且较大。到了第Ⅲ阶段，物料中含水量减少到某一临界含水量 X_c 时，由于物料内部水分的扩散慢于物料表面的蒸发，不足以维持物料表面保持润湿，则物料表面将形成干区，干燥速率开始降低。含水量越小，速率越慢，干燥曲线 CD 逐渐达到平衡含水量 X^* 而终止。

干燥速率为单位时间内在单位面积上气化的水分质量，用微分式表示，则为

$$U = \frac{\mathrm{d}W}{A\mathrm{d}\tau}$$

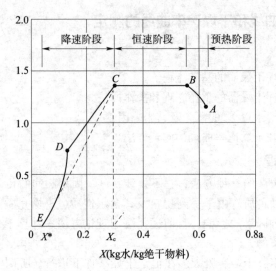

图 8－28　恒定干燥条件下干燥速率曲线

式中，U 为干燥速率，kg/（m² · S）；A 为干燥面积，m²；W 为气化的水分量，kg；τ 为干燥时间，s。

实验中干燥速率 U 可按下式作近似计算

$$U = \frac{\Delta W}{A \Delta \tau}$$

式中，$\Delta \tau$ 为干燥时间，s；ΔW 为在 $\Delta \tau$ 内从被干燥的物料中气化的水分量，kg。

$$\Delta W = G_{i+1} - G_i$$

在 $\Delta \tau$ 干燥时间内，由 $\Delta W = G_{i+1} - G_i$ 求出气化的水分量，即可得在这段干燥时间内的干燥速率 U。

从上式可以看出，干燥速率 U 为区间 $\Delta \tau$ 内的平均干燥速率，故其所对应的含水量 X 为某一干燥速率下得物料平均含水量 X_Ψ。

由 $X = \dfrac{G' - G}{G}$ 可得

$$X_\Psi = \frac{X_i + X_{i+1}}{2} = \left[\frac{G_i + G_{i+1}}{2G} \right] - 1$$

式中，X_Ψ 为某一干燥速率下湿物料的平均含水量；kg 水/kg 干料；G 为湿物料中绝干物料的量，kg；G_i、G_{i+1} 为 $\Delta \tau$ 时间间隔内开始和终了时的湿物料的量，kg。

由 $X_\Psi \sim \tau$、$U \sim X_\Psi$ 作图可分别得到干燥曲线和干燥速率曲线。

三、实验设备与流程

实验采用洞道式循环干燥器在恒定干燥条件下干燥块状物料（如纸板），其流程如图 8－29 所示。

空气由风机 1 输送，经孔板流量计 2，电热器 5 送入干燥室 6，然后返回风机，循环使用。由片式阀门 15 补充一部分新鲜空气，由阀门 16 放空一部分循环气，以保持系统湿度恒定。电热器由触点温度计 12 及晶体管继电器 13 控制。使进入干燥室空气的温度恒定。干燥室前方装有干球温度计 10 和湿球温度计 11，干燥室后以及风机出口也装有干球温度计 10，用以确定干燥室的空气状态。空气流速由蝶阀 4 调节。注意：任何时候阀 4 都不允许全关，否则电加热器就会因空气不流动而过热，引起损坏。

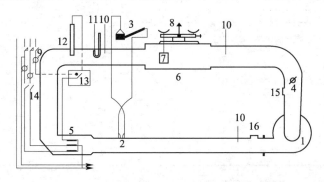

图 8 - 29　洞道式循环干燥实验装置流程图

1. 风机；2. 孔板流量计；3. 压差计；4. 蝶阀；5. 电热器；6. 干燥室；7. 试样；8. 天平；9. 电流表；10. 干球温度计；11. 湿球温度计；12. 触点温度计；13. 温控器；14. 手动开关；15、16. 片式阀门

2. 主要设备　①孔板流量计，管径 $D = 144mm$，孔径 $d_0 = 68.46mm$，孔截面积 $A_0 = 3.68 \times 10^{-3} m^2$；②空气加热器，共有 3 组电热丝，每组功率 1000W；③湿球温度计 1 套；④天平 1 台。

四、实验操作要点

1. 将待测样品放置烘箱中干燥至恒重，记录绝干物料的质量，并量取试样尺寸（长、宽、高）。

2. 将绝干试样放入水中浸泡，稍候片刻取出，让水分均匀扩散至整个试样，然后称取湿试样重量。

3. 开启风机，调节蝶阀 4 至预定风速值。适当打开阀 15、16。调好触点温度计至预定温度 40 ~ 70℃，开电热器，将晶体管继电器开关打开，并打开 1 组或 2 组辅助加热器。待温度接近预定温度时应注意观察，视情况增减辅助加热，避免"超温失控"或"欠温失控"，直至确信控制正常后，才让其自动运行。

4. 向湿球温度计加水。在实验过程中注意观察蒸发情况，及时向湿球温度计中补水。

5. 检查天平是否灵活，并调平衡。

6. 待空气状态稳定后，打开干燥室门，放入湿试样。

7. 启动秒表，每隔一定时间记录 1 次干燥时间、试样质量、湿球温度、室前温度、室后温度，直至试样接近平衡水分为止。

8. 实验结束，先关电热器，使系统冷却后再关风机，卸下试样，并收拾整理现场。

五、实验结果与要求

1. 原始数据记录，见表 8 - 1。

实验设备：　　　　　　干燥面积：　　　　　　绝干物料质量：

表 8 - 1　实验数据记录表

G_i	τ	$X_{平}$	U
G_1	τ_1		
G_2	τ_2		
G_3	τ_3		
G_4	τ_4		

续表

G_i	τ	$X_{平}$	U
G_5	τ_5		
G_6	τ_6		
G_7	τ_7		
G_8	τ_8		
G_9	τ_9		
G_{10}	τ_{10}		

2. 写出本实验干燥速率和平均含水量的计算过程。

3. 作出干燥曲线和干燥速率曲线。

六、思考题

1. 为什么说干燥过程是一个传热和传质过程？

2. 干燥曲线必须在恒定的干燥条件下测定，所谓的恒定干燥条件是指哪些？完成本试验需测定哪些数据？

3. 为什么在操作中要先开鼓风机送气，而后再开电热器？

4. 何谓对流干燥？干燥介质在对流干燥过程中的作用是什么？

5. 影响干燥速率的因素有哪些？

七、实验报告要求

1. 实验目的。

2. 主要设备名称。

3. 干燥装置总流程图。

4. 实验操作步骤。

5. 实验数据记录及处理（数据计算过程、绘制干燥曲线和干燥速率曲线）。

6. 思考题。

7. 实验体会（查阅相关资料补充实验内容，实验中的体验和个人看法）。

附　　录

一、单位换算表

本附录中非 SI 单位制度中的单位符号均用中文加括号书写。

附录表 1　长度

m	[英寸]	[英尺]	[码]
1	39.3701	3.2808	1.09361
0.025400	1	0.073333	0.02778
0.30480	12	1	0.33333
0.9144	36	3	1

附录表 2　质量

kg	t（吨）	[磅]
1	0.001	2.20462
1000	1	2204.62
0.4536	4.536×10^{-4}	1

附录表 3　力

N	[千克]（力）	[磅]力	dyn
1	0.102	0.2248	1×10^3
9.80665	1	2.2046	9.80665×10^5
4.448	0.4536	1	4.448×10^3
1×10^{-5}	1.02×10^{-6}	2.248×10^{-6}	1

附录表 4　压强

Pa	bar	[千克（力）/厘米²]	[大气压]（atm）	mmH₂O	mmHg	[磅/英寸²]
1	1×10^{-5}	1.02×10^{-5}	0.99×10^{-5}	0.102	0.0075	14.5×10^{-5}
98.07×10^3	0.9807	1	0.9678	1×10^4	735.56	14.2
1.01325×10^5	1.013	1.0332	1	1.033×10^4	760	14.697
9.807	98.07	0.0001	0.9678×10^{-4}	1	0.0736	1.423×10^{-3}
133.32	1.333×10^{-3}	0.136×10^{-2}	0.00132	13.6	1	0.01934
6894.8	0.06895	0.0703	0.068	703	51.71	1

附录表 5　功率

瓦	[千克（力）·米/秒]	[马力]	[千卡/秒]
1	0.10197	1.341×10^{-3}	0.2389×10^{-3}
9.8067	1	0.01315	0.2342×10^{-2}
745.69	76.0375	1	0.17843
4186.8	426.85	5.6135	1

附录表 6　黏度

帕斯卡·秒	[泊]	[厘泊]	mPa·s
1	10	1000	1000
0.1	1	100	100
0.001	0.01	1	1

二、空气的重要物理性质

附录表7 空气的重要物理性质

温度 t （℃）	密度 ρ （kg/m³）	比热容 c_p [kJ/（kg·℃）]	导热系数 $\lambda \times 10^2$ [W/（m·℃）]	黏度 $\mu \times 10^5$ （Pa·s）	普兰特准数 P_r
-50	1.584	1.013	2.035	1.46	0.728
-40	1.15	1.013	2.117	1.52	0.728
-30	1.453	1.013	2.198	1.57	0.723
-20	1.395	1.009	2.279	1.62	0.716
-10	1.342	1.009	2.360	1.67	0.712
0	1.293	1.005	2.442	1.72	0.707
10	1.247	1.005	2.512	1.77	0.705
20	1.205	1.005	2.593	1.81	0.703
30	1.165	1.005	2.675	1.86	0.701
40	1.128	1.005	2.756	1.91	0.699
50	1.093	1.005	2.826	1.96	0.698
60	1.060	1.005	2.896	2.01	0.696
70	1.029	1.009	2.966	2.06	0.694
80	1.000	1.009	3.047	2.11	0.692
90	0.972	1.009	3.128	2.15	0.690
100	0.946	1.009	3.210	2.19	0.688
120	0.898	1.009	3.338	2.29	0.686
140	0.854	1.013	3.489	2.37	0.684
160	0.815	1.017	3.640	2.45	0.682
180	0.779	1.022	3.780	2.53	0.681
200	0.746	1.026	3.931	2.60	0.680
250	0.674	1.038	4.288	2.74	0.677
300	0.615	1.048	4.605	2.97	0.674
350	0.566	1.059	4.908	3.14	0.676
400	0.524	1.068	5.210	3.31	0.678
500	0.456	1.093	5.745	3.62	0.687
600	0.404	1.114	6.222	3.91	0.699
700	0.362	1.135	6.711	4.18	0.706
800	0.329	1.156	7.176	4.43	0.713
900	0.301	1.172	7.630	4.67	0.717
1000	0.277	1.185	8.041	4.90	0.719
1100	0.257	1.197	8.502	5.12	0.722
1200	0.239	1.206	9.153	5.35	0.724

三、水的重要物理性质

附录表 8　水的重要物理性质

温度 t （℃）	密度 ρ （kg/m³）	压强 $p \times 10^{-5}$ （Pa）	黏度 $\mu \times 10^5$ （Pa·s）	导热系数 $\lambda \times 10^2$ [W/（m·K）]	比热容 $c_p \times 10^{-3}$ [J/（kg·K）]	膨胀系数 $\beta \times 10^4$ （1/K）	表面张力 $\sigma \times 10^3$ （N/m²）	普兰特准数 P_r
0	999.9	0.006082	178.78	55.08	4.212	−0.63	75.61	13.66
10	999.7	0.012263	130.53	57.41	4.191	+0.70	74.14	9.52
20	998.2	0.023346	100.42	59.85	4.183	1.82	72.67	7.01
30	995.7	0.042474	80.12	61.71	4.174	3.21	71.20	5.42
40	992.2	0.073766	65.32	63.33	4.174	3.87	69.63	4.30
50	988.1	0.1234	54.92	64.33	4.174	4.49	67.67	3.54
60	983.2	0.19923	46.98	65.89	4.178	5.11	66.20	2.98
70	977.8	0.31164	40.60	66.70	4.187	5.70	64.33	2.53
80	971.8	0.47379	35.50	67.40	4.195	6.32	62.57	2.21
90	965.3	0.70136	31.48	67.98	4.208	6.59	60.71	1.95
100	958.4	1.013	28.24	68.12	4.220	7.52	58.84	1.75
110	951.0	1.433	25.89	68.44	4.233	8.08	56.88	1.60
120	943.1	1.986	23.73	68.56	4.250	8.64	54.82	1.47
130	934.8	2.702	21.77	68.56	4.266	9.17	52.86	1.35
140	926.1	3.62	20.10	68.44	4.287	9.72	50.70	1.26
150	917.0	4.761	18.63	68.33	4.312	10.3	48.64	1.18
160	907.4	6.18	17.36	68.21	4.346	10.7	46.58	1.11
170	897.3	7.92	16.28	67.86	4.379	11.3	44.33	1.05
180	886.9	10.03	15.30	67.40	4.417	11.9	42.27	1.00
190	876.0	12.55	14.42	66.93	4.460	12.6	40.01	0.96
200	863.0	15.55	13.63	66.24	4.505	13.3	37.66	0.93
210	852.8	19.18	13.04	65.48	4.555	14.1	35.4	0.91
220	840.3	23.21	12.46	64.55	4.614	14.8	33.1	0.89
230	827.3	27.99	11.97	63.73	4.681	15.9	31	0.88
240	813.6	33.48	11.47	62.80	4.756	16.8	28.5	0.87
250	799.0	39.78	10.98	62.71	4.844	18.1	26.19	0.86
300	712.5	85.92	9.12	53.92	5.736	29.2	14.42	0.97

四、水在不同温度下的黏度

附录表 9　水在不同温度下的黏度

温度 (℃)	黏度 (mPa·s)	温度 (℃)	黏度 (mPa·s)	温度 (℃)	黏度 (mPa·s)
0	1.7921	33	0.7523	67	0.4233
1	1.7313	34	0.7371	68	0.4174
2	1.6728	35	0.7225	69	0.4117
3	1.6191	36	0.7085	70	0.4061
4	1.5674	37	0.6947	71	0.4006
5	1.5188	38	0.6814	72	0.3952
6	1.4728	39	0.6685	73	0.3900
7	1.4284	40	0.6560	74	0.3849
8	1.3860	41	0.6439	75	0.3799
9	1.3462	42	0.6321	76	0.3750
10	1.3077	43	0.6207	77	0.3702
11	1.2713	44	0.6097	78	0.3655
12	1.2363	45	0.5988	79	0.3610
13	1.2028	46	0.5883	80	0.3565
14	1.1709	47	0.5782	81	0.3521
15	1.1403	48	0.5683	82	0.3478
16	1.1111	49	0.5588	83	0.3436
17	1.0828	50	0.5494	84	0.3395
18	1.0559	51	0.5404	85	0.3355
19	1.0299	52	0.5315	86	0.3315
20	1.0050	53	0.5229	87	0.3276
20.2	1.0000	54	0.5146	88	0.3239
21	0.9810	55	0.5064	89	0.3202
22	0.9579	56	0.4985	90	0.3165
23	0.9359	57	0.4907	91	0.3130
24	0.9142	58	0.4832	92	0.3095
25	0.8973	59	0.4759	93	0.3060
26	0.8737	60	0.4688	94	0.3027
27	0.8545	61	0.4618	95	0.2994
28	0.8360	62	0.4550	96	0.2962
29	0.8180	63	0.4483	97	0.2930
30	0.8007	64	0.4418	98	0.2899
31	0.7840	65	0.4355	99	0.2868
32	0.7679	66	0.4293	100	0.2838

五、某些气体的重要物理性质

附录表 10　某些气体的重要物理性质

名称	分子式	密度 0℃,101.33kPa (kg/m³)	比热容 [kJ/(kg·℃)]	黏度 μ×10⁵ (Pa·s)	沸点 101.33kPa (℃)	气化热 (kJ/kg)	临界点 温度(℃)	临界点 压强(kPa)	导热系数 [W/(m·℃)]
空气	—	1.293	1.009	1.73	−195	197	−140.7	3768.4	0.0244
氧气	O_2	1.429	0.653	2.03	−132.98	213	−118.82	5036.6	0.0240
氮气	N_2	1.251	0.745	1.70	−195.78	199.2	−147.13	3392.5	0.0228
氢气	H_2	0.0899	10.13	0.842	−252.75	454.2	−239.9	1296.6	0.163
氦气	He	0.1785	3.18	1.88	−268.95	19.5	−267.96	228.94	0.144
氩气	Ar	1.7820	0.322	2.09	−185.87	163	−122.44	4862.4	0.0173
氯气	Cl_2	3.217	0.355	1.29(16℃)	−33.8	305	+144.0	7708.9	0.0072
氨气	NH_3	0.771	0.67	0.918	−33.4	1373	+132.4	11295	0.0215
一氧化碳	CO	1.250	0.754	1.66	−191.48	211	−140.2	3497.9	0.0226
二氧化碳	CO_3	1.976	0.653	1.37	−78.2	574	+31.1	7384.8	0.0137
二氧化硫	SO_2	2.927	0.502	1.17	−10.8	394	+157.5	7879.1	0.0077
二氧化氮	NO_2	—	0.615	—	+21.2	712	+158.2	10130	0.0400
硫化氢	H_2S	1.539	0.804	1.166	−60.2	548	+100.4	19136	0.0131
甲烷	CH_4	0.717	1.70	1.03	−161.58	511	−82.15	4619.3	0.0300
乙烷	C_2H_6	1.357	1.44	0.850	−88.50	486	+32.1	4948.5	0.0180
丙烷	C_3H_8	2.020	1.65	0.795(18℃)	−42.1	427	+95.6	4355.9	0.0148
正丁烷	C_4H_{10}	2.673	1.73	0.810	−0.5	386	+152	3798.8	0.0135
正戊烷	C_5H_{12}	—	1.57	0.874	−36.08	151	+197.1	3342.9	0.0128
乙烯	C_2H_4	1.261	1.222	0.985	+103.7	481	+9.7	5135.9	0.0164
丙烯	C_3H_6	1.914	1.436	0.835(20℃)	−47.7	440	+91.4	4599.0	—
乙炔	C_2H_2	1.171	1.353	0.935	−83.66(升华)	829	+35.7	6240.0	0.0184
氯甲烷	CH_3Cl	2.308	0.582	0.989	−24.1	406	+148	6685.8	0.0085
苯	C_6H_6	—	1.139	0.72	+80.2	394	+288.5	4832.0	0.0088

六、某些液体的重要物理性质

附录表 11　某些液体的重要物理性质

名称	分子式	密度 20℃ (kg/m³)	沸点 101.33kPa (℃)	气化热 (kJ/kg)	比热容 20℃ [kJ/(kg·℃)]	黏度 20℃ (mPa·s)	导热系数 20℃ [W/(m·℃)]	体积膨胀系 β×10⁴(1/℃) (20℃)	表面张力 σ×10⁶(N/m) (20℃)
水	H_2O	998	100	2528	4.183	1.005	0.599	1.82	72.8
氯化钠盐水(25%)	—	1186	107	—	3.39	2.3	0.57(30℃)	(4.4)	—
氯化钙盐水(25%)	—	1228(25%)	107	—	2.89	2.5	0.57	(3.4)	—
硫酸	H_2SO_4	1831	340(分解)	—	1.47(98%)	—	0.38	5.7	—
硝酸	HNO_3	1513	86	481.1	—	1.17(10℃)	—	—	—
盐酸(30%)	HCl	1149	—	—	2.55	2(31.5%)	0.42	—	—
二硫化碳	CS_2	1262	46.3	352	1.005	0.38	0.16	12.1	32
戊烷	C_5H_{12}	626	36.07	357.4	2.24(15.6℃)	0.229	0.113	15.9	16.2
己烷	C_6H_{14}	659	68.74	335.1	2.31(15.6℃)	0.313	0.119	—	18.2
庚烷	C_7H_{16}	684	98.43	316.5	2.21(15.6℃)	0.411	0.123	—	20.1
辛烷	C_8H_{18}	763	125.67	306.4	2.19(15.6℃)	0.540	0.131	—	21.8
三氯甲烷	$CHCl_3$	1489	61.2	253.7	0.992	0.58	0.138(30℃)	12.6	28.5(10℃)
四氯化碳	CCl_4	1594	76.8	195	0.850	1.0	0.12	—	26.8
二氯乙烷-1,2	$C_2H_4Cl_2$	1253	83.6	324	1.260	0.83	0.14(50℃)	—	30.8
苯	C_6H_6	879	80.10	393.9	1.704	0.737	0.148	12.4	28.6
甲苯	C_7H_8	867	110.63	363	1.70	0.675	0.138	10.9	27.9
邻二甲苯	C_8H_{10}	880	144.42	347	1.74	0.811	0.142	—	30.2
间二甲苯	C_8H_{10}	864	139.10	343	1.70	0.611	0.167	10.1	29.0
对二甲苯	C_8H_{10}	861	138.35	340	1.704	0.643	0.129	—	28.0

续表

名称	分子式	密度 20℃ (kg/m³)	沸点 101.33kPa (℃)	气化热 (kJ/kg)	比热容 20℃ [kJ/(kg·℃)]	黏度 20℃ (mPa·s)	导热系数 20℃ [W/(m·℃)]	体积膨胀系数 $\beta \times 10^4(1/℃)$ (20℃)	表面张力 $\sigma \times 10^6(N/m)$ (20℃)
苯乙烯	C_8H_9	911(15.6℃)	145.2	(352)	1.733	0.72	—	—	—
氯苯	C_6H_5Cl	1106	131.8	325	1.298	0.85	0.14(30℃)	—	32
硝基苯	$C_6H_5NO_2$	1203	210.9	396	1.47	2.1	0.15	—	41
苯胺	$C_6H_5NH_2$	1022	184.4	448	2.07	4.3	0.17	8.5	42.9
酚	C_6H_5OH	1050(50℃)	181.8 熔点 40.9	511	—	3.4(50℃)	—	—	—
萘	$C_{16}H_8$	1145(固体)	217.9(熔点 80.2)	314	1.80(100℃)	0.59(100℃)	—	—	—
甲醇	CH_3OH	791	64.7	1101	2.48	0.6	0.212	12.2	22.6
乙醇	C_3H_5OH	789	78.3	846	2.39	1.15	0.172	11.6	22.8
乙醇(95%)		804	78.2	—	2.35	1.4	—	—	—
乙二醇	$C_2H_4(OH)_2$	1113	197.6	780	2.35	23	—	—	47.7
甘油	$C_3H_5(OH)_3$	1261	290(分解)	—	—	1499	0.59	5.3	63
乙醚	$(C_2H_5)_2O$	714	34.6	360	2.34	0.24	0.14	16.3	18
乙醛	CH_3CHO	783(18℃)	20.2	574	1.9	1.3(18℃)	—	—	21.2
糠醛	$C_5H_4O_2$	1168	161.7	452	1.6	1.15(50℃)	—	—	43.5
丙酮	CH_3COCH_3	792	56.2	523	2.35	0.32	0.17	—	23.7
甲酸	$HCOOH$	1220	100.7	494	2.17	1.9	0.26	—	27.8
醋酸	CH_3COOH	1049	118.1	406	1.99	1.3	0.17	10.7	23.9
醋酸乙酯	$CH_3COOC_2H_5$	901	77.1	368	1.92	0.48	0.14(10℃)	—	—
煤油	—	780~820	—	—	—	3	0.15	10.0	—
汽油	—	680~800	—	—	—	07~0.8	0.19(30℃)	12.5	—

七、某些固体材料的重要物理性质

附录表 12　某些固体材料的重要物理性质

名　称	密度 （kg/m³）	导热系数 [W/（m·℃）]	比热容 [kJ/（kg·℃）]
（1）金属			
钢	7850	45.3	0.46
不锈钢	7900	17	0.50
铸铁	7220	62.8	0.50
铜	8800	383.8	0.41
青铜	8000	64.0	0.38
黄铜	8600	85.5	0.38
铝	2670	203.5	0.92
镍	9000	58.2	0.46
铬	11400	34.9	0.13
（2）塑料			
酚醛	1250～1300	0.13～0.26	1.3～1.7
尿醛	1400～1500	0.30	1.3～1.7
聚氯乙烯	1380～1400	0.16	1.8
聚苯乙烯	1050～1070	0.08	1.3
低压聚乙烯	940	0.29	2.6
高压聚乙烯	920	0.26	2.2
有机玻璃	1180～1190	0.14～0.20	—
（3）建筑、绝缘、耐酸材料及其他			
干沙	1500～1700	0.45～0.48	0.8
黏土	1600～1800	0.47～0.53	0.75（-20～20℃）
锅炉炉渣	700～1100	0.19～0.30	—
黏土砖	1600～1900	0.47～0.67	0.92
耐火砖	1840	1.05（800～1100℃）	0.88～1.0
绝缘砖（多孔）	600～1400	0.16～0.37	—
混凝土	2000～2400	1.3～1.55	0.84
松木	500～600	0.07～0.10	2.7（0～100℃）
软木	100～300	0.041～0.064	0.96
石棉板	770	0.11	0.816
石棉水泥板	1600～1900	0.35	—
玻璃	2500	0.74	0.67
耐酸陶瓷制品	2200～2300	0.90～1.0	0.75～0.80
耐酸砖和板	2100～2400	—	—
耐酸搪瓷	2300～2700	0.99～1.04	0.84～1.26
橡胶	1200	0.16	1.38
冰	900	2.3	2.11

八、饱和水蒸气（以温度为序）

附录表 13　饱和水蒸气

温度（℃）	绝对压强		蒸汽的密度（kg/m²）	焓				气化热	
	[kg（力）/cm²]	（kPa）		液体		蒸汽		（kKal/kg）	（kJ/kg）
				（kKal/kg）	（kJ/kg）	（kKal/kg）	（kJ/kg）		
0	0.0062	0.6082	0.00484	0	0	595	2491.1	595	2491.1
5	0.0089	0.8730	0.00680	5.0	20.94	597.3	2500.8	592.3	2479.89
10	0.0125	1.2262	0.00940	10.0	41.87	599.6	2510.4	589.6	2468.5
15	0.0174	1.7068	0.01283	15.0	62.80	602.0	2520.5	587.0	2547.7
20	0.0238	2.3346	0.01719	20.0	83.74	604.3	2530.1	584.3	2446.3
25	0.0323	3.1684	0.02304	25.0	104.67	606.6	2539.7	581.6	2435.0
30	0.0433	4.2474	0.03036	30.0	125.60	608.9	2549.3	578.9	2423.7
35	0.0573	5.6207	0.03960	35.0	146.54	611.2	2559.0	576.2	2412.4
40	0.0752	7.3766	0.05114	40.0	167.47	613.5	2568.6	573.5	2401.1
45	0.0977	9.5837	0.06543	45.0	188.41	61507	2577.8	570.7	2389.4
50	0.1258	12.340	0.0830	50.0	209.34	618.0	2587.4	568.0	2378.1
55	0.1605	15.743	0.1043	55.0	230.27	620.2	2596.7	565.2	2366.4
60	0.2031	19.923	0.1301	60.0	251.21	622.5	2606.3	562.0	2355.1
65	0.2550	25.014	0.1611	65.0	272.14	624.7	2615.5	559.7	2343.4
70	0.3177	31.164	0.1979	70.0	293.08	626.8	2624.3	556.8	2331.2
75	0.393	38.551	0.2416	75.0	314.01	629.0	26633.5	554.0	2319.5
80	0.483	47.379	0.2929	80.0	334.94	631.1	2642.3	551.2	2307.8
85	0.590	57.875	0.3531	85.0	355.88	633.2	2651.1	548.2	2295.2
90	0.715	70.136	0.4229	90.0	376.81	635.3	2659.9	545.3	2283.1
95	0.862	84.556	0.5039	95.0	397.75	637.4	2668.7	542.4	2270.9
100	1.033	101.33	0.5970	100.0	418.68	639.4	2677.0	539.4	2258.4
105	1.232	120.85	0.7036	105.1	440.03	641.3	2685.0	536.3	2245.4
110	1.461	143.31	0.8254	110.1	460.97	643.3	2693.4	533.1	2232.0
115	1.724	169.11	0.9635	115.2	482.32	645.2	2701.3	530.0	2219.0
120	2.025	198.64	1.1199	120.3	503.67	647.0	2708.9	526.7	2205.2
125	2.367	132.19	1.296	125.4	525.02	648.8	2716.4	523.5	2191.8
130	2.755	270.25	1.494	130.5	546.38	650.6	2723.9	520.1	2177.6
135	3.192	313.11	1.715	135.6	567.73	652.3	2731.0	516.7	2163.3
140	3.685	361.47	1.962	140.7	589.08	653.9	2737.7	513.2	2148.7
145	4.238	415.72	2.238	145.9	610.85	655.5	2744.4	509.7	2134.0
150	4.855	476.24	2.543	151.0	632.21	657.0	2750.7	506.0	2118.5
160	6.303	618.28	3.252	161.4	675.75	659.9	2762.9	498.5	2087.1
170	8.080	792.59	4.113	171.8	719.29	662.4	2773.3	490.6	2054.0
180	10.23	1003.5	5.145	182.3	763.25	664.6	2782.5	482.3	2019.3
190	12.80	1255.6	6.378	192.9	807.64	666.4	2790.1	473.5	1982.4

续表

温度 (℃)	绝对压强		蒸汽的 密度 (kg/m²)	焓				气化热	
	[kg（力）/ cm²]	(kPa)		液体		蒸汽		(kKal/kg)	(kJ/kg)
				(kKal/kg)	(kJ/kg)	(kKal/kg)	(kJ/kg)		
200	15. 85	1554. 77	7. 840	203. 5	852. 01	667. 7	2795. 5	464. 2	1943. 5
210	19. 55	1917. 72	9. 567	214. 3	897. 23	668. 6	2799. 3	454. 4	1902. 5
220	23. 66	2320. 88	11. 60	225. 1	942. 45	669. 0	2801. 0	443. 9	1858. 5
230	28. 53	2798. 59	13. 98	236. 1	988. 50	668. 8	2800. 1	432. 7	1811. 6
240	34. 13	3347. 91	16. 76	247. 1	1034. 56	668. 0	2796. 8	420. 8	1761. 8
250	40. 55	3977. 67	20. 01	258. 3	1081. 45	664. 0	2790. 1	408. 1	1708. 6
260	47. 85	4693. 75	23. 82	269. 6	1128. 76	664. 2	2780. 9	394. 5	1651. 7
270	56. 11	5503. 99	28. 27	281. 1	1176. 91	661. 2	2768. 3	380. 1	1591. 4
280	65. 42	6417. 24	33. 47	292. 7	1225. 48	657. 3	2752. 0	364. 6	1526. 5
290	75. 88	7443. 29	39. 60	304. 4	1274. 46	652. 6	2732. 3	348. 1	1457. 4
300	87. 6	8592. 94	46. 93	316. 6	1325. 54	646. 8	2708. 0	330. 2	1382. 5
310	100. 7	9877. 96	55. 59	329. 3	1378. 71	640. 1	2680. 0	310. 8	1301. 3
320	115. 2	11300. 3	65. 95	343. 0	1436. 07	632. 5	2648. 2	289. 5	1212. 1
330	131. 3	12879. 6	78. 53	357. 5	1446. 78	623. 5	2610. 5	266. 6	1116. 2
340	149. 0	14615. 8	93. 98	373. 3	1562. 93	613. 5	2568. 6	240. 2	1005. 7
350	168. 6	16538. 5	113. 2	390. 8	1632. 20	601. 1	2516. 7	210. 3	880. 5
360	190. 3	18667. 1	139. 6	413. 0	1729. 15	583. 4	2442. 6	170. 3	713. 0
370	214. 5	21040. 9	171. 0	451. 0	1888. 25	549. 8	2301. 9	98. 2	411. 1
374	225	22070. 9	322. 6	501. 1	2098. 0	501. 1	2098. 0	0	0

九、饱和水蒸气（以 kPa 为单位的压强为序）

附录表 14　饱和水蒸气

绝对压强 （kPa）	温度 （℃）	蒸汽的密度 （kg/m³）	焓 （kJ/kg）		气化热 （kJ/kg）
			液体	蒸汽	
1. 0	6. 3	0. 00773	26. 48	2503. 1	2476. 8
1. 5	12. 5	0. 01133	52. 26	2515. 3	2463. 0
2. 0	17. 0	0. 01488	71. 21	2524. 2	2452. 9
2. 5	20. 9	0. 01836	87. 45	2531. 8	2444. 3
3. 0	23. 5	0. 02179	98. 38	2536. 8	2438. 4
3. 5	26. 1	0. 02523	109. 30	2541. 8	2432. 5
4. 0	28. 7	0. 02867	120. 23	2546. 8	2426. 6
4. 5	30. 8	0. 03205	129. 00	2550. 9	2421. 9
5. 0	32. 4	0. 03537	135. 69	2554. 0	2418. 3
6. 0	35. 6	0. 04200	149. 06	2560. 1	2411. 0
7. 0	38. 8	0. 04864	162. 44	2566. 3	2403. 8
8. 0	41. 3	0. 05514	172. 73	2571. 0	2398. 2

续表

绝对压强 （kPa）	温度 （℃）	蒸汽的密度 （kg/m³）	焓 （kJ/kg）		气化热 （kJ/kg）
			液体	蒸汽	
9.0	43.3	0.06156	181.16	2574.8	2393.6
10.0	45.3	0.06798	189.59	2578.5	2388.9
15.0	53.5	0.09956	224.03	2594.0	2370.0
20.0	60.1	0.13068	251.51	2606.4	2854.9
30.0	66.5	0.19093	288.77	2622.4	2333.7
40.0	75.0	0.24975	315.93	2634.1	2312.2
50.0	81.2	0.30799	339.80	2644.3	2304.5
60.0	85.6	0.36514	358.21	2652.1	2393.9
70.0	89.9	0.42229	376.61	2659.8	2283.2
80.0	93.2	0.47807	390.08	2665.3	2275.3
90.0	96.4	0.53384	403.49	2670.8	2267.4
100.0	99.6	0.58961	416.90	2676.3	2259.5
120.0	104.5	0.69868	437.51	2684.3	2246.8
140.0	109.2	0.80758	457.67	2692.1	2234.4
160.0	113.0	0.82981	473.88	2698.1	2224.2
180.0	116.6	1.0209	489.32	2703.7	2214.3
200.0	120.2	1.1273	493.71	2709.2	2204.6
250.0	127.2	1.3904	534.39	2719.7	2185.4
300.0	133.3	1.6501	560.38	2728.5	2168.1
350.0	138.8	1.9074	583.76	2736.1	2152.3
400.0	143.4	2.1618	603.61	2742.1	2138.5
450.0	147.7	2.4152	622.42	2747.8	2125.4
500.0	151.7	2.6673	639.59	2752.8	2113.2
600.0	158.7	3.1686	670.22	2761.4	2091.1
700	164.7	3.6657	696.27	2767.8	2071.5
800	170.4	4.1614	720.96	2773.7	2052.7
900	175.1	4.6525	741.82	2778.1	2036.2
1×10^3	179.9	5.1432	762.68	2782.5	2019.7
1.1×10^3	180.2	5.6339	780.34	2785.5	2005.1
1.2×10^3	187.8	6.1241	797.92	2788.5	1990.6
1.3×10^3	191.5	6.6141	814.25	2790.9	1976.7
1.4×10^3	194.8	7.1038	829.06	2792.4	1963.7
1.5×10^3	198.2	7.5935	843.86	2794.5	1950.7
1.6×10^3	201.3	8.0814	857.77	2796.0	1938.2
1.7×10^3	204.1	8.5674	870.58	2797.1	1926.5
1.8×10^3	206.9	9.0533	883.39	2798.1	1914.8

续表

绝对压强 （kPa）	温度 （℃）	蒸汽的密度 （kg/m³）	焓 （kJ/kg）		气化热 （kJ/kg）
			液体	蒸汽	
1.9×10^3	209.8	9.5392	896.21	2799.2	1903.0
2×10^3	212.2	10.0338	907.32	2799.7	1892.4
3×10^3	233.7	15.0075	1005.4	2798.9	1793.5
4×10^3	250.3	20.0969	1082.9	2789.8	1706.8
5×10^3	263.8	25.3663	1146.9	2776.2	1629.2
6×10^3	275.4	30.8494	1203.2	2759.5	1556.3
7×10^3	285.7	36.5744	1253.2	2740.8	1487.6
8×10^3	294.8	42.5768	1299.2	2720.5	1403.7
9×10^3	303.2	48.8945	1343.5	2699.1	1356.6
10×10^3	310.9	55.5407	1384.0	2677.1	1293.1
12×10^3	324.5	70.3075	1463.4	2631.2	1167.7
14×10^3	336.5	87.3020	1567.9	2583.2	1043.4
16×10^3	347.2	107.8010	1615.8	2531.1	915.4
18×10^3	356.9	134.4813	1699.8	2466.0	766.1
20×10^3	365.6	176.5961	1817.8	2364.2	544.9

十、101.3kPa 下气体黏度共线图

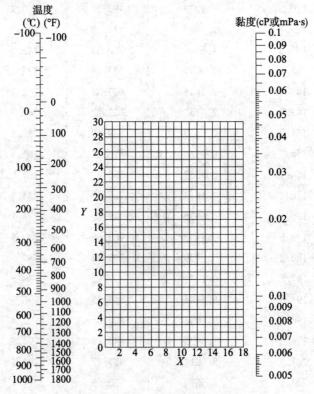

附录图 1 气体黏度共线图

附录表 15　气体黏度共线图坐标值

序号	名称	X	Y	序号	名称	X	Y	序号	名称	X	Y
1	空气	11.0	20.0	15	氟	7.3	23.8	29	甲苯	8.6	12.4
2	氧	11.0	21.3	16	氯	9.0	18.4	30	甲醇	8.5	15.6
3	氢	11.2	12.4	17	氯化氢	8.8	18.7	31	乙醇	9.2	14.2
4	$3H_2 + 1N_2$	11.2	17.2	18	甲烷	9.9	15.5	32	丙醇	8.4	13.4
5	水蒸气	8.0	16.0	19	乙烷	9.1	14.5	33	醋酸	7.7	14.3
6	二硫化碳	8.0	16.0	20	乙烯	9.5	15.1	34	丙酮	8.9	13.0
7	一氧化碳	11.0	20.0	21	乙炔	9.8	14.9	35	乙醚	8.9	13.0
8	氨	8.4	16.0	22	丙烷	9.7	12.9	36	醋酸乙酯	8.5	13.2
9	硫化氢	8.6	18.0	23	丙烯	9.0	13.8	37	氟利昂-11	10.6	15.1
10	二氧化硫	9.6	17.0	24	丁烯	9.2	13.7	38	氟利昂-12	11.1	16.0
11	二氧化碳	9.5	18.7	25	戊烷	7.0	12.8	39	氟利昂-21	10.8	15.3
12	一氧化二氮	8.8	19.0	26	己烷	8.6	11.8	40	氟利昂-22	10.1	17.0
13	一氧化氮	10.9	20.5	27	三氯甲烷	8.9	15.7				
14	氮	10.9	20.5	28	苯	8.5	13.2				

十一、液体黏度共线图

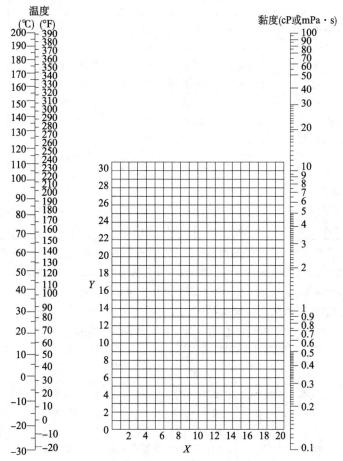

附录图 2　液体黏度共线图

附录表16　液体黏度共线图坐标值

序号	名称	X	Y	序号	名称	X	Y
1	水	10.2	13.0	31	乙苯	13.2	11.5
2	盐水（25% NaCl）	10.2	16.6	32	氯苯	12.3	12.4
3	盐水（25% CaCl$_2$）	6.6	15.9	33	硝基苯（60%）	10.6	16.2
4	氨	12.6	2.0	34	苯胺	8.1	18.7
5	氨水（26%）	10.1	13.9	35	酚	6.9	20.8
6	二氧化碳	11.6	0.3	36	联苯	12.0	18.3
7	二氧化硫	15.2	7.1	37	萘	7.9	18.1
8	二硫化碳	16.1	7.5	38	甲醇（100%）	12.4	10.5
9	溴	14.2	13.2	39	甲醇（90%）	12.3	11.8
10	汞	18.4	16.4	40	甲醇（40%）	7.8	15.5
11	硫酸（110%）	7.2	27.4	41	乙醇（100%）	10.5	13.8
12	硫酸（100%）	8.0	25.1	42	乙醇（95%）	9.8	14.3
13	硫酸（98%）	7.0	24.8	43	乙醇（40%）	6.5	16.6
14	硫酸（60%）	10.2	21.3	44	乙二醇	6.0	23.6
15	硝酸（95%）	12.8	13.8	45	甘油（100%）	2.0	30.0
16	硝酸（60%）	10.8	17.0	46	甘油（50%）	6.9	19.6
17	盐酸（31.5%）	13.0	16.6	47	乙醚	14.5	5.3
18	氢氧化钠（50%）	3.2	25.8	48	乙醛	15.2	14.8
19	戊烷	14.9	5.2	49	丙酮	14.5	7.2
20	己烷	14.7	7.0	50	甲酸	10.7	15.8
21	庚烷	14.1	8.4	51	醋酸（100%）	12.1	14.2
22	辛烷	13.7	10.0	52	醋酸（70%）	9.5	17.0
23	三氧甲烷	14.4	10.2	53	醋酸酐	12.7	12.8
24	四氯化碳	12.7	13.1	54	醋酸乙酯	13.7	9.1
25	二氧乙烷	13.2	12.2	55	醋酸戊酯	11.8	12.5
26	苯	12.5	10.9	56	氟利昂－12	14.4	9.0
27	甲苯	13.7	10.4	57	氟利昂－12	16.8	5.6
28	氯甲苯（邻）	13.0	13.3	58	氟利昂－21	15.7	7.5
29	氯甲苯（间）	13.3	12.5	59	氟利昂－22	17.2	4.7
30	氯甲苯（对）	13.3	12.5	60	煤油	10.2	16.9

　　用法举例：如果要查甲苯在50℃时的黏度，从本表序号27查得甲苯的 $X = 13.7$，$Y = 10.4$，把这两个数据值标在液体黏度共线图的 $X-Y$ 坐标上的一点，把这点与图中左方温度标尺上50℃的点联成一直线，延长，与右方黏度标尺相交，由此交点定出50℃甲苯的黏度。

十二、101.3kPa下气体比热容共线图

附录表17　气体比热容共线图的编号

编号	气体	范围（K）	编号	气体	范围（K）
10	乙炔	273～473	1	氢	273～873
15	乙炔	473～673	2	氢	873～1673
16	乙炔	673～1673	35	溴化氢	273～1673
27	空气	273～1673	30	氯化氢	273～1673
12	氨	273～873	20	氟化氢	273～1673

续表

编号	气体	范围 (K)	编号	气体	范围 (K)
14	氮	873 ~ 1673	36	碘化氢	273 ~ 1673
18	二氧化碳	273 ~ 673	19	硫化氢	273 ~ 973
24	二氧化碳	673 ~ 1673	21	硫化氢	973 ~ 1673
26	一氧化碳	273 ~ 1673	5	甲烷	273 ~ 573
32	氯	273 ~ 473	6	甲烷	573 ~ 973
34	氯	473 ~ 1673	7	甲烷	973 ~ 1673
3	乙烷	273 ~ 473	25	一氧化氮	273 ~ 973
9	乙烷	473 ~ 873	28	一氧化氮	973 ~ 1673
8	乙烷	873 ~ 1673	26	氮	273 ~ 1673
4	乙烯	273 ~ 473	23	氧	273 ~ 773
11	乙烯	473 ~ 873	29	氧	773 ~ 1673
13	乙烯	873 ~ 1673	33	硫	573 ~ 1673
17B	氟利昂 – 11（CCl_3F）	273 ~ 423	22	二氧化硫	273 ~ 673
17C	氟利昂 – 21（$CHCl_2F$）	273 ~ 423	31	二氧化硫	673 ~ 1673
17A	氟利昂 – 22（$CHClF_2$）	273 ~ 423	17	水	273 ~ 1673
17D	氟利昂 – 113（$CCl_2F – CClF_2$）	273 ~ 423			

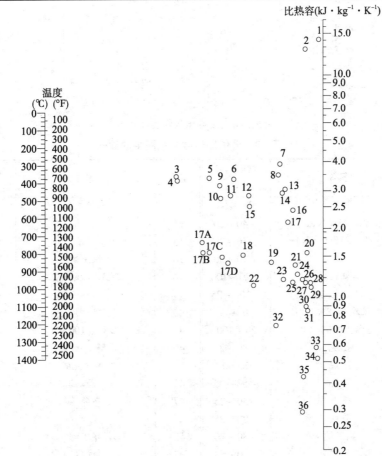

附录图3　气体比热容共线图

十三、液体比热容共线图

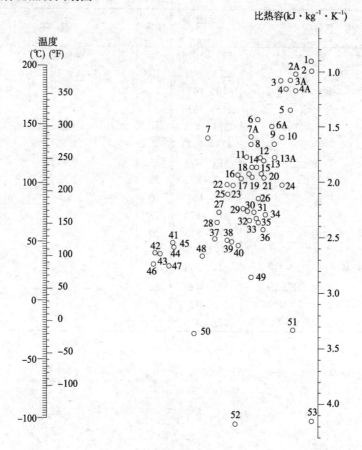

附录图 4　液体比热容共线图

附录表 18　液体比热容共线图中的编号

编号	名称	温度范围（℃）	编号	名称	温度范围（℃）
53	水	10～200	10	苯甲基氯	−30～30
51	盐水（25% NaCl）	−40～20	25	乙苯	0～100
49	盐水（25% CaCl₂）	−40～20	15	联苯	80～120
52	氨	−70～50	16	联苯醚	0～200
11	二氧化硫	−20～100	16	联苯－联苯醚	0～200
2	二氧化碳	−100～25	14	萘	90～200
9	硫酸（98%）	10～45	40	甲醇	−40～20
48	盐酸（30%）	20～100	42	乙醇（100%）	30～80
35	己烷	−80～20	46	乙醇（95%）	20～80
28	庚烷	0～60	50	乙醇（50%）	20～80
33	辛烷	−50～25	45	丙醇	−20～100
34	壬烷	−50～25	47	异丙醇	20～50
21	癸烷	−80～25	44	丁醇	0～100
13A	氯甲烷	−80～20	43	异丁醇	0～100
5	二氯甲苯	−40～50	37	戊醇	−50～25
4	三氯甲烷	0～50	41	异醇	10～100

续表

编号	名称	温度范围 （℃）	编号	名称	温度范围 （℃）
22	二氯甲烷	30～100	39	乙二醇	−40～200
3	四氯化碳	10～60	38	甘油	−40～20
13	氯乙烷	−30～40	27	苯甲基醇	−20～30
1	溴乙烷	5～25	36	乙醚	−100～25
7	碘乙烷	0～100	31	异丙醇	−80～200
6A	二氯乙烷	−30～60	32	丙酮	20～50
3	过氯乙烯	−30～40	29	醋酸	0～80
23	苯	10～80	24	醋酸乙酯	−50～25
23	甲苯	0～60	26	醋酸戊酯	0～100
17	对二甲苯	0～100	20	吡啶	−50～25
18	间二甲苯	0～100	2A	氟利昂−11	−20～70
19	邻二甲苯	0～100	6	氟利昂−12	−40～15
8	氯苯	0～100	4A	氟利昂−21	−20～70
12	硝基苯	0～100	7A	氟利昂−22	−20～60
30	苯胺	0～130	3A	氟利昂−113	−20～70

十四、液体气化潜热共线图

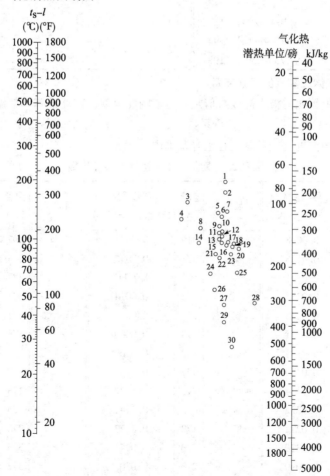

附录图 5　液体气化潜热共线图

附录表 19　液体气化潜热共线图坐标值

编号	液体	范围 $t_c - t$ (℃)	临界温度 t_c (℃)	编号	液体	范围 $t_c - t$ (℃)	临界温度 t_c (℃)
18	醋酸	100 ~ 225	321	2	氟里昂 – 12（CCl_2F_2）	40 ~ 200	111
22	丙酮	120 ~ 210	235	5	氟里昂 – 21（$CHCl_2F$）	70 ~ 250	178
29	氨	50 ~ 200	133	6	氟里昂 – 22（$CHClF_2$）	50 ~ 170	96
13	苯	10 ~ 400	289	1	氟里昂 – 113（$CCl_2F - CClF_2$）	90 ~ 250	214
16	丁烷	90 ~ 200	153	10	庚烷	20 ~ 300	267
21	二氧化碳	10 ~ 100	31	11	己烷	50 ~ 225	235
4	二硫化碳	140 ~ 275	273	15	异丁烷	80 ~ 200	134
2	四氯化碳	30 ~ 250	283	27	甲醇	40 ~ 250	240
7	三氯甲烷	140 ~ 275	263	20	氯甲烷	0 ~ 250	143
8	二氯甲烷	150 ~ 250	516	19	一氧化二氮	25 ~ 150	36
3	联苯	175 ~ 400	5	9	辛烷	30 ~ 300	296
25	乙烷	25 ~ 150	32	12	戊烷	20 ~ 200	197
26	乙醇	20 ~ 140	243	23	丙烷	40 ~ 200	96
28	乙醇	140 ~ 300	243	24	丙醇	20 ~ 200	264
17	氯乙烷	100 ~ 250	187	14	二氧化硫	90 ~ 160	157
13	乙醚	10 ~ 400	194	30	水	100 ~ 500	374
2	氟利昂 – 11（CCl_3F）	70 ~ 250	198				

十五、某些气体和蒸气的导热系数

附录表 20 中所列出的极限温度数值是实验范围的数值，若外推到其他温度时，建议将所列出的数据按 $\lg \lambda$ 对 $\lg T$（λ 为导热系数，$W \cdot m^{-1} \cdot K^{-1}$；$T$ 为热力学温度，K）作图，或者假定 P_r 准数与温度（或压强，在适当范围内）无关。

附录表 20　某些气体和蒸气的导热系数

物质	温度 (K)	导热系数 ($W \cdot m^{-1} \cdot K^{-1}$)	物质	温度 (K)	导热系数 ($W \cdot m^{-1} \cdot K^{-1}$)	物质	温度 (K)	导热系数 ($W \cdot m^{-1} \cdot K^{-1}$)
丙酮	273	0.0098	四氯化碳	319	0.0071	乙烯	202	0.0111
	319	0.0128		373	0.0090		273	0.0175
	373	0.0171		457	0.01112		323	0.0267
	457	0.0254	氯	273	0.0074		373	0.0279
空气	273	0.0242	三氯甲烷	273	0.0066	正庚烷	473	0.0194
	373	0.0371		319	0.0080		373	0.0178
	473	0.0391		373	0.0100	正己烷	273	0.0125
	573	0.0459		457	0.0133		293	0.138
氨	213	0.0154	硫化氢	273	0.0132	氢	173	0.0113
	273	0.0222	水银	473	0.0341		223	0.0144
	323	0.0272	甲烷	173	0.0173		273	0.0173
	373	0.0320		223	0.0251		323	0.0199
苯	273	0.0090		273	0.0302		373	0.0223
	319	0.0126		323	0.0373		573	0.0308

物质	温度(K)	导热系数(W·m⁻¹·K⁻¹)	物质	温度(K)	导热系数(W·m⁻¹·K⁻¹)	物质	温度(K)	导热系数(W·m⁻¹·K⁻¹)
	373	0.0178	氯甲烷	273	0.0144	氮	173	0.0164
	457	0.0263		373	0.0222		273	0.0242
	485	0.0305		273	0.0067		323	0.0277
正丁烷	273	0.0135		319	0.0085		373	0.0312
	373	0.0234	乙烷	373	0.0109	氧	173	0.0164
异丁烷	273	0.0138		485	0.0164		223	0.0206
	373	0.0241		203	0.0114		273	0.0246
二氧化碳	223	0.0118		239	0.0149		323	0.0284
	273	0.0147	乙醇	273	0.0183		373	0.0321
	373	0.0230		373	0.0303	丙烷	273	0.0151
	473	0.0313	乙醚	293	0.0154		373	0.0261
	573	0.0396		373	0.0215	二氧化碳	273	0.0087
二硫化物	273	0.0069		273	0.0133		373	0.0119
	280	0.0073		319	0.0171	水蒸气	319	0.0208
一氧化碳	84	0.0071		373	0.0227		373	0.0237
	94	0.0080		457	0.0327		473	0.0324
	213	0.0234		485	0.0362		573	0.0429
							673	0.0545
							773	0.0763

十六、常见液体的导热系数（λ/W·m⁻¹·K⁻¹）

附录表21 常见液体的导热系数（λ/W·m⁻¹·K⁻¹）

液体名称	温度（℃）						
	0	25	50	75	100	125	150
丁醇	0.156	0.152	0.1483	0.144			
异丙醇	0.154	0.150	0.1460	0.142			
水	0.5570	0.5948	0.6305	0.6531			
甲醇	0.214	0.2107	0.2070	0.205			
乙醇	0.189	0.1832	0.1774	0.1715			
醋酸	0.177	0.1715	0.1663	0.162			
甲酸	0.2065	0.256	0.2518	0.2471			
丙酮	0.1745	0.169	0.163	0.1576	0.151		
硝基苯	0.1541	0.150	0.147	0.143	0.140	0.136	
二甲苯	0.1367	0.131	0.127	0.1215	0.117	0.111	
甲苯	0.1413	0.136	0.129	0.123	0.119	0.112	
苯	0.151	0.1448	0.138	0.132	0.126	0.1204	
苯胺	0.186	0.181	0.177	0.172	0.1681	0.1634	0.159
甘油	0.277	0.2797	0.2832	0.286	0.289	0.292	0.295
凡士林	0.125	0.1204	0.122	0.121	0.119	0.117	0.1157
蓖麻油	0.184	0.1808	0.1774	0.174	0.171	0.1680	0.165

十七、常见固体的导热系数

1. 常见金属的导热系数

附录表 22　常见金属的导热系数（$\lambda / \mathrm{W \cdot m^{-1} \cdot K^{-1}}$）

材料	温度（℃）				
	0	100	200	300	400
铝	227.95	227.95	227.95	227.95	227.95
铜	383.79	379.14	372.16	367.51	362.86
铁	73.27	67.45	61.64	54.66	48.85
铅	35.12	33.38	31.40	29.77	—
镁	172.12	167.47	162.82	158.17	—
镍	93.04	82.57	73.27	63.97	59.31
银	414.03	409.38	373.32	361.69	359.37
碳钢	52.34	48.85	44.19	41.87	34.89
不锈钢	16.24	17.45	17.45	18.49	—

2. 非金属材料的导热系数

附录表 23　非金属材料的导热系数

材料	温度（℃）	导热系数 [W/ (m·K)]	材料	温度（℃）	导热系数 [W/ (m·K)]
软木	30	0.0430	矿渣棉	30	0.058
超细玻璃棉	36	0.030	玻璃棉毡	28	0.043
保温灰	—	0.07	泡沫塑料	—	0.0465
硅藻土	—	0.114	玻璃	30	1.093
膨胀蛭石	20	0.052～0.07	混凝土	—	1.28
石棉板	50	0.146	耐火砖	—	1.05
石棉绳		0.105～0.209	普通砖	—	0.8
水泥珍珠岩制品	—	0.07～0.113	绝热砖	—	0.116～0.21

十八、管子规格

1. 水、煤气输送钢管（摘自 GB 3091—82）

附录表 24　水、煤气输送钢管

公称直径 [mm（in）]	外径（mm）	壁厚（mm）	
		普通管	加厚管
6 (1/8)	10	2	2.5
8 (1/4)	13.5	2.25	2.75
10 (3/8)	17.0	2.25	2.75
15 (1/2)	21.25	2.75	3.25
20 (3/4)	26.75	2.75	3.5
25 (1)	33	3.25	4.0
32 (1 1/4)	42.25	3.25	4.0
40 (1 1/2)	48.0	3.5	4.25
50 (2)	60.0	3.5	4.5
65 (2 1/2)	75.5	3.75	4.5

公称直径 [mm（in）]	外径 （mm）	壁厚 （mm）	
		普通管	加厚管
80（3）	88.5	4.0	4.75
100（4）	114.0	4.0	5.0
125（5）	140.0	4.5	5.5
150（6）	165.0	4.5	5.5

2. 无缝钢管规格

（1）热轧无缝钢管（摘自 GB 8163—87）

附录表 25　热轧无缝钢管

外径 （mm）	壁厚 （mm）	外径 （mm）	壁厚 （mm）
32	2.5～8	73	3～19
38	2.5～8	76	3～19
42	2.5～10	83	3.5～19
45	2.5～10	89	3.5～24
50	2.5～10	95	3.5～24
54	3～11	102	3.5～24
57	3～13	108	4～28
60	3～14	114	4～28
68	3～16	121	4～28
70	3～16	127	4～30
133	4～32	168	5～45
140	4.5～36	180	5～45
146	4.5～36	194	5～45
152	4.5～36	203	6～50
159	4.5～36	219	6～50

注：壁厚系列有 2.5，3，3.5，4，4.5，5，5.5，6，6.5，7，7.5，8，8.5，9，9.5，10，11，12，13，14，15，16，17，18，19，20，22，24，25，26，28，30，32，34，35，36，38，40，42，45，48，50。

（2）冷拔（冷轧）无缝钢管（摘自 GB 8163—88）

附录表 26　冷拔（冷轧）无缝钢管

外径 （mm）	壁厚 （mm）	外径 （mm）	壁厚 （mm）
6	0.25～2.0	34	0.4～8.0
8	0.25～2.5	36	0.4～8.0
10	0.25～3.5	38	0.4～9.0
12	0.25～4.0	40	0.4～9.0
14	0.25～4.0	42	1.0～9.08
16	0.25～5.0	45	1.0～10
18	0.25～5.0	48	1.0～10
20	0.25～6.0	50	1.0～12
22	0.4～6.0	56	1.0～12
25	0.4～7.0	60	1.0～12
27	0.4～7.0	65	1.0～12

外径 （mm）	壁厚 （mm）	外径 （mm）	壁厚 （mm）
28	0.4~7.0	70	1.0~12
29	0.4~7.5	80	1.4~12
30	0.4~8.0	90	1.4~12
32	0.4~8.0	100	1.4~12

注：壁厚系列有0.25，0.3，0.4，0.5，0.6，0.8，1.0，1.2，1.4，1.5，1.6，1.8，2.0，2.2，2.5，2.8，3.0，3.2，3.5，4.0，4.5，5，5.5，6，6.5，7，7.5，8.0，8.5，9.0，9.5，10，11，12。

3. 承插式铸铁直管

附录表 27　承插式铸铁直管

内径 （mm）	壁厚 （mm）	有效长度 （m）	外径 （mm）	壁厚 （mm）	有效长度 （m）
75	9	3	400	12.8	4
100	9	3	450	13.4	4
125	9	4	500	14.0	4
150	9	4	600	15.4	4
200	10	4	700	16.5	4
250	10.8	4	800	18.0	4
300	11.4	4	900	19.5	4
350	12.0	4	1000	22.0	4

十九、常用流体流速范围

附录表 28　常用流体流速范围

流　体		条　件	流速 （m·s^{-1}）
过热蒸汽		$Dg<100$	20~40
		$100\leqslant Dg\leqslant200$	30~50
		$Dg>200$	40~60
饱和蒸汽		$Dg<100$	15~30
		$100\leqslant Dg\leqslant200$	25~35
		$Dg>200$	30~40
蒸汽	低压	$P<0.98\text{MPa}$	15~20
	中压	$0.98\leqslant P\leqslant3.92\text{MPa}$	20~40
	高压	$3.92\leqslant P\leqslant11.76\text{MPa}$	40~60
一般气体		常压	10~20
氮气		$P=4.9~9.8\text{MPa}$	2~5
压缩空气		$P=0.1~0.20\text{MPa}$（表）	10~15
压缩气体		$P<0.1\text{MPa}$	5~10
		$P=0.10~0.20\text{MPa}$（表）	8~12
		$P=0.20~0.59\text{MPa}$（表）	10~20
		$P=0.59~0.98\text{MPa}$（表）	10~15
		$P=0.98~1.96\text{MPa}$（表）	8~10
		$P=1.96~2.94\text{MPa}$（表）	3~6
		$P=2.94~24.5\text{MPa}$（表）	0.5~3.0

流　体	条　件		流速 （m·s⁻¹）
水及黏度相似的液体	$P=0.1\sim0.29MPa$（表）		$05\sim2.0$
	$P\leqslant0.98MPa$		$0.5\sim3.0$
	$P\leqslant7.84MPa$		$2.0\sim3.0$
	$P=19.6\sim29.4MPa$（表）		$2.0\sim3.5$
自来水	主管 $P=0.29MPa$（表）		$1.5\sim3.5$
蒸汽冷凝水	自流		$0.5\sim1.5$
冷凝水			$0.2\sim0.5$
过热水			2.0
锅炉给水	$P>0.784MPa$		>3.0
油及黏度较大的流体			$0.5\sim2.0$
液体 （$\mu=50mPa\cdot s$）	$Dg\leqslant25$		$0.5\sim0.9$
	$25\leqslant Dg\leqslant50$		$0.7\sim1.0$
	$50\leqslant Dg\leqslant100$		$1.0\sim1.6$
液体 （$\mu=100mPa\cdot s$）	$Dg\leqslant25$		$0.3\sim0.6$
	$25\leqslant Dg\leqslant50$		$0.5\sim0.7$
	$50\leqslant Dg\leqslant100$		$0.7\sim1.0$
液体 （$\mu=1000mPa\cdot s$）	$Dg\leqslant50$		$0.1\sim0.2$
	$25\leqslant Dg\leqslant50$		$0.16\sim0.25$
	$50\leqslant Dg\leqslant100$		$0.25\sim0.35$
	$100\leqslant Dg\leqslant200$		$0.35\sim0.55$
离心泵（水及黏度相似的液体）	吸入管		$1.0\sim2.0$
	排出管		$1.5\sim3.0$
往复泵（水及黏度相似的液体）	吸入管		$0.5\sim1.5$
	排出管		$1.0\sim2.0$
往复式真空泵	吸入管		$13\sim16$
	排出管	$P<0.98MPa$	$8\sim10$
		$P=0.98\sim9.8MPa$	$10\sim20$
空气压缩机	吸入管		$<10\sim215$
	排出管		$15\sim220$
旋风分离器	吸入管		$15\sim25$
	排出管		$4.0\sim15$
通风机、鼓风机	吸入管		$10\sim15$
	排出管		$15\sim20$
车间通风换气	主管		$4.5\sim15$
	支管		$2.0\sim8.0$
硫酸	质量浓度88%～100%		1.2
液碱	质量浓度0%～30%		2
	质量浓度30%～50%		1.5
	质量浓度50%～63%		1.2
乙醚、苯	易燃易爆安全允许值		<1.0
甲醇、乙醇、汽油	易燃易爆安全允许值		<2

二十、泵规格（摘录）

附录表 29　IS 型单级单吸离心泵性能（摘录）

型号	流量		扬程	效率	功率 (kW)		转速	气蚀余量
	（m³/h）	（L/s）	（m）	（%）	轴	电机	（r/min）	（m）
IS50 - 32 - 200	12.5	3.47	50	48	3.54	5.5	2900	2
	6.3	1.74	12.5	42	0.51	0.75	1450	2
IS50 - 32 - 250	12.5	3.47	80	38	7.16	11.0	2900	2
	6.3	1.74	20	32	1.06	1.5	1450	2
IS65 - 40 - 200	25	6.94	50	60	5.67	7.5	2900	2
	12.5	3.47	12.5	55	0.77	1.1	1450	2
IS65 - 50 - 160	25	6.94	32	65	3.35	5.5	2900	2
	12.5	3.47	12.5	55	0.77	1.1	1450	2
IS65 - 40 - 315	25	6.94	125	40	21.3	30	2900	2.5
	12.5	3.47	32	37	2.94	4	1450	2.5
IS80 - 65 - 125	50	13.9	20	75	3.63	5.5	2900	3
	25	6.94	5	71	0.48	0.75	1450	2.5
IS80 - 65 - 160	50	13.9	32	73	5.97	7.5	2900	2.5
	25	6.94	8	69	0.79	1.5	1450	2.5
IS80 - 50 - 200	50	13.9	50	69	9.87	15	2900	2.5
	25	6.94	12.5	65	1.31	2.2	1450	2.5
IS80 - 50 - 250	50	13.9	80	63	17.3	22	2900	2.5
	25	6.94	20	60	2.27	3	1450	2.5
IS80 - 50 - 315	50	13.9	125	54	31.5	37	2900	2.5
	25	6.94	32	52	4.19	5.5	1450	2.5
IS100 - 80 - 125	100	27.8	20	78	7	11	2900	4.5
	50	13.9	5	75	0.91	1.5	1450	2.5
IS100 - 80 - 160	100	27.8	32	78	11.2	15	2900	4.5
	50	13.9	8	25	1.45	2.2	1450	2.5
IS100 - 65 - 200	100	27.8	50	76	17.9	22	2900	3.6
	50	13.9	12.5	73	2.33	4	1450	2
IS100 - 65 - 250	100	27.8	80	72	30.3	37	2900	3.8
	50	13.9	20	68	4	5.5	1450	2
IS100 - 65 - 315	100	27.8	125	66	51.6	25	2900	3.6
	50	13.9	32	63	6.92	11	1450	2
IS125 - 100 - 200	200	55.6	50	81	33.6	45	2900	4.5
	100	27.8	12.5	76	4.48	7.5	1450	2.5
IS125 - 100 - 315	200	55.6	125	75	90.8	110	2900	4.5
	100	27.8	32	73	11.2	15	1450	2.5
IS125 - 100 - 400	100	27.8	50	65	21	30	1450	2.5
IS150 - 125 - 400	200	55.6	50	75	36.3	45	1450	2.8
IS200 - 150 - 400	400	111.1	50	81	67.2	90	1450	3.8

二十一、常用双组分混合物在 101.33kPa 压力下的气液平衡数据

1. 甲醇 – 水

附录表 30　甲醇 – 水

温度 t (℃)	甲醇的摩尔分数		温度 t (℃)	甲醇的摩尔分数	
	液相 x	气相 y		液相 x	液相 y
100.0	0.0	0.0	75.3	0.40	0.729
96.4	0.02	0.134	73.1	0.50	0.779
93.5	0.04	0.234	71.2	0.60	0.825
91.2	0.06	0.304	69.3	0.70	0.870
89.3	0.08	0.365	67.6	0.80	0.915
87.7	0.10	0.418	66.0	0.90	0.958
84.4	0.15	0.517	65.0	0.95	0.979
81.7	0.20	0.579	64.5	1.00	1.00
78.0	0.30	0.665			

2. 正己烷 – 正庚烷

附录表 31　正己烷 – 正庚烷

温度 t (K)	正己烷摩尔分数		温度 t (K)	正己烷摩尔分数	
	液相 x	气相 y		液相 x	液相 y
303	1.00	1.00	323	0.214	0.449
309	0.715	0.856	329	0.091	0.228
313	0.524	0.770	331	0.0	0.0
319	0.347	0.625			

3. 乙醇 – 水

附录表 32　乙醇 – 水

温度 t (℃)	乙醇的摩尔分数		温度 t (℃)	乙醇的摩尔分数	
	液相 x	气相 y		液相 x	液相 y
100.0	0	0	81.5	0.3273	0.5826
95.5	0.0190	0.1700	80.7	0.3965	0.6122
89.0	0.0721	0.3891	79.8	0.5079	0.6564
86.7	0.0966	0.4375	79.7	0.5198	0.6599
85.3	0.1238	0.4704	79.3	0.5732	0.6841
84.1	0.1661	0.5089	78.74	0.6763	0.7385
82.7	0.2337	0.5445	78.41	0.7472	0.7815
82.3	0.2608	0.5580	78.15	0.8943	0.8943

参考文献

[1] 张宏丽，等．制药单元操作技术［M］．2 版．北京：化学工业出版社，2015．

[2] 冷士良．化工单元过程及操作［M］．2 版．北京：化学工业出版社，2007．

[3] 王志祥．制药化工过程及设备［M］．北京：科学出版社，2009．

[4] 夏清，贾绍义．化工原理［M］．天津：天津大学出版社，2013．

[5] 印建和．制药过程原理及设备［M］．北京：人民卫生出版社，2009．

[6] 陈敏恒，等．化工原理［M］．北京：化学工业出版社，2011．

[7] 王壮坤，等．流体输送与传热技术［M］．北京：化学工业出版社，2009．

[8] 路振山，等．生物与化学制药设备［M］．北京：化学工业出版社，2005．

[9] 王洪旗等．泵与风机［M］．北京：中国电力出版社，2012．

[10] 柴诚敬，等，化工原理复习指导［M］．天津：天津大学出版社，2011．

[11] 王志魁．化工原理［M］．北京：化学工业出版社，2004．

[12] 张新战．化工单元过程及操作［M］．北京：化学工业出版社，2006．

[13] 韩文光．化工装置实用操作技术指南［M］．北京：化学工业出版社，2001．

[14] 俞子行．制药化工过程及设备［M］．北京：中国医药科技出版社，2002．

[15] 李居参，周波，乔子荣．化工单元操作实用技术［M］．北京：高等教育出版社，2008．

[16] 吴红．化工单元过程及操作［M］．北京：化学工业出版社，2008．

[17] 王沛．制药原理与设备［M］．上海：上海科学技术出版社，2014．

[18] 王云庆．制药过程设备［M］．北京：化学工业出版社，2009．

[19] 谭天恩，窦梅．化工原理［M］．北京：化学工业出版社，2013．

[20] 管国锋，赵汝溥．化工原理［M］．北京：化学工业出版社，2015．

[21] 麦克凯布，等．化学工程单元操作（英文改编版）［M］．北京：化学工业出版社，2008．

[22] 王振中．化工原理［M］．北京：化学工业出版社，2011．

第一章

一、选择题

1. C　2. C　3. B　4. D　5. A　6. B　7. A　8. A

二、简答题

（略）

三、应用实例题

1. 70mm　2. 2.78m/s　3. 1.687×10^5Pa　4. （1）流动类型为湍流；（2）$u = 0.08$m/s；

5. 24.19J/kg　　6. 105mmH$_2$O　7. 2751W

第二章

一、选择题

（一）单项选择题

1. B　2. B　3. A　4. B　5. A　6. D　7. A　8. C　9. （1）B　　（2）A　10. A

（二）多项选择题

1. ABCD　2. BD　3. ABC　4. BD　5. BCD

二、简答题

（略）

三、应用实例题

1. $H_e = 27.07$m，$P_e = 2.213$kW，$\eta = 64.1\%$

2. （1）$H_e = 10 + 5.019 \times 10^5 Q^2$；（2）$Q = 0.0045$m^3/s，$H = 20.17$m

3. （1）输送量不变；（2）压头不变；（3）轴功率增加；（4）P_2 随 ρ 的增加而增加。

4. $Hg_允 = -2.4$m，$Hg_定 > Hg_允$。此泵安装不当，会发生气蚀现象。

5. $H_e = 26 + 0.028 \times \dfrac{60 \times 2.48^2}{0.12 \times 9.81} = 31.3$m

　由 $V = 70$m^{3}h，$H_e = 31.3$m 选泵 IS100 $-$ 80 $-$ 160。

　$Hg_允 = \dfrac{(101.3 - 2.338) \times 10^3}{998.2 \times 9.81} - 4.0 - 2.1 = 4$m　减去安全余量0.5m，实为3.5m。即泵

可安装在河水面上不超过3.5m的地方。

第三章

一、选择题

（一）单项选择题

1. D　2. A　3. C　4. B　5. B

（二）多项选择题

1. ACE　2. ABC　3. ABC　4. ABCDE

二、简答题

（略）

三、应用实例题

（1）在层流区沉降；（2）在过渡区沉降。

第四章

一、单项选择题

1. A 2. C 3. D 4. A 5. C 6. A 7. C 8. C 9. C 10. B 11. C 12. D 13. C 14. D
15. B 16. B 17. D 18. D

二、多项选择题

1. ABC 2. ABCDE 3. CD 4. AB

三、简答题

1. 2. 3. 4. 5（略） 6. 增大 减小

四、应用实例题

1. 2. 2m 2.（1）1076W/m²；（2）798.8℃，30.1℃ 3. 91mm

4. 266.8W/（m² · ℃） 5. 39.9℃，44.8℃，逆流传热优于并流

6.（1）2205kW；（2）2457.5kW；（3）60.3kW 7. 变差

8. 该换热器不适用。校核换热器是否合用有两种方法：（1）取决于冷热两流体间由总传热速率方程求得的 Q 是否大于所要求的传热速率 Q_1，若 $Q > Q_1$，则该换热器合用；（2）由 $Q_1 = KA_1\Delta T_m$ 得出要求的传热面积 A_1，若 $A > A_1$ 则该换热器合用。

9. 13. 51m^2

第五章

一、单项选择题

1. B 2. B 3. A 4. C

二、简答题

（略）

三、应用实例题

1. 1659kg/h 2. 170m²，9290kg/h

第六章

一、单项选择题

1. C 2. A 3. D 4. A 5. A 6. C 7. B 8. B 9. C 10. D 11. B 12. D 13. C

二、多项选择题

1. CED 2. DE 3. BC 4. BC 5. AE 6. AB 7. BCD

三、简答题

（略）

四、应用实例题

1.（略） 2. $x = 0.844$，$y = 0.942$，$\alpha = 3.02$ 3. $P_A = 56kPa$，$P_B = 38.7kPa$，$P_总 = 94.7kPa$，
$y_A = 0.59$，$y_B = 0.41$ 4. $D = 2191kg/h$，$W = 2809kg/h$ 5. $x_F = 0.38$，$x_D = 0.86$，$x_W = 0.06$，
$R = 4$ 6.（1）$L = 99.3kmol/h$，$L' = 199.3kmol/h$；（2）$V = V' = 159.5kmol/h$

7. $y = 0.714x + 0.257$，$y = 1.41x - 0.0204$ 8.（1）$R_{min} = 1.48$；（2）$R_{min} = 2.95$ 9.（略）
10.（略）

第七章

一、单项选择题

1. C 2. B 3. A 4. B 5. C 6. D 7. B 8. A 9. C 10. B 11. D 12. C 13. A 14. A
15. B

二、多项选择题

1. BD　2. BC　3. ABCD　4. AC　5. ACD

三、简答题

（略）

四、应用实例题

1.（略）　2. 2.759×10^{-5} kmol/（$m^2 \cdot s$），1.228×10^{-6} kmol/（$m^2 \cdot s$）

3. 1.729×10^{-3} kmol/（$m^2 \cdot s$），$K_x = 3.142 \times 10^{-4}$ kmol/（$m^2 \cdot s$），$K_Y = 1.266 \times 10^{-3}$ kmol/（$m^2 \cdot s$），$N_A = 1.310 \times 10^{-5}$ kmol/（$m^2 \cdot s$）

4. $L = 45.5$ kmol/h，$X_1 = 0.03398$

5. $L = 1.938 \times 10^3$ kmol/h，$Z = 4.749$m

6.（1）$\phi_A = 95.71\%$；（2）$D = 0.594$m

7. $\Delta Z = 3.054$m

第八章

一、单项选择题

1. B　2. D　3. C　4. A　5. A　6. B　7. D　8. B

二、应用实例题

1. 1.59%　2. 546.29m^3　3. 81.63kg/h，1943.57kg 干空气/h，918.37kg/h

4. 0.005kg 水/kg 绝干物料，0.295kg 水/kg 绝干物料，0.02kg 水/kg 绝干物料，0.28kg 水/kg绝干物料

教学大纲

（供药品生产技术、制药设备应用技术、药品质量与安全、药学专业用）

一、课程任务

制药过程原理与设备是高职高专院校药品生产技术、制药设备应用技术、药品质量与安全、药学等专业一门重要的专业基础课程。本课程的主要内容是介绍流体流动、流体输送机械、非均相物系的分离、传热及传热设备、蒸馏、吸收、干燥等以物理过程为主的单元操作，包括流体流动过程、传热过程和传质过程。本课程的主要任务是培养学生具有运用基础理论，分析和解决制药生产中各种实际问题的能力。

二、课程目标

1. 掌握流体流动、传热、传质三大过程的基本原理。
2. 掌握制药生产中各单元操作基本原理和计算方法。
3. 学会典型设备的结构、工作原理、操作、性能、选型。
4. 能认真观察、记录实验现象，会分析实验结果，并写出实验报告。
5. 具有药品生产技术、制药设备应用技术、药品质量与安全、药学等专业所应有的良好职业道德，科学工作态度，严谨细致的专业学风。

三、教学时间分配

教学内容	学时数		
	理论	实践	合计
绪论	2	0	2
第一章　流体流动	10	2	12
第二章　流体输送设备	4	2	6
第三章　非均相物系的分离	4	0	4
第四章　传热	8	2	10
第五章　蒸发与结晶	4	0	4
第六章　蒸馏与精馏技术	8	2	10
第七章　气体吸收	6	2	8
第八章　干燥	6	2	8
合　计	52	12	64

四、教学内容与要求

单　元	教学内容	教学要求	教学活动建议	参考学时	
				理论	实践
绪论	（一）本课程的性质与任务 （二）本课程的几个基本概念 （三）单位及单位制	了解 掌握 掌握	理论讲授，多媒体讨论	2	

单 元	教 学 内 容	教学要求	教学活动建议	参考学时 理论	参考学时 实践
一、流体流动	（一）流体静力学 1. 流体的密度 2. 流体的压力（压强） 3. 流体静力学基本方程式 4. 流体静力学基本方程式的应用	熟悉 熟悉 掌握 掌握	理论讲授，多媒体 讨论	2	
	（二）流体动力学 1. 流量与流速 2. 稳定流动与不稳定流动 3. 稳定流动的物料衡算——连续性方程式 4. 稳定流动系统的能量衡算——伯努利方程	熟悉 熟悉 掌握 掌握	理论讲授，多媒体 比较 比较 讨论	4	
	（三）流体在管路流动时的阻力 1. 黏度的概念 2. 流体的流动形态及其判定 3. 流体流动时的阻力计算	熟悉 掌握 熟悉	理论讲授，多媒体 讨论	2	
	（四）流体输送管路	了解	自学		
	（五）流量测量 1. 孔板流量计 2. 文氏流量计 3. 转子流量计	掌握 掌握 掌握	模型示范	2	
	实训一 流体流动阻力的测定	学会	技能实践		2
二、流体输送设备	（一）离心泵 1. 离心泵的结构组成与工作原理 2. 离心泵的主要性能参数与特性曲线 3. 离心泵的工作点与流量调节 4. 离心泵的安装高度与气蚀现象 5. 离心泵的类型及选用方法 6. 离心泵的操作、维护和检修 7. 离心泵的常见故障及处理方法	掌握 掌握 掌握 掌握 掌握 掌握 掌握	理论讲授，多媒体 模型示范 现场教学	2	

续表

单　元	教学内容	教学要求	教学活动建议	参考学时	
				理论	实践
二、流体输送设备	（二）其他化工生产用泵 1. 往复泵 2. 旋转泵	 掌握 了解	理论讲授，多媒体 模型示范 模型示范	1	
	（三）气体输送设备 1. 概述 2. 离心式气体输送设备	 了解 了解	 模型示范	1	
	实训二　离心泵的性能测定	学会	技能实践		2
三、非均相物系的分离	（一）沉降 1. 重力沉降 2. 离心沉降 3. 沉降设备	 熟悉 掌握 掌握	现场教学 讨论 模型示范 模型示范	2	
	（二）过滤 1. 过滤基本概念 2. 过滤设备	 熟悉 掌握	现场教学 模型示范	1	
	（三）离心分离 1. 离心分离的概念 2. 离心分离设备	 熟悉 掌握	理论讲授 模型示范	1	
四、传热	（一）概述 1. 传热的基本方式 2. 工业生产中的换热方式 3. 稳定传热和不稳定传热	 了解 了解 了解	理论讲授，多媒体 讨论 比较	1	
	（二）热传导（导热） 1. 傅里叶定律 2. 平壁的导热 3. 圆筒壁导热	 掌握 熟悉 熟悉	理论讲授，多媒体	2 1	
	（三）对流传热 1. 对流传热过程分析 2. 对流传热速率方程（牛顿冷却定律） 3. 对流传热系数 4. 辐射传热	 了解 熟悉 了解 了解	理论讲授，多媒体 自学		
	（四）加热、冷却与冷凝	了解	自学		
	（五）间壁两侧流体间的总传热过程 1. 总传热速率方程式 2. 总传热过程的计算	 掌握 掌握	理论讲授，多媒体 分析归纳	3	

单 元	教学内容	教学要求	教学活动建议	参考学时 理论	参考学时 实践
四、传热	（六）换热器简介 1. 换热器的要求和分类 2. 间壁式换热器 3. 传热过程的强化 4. 换热器的选用、操作与维护	了解 掌握 了解 了解	理论讲授，多媒体 模型示范	1	
	实训三　套管换热器传热性能参数测定	学会	技能实践		2
五、蒸发与结晶	（一）蒸发 1. 蒸发概述 2. 单效蒸发和真空蒸发 3. 多效蒸发 4. 常用蒸发器	掌握 熟悉 了解 了解	理论讲授，多媒体	2	
	（二）结晶分离技术 1. 结晶分离技术的基本原理 2. 结晶过程及控制 3. 影响结晶操作的因素 4. 结晶的方法 5. 结晶设备	掌握 熟悉 掌握 了解 熟悉	理论讲授，多媒体 模型示范	2	
六、蒸馏与精馏技术	（一）概述 1. 蒸馏的基本概念及分类 2. 蒸馏在化工制药工业中的应用	掌握 了解	理论讲授，多媒体	1	
	（二）二元溶液的气液相平衡 1. 双组分理想溶液的气液相平衡 2. 双组分非理想溶液的气液相平衡	掌握 了解	理论讲授，多媒体 讨论 自学	2	
	（三）简单蒸馏 1. 简单蒸馏的原理 2. 简单蒸馏的流程	掌握 了解	理论讲授，多媒体	1	
	（四）精馏 1. 精馏的原理与流程 2. 双组分混合液的连续精馏计算 3. 进料热状况分析 4. 理论板数的确定 5. 操作回流比的确定 6. 精馏塔的热量衡算	掌握 掌握 掌握 掌握 熟悉 了解	理论讲授，多媒体 自学	3	

| 单　元 | 教学内容 | 教学要求 | 教学活动建议 | 参考学时 ||
				理论	实践
六、蒸馏与精馏技术	（五）特殊蒸馏 1. 水蒸气蒸馏 2. 恒沸精馏 3. 萃取精馏	了解	自学		
	（六）板式塔 1. 板式塔简介 2. 板式精馏塔的操作与维护	 了解 了解	理论讲授，多媒体 模型示范	1	
	实训四　精馏实验	学会	技能实践		2
七、气体吸收	（一）概述 1. 吸收的基本概念、应用、分类及流程介绍 2. 吸收过程的气液相平衡	 掌握 掌握	理论讲授，多媒体	1	
	（二）传质机制与吸收速率 1. 传质的基本方式 2. 吸收机制 3. 吸收速率和吸收速率方程	 掌握 了解 掌握	理论讲授，多媒体	1	
	（三）吸收过程计算 1. 吸收剂的选择 2. 填料吸收塔的物料衡算与操作线方程 3. 吸收剂用量计算 4. 填料塔塔径计算 5. 填料层高度计算	 了解 掌握 掌握 熟悉 熟悉	理论讲授，多媒体	3	
	（四）填料塔 1. 填料塔的结构 2. 填料塔的流体力学性能 3. 填料塔的操作与维护	了解	模型示范	1	
	实训五　气体吸收实验	学会	技能实践		2
八、干燥	（一）概述 1. 去湿方法及干燥在制药生产中的应用 2. 干燥方法分类 3. 对流干燥的原理和流程	 了解 了解 掌握	理论讲授，多媒体 讨论 讨论	0.5	
	（二）湿空气的性质 1. 压力 2. 湿度 3. 相对湿度 4. 湿空气的比容 5. 湿空气的比热	 了解 了解 了解 了解 了解	理论讲授，多媒体	2	

续表

单　元	教　学　内　容	教学要求	教学活动建议	参考学时	
				理论	实践
	6. 湿空气的焓	了解			
	7. 干球温度	了解			
	8. 湿球温度	了解			
	9. 绝热饱和温度	了解			
	10. 露点温度	了解			
	（三）干燥过程的物料衡算和热量衡算		理论讲授，多媒体	2	
	1. 物料中含水量的表示方法	掌握			
	2. 干燥器的物料衡算	掌握			
	3. 干燥过程的热量衡算	了解	自学		
八、干燥	（四）干燥速率		理论讲授，多媒体	0.5	
	1. 物料中所含水分的性质	熟悉			
	2. 干燥速率和干燥速率曲线	熟悉			
	3. 影响干燥速率的因素	了解			
	（五）干燥设备		理论讲授，多媒体	1	
	1. 干燥设备的分类	了解			
	2. 常用干燥设备	熟悉	模型示范		
	3. 干燥设备的选型	了解			
	4. 干燥设备的维护	了解	现场教学		
	实训六　干燥曲线和干燥速率曲线的测定	熟练掌握	技能实践		2

五、大纲说明

（一）适应专业及参考学时

本教学大纲主要供高职高专院校药品生产技术、制药设备应用技术、药品质量与安全、药学专业教学使用。总学时为 64 学时，其中理论教学为 52 学时，实践教学 12 学时。

（二）教学要求

1. 理论教学部分具体要求分为三个层次。了解：要求学生能够记住所学过的知识要点；熟悉：要求学生能够领会概念的基本含义，能够运用上述概念解释有关规律和特征等；掌握：要求在掌握基本概念、理论和规律的基础上，通过分析、归纳、比较等方法解决所遇到的实际问题，做到学以致用，融会贯通。

2. 实践教学部分具体要求分为两个层次。熟练掌握：能够熟练运用所学会的技能，合理应用理论知识，独立进行专业技能操作和实验操作，并能够全面分析实验结果和操作要点，正确书写实验或见习报告；学会：在教师的指导下，能够正确地完成技能操作，说出操作要点和应用目的等，并能够独立写出实验报告或见习报告。

（三）教学建议

1. 本大纲遵循了职业教育的特点，降低了理论难度，突出了技能实践的特点，并强化与专业课的联系。

2. 教学内容上要注意三传（动量传递、热量传递、质量传递）基本原理、构造原理与实践相结合，要十分重视理论联系实际，要有重点有侧重的介绍通用设备在现代制药生产中的广泛应用情况。

3. 教学方法上要充分把握制药过程原理及设备的学科特点和学生的认知特点，建议采用理论讲授和现场教学相结合的教学模式，并在教学中引入模型示范、讨论、互动式等教学方法，通过通俗易懂的讲解、课堂讨论和现场讲授，引导学生通过观察、分析、比较、抽象、概括得出结论，并通过运用不断加深熟悉。合理运用模型、仿真模型演示、多媒体课件等来加强直观教学，以培养学生的正确思维能力、观察能力和分析归纳能力。同时教学中要注意结合教学内容，对学生进行环境保护、防火防毒、自生安全防护等安全的教育，给学生树立安全生产、绿色生产的理念。

4. 考核方法可采用知识考核与技能考核，集中考核与日常考核相结合的方法，具体可采用：考试、提问、作业、仿真操作测试、讨论、实验、实践、综合评定等多种方法。